SAP, Arbeit, Management –
Durch systematische Arbeitsgestaltung zum Projekterfolg

Aus dem Bereich Business Computing des Verlages Vieweg

Client Server
Technologie und Realisierung in Unternehmen
von W. von Thienen

Client/Server-Architektur
Organisation und Methodik der Anwendungsentwicklung
von K. D. Niemann

Groupware und neues Management
Einsatz geeigneter Softwaresysteme für flexiblere Organisationen
von M. P. Wagner

SAP, Arbeit, Management
Durch systematische Arbeitsgestaltung zum Projekterfolg
von AFOS

Geschäftsprozeßoptimierung mit SAP-R/3
Modellierung, Steuerung und Management
betriebswirtschaftlich-integrierter Geschäftsprozesse
von P. Wenzel (Hrsg.)

Betriebswirtschaftliche Anwendungen des integrierten Systems SAP-R/3
Projektstudien, Grundlagen und Anregungen für eine erfolgreiche Praxis
von P. Wenzel (Hrsg.)

DV-Revision
Ordnungsmäßigkeit, Sicherheit und Wirtschaftlichkeit von DV-Systemen
von J. de Haas und S. Zerlanth

Bitte fordern Sie unser komplettes Verzeichnis an:
Verlag Vieweg · Lektorat Computing · Postfach 58 29 · 65048 Wiesbaden

AFOS BIT Arbeitsgemeinschaft
       FORBA arbeitsorientierte Forschung
       FORBIT und Schulung - GbR Bochum

SAP, Arbeit, Management –

Durch systematische Arbeitsgestaltung zum Projekterfolg

SAP, Arbeit, Managment –

Durch systematische Arbeitsgestaltung zum Projekterfolg

Diese Veröffentlichung ist ein Ergebnis des Forschungsprojekts „Gestaltungsmöglichkeiten integrierter Standardsoftware am Beispiel der Softwareprodukte R/2 und R/3 von SAP", das im Rahmen des Programms ‚Sozialverträgliche Technikgestaltung' der Landesregierung Nordrhein Westfalen gefördert wurde.

Das Projekt wurde von den folgenden, zur „Arbeitsgemeinschaft arbeitsorientierte Forschung und Schulung GbR – AFOS" zusammengeschlossenen Instituten durchgeführt:

BIT Berufsforschungs- und Beratungsinstitut für interdisziplinäre Technikgestaltung e.V.,
Unterstr. 51, 44893 Bochum, Tel. 0234 - 28 00 25, Fax 0234 - 28 00 27

FORBA Forschungs- und Beratungsstelle für betriebliche Arbeitnehmerfragen e.V.,
Dominicusstr. 3, 10823 Berlin, Tel. 030 - 781 97 66, Fax 030 - 788 15 80

FORBIT Forschungs- und Beratungsstelle Informationstechnologie e.V.,
Eimsbüttelerstr. 18, 22769 Hamburg, Tel. 040 - 439 23 36, Fax 040 - 439 82 96

Wissenschaftliche Mitarbeiter/innen der Projektgruppe waren

Dipl.-Inform. Thomas Barthel, FORBIT e.V.

Dr. Andreas Blume, BIT e.V.

Dipl.-Betriebswirt Ingmar Carlberg, BIT e.V.

Dipl.-Inform. Michael Kühn, FORBIT e.V.

Dr. Reinhard Linz, BIT e.V.

Dipl.-Kaufm. Brigitte Maschmann-Schulz, FORBIT e.V.

Dipl.-Ing. Georg Siebert, FORBA e.V.

Alle Rechte vorbehalten
© Friedr. Vieweg & Sohn Verlagsgesellschaft mbH, Braunschweig/Wiesbaden, 1996

Der Verlag Vieweg ist ein Unternehmen der Bertelsmann Fachinformation GmbH.

Das Werk einschließlich aller seiner Teile ist urheberrechtlich geschützt. Jede Verwertung außerhalb der engen Grenzen des Urheberrechtsgesetzes ist ohne Zustimmung des Verlags unzulässig und strafbar. Das gilt insbesondere für Vervielfältigungen, Übersetzungen, Mikroverfilmungen und die Einspeicherung und Verarbeitung in elektronischen Systemen.

ISBN 978-3-528-05536-3   ISBN 978-3-322-84942-7 (eBook)
DOI 10.1007/978-3-322-84942-7

Inhalt

0. Einführung 7

1. Besonderheiten der SAP-Produkte

1.1 Was ist SAP? 13
1.2 Was ist anders bei SAP-Systemen? 18
1.3 Stichwort ‚Integrierte EDV' 20
1.4 Standardsoftware-Ende der ‚Software-Krise'? 28
1.5 Von R/2 zu R/3 30
1.6 R/3-Outsourcing – die Lösung für den Mittelstand? 33
1.7 Nicht immer wollen alle das Gleiche 38
1.8 Hinterher ist man immer klüger... 44
1.9 Gibt es Alternativen zu SAP? 49

2. Auswirkungen auf die Arbeitsorganisation

2.1 Organisation wird mitgeliefert 57
2.2 Über die Schwierigkeit, dem System die Wahrheit zu sagen 63
2.3 Integration als Organisationsaufgabe 64
2.4 Den Pelz waschen, ohne naß zu werden? 68
2.5 Schleuderkurs oder
    Die Geschichte einer durchschnittlichen Software-Umstellung .. 70
2.6 Chronologie einer Einführung 74
2.7 Qualifizierung 80
2.8 Ein Beispiel, wie es nicht sein sollte 86

3. Leitbilder

3.1 Leitbilder: Wohin soll die Reise gehen? 91
3.2 Was heißt hier psychische Belastung? 95
3.3 Gute Noten – aber auch Kritik 99
3.4 Arbeitsgestaltung per Gesetz 103
3.5 Ergonomische Anforderungen genormt 107
3.6 Bewegung im Apparat 108
3.7 Handlungsfähige Mitarbeiter brauchen Spielräume 112
3.8 Gewinner und Verlierer 115
3.9 Was Arbeitnehmer nervt 118

3.10 Nur ohne Großen Bruder 120
3.11 Gruppenarbeit mit SAP!?... 123
3.12 Bürohilfskräfte – eine bedrohte Art.. 129
3.13 Betroffenenbeteiligung findet statt. Aber wie?... 134
3.14 Beteiligung will richtig organisiert sein... 139
3.15 Integration braucht Kommunikation... 143
3.16 SAP-Einführung, Projektorganisation und Betriebspolitik............................... 146

4. Technisch organisatorische Ansatzpunkte

4.1 Das Stellschraubenkonzept. Was ist mit Stellschrauben gemeint?................... 153
4.2 Stellschraube ABAP/4-Programme... 158
4.3 Stellschraube Dynpros+Module=Transaktionen... 160
4.4 Stellschraube Tabellen... 162
4.5 Stellschraube Berechtigungskonzept.. 163
4.6 Neue Stellschrauben R/3:
    Eigene Menügestaltung, Workflow und ‚Dynamic User Interface'.................. 174
4.7 Organisatorisch im Bilde.. 176
4.8 Mit welchem Modifizierungsaufwand ist zu rechnen?.................................... 180
4.9 Anpassungen und Modifikationen – nicht immer ganz so tragisch................ 183
4.10 R/3: Zwangsjacke oder Maßanzug?.. 186

5. Gestaltung als Prozeß

5.1 Leitbildorientierung im Vorgehensmodel.. 191
5.2 Vorgehen nach Modell.. 194
5.3 Der Betriebsrat ist zu beteiligen.. 200
5.4 Regelungsgegenstände in Betriebsvereinbarungen.. 207
5.5 Erfahrungen eines Betriebsrates.. 208
5.6 Betriebsrat am Bildschirm... 210
5.7 SAP-Standardsoftware R/2 und R/3 und die Mitbestimmung des Betriebsrates......212
5.8 Belastungsanalysen und das Vorgehen zur Belastungsminimierung.............. 216
5.9 Arbeitsplatzanalysen – der Aufwand lohnt.. 219
5.10 Fallbeispiel Renovierung einer SAP Installation... 221

Glossar... 224

Einführung

○ Welche Auswirkungen hat die Einführung von integrierter Standardsoftware auf Arbeitsbelastungen und Qualifikationsanforderungen?

○ Wird sie zu einem massiven Abbau von Arbeitsplätzen in den Verwaltungen führen?

○ Kann man die Einführung von Standardsoftware wie den SAP-Systemen überhaupt beeinflussen, um Verbesserungen in den Arbeitsbedingungen für die betroffenen Mitarbeiter herbeizuführen?

Mit solchen und ähnlichen Fragen wurden die Autoren immer häufiger konfrontiert, als gegen Ende der achtziger Jahre die SAP-Software rasante Verbreitung in den Unternehmen fand. Vor allem Betriebs- und Personalräte blickten mit Sorge auf den Siegeszug der außerordentlich komplexen und deshalb schwer einzuschätzenden Systeme, und auch Berater taten sich schwer, wirklich fundierte Antworten und Ratschläge zu den aufgeworfenen Problemstellungen abzugeben. Deutlich war nur, daß sich durch die vorherrschende technikorientierte Betrachtungsweise keine Antworten würden finden lassen.

Einige Worte zur Vorgeschichte

Vor diesem Hintergrund schlossen sich die im Bereich arbeitnehmerorientierter Forschung und Beratung tätigen Institute BIT e.V. (Bochum), FORBA e.V. (Berlin) und FORBIT e.V. (Hamburg) zur Arbeitsgemeinschaft arbeitsorientierte Forschung und Schulung (AFOS) zusammen. Mit der finanziellen Förderung des Landes Nordrhein Westfalen und der Unterstützung der SAP AG wurde ein Forschungsprojekt mit dem Titel „Gestaltungsmöglichkeiten integrierter Standardsoftware aus arbeitsorientierter Sicht am Beispiel der Softwareprodukte R/2 und R/3 von SAP" aufgesetzt. Das vorliegende Lesebuch ist ein Ergebnis dieses Projekts.

Wozu dieses Lesebuch?

In Anbetracht der Komplexität der SAP-Systeme erscheint es nur natürlich, daß sich viele Betriebe in den Einführungsprojekten überwiegend um die Beherrschung der Technik bemühen und Fragen der Organisation, der Arbeitsgestaltung, der Personalentwicklung am liebsten aus der Projektarbeit heraushalten würden. Denjenigen im Betrieb, die nicht über das Wissen der Techniker verfügen, fällt es andererseits schwer, ihre Befürchtungen und ihre Zielvorstellungen bzgl. der Einführung so zu formulieren, daß es zu einem fruchtbaren Dialog mit der Projektgruppe kommt. Und dieses Problem haben nicht nur Sachbearbeiter in der Fachabteilung oder Betriebsräte, sondern es reicht bis in die obersten Führungsebenen. Im Ergebnis werden Systeme in Betrieb genommen, die zwar technisch funktionieren, deren Potential aber nur zu einem kleinen Teil zugunsten einer Modernisierung der Organisation oder Verbesserung der Arbeitsbedingungen genutzt wird.

In dieser Situation soll das vorliegende Buch Anregungen und Verständigungshilfen geben. Es wendet sich an Mitglieder von SAP-Projektgruppen ebenso wie an Organisatoren und Arbeitssicherheitsfachkräfte, an Abteilungsleiter ebenso wie an von der Umstellung betroffene Sachbearbeiter, an Personalplaner und Weiterbildungsfachkräfte ebenso wie an Betriebs- und Personalräte. Das Buch will nicht nur sachliche Zusammenhänge zwischen diesen häufig heillos entfremdeten Tätigkeitsfeldern aufzeigen, es soll auch den Dialog erleichtern, indem es Grundbegriffe erläutert und soweit wie möglich eine allgemeinverständliche Sprache wählt.

Einführung

Der Hintergrund: Erfahrungen von Praktikern

Die Anregungen in diesem Buch sind nicht am grünen Tisch entstanden. Sie sind Ergebnisse von mehr als dreijähriger Forschungsarbeit zu diesem Thema, in deren Verlauf Fallstudien und Beratungen in mehr als 50 SAP-Anwenderbetrieben durchgeführt wurden. Vieles, was wir hier präsentieren, beruht auf den Erfahrungen von Praktikern, die uns in unzähligen Interviews und Gesprächen mitgeteilt wurden. Wir haben aber natürlich auch selbst Untersuchungen angestellt und zu diesem Zweck u. a. unsere eigenen R/2- und R/3-Installationen betrieben.

Als das Forschungsprojekt vor fast vier Jahren aus der Taufe gehoben wurde, bot die SAP nur das Zentralrechnersystem R/2 an. Das Nachfolgesystem R/3 existierte nur als Ankündigung. Erst im Verlauf des Projekts hatten wir die Möglichkeit, uns mit den Besonderheiten von R/3 zu befassen und die Übertragbarkeit unserer Ergebnisse auf R/3 zu verifizieren. Viele Aussagen dieses Lesebuchs gelten für R/2- und R/3-Anwendungen gleichermaßen. Wo dies nicht der Fall ist, haben wir auf die Unterschiede und Besonderheiten hingewiesen.

Im Sinne eines exemplarischen Vorgehens haben wir uns vor allem mit Anwendungen in der Logistik befaßt, also mit Funktionen vom Einkauf über die Lagerwirtschaft und Produktion bis zu Vertrieb und Versand. Wir gehen davon aus, daß sich die meisten grundsätzlichen Aussagen auch auf die anderen Anwendungsfelder übertragen lassen, allerdings geben wir für diese Bereiche nur wenige Beispiele.

Zum Aufbau

Uns ist bewußt, daß jeder Betrieb und jedes SAP-Projekt anders sind. Den allgemein selig machenden Weg zur richtigen SAP-Gestaltung können und wollen wir nicht angeben. Das Lesebuch soll ein Steinbruch sein, aus dem Interessierte Anregungen und Verständnishilfen schöpfen können. Wir haben deshalb die Form eines Mosaiks aus Erläuterungen, Erfahrungen und Meinungen gewählt, das insgesamt hoffentlich doch ein Gesamtbild erkennen läßt, aber es dem Leser nicht aufdrängt. Damit die Beschäftigung mit der von Vielen als trocken empfundenen Materie nicht nur zur Last wird, haben wir neben der Darstellung technischer und organisatorischer Grundlagen auch Fallbeispiele, Interviews und kontroverse Meinungen aufgenommen.

Für Leser, die an einer Vertiefung und systematischeren Darstellung interessiert sind, wurde vom Forschungsprojekt ein „Soziales Pflichtenheft für Anwender" veröffentlicht.

Das Material ist in fünf Abschnitte gegliedert:

1. Das erste Kapitel informiert über die technischen Besonderheiten der SAP-Systeme und gibt erste Hinweise darauf, welche Konsequenzen diese Besonderheiten für die Organisation und die Arbeitsgestaltung haben können.

2. Das zweite Kapitel vertieft die Frage nach dem Zusammenhang zwischen den technischen Grundkonzepten der integrierten Standardsoftware und ihrem organisatorischen und sozialen Umfeld. Vor allem hier wird fündig, wer Informationen über die Auswirkungen von SAP-Software sucht.

3. Letztlich geht es jedoch nicht nur darum, Auswirkungen zu diagnostizieren, so als wären diese unabänderlich. Vor dem Schritt zu einer bewußten Gestaltung auch der sozialen Dimensionen der Systemanwendung muß eine klare Zielsetzung stehen. Das dritte Kapitel befaßt sich daher mit unterschiedlichen Leitbildern der Arbeitsgestaltung.

4. Als Hilfe für die praktische Umsetzung von Leitbildern stellt das vierte Kapitel unter dem Titel ‚Stellschrauben' die technischen Ansatzpunkte dar, die für arbeitsorientierte Technikgestaltung genutzt werden können.

5. Im Mittelpunkt des fünften Kapitels steht das Einführungsprojekt. Hier wird dargestellt, zu welchem Zeitpunkt, anläßlich welcher Arbeitsschritte und durch welche Stellen oder Personen arbeitsorientierte Inhalte sinnvollerweise eingebracht werden können.

Das soziale Pflichtenheft „SAP-Software arbeitsorientiert einführen – Handlungsempfehlungen, soziale Pflichten und Konzepte für Projektverantwortliche und Betriebsräte" (Arbeitstitel) erscheint ebenfalls in 1996.

Danksagungen

Das Projekt, aus dem dieses Lesebuch hervorging, wurde im Rahmen des Programms ‚Sozialverträgliche Technikgestaltung' vom Ministerium für Arbeit, Gesundheit und Soziales des Landes Nordrhein Westfalen gefördert. Wir danken der SAP AG, die uns nicht nur ihre Software für unsere Untersuchungen kostenlos überließ, sondern uns auch Gelegenheit zu zahlreichen Gesprächen und Workshops mit ihren Entwicklern und Beratern gab. Wir danken ferner unseren zahlreichen Gesprächspartnern in den Projektgruppen und Fachabteilungen der Anwenderbetriebe, die uns ihre Erfahrungen mitteilten und dabei viel Zeit opferten. Ohne die geschilderte Förderung und Unterstützung wäre dieses Buch nicht zustande gekommen.

Wir wünschen viel Spaß und Gewinn beim Lesen.

Die Redaktion:

Dipl.-Inform. Thomas Barthel,
Dipl.-Inform. Michael Kühn,
Dr. Reinhard Linz,
Dipl.-Inform. Ulrich Mott.

Besonderheiten der SAP-Produkte

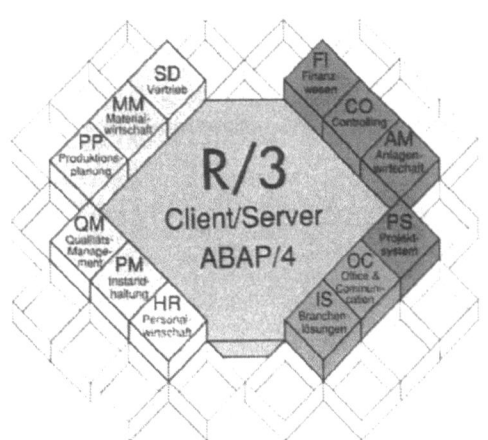

Besonderheiten der SAP-Produkte

Was ist SAP?

SAP: Für die einen ein Zauberwort und für andere ein Moloch. Was steckt eigentlich hinter den drei Buchstaben, die so viele beschäftigen? Der folgende Beitrag erläutert die wichtigsten Fakten.

Die SAP AG ist ein deutsches Softwarehaus. Das Kürzel SAP steht für ‚Systeme, Anwendungen, Produkte in der Datenverarbeitung'. Die Firma SAP vertreibt derzeit zwei EDV-Anwendungssysteme, das ältere R/2-System für Großrechner von Siemens und IBM und das neuere System R/3 für eine Reihe verschiedener Betriebssystem- und Datenbankplattformen für Netzwerke aus PCs und Computern mittlerer Größe.

Einige Fakten zur SAP Software

Das Einsatzgebiet beider SAP-Systeme umfaßt die Datenverarbeitung aller betrieblicher Funktionsbereiche von der Buchhaltung über die Personalabrechnung bis zur Kostenrechnung, die DV-Unterstützung der gesamten Logistikkette vom Auftragseingang über die Produktionsplanung und -steuerung bis zum Versand sowie allgemeine Bürofunktionen wie Textverarbeitung, elektronische Post und Archivierung.

Für beide Produkte hebt die Herstellerin folgende Eigenschaften hervor:

Es sind *Dialogsysteme*, die die zu verarbeitenden Daten direkt nach der Eingabe in der Datenbank speichern und für alle gewünschten Verarbeitungen und Auswertungen verfügbar halten. So ist es etwa möglich, bei einer Abfrage des aktuellen Lagerbestandes, diesen auf dem im Augenblick eingegebenen Stand zu erfahren. Mit Hilfe der Technik können die Daten direkt am Entstehungsort erfaßt werden. Bei der Dateneingabe und bei der Eingabe von Abfrageparametern werden die Benutzer durch Masken geführt. Die Daten werden bei der Eingabe bereits durch entsprechende Programmschritte auf Richtigkeit geprüft, so daß die Eingabe fehlerhafter Daten teilweise schon hier verhindert wird. Unter organisatorischen Gesichtspunkten fällt bei dem Einsatz eines Dialogsystems (gegenüber den älteren stapelverarbeitenden EDV-Systemen) die reine Datenerfassung und -kontrolle weg. Die Daten müssen von den Sachbearbeitern ‚am Ort des Geschehens' direkt eingegeben werden.

Es handelt sich um *integrierte* Systeme, d.h. auf der Basis einer einheitlichen Datenbank verwenden *alle* kaufmännischen und technischen Funktionsbereiche ein und denselben Datenbestand. Im Gegensatz zu den früher üblichen Fachsystemen, die mehr oder weniger die Funktion einer einzelnen Fachabteilung abgebildet und unterstützt haben, soll ein integriertes System die Funktionen aller beteiligten Abteilungen automatisieren. Die Daten brauchen daher auch nur einmal gespeichert zu werden und die Da-

> *SAP ist Deutschland größtes Softwarehaus und bietet die integrierte Standardsoftware R/2 und R/3 an.*

Besonderheiten der SAP-Produkte

Entwicklungs- und Vertriebszentrum der SAP AG in Walldorf

Ausführlich zu den organiatorischen Auswirkungen ➠ Kapitel 2, insbesondere ➠ „2.1 Organisation wird mitgeliefert"

Zum Client-Server-Konzept von R/3 ➠ „1.5 Von R/2 zu R/3"

tenweitergabe über Schnittstellen entfällt weitgehend. Für den Anwender stellt sich das integrierte System an allen Stellen mit einer ziemlich einheitlichen Benutzungsoberfläche dar. Unter organisatorischen Gesichtspunkten erfordert die einheitliche Datenbank erheblichen Abstimmungs- und Definitionsaufwand zwischen den Abteilungen. Der Einsatz eines integrierten Systems bietet Gestaltungsräume zur Neuverteilung von Aufgaben an Stellen und Berufsgruppen: Die horizontale und vertikale Arbeitsteilung wird zur Disposition gestellt. Ins Blickfeld der Rationalisierung gerät über die Fachabteilungsgrenzen hinweg die gesamte Prozeßkette, z. B. von der Konstruktion zur Fertigung oder von dem Auftragseingang über die Fertigung bis hin zur Auslieferung eines Auftrages.

Von der Konzeption her sind beide Systeme betriebswirtschaftliche *Standardsoftwarepakete*, die in unterschiedlichen Ausbaustufen und an unterschiedlichste Betriebe angepaßt werden können. Darüber hinaus liefert SAP mit dem System Entwicklungswerkzeuge für anwendereigene Anpassungen aus. Einfache Anpassungen werden technisch über Tabelleneinstellungen und nicht durch Programmänderungen realisiert.

Das System R/2 wurde seit Mitte der siebziger Jahre entwickelt und über eineinhalb Jahrzehnte zu der heute verfügbaren Funktionalität ausgebaut. Allerdings läuft dieses System nur auf großen Zentralrechnern mit direkt angeschlossenen Terminals. Seit Ende der achtziger Jahre hat die Fa. SAP das System R/3 entwickelt, das auf sogenannten Client-Server-Plattformen läuft. Das sind Netzwerke aus PCs, den sogenannten Clients, an denen die Benutzer des Systems arbeiten, und aus leistungsstarken Servern, auf denen die Datenbanken und Anwendungsprogramme laufen. Mit R/3 zielt SAP auf den Markt der Mittelbetriebe (ab etwa 200 Beschäftigten) ab. Mit den PCs als Endgeräten sind auch die Beschränkungen der reinen zeichenorientierten Datenverarbeitung überwunden. Von der verfügbaren Funktionalität bieten beide Systeme derzeit annähernd dasselbe.

Beide SAP-Systeme bestehen zum einen aus dem jeweiligen Basis-System und aus den betriebswirtschaftlichen Anwendungskomponenten. Das Basissystem muß für den Betrieb ei-

Besonderheiten der SAP-Produkte

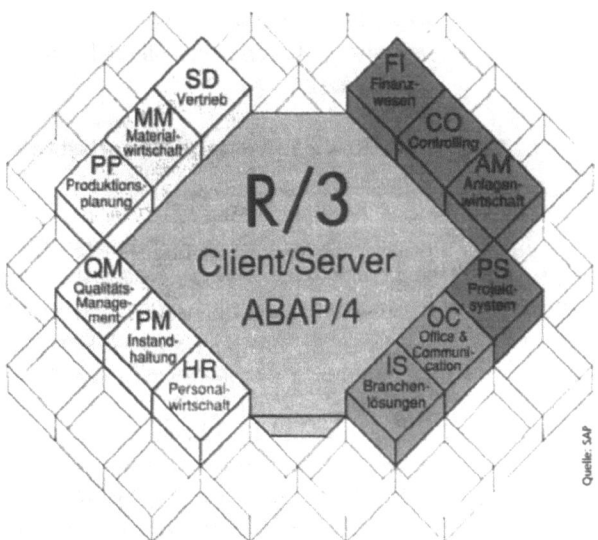

Module des SAP-Systems R/3

ner SAP-Installation immer laufen. Es beinhaltet neben den Schnittstellen zu dem verwendeten Datenbank- und Betriebssystem die schon erwähnten Entwicklungswerkzeuge. Zum Basissystem zählt u.a.

- ein aktives Data Dictionary (übersetzt: Datenwörterbuch) zur zentralen Verwaltung;
- eine eigene Programmiersprache, ABAP/4 genannt. Die Abkürzung stammte früher von ‚*A*llgemeiner *B*erichts*a*ufbereitungs*p*rozessor' und ist heute die Abkürzung von *A*dvanced *B*usiness *A*pplication *P*rogramming. Zu der Programmiersprache gehören auch Hilfsmittel zur Erstellung eigener Programme;
- eine umfangreiche Tabellenverwaltung zur Anpassung des Systems an unterschiedliche Kundenanforderungen;
- ein Hilfsmittel zur Gestaltung von Bildschirmmasken;
- eine Online-Hilfe sowie eine ausführliche Online-Dokumentation.

Die Module und Anwendungskomponenten können vom jeweiligen Anwenderbetrieb nach seinen Anforderungen zusammengestellt und mit Hilfe der Entwicklungswerkzeuge ggf. auch verändert werden. (Zu den derzeit verfügbaren Anwendungskomponenten siehe die Graphik auf dieser Seite zu R/3 bzw. den Kasten zu R/2 auf der nächsten Seite)

Sowohl das R/2 als auch das R/3-System sind erheblich komplexer als herkömmliche EDV-Systeme. In der Dauer der Einführungsprozesse unterscheiden sich beide Systeme jedoch sehr. Während die Einführungsdauer eines kompletten R/2-Systems in der Vergangenheit nicht selten 4 Jahre und mehr erreichen konnte, so hat sich diese Zeit im R/3 System zumindest für die Teile der Finanzbuchhaltung, Anlagenbuchhaltung, Kostenstellenrechnung und Materialwirschaft erheblich verkürzt. Über das PPS System ‚PP', das Instandhaltungsmodul ‚PM' und die Personalwirtschaft ‚HR' im R/3 liegen noch nicht genügend gesicherte Erfahrungen vor.

Wegen des umfangreichen Anpassungsaufwandes hat der Hersteller SAP für beide Produkte Einführungshilfsmittel geschaffen, die die Planung und Durchführung der Anpassungsschritte unterstützen. Für die Großrechnersoftware R/2 steht das Hilfsmittel IMW bereit (IMW steht für *IM*plementation *W*are); für das R/3-System heißt das entsprechende Werkzeug IMG (IMG steht für *IM*plementation *G*uide, was im Deutschen als ‚Implementationsleitfaden' bezeichnet werden kann) und der

Zu den Einführungshilfsmitteln ➡ *„5.2 Vorgehen nach Modell" und* ➡ *„5.3 Der Betriebsrat ist zu beteiligen"*

Besonderheiten der SAP-Produkte

zugehörige Vorgang ‚Customizing' (was mit ‚Anpassung an den Kundenbetrieb' übersetzt werden kann).

...und was bedeutet dies aus arbeitsorientierter Sicht?

Die technischen Eigenschaften der SAP Systeme R/2 und R/3 haben unmittelbare Konsequenzen für die Organisation eines Anwenderbetriebes. Im folgenden wird ein erster Überblick über solche Themen gegeben, die in Kapitel 2 dann vertieft werden.

An dieser Stelle wird zunächst zusammengefaßt, welche Themen die oben dargestellten technischen Eigenschaften in bezug auf die Arbeitsplätze und die Organisation aufwerfen.

Eine Folge aus der Eigenschaft *Dialogsystem* besteht in vermehrter Bildschirmarbeit. Bildschirmarbeit für Sachbearbeiter, die vor der SAP-Einführung häufig noch kaum Bildschirme als Arbeitsmittel genutzt hatten. Teilweise heißt es auch vermehrte Bildschirmarbeit für Beschäftigte, die auch schon vor der SAP Einführung mit dem Bildschirm an dem Vorgängersystem gearbeitet hatten. Das bringt eine Veränderung des Arbeitsmittels und der Belastungen mit sich.

In der Folge der SAP Einführung werden Datenerfassungstätigkeiten häufig in die Sachbearbeitung integriert, d.h. die früher übliche Arbeitsteilung zwischen Datenerfassungskräften und Sachbearbeitern wird aufgehoben. Separate Datenerfassungskräfte werden nicht mehr gebraucht.

Zur Integration ➡ „1.3 Stichwort Integrierte EDV" und ➡ „2.4 Integration als Organisationsaufgabe"

Module des R/2 Systems:	
RB	Basismodul
RF	Finanzbuchhaltung
RA	Anlagenbuchhaltung
RK	Controlling
RM-MAT	Materialwirtschaft
RP	Personalwirtschaft
RM-QSS	Qualitätssicherung
RM-Inst	Instandhaltung
RV	Vertrieb und Versand
RM-PPS	Produktionsplanung und -steuerung

Bildschirmarbeit kann weiter bedeuten: schnellere und bessere Informationen, stärkere Formalisierung und Vorgabe, aber auch eine Beschleunigung der Arbeitsprozesse (d.h. für den betreffenden Beschäftigten u.a. einen geringeren Zeit- und Entscheidungsspielraum bei der Bearbeitung seiner Aufgaben). Dieser Effekt tritt allerdings nur dann ein, wenn die Qualität der eingegebenen Daten gut ist und das erzeugte Abbild der betrieblichen Prozesse einigermaßen mit der Realität übereinstimmt. Ist dies nicht der Fall – beispielsweise wenn Wunschvorstellungen von einer Organisation und nicht reale Arbeitsprozesse das Ziel des Automationsvorhabens waren – treten allerdings noch ganz andere Effekte auf: Es muß Mehrarbeit geleistet werden, um die entstandenen Fehler wieder auszubügeln.

Die *Integration* bedeutet unter dem Aspekt der qualitativen Veränderung der Arbeit vor allem mehr Kooperation zwischen den Sachbearbeitern über das System auf der horizontalen Ebene und damit die Notwendigkeit, gegenseitig enger und mit mehr Verständnis für die Tätigkeit der anderen zusammenzuarbeiten. Mit dem Wegfall ‚lästiger Doppelarbeiten' entfallen dabei häufig die Überprüfungen auf sachliche Richtigkeit der eigenen Arbeitsergebnisse. Die Verantwortlichkeit – und damit für viele der Streß – wird größer. Mit der verstärkten Abhängigkeit der Sachbearbeiter voneinander verändert sich zwangsläufig die Rolle der Vor-

In einer Entwicklungsabteilung der SAP AG

gesetzten – speziell des mittleren Managements – in den Entscheidungsprozessen. In der betrieblichen Hierarchie können deshalb zum Teil Funktionen von Vorgesetzten nun von den Sachbearbeitern selbst oder vom System erfüllt werden. Prüfungen der formalen Richtigkeit der eingegebenen Daten werden zwar vom System übernommen, was aber nicht gleichbedeutend damit ist, daß das System *alle* Fehler entdecken kann. Durch den Integrationsansatz wirken Fehler sofort und an allen Stellen, an denen das entsprechende Datum weiter verarbeitet wird.

Hinsichtlich der Arbeitsabläufe bietet ein integriertes System die Möglichkeit der Optimierung entlang der Prozeßketten. Die nach der Systemeinführung verbleibenden Tätigkeiten können wie an einer Perlenkette zwischen Abteilungen hin und her geschoben werden. Damit können bestehende Abteilungen zusammengelegt oder aufgelöst werden oder in ihrem Zuständigkeitsbereich ganz neu zugeschnitten werden. Beispielsweise ist bei einigen SAP-Anwendern der Übergang von der klassischen Abteilungsgliederung zur produkt- und geschäftsbereichsorientierten Zusammenlegung der operativen Funktionen der Auftragsabwicklung (vom Verkauf über Produktionsplanung, Fertigungssteuerung, Einkauf, Konstruktion, Arbeitsvorbereitung und Versand) zu einer Verwaltungsinsel zu beobachten. Die einheitliche Benutzungsoberfläche und die damit nur noch von den Berechtigungsprofilen abhängige Frage, wer am System welche Funktionen wo ausführen kann, schafft die technische Voraussetzung für die Realisierung einer vorgangsorientierten Ablauf- und einer entsprechenden Aufbauorganisation.

Für die Endanwender bedeutet Integration, zusätzlich zu den ursprünglichen Aufgaben, Datenerfassungstätigkeiten für andere Stellen mitzuerledigen. Die Verwendung der für andere miterfaßten Daten bleiben dem einzelnen Erfasser vor Ort jedoch unklar. In den SAP-Systemen werden Material- und Werteflüsse integriert bearbeitet. So sind z. B. dem einzelnen Facharbeiter in der Produktion, der eine Materialentnahme bucht, u. U. weder die Bedeutung noch die Ziele der mit dieser Buchung angestoßenen wertmäßigen Verbuchung und die damit mögliche Kostenbetrachtung klar. Seine Arbeit wird nach anderen Maßstäben beurteilt - nach der mengenmäßigen Leistung, der Auslastung der Produktion, der Qualität und der Termingerechtigkeit seiner Arbeiten. Bei der Integration von Fachfunktionen muß daher auch auf die Vermittlung entsprechender Kenntnisse an alle Beteiligten geachtet werden.

Die Eigenschaft *Standardsoftware* heißt unter dem Gesichtspunkt der Arbeit zunächst, daß die Programmierung von Anwendungen fast ganz unnötig ist. In manchen – formalisierten bzw. gesetzlich vorgegebenen – Anwendungsfeldern wie der Buchhaltung ist es sicherlich nicht einzusehen, warum Eigenentwicklungen notwendig sein sollten. Standardsoftware heißt dann für die EDV- und die Fachabteilungen Anpassung an die vom Hersteller unter dem Gesichtspunkt möglichst großer Vollständigkeit zusammengestellten Dialoge und Abläufe. Für die EDV-Anwendungsprogrammierer bedeutet dies Anpassung und Ergänzung von Standardprogrammen statt Neuprogrammierung. Das bedeutet nicht weniger, sondern in der Regel andere Arbeit. Für die Fachabteilung bedeutet Standardsoftware, generelle und umfassende Anwendungen auf einem hohen Niveau zur Verfügung gestellt zu bekommen, die dem Stand der Wissenschaft entspricht. Nicht selten wird dagegen von den Anwendern eine einfache und pragmatische Lösung vermißt. Für den Nutzer bedeutet dies auch nicht selten übervolle Bildschirmmasken und lange Bildfolgen, die bis zum Ende durchgearbeitet werden müssen, weil bei der Anpassung vergessen wurde, die Anzeigen und den Zugriff für die Anwender zu optimieren. ◆

➡ „1.4 Standardsoftware - Ende der Software-Krise?"

Beispiele für die Verschiebung von Aufgaben ➡ „2.6 Chronologie einer Einführung"

Bei der Integration von Fachfunktionen kommt es darauf an, daß alle Beteiligten diese Sichtweise nachvollziehen können. Die Vermittlung entsprechender Kenntnisse unterbleibt jedoch häufig.

Besonderheiten der SAP-Produkte

Was ist anders bei den SAP-Systemen?

Die SAP-Systeme R/2 und R/3 unterscheiden sich in einigen Punkten erheblich von bisher üblichen fachabteilungsorientierten kommerziellen EDV-Systemen. Diese Unterschiede haben Konsequenzen für den Umgang mit der Software.

Ein ganz erheblicher Unterschied zu anderen fachbereichsorientierten EDV-Anwendungen ist die Größe der Systeme, d.h. vor allem die Anzahl der in dem System zur Verfügung gestellten Funktionen. Verwaltet beispielsweise ein Personalabrechnungs- und Informationssystem wie PAISY der Firma Lammert ca. 500 Einzeldaten, so verwaltet das SAP-System weit über 20.000 Einzeldaten und das bei einem erheblich umfangreicheren Leistungsspektrum. Einige weitere Zahlen zu dem Umfang sind in dem nebenstehenden Kasten enthalten. Dabei sollte man sich von den größeren Zahlen bei R/3 nicht täuschen lassen. Der Benutzer merkt in der Regel von dem noch einmal gewachsenen Umfang nichts, weil viele neue Transaktionen und Programme gerade die schwer zu pflegenden Tabellen des R/2-Systems verbergen. Der Umfang und die Komplexität hat zur Konsequenz, daß es kaum jemanden gibt, der das gesamte System überblickt. Der Schulungsaufwand für die Anwendung des Systems ist sowohl hinsichtlich der Dauer als auch hinsichtlich des Umfangs nicht zu unterschätzen.

Vor allem wird immer wieder übersehen, daß für den Betrieb eines integrierten Systems Mitarbeiter auch mit dem entsprechenden Fachwissen ausgestattet sein müssen.

SAP ist mit einigem Erfolg darum bemüht, die Einführung der Systeme durch entsprechende Einführungshilfsmittel (IMW und IMG) zu erleichtern. Zum Beispiel wurde das in den Systemen realisierte Daten-, Prozeß- und Funktionenmodell veröffentlicht, so daß es möglich ist, ohne große Systemkenntnis entscheidende Systemeigenschaften kennenzulernen. Aus der Sicht vieler Anwenderbetriebe dauert die Anpassung jedoch immer noch zu

Zum Anpassungsaufwand
➡ „1.6 Outsourcing - die Lösung für den Mittelstand?"

Die Dokumentation für das R/2-System in Papierform füllt ganze Schränke

lang. Vor allem aber entsteht immer wieder der laufende Aufwand zur ständigen Anpassung der Anwenderinstallation an neue Versionen der Herstellerin SAP - sogenannte Putlevel (kleinere Fehlerkorrekturen) und Release-Stände (größere Änderungen und Erweiterungen der SAP-Funktionen). Das Bild von der ‚Dauerbaustelle SAP' ist hier für manchen Anwender durchaus angebrachter als die Vorstellung von der einmaligen abgeschlossenen Einführung der SAP-Software.

Es gibt keinen Betrieb, der die SAP-Software erfolgreich und termingerecht ohne ausreichendes SAP-Know-How eingeführt hat. Dieses Know-How wird in der Regel durch neueingestellte erfahrene SAP-Projektmitarbeiter oder in Form der Einschaltung von Unternehmensberatungen ‚zugekauft'.

Besondere Eigenschaften von	SAP R/2	SAP R/3
Größe der Systeme:		
Anzahl der Datenfelder	20.000	20.000
Anzahl der Standard ABAPs	2.800	8.000
Anzahl der Transaktionen	1.000	6.300
Anzahl der Tabellen	2.500	10.000
Wachstum und Veränderung		
neue Putlevel (Fehlerkorrekturen und kleine Verbesserungen)	alle 6-8 Monate	(derzeit) jeden zweiten Monat
neue Releasestände (umfangreichere Erweiterungen der Funktionalität)	ca. alle 24 Monate	ca. alle 10 Monate
Dauer der Einführung		
Gesamteinführung (abhängig von dem Umfang der genutzten Funktionen und der Komplexität des Betriebes)	bis zu 60 Monate	bis zu 30 Monate
Formalisierung des Einführungsverfahrens		
Datenmodell	UDM	UDM
Prozeßmodell		R/3-Analyser
Funktionenmodell		R/3-Analyser
Abbildung der Modelle ins System	Implementation Ware IMW	Implementation Guide IMG - Customizing

Stichwort „Integrierte EDV"

Integration ist die große Stärke der Software-Pakete R/2 und R/3 von SAP. Sie gilt zugleich als der wichtigste Grund für den frappierenden Markterfolg dieser beiden Produkte. Doch was genau ist es eigentlich, das die Integriertheit dieser Systeme ausmacht? Und welche Konsequenzen ergeben sich aus arbeitsorientierter Sicht?

Es gibt eine ganze Reihe von Aspekten, unter denen man R/2 und R/3 integriert nennen kann. Der wichtigste kommt bereits in den bekannten Übersichtsbildern zum Ausdruck, nämlich die Zusammenfassung verschiedener Fachmodule unter dem Dach eines einzigen Systems.

Natürlich wird in vielen Bereichen der Betriebe seit langem EDV eingesetzt. Jedoch war es bislang üblich, daß jeder Bereich sein eigenes System einsetzt und nach seinen Bedürfnissen optimiert. Da gibt es – um nur einige zu nennen – ein Programm für die Finanzbuchhaltung, eines für die Kostenrechnung, eines für die Zeitwirtschaft, eines für den Einkauf, eines für die Lagerverwaltung, eines für die Auftragsverwaltung und eines für die Produktionsplanung und -steuerung. Außerdem ein Personalinformationssystem und die unterschiedlichsten PC-Anwendungen. Die zu verarbeitenden Informationen überschneiden sich dabei oft, aber die Unterschiedlichkeit der EDV-Systeme kann zu einer nachhaltigen Kommunikationsbarriere und damit zu einem echten Integrationshindernis werden.

Dem setzt die SAP AG ein Ende. Sie tritt an, die Funktionenvielfalt der früheren Inselsysteme in einem einzigen Softwarepaket mehr oder weniger vollständig abzudecken. Zwar bestehen auch R/2 und R/3 aus einzelnen Modulen, die im wesentlichen nach Fachbereichen geordnet sind und aus denen man eine beliebige Kombination einsetzen kann. Aber diese Module sind im Gegensatz zu den früheren Inselsystemen genau aufeinander abgestimmt. Sie setzen auf ein gemeinsames Basismodul auf, benutzen gemeinsame Datenbestände und Programme und arbeiten z.B. hinsichtlich Bedienungsoberfläche, Modifikationsmöglichkeiten und Zugriffsschutz nach denselben Grundprinzipien.

1. Einmal speichern – mehrfach nutzen: Integration der Datenbestände

Im ganzen Unternehmen jedes Datum nur einmal zu speichern, das ist die konsequente

Fortsetzung des Grundgedankens vom alle Anwendungen integrierenden Universalsystem. Das Grundprinzip „Einmal speichern – mehrfach nutzen" gilt für die Gesamtheit aller von SAP angebotenen Module. So gibt es zum Beispiel für Materialien, Lieferanten oder Kunden jeweils nur eine zentrale Datei im gesamten System, in der alle vom Unternehmen benötigten Informationen abgelegt werden.

Der wesentliche Vorteil der Einmalspeicherung liegt in der einfacheren Datenpflege. Einmal gespeicherte Daten brauchen schließlich auch nur einmal erfaßt und immer nur an einer Stelle korrigiert zu werden. Hier steckt ein beachtliches Rationalisierungspotential, wie auch die Unternehmensberater in ihren Machbarkeitsstudien zur SAP-Einführung immer wieder diagnostizieren.

Wenn die Anwender im nachhinein trotzdem klagen, daß der Datenpflegeaufwand bei SAP viel höher sei als früher, liegt das daran, daß mehr Aspekte der betrieblichen Wirklichkeit mit größerer Genauigkeit abgebildet werden sollen. Und dazu muß man selbstverständlich auch mehr Daten pflegen. Vielleicht ist bei solchen Klagen auch eine Portion Psychologie im Spiel; denn bei gemeinsamer Datennutzung durch viele verschiedene Stellen fallen Versäumnisse bei der Pflege viel öfter und schmerzhafter auf. Fehlende oder falsche Daten behindern dann nämlich nicht nur die eigene Arbeit, sondern verursachen auch noch sozialen Druck frustrierter Mitnutzer.

Einmalspeicherung fördert – und das wird als weiterer Pluspunkt betrachtet – die Konsistenz des Datenbestands. Denn es kann nicht mehr vorkommen, daß in einem doppelt geführten Datenfeld unterschiedliche Werte stehen, daß also etwa ein Liefertermin zu einem Auftrag in den Dateien der Fertigungssteuerung um einen Monat später liegt als in denen der Vertriebsabteilung. Dieser Vorteil hat allerdings auch eine Schattenseite. Denn Konsistenz bedeutet ja nicht Richtigkeit, und wer garantiert, daß die Fertigungssteuerung, wenn sie vom Vertrieb eingegebene Daten mitnutzt, nicht gerade auf einen falsch eingegebenen Termin zugreift? Widersprüche sind dagegen immer Hinweise auf Fehler, und ohne solche

> Aus einer Reihe von Gründen kann die Datenpflege für die Mitarbeiter mit Belastungen verbunden sein:
>
> - Es sind viele Daten zu pflegen.
> - Es ist schwer zu überschauen, wie weit die eigenen Eingaben ausstrahlen, insbesondere wie weitreichend die Folgen von Fehlern sind.
> - Versäumnisse bei der Datenpflege behindern nicht nur die eigene Arbeit, sondern verursachen auch noch sozialen Druck frustrierter Mitnutzer.
> - Grundsätzlich werden alle Eingaben namentlich protokolliert, was zum Teil eine Konsequenz daraus ist, daß sie infolge der Integration meist zumindest mittelbar Auswirkungen auf die Buchhaltung haben.
> - Hinzu kommt, daß die Datenpflege in der Regel nebenbei erledigt werden muß. Sie erscheint den Beschäftigten eher als Nebenpflicht und wird von ihnen nicht – wie etwa das Bearbeiten eines Werkstücks – zur eigentlichen Aufgabe gerechnet.

Hinweise bleiben die Fehler vielleicht unentdeckt.

Dabei sind gerade bei der Einmalspeicherung Fehler besonders kritisch. Denn hier gilt eben nicht nur „einmal richtig – überall richtig", sondern auch „einmal falsch – überall falsch", und je mehr Programme und Benutzer auf dasselbe Datum zugreifen, desto größer wird auch das Risiko, daß sich Fehler schnell und weiträumig ausbreiten. Nachträgliche Korrekturen können sehr aufwendig oder sogar unmöglich sein, weil neben dem Datum selbst auch alle Auswertungen berichtigt werden müßten, die auf dem noch falschen Datum unmittelbar oder mittelbar aufgesetzt haben.

Die Abbildung des Unternehmens – eine kollektive Planungsaufgabe von neuer Qualität

Die Konzeption des Datenbestands ist ein Vorgang, der wenigstens im Idealfall nur einmal stattfindet, der aber an Bedeutung gewinnt. Die Datenmodellierung ist bei der Einführung eines neuen Informationssystems immer eine heikle Aufgabe; denn man muß Grundentscheidungen treffen, die später nur schwer revidierbar sind. Welche Objekte der betrieblichen Wirklichkeit sollen überhaupt abgebildet werden? Welche Eigenschaften dieser Objekte sind wichtig und in welchen Beziehungen zu anderen Objekten sollen sie stehen können? Hier gilt es, möglichst alle gewünschten Nutzungsformen des Systems im vorhinein abzuschätzen.

Nun ist in den SAP-Systemen bei ihrer Auslieferung bereits eine umfassende Datenstruktur vordefiniert. Sie wird als Unternehmensdatenmodell (kurz UDM) bezeichnet und ist sozusagen ein Standard-Rahmen für die Modellierung eines normalen Wirtschaftsunternehmens, in dem für gängige Objekte wie Materialien, Aufträge, Kunden, Lieferanten, Personal, Arbeitspläne, Stücklisten, Kostenarten, Kontenrahmen und dergleichen Datenmodelle vorbereitet sind.

Doch bei aller Fülle und Detaillierung bleibt das vordefinierte Datenmodell ein leeres Schema, und jeder Anwenderbetrieb muß selbst überprüfen, ob und wie die abstrakten Strukturen im eigenen Betrieb auf die hier vorkommenden Materialien, Aufträge, Lieferanten usw. zu konkretisieren sind. Vielleicht kann man auf manche vorgesehenen Objekte verzichten, vielleicht werden zusätzliche gebraucht. Auch die Neustrukturierung vorhandener Objekte ist im Prinzip möglich. Das wäre allerdings ein harter Eingriff in den Systemstandard, den man mit hohen Kosten nicht nur bei der Erstimplementierung, sondern auch bei folgenden Release-Wechseln bezahlen müßte.

Eine weitere Strukturentscheidung ist die Organisation der Datenpflege. Bei der gemeinsamen Nutzung von Daten ist die Verteilung der Zuständigkeit für deren Pflege ja keineswegs selbstverständlich. Wer darf, bzw. muß neue Aufträge anlegen? Wer gibt die akzeptablen Über- oder Unterlieferungsmengen für Fremdmaterial ein? Wer erstattet welche Rückmeldungen an das System? Und – ein besonders delikater Punkt – wie schnell müssen die für zuständig erklärten Stellen ‚ihre' Daten auf den neuesten Stand bringen, damit die Mitnutzer nicht in ihrer Arbeit blockiert werden?

Weder die Datenmodellierung noch die Organisation der Datenpflege können von einer einzigen Instanz geleistet werden. Denn die inhaltlichen und organisatorischen Anforderungen der verschiedenen Fachbereiche an das gemeinsam zu nutzende System sind dafür zu vielschichtig. Während es bei kleineren Systemen durchaus üblich war, daß eine Gruppe mit nur wenigen Personen etwa aus der EDV-Abteilung ein neues System im wesentlichen in eigener Regie einführte, wird jetzt eine echte Kooperation zwischen allen künftigen Systembenutzern unverzichtbar. Die funktionalen Anforderungen an das System, die Organisation der Systembenutzung und damit zu einem guten Teil auch die Organisation der eigentlichen Arbeit müssen in einem gemeinsamen Diskussions- und Aushandlungsprozeß erarbeitet werden. Denn es gilt hier nicht einfach, ein objektives Optimum zu finden. Vielmehr kann ein integriertes System, das von der gemeinsamen Pflege aller Benutzer lebt, nur funktionieren, wenn es auch von allen Beteiligten akzeptiert wird.

Diesen Abstimmungprozeß zu koordinieren, geeignete Gremien zu schaffen, die eine angemessene Beteiligung der Betroffenen ermöglichen, den immer wieder erforderlichen Interessenausgleich zwischen Abteilungen und Gruppen zu moderieren, wird zu einem entscheidenden Faktor für den Erfolg der Systemeinführung. Das verlangt Methoden und Fähigkeiten, in denen viele Anwenderbetriebe ungeübt sind und die auf jeden Fall jenseits des klassischen EDV-Fachwissens liegen. Um so dringlicher ist daher eine sorgfältige Planung und Vorbereitung der kooperativen Systemkonzeption.

Begrenzung des umfassenden Datenzugriffs

Zu den Planungsaufgaben gehört auch die Definition der Zugriffspfade. Hier hat die Datenintegration die Lage insofern verändert, als nun in dem Interesse, einmal gespeicherte Daten auch über Fachbereichsgrenzen hinweg gemeinsam nutzbar zu machen, ein System entstanden ist, in dem grundsätzlich jeder Benutzer jedes Datum erreichen kann, ganz unabhängig davon, welcher Abteilung er angehört, welche Aufgaben er zu erledigen hat oder welches Endgerät er wählt, um sich im System anzumelden.

Aber den vollkommen freien Datenverkehr will natürlich niemand. So wäre es mit dem

Datenschutz nicht zu vereinbaren, wenn etwa die für die Lohnermittlung gespeicherten Leistungsnachweise einzelner Mitarbeiter für alle Benutzer lesbar wären oder wenn personenbezogene Rückmeldungen zu Arbeitsplänen für jedermann offenlägen. Ganz unabhängig vom Schutz der Persönlichkeitsrechte liegt es oft im Interesse der Firmenleitung, bestimmte Informationen, die das System über den Betrieb enthält, unter Verschluß zu halten, beispielsweise das wirtschaftliche Ergebnis einzelner Betriebsteile, die Gestehungskosten einzelner Produkte oder die Rahmenkonditionen mit verschiedenen Kunden oder Lieferanten. Und schließlich ist im Interesse der Integrität wichtiger Daten zumindest ein Schutz vor Änderungen erforderlich, schon weil es keinem Mitarbeiter zuzumuten ist, für bestimmte Daten die Verantwortung zu übernehmen, wenn andere die Möglichkeit haben, die Werte nach Belieben zu verändern. Kurzum, die erweiterten technischen Zugriffsmöglichkeiten müssen durch eine geeignete Berechtigungsvergabe sozusagen künstlich wieder eingeschränkt werden.

SAP bietet mit seinem Berechtigungssystem ein starkes Instrumentarium an, mit dem man auch komplizierte Zugriffsregelungen einrichten kann. Auf einige grundlegende Besonderheiten, die der Datenintegration geschuldet sind, soll hier besonders hingewiesen werden:

1. Um zu vermeiden, daß die Verwalter der Berechtigungen praktisch unbegrenzten Zugriff zu allen betrieblichen EDV-Funktionen haben, sieht das SAP-Konzept komplizierte technische und organisatorische Funktionstrennungen vor, die allerdings von vielen Anwendern ignoriert werden.
2. Die Zugriffsregelung erfordert ein umfassendes Konzept, das in der Einführungsphase mit erheblichem Aufwand an Zeit und Ressourcen erarbeitet werden muß.
3. Die Komplexität integrierter Systeme läßt es schon aus prinzipiellen Gründen plausibel erscheinen, daß auch die Werkzeuge für die Zugriffsbeschränkungen kompliziert sind. Das heißt, es gibt nur wenige Personen, die die im System wirksamen Berechtigungen einrichten, kontrollieren und beurteilen. Eine Revision durch andere, etwa durch den Betriebsrat, ist ausgesprochen mühsam.

Neue Impulse für die Arbeitsorganisation

Berechtigungen und Zuständigkeiten sollten natürlich aufeinander abgestimmt sein. Schließlich kann jemand eine Aufgabe nur dann erfüllen, wenn ihm oder ihr alle erforderlichen Informationen zur Verfügung stehen. Aber so, wie die Zugriffsberechtigungen infolge der Datenintegration ohne technische Einschränkungen beliebig gefaßt werden können, so gibt es hinsichtlich der Versorgung mit Informationen aus dem Computersystem keinerlei Einschränkungen für die Aufgabenverteilung.

So können z. B. Aufgaben der Lieferterminierung aus der Produktionsplanung oder die Ersatzteildisposition aus der Materialwirtschaft in den Vertrieb verlegt werden, der vorher auf die Funktionen seines eigenen Auftragsabwicklungssystems beschränkt war. Manch andere organisatorische Veränderung ist aber auch einfach ein Ergebnis der gründlichen und vor allem ganze Vorgangsketten überspannenden Systemanalyse, wie sie die Konzeption eines integrierten Systems zumindest nahelegt. Bei einer solchen Analyse werden oft Vereinfachungsmöglichkeiten der Arbeitsabläufe deutlich, die man ganz unabhängig von der Datenintegration umsetzen kann.

2. Integration der Funktionen

Neben einem einheitlichen Datenpool, dem statischen Teil des Unternehmensmodells, bedeutet Integration bei SAP auch die Harmonisierung der Programme, mit denen die Daten verändert und ausgewertet werden.

Eine gemeinsame Programmbibliothek für alle Benutzer

Ganz analog zum Datenbestand gibt es auch einen zentralen Fundus von Programmen, auf den alle Benutzer gleichermaßen zugreifen können, sofern ihnen dazu die Berechtigung erteilt wurde. So angenehm es ist, unter

➡ 2.6 Chronologie einer Einführung

Zum Berechtigungssystem ➡ „4.5 Stellschraube Berechtigungskonzept"

allen vorhandenen Programmen wählen zu können, so unangenehm kann es andererseits sein, auf diesen Vorrat beschränkt zu bleiben. Denn bei noch so vielen Programmen im zentralen Vorrat vermißt man doch immer wieder eine Auswertung, die man für irgendeinen Zweck besonders gut gebrauchen könnte oder an die man sich beim alten EDV-System über lange Zeit gewöhnt hatte.

Nun gibt es zwar mit der SAP-Sprache ABAP IV und erst recht mit ABAP-Query relativ einfache Möglichkeiten, zusätzliche Programme zu schreiben. Aber schon aus Sicherheitsgründen wird diese Möglichkeit in der Regel auf einen kleinen Kreis von Programmierern beschränkt und einem förmlichen Freigabeverfahren unterzogen. Denn wer ABAP-Programme schreiben kann, kann auch Zugriffsbeschränkungen umgehen und Daten auch anderer Bereiche willkürlich oder versehentlich verfälschen. Das Freigabeverfahren aber macht das Ergänzen von Programmen schwerfällig und bürokratisch.

Eine andere Möglichkeit, die vorhandenen Auswertungsroutinen zu erweitern, besteht im sogenannten Downloading. Dabei können die Benutzer Daten auf ihre PCs übertragen und dort mit gängigen Datenbank- oder Tabellenkakulationsprogrammen auswerten. Doch dieser Weg ist aufwendiger als eine fertige Standard-Auswertung, und man kann wohl insgesamt davon ausgehen, daß die Verwendung der Auswertungstools aus dem zentralen Pool der Normalfall bleibt. Sicherheitsgesichtspunkte im integrierten Umfeld führen damit dazu, daß zentrale Stellen weitgehend die Kontrolle darüber behalten, welche Funktionen den Anwendern zur Verfügung gestellt werden.

Durchbuchen

Das Prinzip, jedes Datum nur einmal zu speichern, schließt inhaltliche Abhängigkeiten zwischen verschiedenen Daten und insofern auch Redundanzen nicht aus. Im Gegenteil: Unterschiedliche Sichten auf denselben Sachverhalt zu unterstützen und logische Konsequenzen aus einer Information zu explizieren, kann für die Anwender überaus hilfreich sein.

Das Musterbeispiel für solche Abhängigkeiten zwischen Daten ist die parallele Betrachtung des Material- und des Werteflusses. Wenn etwa eine Lieferung von 100 bestellten Zahnrädern eintrifft, so ist aus Materialsicht vor allem wichtig, daß der Lagervorrat an Zahnrädern um 100 Stück gestiegen ist und daß die Ware zur Verwendung in der eigenen Produktion zur Verfügung steht. Aus der Wertsicht betrachtet bedeutet derselbe Wareneingang eine Vermögenserhöhung beim Warenbestand und eine Erhöhung der Verbindlichkeiten gegenüber Lieferanten um den Preis der erhaltenen Räder. Im SAP-System werden immer beide Aspekte – der physische und der wirtschaftliche – gemeinsam berücksichtigt. Wenn also in der Warenannahme jemand den Empfang einer Lieferung eingibt, bucht das System sowohl eine Erhöhung des Vorrats an Zahnrädern als auch eine entsprechende Werteverschiebung auf den Konten der Finanzbuchhaltung.

Dieses Mitführen der wirtschaftlichen Seite betrieblicher Vorgänge wird meistens ‚durchbuchen' genannt. Es zeigt, daß die Integration nicht nur im Bereitstellen aller Daten für die gemeinsame Nutzung besteht, sondern daß die Programmfunktionen inhaltliche Abhängigkeiten berücksichtigen und die Konsistenz voneinander abhängiger Daten automatisch pflegen.

Je nach Systemkonstellation kann eine Wareneingangsbuchung auch die folgenden zusätzlichen Wirkungen haben:
- Aktualisierung der Einkaufsstatistik nach Warengruppen, Lieferanten, Bestellmengen und -werten, Lieferhistorie, zuständigen Einkäufern usw.,
- Fortschreibung des Lieferanteninformationssystems (Bisherige Liefermenge, Termintreue, Mengentreue, Qualität der Ware, Gesamtbenotung ...),
- Bestimmung eines Prüfloses für die Qualitätskontrolle,
- Ermittlung eines Lagerplatzes und Ausdrucken eines Transportauftrags an Lagerfahrzeuge,
- Aktualisieren des gleitenden Durchschnittspreises des gelagerten Materials,
- Benachrichtigung an Besteller des Materials,
- Belastung der verbrauchenden Kostenstelle bzw. des Auftrags, falls bereits eindeutig bestimmbar.

Wie der nebenstehende Kasten zeigt, kann das Durchbuchen noch wesentlich weiter gehen als nur bis zum Mitführen von Hauptbuchkonten.

Hier wird noch einmal deutlich, wie weit eine einzige Eingabe in das ganze System ausstrahlen kann. Gleichzeitig ist auch klar, daß das Funktionieren der integrierten Informationssystems von einer disziplinierten Pflege der Grunddaten abhängt. Denn die automatische Umrechnung von Mengen in Werte gelingt natürlich nur, wenn die Werte im Materialstammsatz abgelegt sind oder wenn die Preise aus Aufträgen oder Rechnungen im System verfügbar sind. Für die automatische Kontenfindung müssen die Materialarten gepflegt sein, für die Lagerortbestimmung müssen z.B. die Gewichte, Größen, Temperaturtoleranzen der Materialien sowie die entsprechenden Eigenschaften der Lagerplätze eingegeben sein.

Um das Durchbuchen zu ermöglichen, unterstützen bzw. erzwingen die Programme die Datenpflegedisziplin, indem sie insbesondere integrationsrelevante Daten wie etwa die Materialart als sogenannte Muß-Felder behandeln. Das heißt Dateneingaben ohne Ausfüllen dieser Felder enden erfolglos mit einer Fehlermeldung. Ebenso werden Lagerentnahmebuchungen ohne Angabe einer Kostenstelle oder eines Auftrags nicht angenommen. Um die Vollständigkeit der Rückmeldungen zu Arbeitsplänen zu erzwingen – ihr Fehlen würde die Auftragskalkulation und die Produktionssteuerung beeinträchtigen – weist das System Fertigmeldungen solange zurück, wie noch Fertigmeldungen zu vorgelagerten Arbeitsschritten ausstehen, und es druckt keine Lieferpapiere, solange die Fertigmeldungen nicht komplett sind.

Im Sinne einer Logik, die sich streng am integrierten EDV-System orientiert, ist das nur konsequent. Für den praktischen Alltag jedoch bedeutet das oft Streß und Ärger, weil immer wieder der Eindruck entsteht, daß die spröde EDV die eigentliche Arbeit behindert. Da ist es dann nur verständlich, wenn Benutzer in der Eile dazu neigen, das System mit irgendwelchen Daten ‚abzufüttern', ohne noch allzusehr auf inhaltliche Richtigkeit zu achten.

Die nahezu durchgängige Fernwirkung aller Bewegungsdaten auf die Finanzbuchhaltung hat übrigens als weiteres arbeitsorientiertes Moment zur Folge, daß die Forderungen des Handelsgesetzbuches nach transparenter Buchführung auch auf Buchungen von Materialbewegungen durchschlagen. Etwas überspitzt kann man sagen, jeder, der mir SAP Materialien verwaltet, ist auch Finanzbuchhalter, und die detaillierte Protokollierung seines Benutzungsverhaltens ist daher wenigstens zum Teil durch Gesetzespflichten gerechtfertigt.

Der Traum vom Management-Informationssystem

Es ist selbstverständlich, daß Daten, die über Fachbereichsgrenzen hinweg bereitgestellt und gepflegt werden, auch grenzüberschreitend ausgewertet werden. Die Integration wirkt aber nicht nur als Vereinfachung einer Datenkommunikation, die aufgrund sachlicher Erfordernisse – gewiß vielfach umständlicher und vielleicht gar handschriftlich – schon früher stattfand. Sie eröffnet die Option der vollkommenen Datentransparenz und damit auch zusätzlicher Auswertungen und Übersichten, die durch Standardprogramme angeboten werden oder die die Anwenderbetriebe als neue ABAPs selber ergänzen.

Bemerkenswert ist neben der fachübergreifenden Integration eine Integration über die Aggregationsstufen hinweg. So kann man in statistischen Übersichten die Weite des Blickwinkels variieren und zum Beispiel Kennzahlen, die sich auf das ganze Unternehmen beziehen, nach Sparten, Abteilungen, Gruppen und einzelnen Personen, Maschinen, Materialien und dergleichen aufschlüsseln. Auf der feinsten Aggregationsstufe können sogar die einzelnen Buchungen wieder sichtbar gemacht werden. SAP nennt das „Drill-Down-Funktion", ins Deutsche vielleicht mit „Nachbohren" zu übersetzen und zeigt in der Funktionsbeschreibung der Materialwirtschaftskomponente aus R/3 als Beispiel die stufenweise Verfeinerung einer „Einkäufergruppenanalyse" (vgl. Abb.).

Diese Möglichkeiten, den Betrieb ganz nach Belieben von unterschiedlichen Seiten zu be-

Besonderheiten der SAP-Produkte

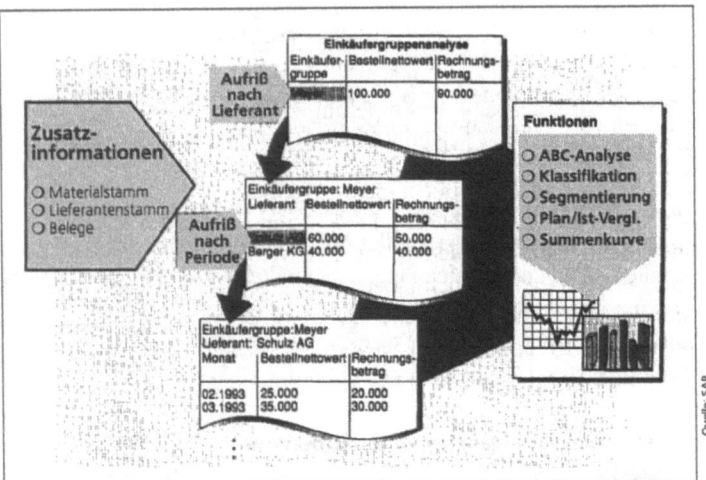

Beispiel für die schrittweise Verfeinerung von Analysen

trachten, manchmal die Vogelperspektive und punktuell auch die Froschperspektive einzunehmen, alle nur erdenklichen Zusammenhänge durchzuanalysieren, Kennzahlen errechnen zu lassen und zu vergleichen – das spricht vor allem die Manager an und vielleicht auch den Betriebsrat, der ja ebenfalls mit Managementfragen konfrontiert wird und sich auch aus seiner Sicht erhellende Analysen der betrieblichen Wirklichkeit erhoffen könnte. Doch was man sehen kann, sind im wesentlichen Zahlenkolonnen, Balken-, Säulen-, Kuchendiagramme und Kurvenverläufe, in tausendfacher Variation und letztlich doch immer wieder gleich. Da ist es nicht leicht, das Wesentliche vom Unwesentlichen zu trennen, und es ist auch nicht leicht, im Bewußtsein zu behalten, daß all die vielen Daten und Diagramme nicht den Blick auf den Betrieb selbst eröffnen, sondern nur auf ein stets lücken- und fehlerhaftes Datenmodell.

3. Controlling: Integration von Planung und Kontrolle

In das Bild vom Management-Informationssystem paßt eine besondere Art von Integration, nämlich die Integration von Planwerten in das Unternehmensmodell, einem unverzichtbarem Bestandteil des Controllings.

Controlling ist das beständige Durchlaufen eines Regelkreises, der das Beobachten der betrieblichen Vorgänge, einen Soll-Ist-Vergleich und das Ergreifen korrigierender Maßnahmen umfaßt. Dies systematisch und möglichst auf allen Gebieten zu tun, auf denen irgendwelche Entwicklungen zu steuern sind, entspricht sozusagen der herrschenden Lehre in der modernenden Betriebswirtschaft, und SAP schickt sich an, ein solches Controlling extensiv zu unterstützen. Die Arbeitsbereiche, für die R/3 Controllingfunktionen anbietet, hat SAP in der Graphik auf der folgenden Seite dargestellt. SAP spricht in der Gesamtsicht von einem ‚integrierten Unternehmenscontrolling‘, das mit Hilfe ihrer Systeme möglich sei.

Was die Funktionalität betrifft, so bieten R/2 und R/3 die Möglichkeit, neben den Bewegungsdaten, die die tatsächlichen Entwicklungen im Betrieb wiedergeben sollen, auch Soll-Werte über die geplante Entwicklung abzuspeichern. Das gilt sowohl für Basisdaten wie etwa Einkaufspreise für benötigte Materialien als auch für Kennzahlen, zu denen die Einzelereignisse verdichtet werden, z.B. die Eigenkapitalquote oder die mittlere Durchlaufzeit der Aufträge. Es gibt Funktionen, mit denen man verschiedene Planszenarien durchrechnen kann, und für den Vergleich zwischen Planvarianten oder zwischen Plan und Ist gibt es Programme, die die Abweichungen quantifizieren und in aufbereiteter Form darstellen. Die Abweichungsanalyse zu bewerten, geeignete Korrekturmaßnahmen auszuwählen und vor allem umzusetzen, bleibt allerdings weitgehend die Aufgabe von Menschen.

Das allgegenwärtige Planen, Analysieren von Planabweichungen und Auswählen von Korrekturmaßnahmen kann man ganz unterschiedlich bewerten. Manche sehen darin die einzige Chance einer systematischen und kontrollierbaren Unternehmensentwicklung. Und nur wenn jeder einzelne anstelle vager Gesamtpläne stets ein konkretes Ziel für seinen individuellen Arbeitsbereich vor Augen hat, seien nachhaltige Verbesserungen zu erwarten. Andere sehen in den zahlreichen Plan-Ist-Vergleichen vor allem einen immer wiederkehrenden Anlaß für Lob, Tadel und Rechtfertigung; denn die Planvorgabe sei stets auch als Leistungsziel zu verstehen. Motiviert würden die Mitarbeiter dann hauptsächlich zur Planerfüllung, was aber nicht notwendigerweise mit

Qualitätsarbeit und Kreativität gleichzusetzen sei, obwohl es darauf eigentlich ankomme.

Gewiß hängt vieles von der Art der Planziele ab. In der Praxis hat man aber vorwiegend ökonomische Kennzahlen im Blick, so daß das unternehmensweite Controlling tendenziell als Sieg der Kaufleute empfunden wird, während die Ingenieure sich mehr oder weniger knurrend in den neuen Trend fügen.

Insgesamt muß man wohl wieder einmal sagen: Es kommt drauf an – zum Beispiel darauf, wie die folgenden Fragen beantwortet werden:

- Wie kommt man von unternehmenspolitischen Zielen zu Soll-Werten, die ja in aller Regel quantifizierbar, letztlich also Zahlen sind?
- Wer setzt die Soll-Größen nach Art und Wert fest?
- Wie interpretiert man Abweichungen? Als persönlichen Mißerfolg der Verantwortlichen oder als Chance zu lernen?
- Wer entscheidet nach welchen Maßstäben über die zu treffenden Maßnahmen, um den gesetzten Zielen näherzukommen?
- Durch wen und bei welcher Gelegenheit werden Soll-Werte neu bestimmt?

Man sieht, auch das Unternehmenscontrolling bietet einen Gestaltungsspielraum, und je nachdem, wie er ausgefüllt wird, dürfte auch die Attraktivität des Ansatzes aus der Sicht der Beschäftigten variieren.

4. Ausblick

Die Integration hat bei den SAP-Systemen noch manche andere Aspekte, die wir hier nur anreißen können. So integriert SAP mit der R/2-„Implementation Ware" bzw. dem „Implementation Guide" von R/3 in seine Systeme Software-Hilfsmittel zur Einführung der Software. Sie sind sehr genau auf die eigentlichen Kernmodule abgestimmt und erleichtern deren Einrichtung erheblich, indem sie zum Beispiel die Anwender schrittweise zu den einzustellenden Systemparametern führen.

Die weitgehende Standardisierung der Benutzungsoberfläche in allen Modulen und die Tatsache, daß es mit dem sogenannten Screen Painter, dem Menue Painter und der ABAP-Sprache ein einheitliches Instrumentarium gibt, mit dem man Oberfläche und Funktionalität beeinflussen kann, muß man ebenfalls als eigenständige Momente der EDV-technischen Integration werten. Schließlich stellt R/3 eine Reihe von Funktionen zur Verfügung, die die Koppelung der SAP-Module mit anderen Computersystemen ermöglichen und damit zu einer Integration der gesamten EDV-Infrastruktur im Anwenderbetrieb beitragen.

Gerade was die Offenheit der Systeme gegenüber Fremdsoftware betrifft und auch hinsichtlich noch weitergehender Einführungshilfsmittel hat SAP noch erhebliche Weiterentwicklungen angekündigt. Ihre Bedeutung aus arbeitsorientierter Sicht wird zu würdigen sein, wenn die neuen Releases zur Verfügung stehen ◆

Ausführlich zur Rolle der Integration in der Organisation ➡ „2.3 Integration als Organisationsaufgabe"

Das Konzept des integrierten Unternehmenscontrollings umfaßt alle betrieblichen Bereiche

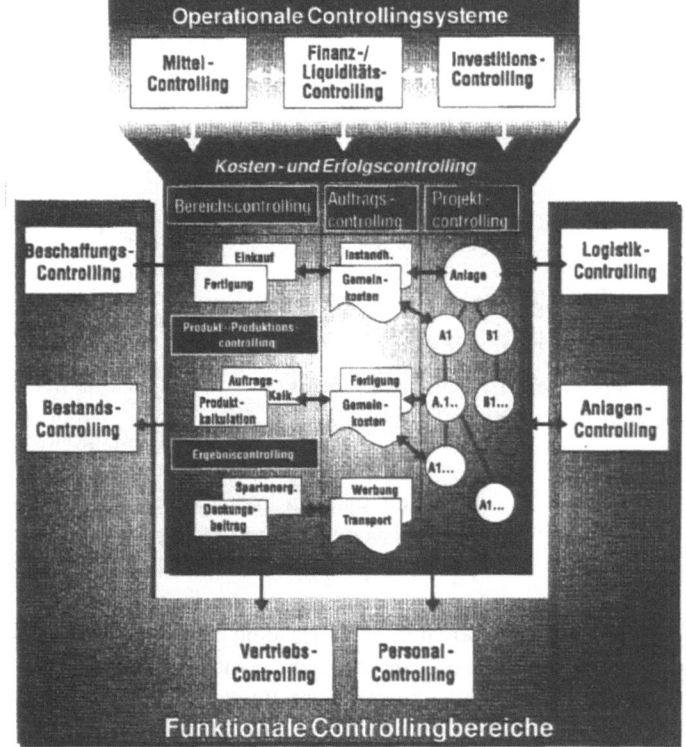

Standardsoftware: Ende der ‚Softwarekrise'?

Entwicklung und Wartung ihrer immer komplexer werdenden EDV-Systeme aus eigener Kraft überfordert viele Anwenderbetriebe. Der Kauf von Standardsoftware verspricht einen wirtschaftlich gangbaren Ausweg aus dieser Situation. Aber der Aufwand für die Einführung von Standardsoftware wird häufig unterschätzt.

Mit den gestiegenen Anforderungen an die betriebliche EDV steigen auch deren Kosten. Nicht genug damit, daß der Aufwand für die Entwicklung neuer EDV-Anwendungen mit ihrer immer höheren Komplexität und den wachsenden Anforderungen an komfortable Bedienbarkeit nach oben schnellt: Die laufende Pflege, z. B. Fehlerkorrektur oder die Einarbeitung neuer Vorschriften, wird immer aufwendiger zu handhaben. Das Ergebnis ist, daß häufig weit über die Hälfte der Kapazität von EDV-Abteilungen damit beschäftigt ist, an alten Programmen herumzukurieren, statt sich der Modernisierung der betrieblichen EDV zuzuwenden. Die Kosten und Termine von EDV-Projekten sind immer schwieriger abzuschätzen. Daß sie schlußendlich jeden gesteckten Rahmen sprengen, scheint die einzige Gewißheit zu sein. Im Ergebnis führt diese Entwicklung zu einer Situation, für die schon vor mehr als zwanzig Jahren der Begriff ‚Software-Krise' geprägt wurde. Die nutzbaren EDV-Anwendungen blieben weit hinter dem Bedarf zurück, von der Ausschöpfung der technischen Möglichkeiten ganz zu schweigen.

Die nutzbaren EDV-Anwendungen blieben weit hinter dem Bedarf zurück, von der Ausschöpfung der technischen Möglichkeiten ganz zu schweigen.

Dabei muß man sehen, daß die technologische Entwicklung für kleine und mittlere Unternehmen nicht ‚nur' die Frage von Steigerungsraten des EDV-Budgets aufwirft. Sie sehen sich schlicht außerstande, eigene Spezialisten für alle an einer modernen EDV-Entwicklung beteiligten Fachgebiete vom Logistikkonzept über die Netzwerkverwaltung und die Bürokommunikation bis zur Software-Ergonomie (um nur einige Beispiele zu nennen) zu beschäftigen.

Von Standardsoftware versprechen sich viele Anwender einen Weg aus der Krise. Statt eine Projektgruppe monatelang mit der Analyse von betrieblichen Abläufen zu beschäftigen, verspricht Standardsoftware fertige Lösungen auf dem letzten Stand der Technik und der Betriebswirtschaftslehre. Statt ganze Teams mit der Korrektur von Fehlern und der Einarbeitung der neuesten Anforderungen des Gesetzgebers zu beschäftigen, soll der Hersteller der Standardsoftware diese Aufgaben übernehmen. Ohne daß der Anwenderbetrieb sich mit Spezialgebieten wie Datenbankdesign, Software-Ergonomie oder Bürokommunikation näher befassen muß, soll die Standardsoftware bereits optimierte Lösungen hierfür umfassen und die Einhaltung aller Standards gewährleisten.

Der Siegeszug der PCs mit ihren ausgereiften, millionenfach genutzten Softwarepaketen mag dazu beigetragen haben, den betrieblichen Entscheidern die Leistungsfähigkeit von Standardsoftware vor Augen zu führen. Dort genügt ein einfacher Installationsvorgang, und schon steht dem Anwender eine Software zur Verfügung, die sowohl hinsichtlich vieler angebotener Funktionen als auch hinsichtlich des Bedienungskomforts den Standard typischer eigenentwickelter Software weit übersteigt. In Bereichen, die in den meisten Betrieben gleichartig organisiert sind, wie der Finanzbuchhaltung oder der Lohnabrechnung, wurde ebenfalls schon seit langem mit Standard-Software gearbeitet. Da lag es nahe, nach vergleichbaren Lösungen für die Materialwirtschaft, den Vertrieb oder am besten gleich den ganzen Betrieb zu suchen.

Und tatsächlich, solche Software wird angeboten – nicht nur von SAP. Nur – Standardsoftware hin oder her – ganz so einfach wie in den obigen Beispielen läßt sich solche Software nicht einführen. Denn im Gegensatz zu einem Textverarbeitungsprogramm muß betriebswirtschaftliche Standardsoftware an betriebliche Erfordernisse – Abläufe, Produkte, Organisationsstrukturen, Tarife, Führungsme-

Besonderheiten der SAP-Produkte

thoden etc. – angepaßt werden. Nicht einmal in der durch Gesetze, Verordnungen und Tarifverträge sehr stark formalisierten Lohn- und Gehaltsabrechnung oder der Buchhaltung wird man auch nur zwei Betriebe finden, die sich völlig gleichen. Ganz zu schweigen von den unterschiedlichen Abläufen in der Produktion oder der Vielfalt von Vertriebsstrukturen. Man denke nur an die Unterschiede zwischen einer Schiffswerft, einer Schraubenfabrik und einem pharmazeutischen Betrieb.

Womit wir bei dem Dilemma von Standardsoftware wären: Die Anwender sparen den Aufwand für Eigenentwicklungen, aber nun muß die Standardsoftware angepaßt und die Anpassungen müssen gepflegt werden. Der Aufwand für diese Aufgabe wird regelmäßig unterschätzt, und zwar nicht nur hinsichtlich des Zeitbedarfs. Vielmehr ist das im Betrieb vorhandene Programmier-Know-How obsolet geworden, statt dessen werden nun Spezialkenntnisse für die Anpassung der Standardsoftware gebraucht, die entweder durch umfassende Qualifizierungsmaßnahmen erworben oder von externen Beratern eingekauft werden müssen – beides ist mit hohen Kosten verbunden.

Allerdings: Nimmt man Kosten und Zeitaufwand in Kauf, so steht dem Anwender ein umfassendes Instrumentarium zur Ausgestaltung seiner Anwendung zur Verfügung, mit dem er z. B. Abläufe festlegen, Formulare und Bildschirmmasken gestalten, Planungsverfahren spezifizieren oder Datenfelder anlegen kann. Von mehreren tausend Steuerungstabellen bis zu einer kompletten Programmentwicklungsumgebung bieten die SAP-Systeme unzählige Eingriffsmöglichkeiten, mit denen der Anwender die Software zumindest in gewissen Grenzen an seine Ziele anpassen kann, aber eben nur um den Preis entsprechender Kosten und von Zeitspannen, die durchaus in der Größenordnung von Eigenentwicklungen liegen können. Fünf Jahre und mehr waren keine Seltenheit für die Einführung der wichtigsten R/2-Module in einem Betrieb. Schlimmer noch: Die regelmäßig vom Hersteller gelieferten neuen ‚Releases‘ mit Korrekturen und Verbesserungen – eigentlich eine Entlastung der Anwender von eigenem Pflegeaufwand – können zum Alptraum werden, wenn der Anwender bei jedem neuen Release seine individuell vorgenommenen Modifikationen neu einarbeiten muß.

So kann es nicht verwundern, daß in den letzten Jahren ein Paradigmenwechsel hinsichtlich der Anpassung von Standardsoftware an die Besonderheiten des Betriebs stattgefunden hat. Bemühten sich die Hersteller und Projektverantwortlichen bis Anfang der neunziger Jahre noch, den Befürchtungen der Anwender vom ‚Unternehmen von der Stange‘ mit Hinweis auf die Anpaßbarkeit der Standardsoftware entgegenzutreten, so wird jetzt vielfach die weitgehende Anpassung der Organisation an das Standardsystem propagiert. Wenn die Mitarbeiter die Abläufe, die Bildschirmmasken und Listen ohne Anpassung akzeptieren, wie sie der Hersteller standardmäßig vorgedacht hat, kann der Betrieb die Zeit und die Kosten sparen, die für eine Anpassung an die betrieblichen Besonderheiten aufzuwenden wären. So können die Einführungszeiten auf einige Monate reduziert werden. Neben dem Kostenargument wird dabei darauf verwiesen, daß die bestehenden Abläufe nicht notwendig optimal sind und daß die Einführung eine gute Gelegenheit zum Aufbrechen des Ist-Zustandes und zur Rationalisierung darstellt.

Viele Unternehmen schaffen mit Hilfe von Standardsoftware den Sprung zu einer komplexeren und technisch leistungsfähigeren EDV, als sie je aus eigener Kraft hätten entwickeln können. Ein Stück Software-Krise scheint damit bewältigt. Bleibt nur zu hoffen, daß uns nicht bald wegen allzu rücksichtslosen Sparens bei der Anpassung der Software an die Anforderungen des Betriebs und der Mitarbeiter eine Organisationskrise ins Haus steht. Was es kostet, wenn sich eine Organisation dem System anpaßt, wer kann das schon nachrechnen? ◆

➡ Kapitel 4: „Stellschrauben"

> **Bemühte man sich früher noch, Befürchtungen vom ‚Unternehmen von der Stange' mit Hinweis auf die Anpaßbarkeit der Standardsoftware entgegenzutreten, so wird jetzt die Anpassung der Organisation an das Standardsystem propagiert.**

➡ „2.4 Wasch mir den Pelz"
➡ „3.16 Projektorganisation und Betriebspolitik"

SAP, Arbeit, Management

Besonderheiten der SAP-Produkte

Von R/2 zu R/3

Neben dem großrechnerorientierten R/2-System bietet SAP seit einigen Jahren das Client-Server-System R/3 an. Welche wesentlichen Unterschiede zwischen den Systemen bestehen? Stirbt R/2 aus?

Die Fachpresse wird nicht müde, Woche für Woche zu vermelden, die Zeiten der großen Zentralrechner seien gezählt. Die großen ‚Hosts' können weder bei den Kosten mithalten, zu denen die gleiche Verarbeitungsleistung heute von einer Handvoll Abteilungsrechnern oder Workstations erbracht wird, die zudem noch unter einen normalen Schreibtisch passen. Noch sind sie in der Lage, den Bedienungskomfort zu bieten, wie ihn die Anwender heute aufgrund ihrer Erfahrungen mit PCs erwarten.

‚Downsizing' ist also angesagt, die Ablösung der Großrechner durch Netzwerke von mittleren und kleinen Computern. In der Regel werden dabei die Zentralrechnerterminals durch Arbeitsplatzrechner (PCs) ersetzt. Die Arbeitsplatzrechner übernehmen die Steuerung der grafischen Benutzungsoberfläche (graphical user interface GUI), wie sie für PC-Programme üblich sind. Für die eigentlichen Fachanwendungen lassen sie sich über ein Netzwerk

Die PCs übernehmen die Steuerung der grafischen Benutzungsoberfläche. Für die eigentlichen Fachanwendungen lassen sie sich über ein Netzwerk von einem dafür speziell abgestellten Rechner mit Daten und Programmen bedienen. Eine solche Architektur nennt man auch ‚Client-Server-System'.

von einem dafür speziell abgestellten Rechner bedienen, der die gemeinsam genutzten Daten und Programme bereitstellt. Eine solche Architektur nennt man auch ‚Client-Server-System'. Die Arbeitsplatzrechner sind die Kunden (clients), die sich zentraler oder abteilungsweise bereitgestellter Dienste (server) bedienen.

In der Regel ist es nicht möglich, für einen Zentralrechner erstellte Programme einfach in eine client-server-Umgebung zu übernehmen, denn die dort verwendeten Rechner sind für andere Programmiersprachen ausgelegt, und die Steuerung innerhalb des Netzes wirft völlig neue Aufgaben auf. So blieb auch SAP nichts anderes übrig, als mit dem System R/3 eine weitgehende Neukonzeption vorzunehmen, um dem technologischen Trend zu downsizing und client-server-Architekturen gerecht zu werden. Was bedeutet das für die Anwender?

- Die Hard- und Softwarekosten können gegenüber einer vergleichbaren R/2-Installation gesenkt werden. Allerdings darf daraus nicht der Fehlschluß gezogen werden, daß entsprechende Einsparungen auch bei den Kosten für das Einführungsprojekt und die Qualifizierung möglich sind.

- Die Bedienung des Systems kann über eine ausgereifte grafische Benutzungsoberfläche erfolgen. Für die Benutzer bedeutet das eine übersichtlichere Bildschirmgestaltung und insofern reduzierte Belastungen bei der Bedienung. Insbesondere wird die Einarbeitung und die Anwendung neuer oder selten benutzter Funktionen erleichtert. Dieselbe Bedienungsoberfläche ist übrigens unter der Bezeichnung ‚CUA-Interface' neuerdings auch für R/2-Systeme verfügbar, soweit anstelle von Terminals PCs angeschlossen sind.

- Die Systemverwaltung der Abteilungsrechner ist einfacher als bei Großrechnern. Typische Rechenzentrumstätigkeiten wie Operating und Arbeitsvorbereitung entfallen weitgehend. Dafür kommen als neue Aufgaben Netzwerkverwaltung und PC-Betreuung hinzu. Dies zieht u. U. personelle Konsequenzen nach sich. Ohne langfristige Requalifizierung des EDV-Personals kann es zu der Situation kommen, daß altgediente Mitarbeiter entlassen und dafür neue Spezialisten eingestellt werden. Einige Betriebe haben im Zusammenhang mit der R/3-Einführung ihre zentralen EDV-Abteilungen kutzfristig aufgelöst.

Besonderheiten der SAP-Produkte

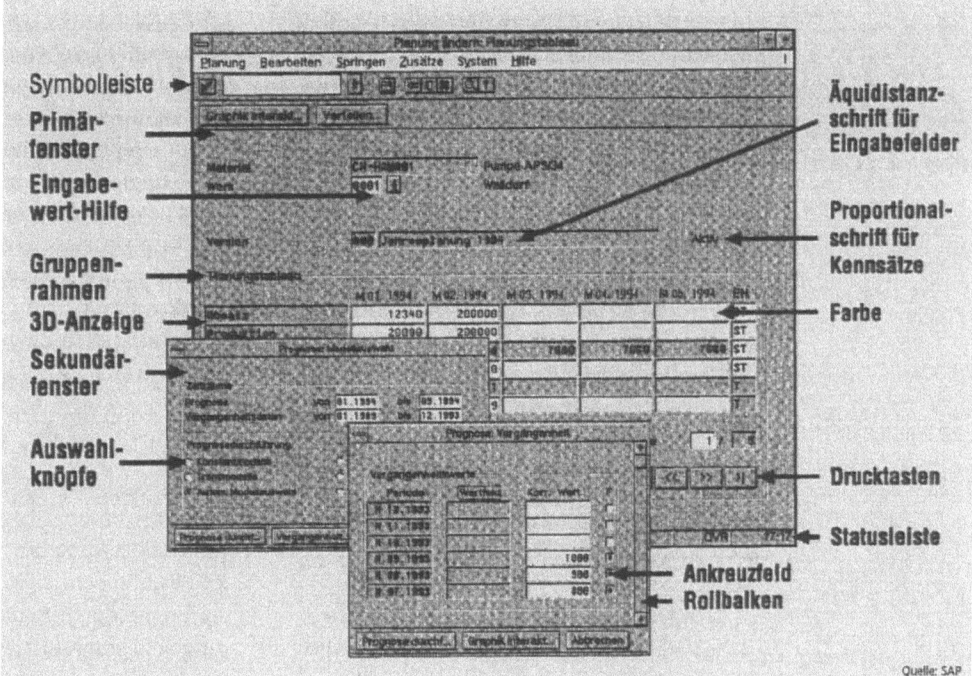

Die grafische Benutzungsoberfläche des R/3-Systems bedeutet für die Benutzer eine übersichtlichere Bildschirmgestaltung und insofern reduzierte Belastungen bei der Bedienung. Insbesondere wird die Einarbeitung und die Erkundung neuer Funktionen erleichtert.

- Standardisierte Schnittstellen erleichtern den Datenaustausch mit anderen Systemen auch unterschiedlicher Hersteller. Erwähnt seien hier Datenbankzugriffe (SQL), die Kommunikation auch mit Fremdprogrammen (CPIC) und die Schnittstellen zu PC-Standardprogrammen wie WINWORD, EXCEL und ACCESS. So können beispielsweise Betriebsdaten- oder Zeiterfassungssysteme direkt an das SAP-System angeschlossen werden oder Daten auf die PCs der Benutzer übertragen und dort beliebig weiterverarbeitet werden.

- Die Arbeit des Einführungsprojekts wird wesentlich weitergehender technisch unterstützt. Mit den Funktionen des ‚Customizings' wird der Anwender durch die wichtigsten Schritte der betrieblichen Anpassung des Systems geführt, insbesondere hinsichtlich der notwendigen Tabelleneinstellungen. Allerdings ist das Customizing bisher nicht für alle Anwendungsbereiche voll verfügbar. Der R/3-Analyzer dokumentiert in grafischer Form die im System vorgedachten Abläufe und ihre Zusammenhänge und unterstützt so die organisatorische Einführung. Mit diesen Verbesserungen sollen Zeitdauer und Aufwand für die Einführung gegenüber R/2 gesenkt werden. Die Beschleunigung des technischen Einführungsprozesses stellt allerdings eine Herausforderung für die Organisations- und Personalentwicklung dar, denn die Beteiligung und Qualifizierung der Mitarbeiter lassen sich nicht in beliebig kurzen Zeiten realisieren.

- Der fortgesetzte Preisverfall der Hardware und die einfachere Handhabung machen Client-Server-Systeme auch für mittelständische Unternehmen attraktiv, für die eine Großrechnerlösung nicht infrage käme.

SAP scheint mit R/3 den Anschluß an den Trend der EDV-Technologie geschafft zu haben, wie auch die hohen Verkaufszahlen für dieses Produkt bestätigen. Aber nicht alle Anwender wollen oder können sich so schnell umstellen. So ist zu erwarten, daß es auch in den kommenden Jahren noch eine beträchtliche Zahl von R/2-Anwendern geben wird, die die Investitionen in ihre Systeme nicht so schnell abschreiben. SAP garantiert mindestens bis Ende des Jahrtausends die Wartung und hat angekündigt, den Umstieg von R/2 auf R/3

Zur Kostenstruktur ➡ „1.6 Outsourcing – Lösung für den Mittelstand?"

Besonderheiten der SAP-Produkte

in Zukunft technisch zu unterstützen. Darüber hinaus nutzen zahlreiche Anwender die Möglichkeit, neue Anwendungen als R/3-Systeme einzuführen, die an ein bestehendes R/2-System angeschlossen werden.

Die häufig als ‚Dinosaurier' apostrophierten Großrechner werden in vielen Bereichen langsam aussterben und durch kostengünstige, relativ unkomplizierte Abteilungsrechner und komfortabel zu bedienende PCs ersetzt werden. Da ist es verständlich, daß vielfach die ungeheure Komplexität übersehen wird, die in dem Anspruch begründet liegt, alle betrieblichen Abläufe EDV-technisch abbilden zu können. Die Beherrschung dieser Komplexität wird auch weiterhin entweder große Qualifizierungsanstrengungen der Anwender oder deren Abhängigkeit von externen Beratern bedingen.

Der Anspruch, übergreifende organisatorische Abläufe rationalisieren zu wollen, wird darüber hinaus die Euphorie all derer in Schranken verweisen, die hoffen, der PC an ihrem Arbeitsplatz versetze sie in die Lage, sich unabhängig von zentralen Abstimmungs- und Genehmigungsinstanzen das System auf ihre Bedürfnisse zuschneiden zu können. Egal ob Zentralrechner oder Client-Server-System: Eine abteilungsübergreifend integrierte Datenverarbeitung kann nur funktionieren, wenn sich alle Beteiligten an gemeinsame Regeln und Absprachen halten. Der fachliche Abstimmungsbedarf wird also mit R/3 nicht kleiner.

Mehr noch, die Betriebe sind in noch höherem Maße auf die Achtsamkeit und das Wohlwollen ihrer Mitarbeiter angewiesen. Wurden die Unternehmensdaten in einem traditionellen Rechenzentrum ungefähr so gesichert wie das Gold in Fort Knox, so sind die Abteilungsrechner nun physisch wesentlich leichter zugänglich, und wo im Netzwerk Kopien von Datenbeständen angelegt und ggf. zweckentfremdet werden, ist schwer nachzuvollziehen. Aber selbst ohne böswillige Manipulationen gibt es nun sehr viele Orte, an denen Systemstörungen durch Bedienungsfehler oder Mißgeschicke ausgelöst werden können. Man wird nicht umhin können, diesem Risiko durch entsprechende Qualifizierungsmaßnahmen und eine ständig einsatzbereite ‚Feuerwehr' entgegenzutreten. ◆

R/3-Outsourcing – die Lösung für den Mittelstand?

Outsourcing, also die Vergabe von EDV-Einführung und -Betrieb an ein Dienstleistungsunternehmen, wird in der Fachdiskussion immer wieder als besonders wirtschaftlich angepriesen. Diese Form der EDV-Organisation kann vor allem für mittelständische Unternehmen attraktiv sein. Peter Platzek, Leiter Projekte beim Systemhaus Mittelstand, nennt Vorteile und Probleme des R/3-Outsourcing für diese Zielgruppe.

Frage: Ihr Haus nennt sich ‚Systemhaus Mittelstand'. An welche Zielgruppe denken Sie dabei, welche Betriebsgrößen, welche Besonderheiten?

Antwort: Den Mittelstand, den wir ansprechen, sehe ich im produzierenden Gewerbe bei einer Größenordnung von 500 - 1000 Mitarbeitern. Viele Unternehmen in dieser Größenordnung sind inhabergeführt. Andererseits haben wir durch die Verbindung mit unserem Gesellschafter Preussag natürlich auch konzernabhängige Unternehmen, die ebenfalls diese Größenordnung haben. Wir können uns aber auch vorstellen, daß wir zukünftig Angebote für Betriebe in der Größenordnung von 300 Mitarbeitern machen könnten.

Frage: Was sind die typischen Probleme dieser Betriebsgrößen, wo unterscheiden sie sich von Klein- bzw. Großbetrieben?

Antwort: Von Kleinbetrieben unterscheiden sie sich m. E. dadurch, daß sie schon deutlichere Organisationsstrukturen haben. Solche Betriebe haben auch sehr häufig einen Mitarbeiterstamm, der anders ausgebildet ist, z. B. ist der Akademikeranteil nicht so hoch. Sie haben z. T. ältere Mitarbeiter, also eine gewachsenere Struktur. Die Leute, die dort in Führungspositionen sind, sind häufig aus dem Unternehmen selbst gewachsen. Das bedeutet – was nicht negativ ist – daß sie nicht die modernste Ausbildung haben. Modische Schlagworte sind da nicht so gefragt. Neben der stärker ausgeprägten Organisation haben solche Betriebe ein stärkeres organisatorisches Beharrungsvermögen, weil die Einflüsse von außen nicht so stark hereinkommen. Großunternehmen haben auch ein Beharrungsvermögen. Aber in größeren Unternehmen gibt es Organisationsabteilungen, da gibt es Projekterfahrungen, da werden solche Dinge intensiver geübt, und insofern kommen eher neue Impulse herein. Mittelständische Unternehmen sind stärker auf ihr Kerngeschäft orientiert.

Frage: Was ist denn genau die Leistung, die Ihr Haus solchen Unternehmen anbietet?

Antwort: Ich habe neulich in der Zeitung einen Artikel gelesen, da stand als Überschrift „SAP R/3 aus der Steckdose". Das trifft es eigentlich. Wir nennen das ‚Full Service'. Wenn z. B. ein Mittelständler kommt und sagt, ich möchte R/3 einführen, dann können wir das als Generalunternehmer anbieten. Das heißt, wir wählen die Hardware aus, wir kaufen SAP R/3, wir wählen die PCs aus, wir kümmern uns um das Netzwerk LAN und WAN. Wir machen die Projektplanung, wir übernehmen also die Projektverantwortung, und wir machen nachher den Betrieb. Wir haben also nachher bei uns die Hardware stehen, wir betreuen die Software, und der Kunde hat wirklich nur noch die PCs an den Arbeitsplätzen. Wir sorgen für Putlevel-Wechsel, Release-Wechsel. Wir sorgen dafür, daß die Datenbank in Ordnung ist. Und von dieser Gesamtpalette ‚Generalunternehmerschaft inklusive Betrieb' können wir auch Teilleistungen anbieten, z. B. nur Betrieb.

Frage: Müßte nicht eigentlich ein Unternehmen dieser Größenordnung nach und nach eigenes Know-How aufbauen? Besteht nicht die Gefahr, daß die Kunden in eine totale Abhängigkeit von Ihnen

geraten, wenn sie nicht mal ihr eigenes EDV-System verstehen, sondern bei Ihnen anrufen müssen, wenn sie irgendetwas wollen?

Antwort: Das ist natürlich eine Gefahr. Und da bestehen auch ganz eindeutig Ängste. Aber das mit dem eigenen Know-How ist ja so ein Problem: Man braucht heute einen Netzwerkadministrator, einen Datenbankadministrator, einen Unix-Administrator und einen Basismodul-Kenner. Man braucht also eine ganze Palette von Spezialisten, die auf dem Markt sehr schwer zu bekommen und teuer sind und die ein Mittelständler alleine gar nicht auslasten kann.

Frage: Ich kann mir vorstellen, die ganze Hardware-Konfigurierung, die ganze Basistechnologie, die man braucht, extern zu vergeben. Aber geht das auch mit dem Customizing z. B. für Logistikabläufe?

Antwort: Die Projektarbeit zur Einführung von SAP R/3 unterscheidet sich erstmal überhaupt nicht von einem anderen Projekt. D. h. das Projekt

> „Ich bin ganz sicher, daß SAP R/3 im Mittelstand nicht den Erfolg haben wird, den man sich vorstellt, wenn der Beratungsaufwand nicht dramatisch nach unten geht."

läuft beim Kunden. In einem unserer Projekte stellen wir z. B. den Projektleiter sowie externe Berater für die Teilmodule. Zwei Mitarbeiter des Kunden konzentrieren sich auf die Projektarbeit, und zwar einer für PPS und Materialwirtschaft und ein anderer für die kommerzielle Anwendung. Andere Mitarbeiter aus den Fachabteilungen stehen zeitweise auch zur Verfügung.

Frage: Gibt es bei diesem Vorgehen nach Projektabschluß beim Anwender Koordinatoren, also fachliche Vertreter mit SAP-Kenntnissen, die aus der Anwenderorganisation kommen?

Antwort: Ja, das wird auch in Zukunft so sein. Es muß jemand im Hause sein, der z. B. in der Lage ist, selber mal eine Berechtigung zuzuordnen. Andererseits können wir über unsere Hotline immer Unterstützung geben, z. B. für den Fall, daß der Koordinator das seit einem halben Jahr nicht mehr gemacht hat. Da kann er anrufen und fragen.

Frage: Brauchen die Anwender nicht ABAP-Kenntnisse?

Antwort: Ich sehe nicht, daß sie große ABAP-Kenntnisse brauchen. Beim Reporting würde ich einem Kunden immer empfehlen, im Projekt über die benötigten Informationen nachzudenken, und die als Standard-Auswertung zu hinterlegen. Die kann das Projekt erstellen. Wenn später jemand kommt und Besonderheiten wünscht, dann muß man immer überlegen, ob man sie wirklich regelmäßig braucht. Wenn man nicht ständig ändert, bedeutet das, daß derjenige, der ABAP lernt, es zweimal im Jahr anwendet, und dann hat er das Problem, daß er nicht mehr genau weiß, wie es geht. Man findet ja heute bei den Kunden auch junge Leute, die wirklich sehr gute PC-Kenntnisse haben. Die haben auch das download schnell drauf und nutzen es z. B. für Auswertungen.

Frage: Die Kostenstruktur hat sich ja mit dem Preisverfall der Hard- und Software dahin entwickelt, daß die Projektarbeit und externe Beratung den weitaus größten Kostenblock darstellen. Ist das nicht ein großes Problem für die Mittelständler?

Antwort: Ich bin ganz sicher, daß SAP R/3 im Mittelstand nicht den Erfolg haben wird, den man sich vorstellt, wenn der Beratungsaufwand nicht dramatisch nach unten geht. Es kann nicht sein, daß zur Realisierung von R/3 in einem mittelständischen Unternehmen in der Planung schon 1000-Mann-Tage vorgesehen sind. Das bedeutet ein bis anderthalb Millionen Mark. Das geht nicht. Das ist eine Erkenntnis, die sich bei den Beratungsunternehmen m. E. durchsetzen muß. Ich kenne das von vielen großen Beratungsunternehmen, die gehen hin und machen eine sogenannte Machbarkeitsstudie. Da wird kalkuliert und da kommen dann 1000 Mann-Tage raus – merkwürdigerweise ist das immer ähnlich! Ich will mal ein Beispiel nennen, wie groß die Unterschiede sind: Ich habe selbst in zwei vergleichbaren Betrieben Projekte zur Realisierung von FI durchgeführt. In dem einen Betrieb haben wir 45 Mann-Tage gebraucht und bei dem anderen 150. Woran lag das? Bei dem einen hat der Kunde gesagt, „mach mal", und bei dem anderen wurde aus der Fachabteilung wirklich jemand zur Verfügung gestellt. Man muß mit den Kunden deutlich darüber reden, was er machen will und was das bedeutet.

Frage: Eine Möglichkeit, damit runterzugehen, wäre ja einfach, die Organisation an den SAP-Standard anzupassen.

Antwort: Nach meinem Eindruck ist das so, daß bei Gesprächen der Kunde häufig sagt, „natürlich muß ich meine Organisationsstruktur anpassen". Und häufig ist das ja auch ein Motiv für das Projekt. Wenn es dann aber darum geht, es tatsächlich zu machen, dann ist es vorbei. Dann fehlt die Kraft, der Mut. Und dann bildet man doch genau wieder das ab, was man vorher gemacht hat, und ich frage mich manchmal hinterher, wozu man dann soviel Geld ausgibt.

Ich habe auch noch eine andere Theorie, die mit dem Selbstverständnis einer Beratung zu tun hat: Für mich sind eigentlich die meisten, die sich SAP-Berater nennen, keine Berater, sondern das sind Leute, die wissen, wie die Software funktioniert. Ich verstehe unter einem Berater, z. B. für die Module des kommerziellen Bereichs FI, AM, CO jemanden, der in der Lage ist, mit dem Leiter der Finanzbuchhaltung sich kompetent zu unterhalten. Er muß nicht fragen, „wo möchtest Du das hinhaben" und dann wissen, in welcher Tabelle er das einstellen muß. Er muß in der

„Die Controlling-Abteilungen müssen sich darüber klar werden, daß es sie bald nicht mehr geben wird."

Lage sein, sich den Wertefluß in einem Unternehmen vorzustellen und wissen, wenn ich an der Schraube drehe im Unternehmen, dann bewegt sich auch dahinten irgendetwas.

Das ist für mich der Projektberater, und der kann auch dann, wenn in einem Projekt nicht die organisatorische Landschaft vorher im Detail festgelegt worden ist, noch im Projekt organisatorische Mängel feststellen und sie diskutieren. Uns ist es wichtiger, daß wir Fachleute einstellen und denen SAP beibringen, als umgekehrt, und ich glaube auch, so müssen wir beim Mittelstand arbeiten.

Frage: Ein Dilemma von vielen Projekten scheint mir auch darin zu liegen, daß die Pro-

„*Man geht allgemein davon aus, daß die Kostenersparnis sicher um die 30% liegt.*"

jektgruppen sich auf ihre technische Kompetenz, wo sie sich gut auskennen, zurückziehen. Bei Fragen, z. B. „wie kann man bei der Verlagerung einer Aufgabe dafür sorgen, daß die Mitarbeiter trotzdem noch sinnvolle Aufgaben haben?" sagen manche Projektleiter, „ich bin doch nicht dafür zuständig, daß die Leute sinnvolle Arbeiten haben", und jeder schiebt die Verantwortung dafür auf den nächsten.

Antwort: Aber natürlich ist man dafür zuständig. Wie war das denn bei R/2? Da wurden Tabellen ausgefüllt, und was hatte das mit den Zusammenhängen, mit den Arbeitsabläufen zu tun? Für den Mittelstand muß man eine andere Ansprache finden.

Frage: Wie wird denn im Mittelstand die Entscheidung für eine bestimmte Software getroffen?

Besonderheiten der SAP-Produkte

Antwort: Ganz unterschiedlich. Ich habe es persönlich in einem Fall erlebt - und es soll häufiger vorkommen - daß ein Mittelständler die Software gekauft hat, ohne vorher auch nur einen einzigen Blick auf die Funktionalitäten geworfen zu haben. Der hat einfach entschieden, ich nehme SAP R/3. Andererseits sind wir im Gespräch mit einem anderenMittelständler, der hat sich viele Gedanken gemacht, ehe er eine Entscheidung getroffen hat.

Frage: Sie bieten hier RZ-Leistungen an. Bekommen ihre Kunden Mandanten eingerichtet auf einer Maschine, die sie für mehrere Kunden betreiben, oder hat jeder Kunde eine eigene Maschine, die hier nur von Ihnen bedient wird?

Antwort: Das ist unterschiedlich. Wir stellen uns vor, daß die Hardware-Ausstattung auch wachsen kann mit den Anforderungen. Wenn ein Kunde sagt, ich will eine eigene Hardware-Landschaft haben, ist das kein Problem.

Frage: Wie sieht ein Kostenvergleich für Ihr Outsourcing-Angebot aus?

Antwort: Nicht nur wir haben das nachgerechnet. Man geht allgemein davon aus, daß die Kostenersparnis sicher um die 30% liegt. Diese Zahl bezieht sich auf den laufenden Betrieb über mehrere Jahre, Die Kosten sind einfach günstiger, beispielsweise weil man Lizenzkosten spart. Wir können auch den Hardware-Einsatz optimieren,, z. B. für Datenbank-Backup-Server. Sie haben sicherlich eine günstigere Auslastung spezialisierter Mitarbeiter. Was machen Sie denn, wenn einer Urlaub hat, einer krank wird. Sie müßten die Leute ausbilden. Sie müßten sie auf dem technisch neuesten Stand halten.

Frage: SAP nennt als Zielgruppe für das R/3-System auch kleinere Betriebsgrößen. Ist das für Sie eine Perspektive, sehen Sie diesen Markt?

Antwort: Erst einmal spricht z. Zt. noch die Lizenzpolitik dagegen, daß die das tun, denn die kleinste Größenordnung ist 50 User, die man kaufen muß. Also wenn es dazu kommt, glaube ich, daß das typische Outsourcing-Kunden sein werden. Aber im Moment bin ich skeptisch. Die Kosten sind doch ziemlich hoch für so einen Anwender.

Frage: Können Sie uns Zahlen nennen?

Antwort: Das hängt sehr vom Fall ab, aber für ein komplettes R/3-System mit 50 Anwendern sind Gesamtkosten in der Größenordnung von anderthalb Millionen (ohne PCs) in der Zukunft nicht unrealistisch. (vgl. nebenstehende Grafik). Der Beratungsaufwand ist ja sehr hoch im Verhältnis zu den Anderen Kosten. Hier setzen wir an durch die Entwicklung einer Vorgehensweise, die es ermöglicht, den Einführungsaufwand für R/3-Anwendungen zu reduzieren.

Frage: Wie differenziert muß ein Controlling-Bereich in einem Unternehmen mit 500 oder 600 Mitarbeitern eigentlich sein?

Antwort: Ich finde den Gedanken sehr überzeugend, daß sich die Controlling-Abteilungen darüber klar werden müssen, daß es sie bald nicht mehr geben wird als selbstständige Einheiten. Es wird sicherlich einen Bereich geben, der dafür sorgt, daß die Planung einen gewissen organisatorischen Ablauf hat, das ist aber mehr ein organisatorisches Thema. Aber die Erläuterung, die Analyse der Daten und Zahlen, die wird wohl in den Fachabteilungen stattfinden. In der Vergangenheit hat sich die Controlling-Abteilung aus den verschiedensten Softwareanwendungen die Daten zusammengeholt und sie aufbereitet. Das brauchen Sie doch heute gar nicht mehr.

Frage: Gerade in den mittelständischen Betrieben sind doch die Abläufe nicht so

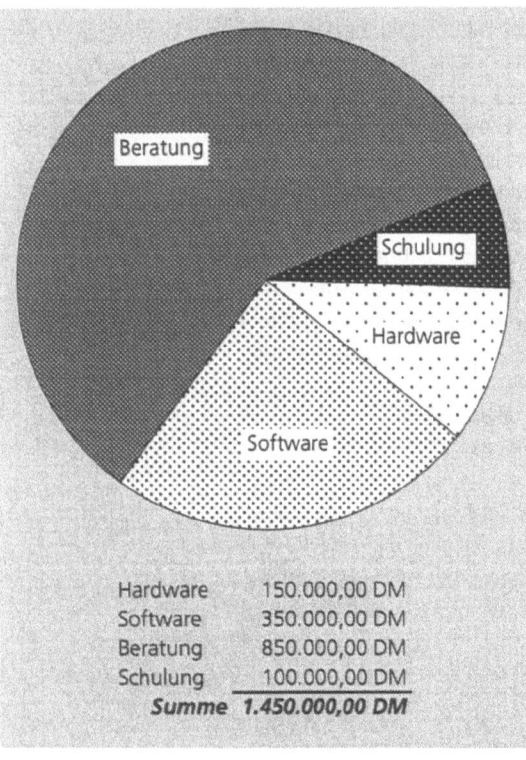

Hardware	150.000,00 DM
Software	350.000,00 DM
Beratung	850.000,00 DM
Schulung	100.000,00 DM
Summe	**1.450.000,00 DM**

Zusammensetzung der Kosten für ein R/3-System mit 50 Anwendern (ohne PCs, Prognose nach P. Platzek)

kompliziert, daß man sie mit einem komplexen Controlling-Instrumentarium transparent machen müßte?

Antwort: Das sehe ich auch so. Wenn es in der Fertigung Abweichungen gibt, brauchen Sie nur den Meister zu fragen; der weiß, warum das passiert ist. Sinnvollerweise wird man keinesfalls das ganze Instrumentarium, das CO anbietet, in einem mittelständischen Betrieb einzusetzen versuchen.

Frage: Man liest in letzter Zeit in der Fachpresse sehr viel über SAP-Outsourcing. Es entsteht der Eindruck, es würden alle nun outsourcen. Können Sie das bestätigen?

Antwort: Es war in dieser Woche in der Computerwoche der Leitartikel, und wir lesen es natürlich gern. Ich glaube, das ist ein Prozeß, der in Gang gesetzt ist, auch wenn wir davon noch nicht so viel merken. In unserer Zielgruppe muß man das Thema einfach immer wieder anschieben, man muß sagen, denk' doch mal drüber nach. Man darf eins dabei auch nicht vergessen, daß die DV-Leiter in einem mittelständischen Unternehmen eine enorm starke Position haben. Und die werden ein Outsourcing nicht unbedingt befürworten.

Frage: Ich danke Ihnen für das Gespräch.

Besonderheiten der SAP-Produkte

Nicht immer wollen alle das Gleiche...

Ein bereichsübergreifendes EDV-System setzt auch bereichsübergreifende Abstimmung zwischen den beteiligten Stellen voraus. Mehr noch als andere EDV-Projekte wird die Einführung von SAP-Software deshalb zum Politikum im Betrieb, wenn sich verschiedene Stellen mit z. T. unterschiedlichen Sichtweisen und Interessen einschalten.

„5.2. Vorgehen nach Modell"

Während die eigentliche Arbeit der Einführung eines SAP-Systems im wesentlichen in einer Projektgruppe stattfindet, gibt es doch eine Reihe von weiteren Stellen im Betrieb, die an Erfolg oder Mißerfolg des Projekts beteiligt sind. Zu nennen sind dabei besonders
- das Top-Management;
- die Fachabteilungsleitung;
- für das Projekt herangezogene Unternehmensberater;
- die betroffenen Mitarbeiter in den Fachabteilungen;
- der Betriebsrat;
- ggf. im zeitlichen Zusammenhang mit dem SAP-Projekt verfolgte Reorganisationsprojekte.

Alle diese Stellen haben naturgemäß ihre eigenen Sichtweisen und Interessen in bezug auf das SAP-Projekt. Das sich daraus ergebenden Konfliktpotential wird häufig übersehen. Es kann zu erheblichen Reibungsverlusten führen, wenn es nicht rechtzeitig erkannt und für einen Ausgleich gesorgt wird.

Beispiel 1: In einem Unternehmen des Fahrzeugbaus sabotierten Abteilungsleiter mehr als vier Jahre lang erst die Projektarbeit und dann die Einführung der SAP-Materialwirtschaft, weil sie ihre Handlungsspielräume gefährdet sahen und keinen zusätzlichen Datenerfassungsaufwand in ihren Bereichen akzeptieren wollten. Das Projekt mußte daraufhin eingestampft und völlig neu aufgesetzt werden.

Beispiel 2: In einem großen westdeutschen Industriebetrieb ließ der Betriebsrat die unmittelbar bevorstehende Produktivschaltung eines SAP-Systems gerichtlich untersagen, weil er sich übergangen fühlte.

Beispiel 3: Nach einem mit großem Aufwand durchgeführten Reorganisationsprojekt zur Dezentralisierung der Produktionsplanung und -steuerung eines süddeutschen Industriebetriebs stellte sich heraus, daß die erarbeitete organisatorische Soll-Konzeption nur mit erheblichen Modifikationen der SAP-Software realisierbar gewesen wäre. Dies war für die zentrale Produktionsplanungsabteilung ein willkommener Anlaß, die Dezentralisierung ihrer Kompetenzen rückgängig zu machen.

Im Folgenden wollen wir einen Blick auf typische Sichtweisen, Interessen und Durchsetzungsmöglichkeiten der o. g. Stellen werfen, einen etwas zugespitzter Blick, gewiß, aber wer einmal eine SAP-Einführung beobachten konnte weiß: Es geht um den Stoff, aus dem die Dramen sind.

Das Top-Management

Für das Top-Management sind häufig die Zukunftssicherheit der Software und der Abbau zeitraubender und kostenträchtiger Integrationsbrüche ausschlaggebend bei der Ent-

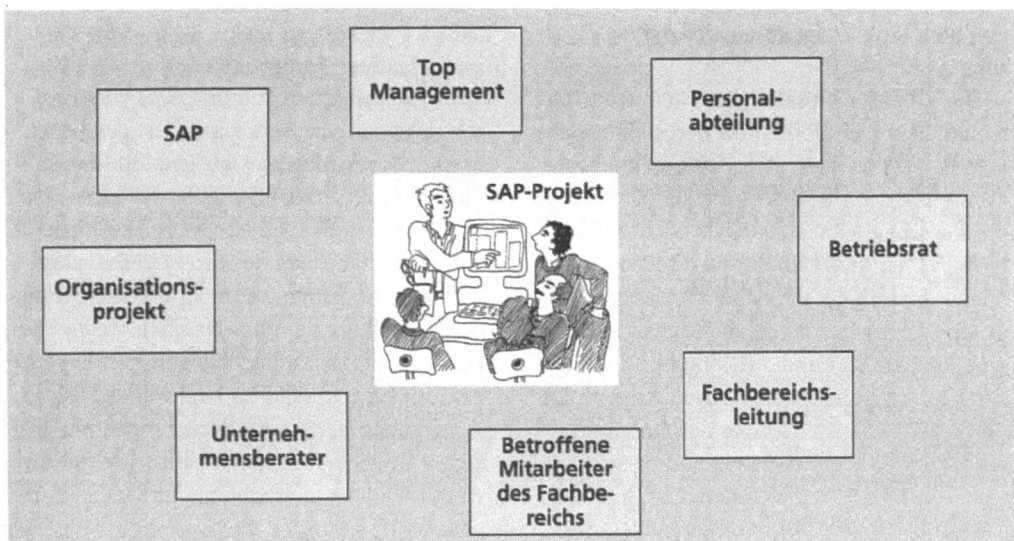

An einer SAP-Einführung beteiligte Stellen

scheidung für SAP. Diese Entscheidung kann zuweilen noch vor dem Hintergrund der bloßen Ablösung bestehender EDV-Lösungen fallen; häufiger wird aber heute bereits bei der Systementscheidung die Chance erkannt, gewollte organisatorische Veränderungen mit Hilfe der SAP-Software zu unterstützen und durchzusetzen.

SAP versteht es sehr gut, die einfach nachzuvollziehenden konzeptionellen Vorteile des integrierten Systems für die Zielgruppe der Entscheider herauszustellen. Die mit der Integration verbundene Komplexität und die sich daraus ergebenden Konsequenzen für Projektaufwand und Abhängigkeit von externer Beratung werden dagegen vom Top-Management, das sich aufgrund seiner Stellung nicht mit Umsetzungsfragen zu befassen pflegt, regelmäßig unterschätzt.

Eine wichtige Aufgabe des Top-Managements besteht darin, dem Projekt durch klare Leitbilder inhaltliche Vorgaben zu machen und im Falle von Konflikten, die die Arbeit der Projektgruppe behindern, klare Entscheidungen zu treffen und durchzusetzen. Dabei erweist sich häufig, daß das SAP-Projekt selbst als Instrument für das Aufbrechen verkrusteter Machtstrukturen funktionalisiert wird. Gewünschte, aber nicht auf direktem Wege durchsetzbare organisatorische Veränderungen werden über technische Sachzwänge durchgesetzt und legitimiert.

Die Fachbereichsleitung

Die Fachbereichsleitungen sind zwar in der Regel an einer Steigerung der Effizienz in ihrem Zuständigkeitsbereich, nicht aber an Einschränkungen ihrer Handlungsspielräume oder des Umfangs ihrer Verantwortung interessiert. Die typischen Verschiebungen von Aufgaben zwischen Organisationseinheiten und die gesteigerte Transparenz der von ihnen zu verantwortenden Abläufe infolge integrierter Software betrachten sie mit Argwohn. Ihr Augenmerk auf die Optimierung ihres eigenen Bereiches kann zum offenen Konflikt mit der Projektarbeit führen, wenn dort im Interesse der Optimierung der gesamten Prozeßkette zusätzliche Aufgaben übernommen (z. B. Stammdatenerfassung) oder Personal abgegeben wer-

„Da ein umfassendes Softwarekonzept fast alle Unternehmensbereiche tangiert, muß die Einführung vom Top-Management getragen werden. Einer der kritischsten Punkte einer solchen Konzeption sind Fachabteilungen mit zentrifugalen Interessen."
(M. Boll, Chefberater der SAP)

den muß (z. B. Verlagerung der Auftragserfassung).

Die Arbeitsorganisation innerhalb einer Abteilung liegt meist formal bei der Fachbereichsleitung. Daß die Projektarbeit Konsequenzen für die interne Arbeitsorganisation hat (z. B. für die Arbeitsteilung zwischen Sachbearbeitern und Assistenzkräften), wird selten offen thematisiert. In der Praxis schafft die Projektgruppe Voraussetzungen und Sachzwänge für eine Reorganisation, die Fachbereichsleitung reagiert dann im Zuge der Einführung mit ad-hoc-Maßnahmen. Das Ergebnis dieser unklaren Kompetenzlage ist, daß diese organisatorischen Konsequenzen selten systematisch geplant und vorbereitet werden.

> „Jede SAP-Einführung kostet mindestens eine Führungskraft den Kopf."
> (Resümee eines erfahrenen Unternehmensberaters)

Die Fachbereichsleitung hat häufig einen relativ geringen Einfluß auf die Arbeit der Projektgruppe, u. a. weil Führungskräfte nicht die Zeit haben, sich in die Besonderheiten der integrierten Standardsoftware einzuarbeiten. Im Resultat kann es dazu kommen, daß der innovatorische Charakter des Projekts mit einer Forderung wie der, daß sich gegenüber dem Altsystem „nichts ändern soll", blockiert wird. Die Arbeit der Projektgruppe steht und fällt darüber hinaus mit der Entsendung geeigneter Fachabteilungsmitarbeiter. Deren Auswahl und deren ausreichende Freistellung vom Tagesgeschäft ist eine Führungsaufgabe der Fachabteilungsleitung. Durch die Entsendung weniger qualifizierter oder unerfahrener Mitarbeiter – die in der Abteilung leichter entbehrlich sind – oder durch Verweigerung einer ausreichenden Freistellung kann die Projektarbeit wirkungsvoll behindert werden.

Die Projektgruppe

Für die Projektgruppe zählt in der Regel spätestens nach Ablauf der halben Projektdauer nichts mehr außer dem ‚Fertigwerden'. Fertigwerden, d. h. aus ihrer Sicht zum gesetzten Termin etwas vorzuweisen zu haben, mit dem zumindest gearbeitet werden kann. Alles was geeignet ist, diesen Prozeß durch zusätzliche Anforderungen oder Abstimmungserfordernisse zu verkomplizieren, wird als Gefährdung des Projektziels wahrgenommen. Aufgaben, die nicht unmittelbar mit der Herstellung der erforderlichen technischen Funktionalität zusammenhängen, werden ausgeklammert. Dies gilt für langwierige Diskussionen über fachliche Anforderungen mit größeren Anwendergruppen ebenso wie für aufwendige software-ergonomische Optimierungen.

Die Projektgruppe ist formal an die Zieldefinition und Überprüfung seitens des Lenkungsausschusses gebunden und insofern ausführendes Organ. Andererseits hat sie kraft ihrer technischen Kompetenz („Das geht mit SAP nicht.") und ihrer Möglichkeit, technische Fakten zu schaffen („Das ist zwar nicht, was ihr haben wolltet, aber es funktioniert."), eine sehr starke Stellung und übernimmt faktisch einen großen Teil der Gestaltung.

Die Qualifikation der Projektgruppenmitglieder spiegelt eher ihren formalen Auftrag als ihren realen Gestaltungsspielraum wieder. Sie setzt sich in der Regel aus Fachabteilungsmitarbeitern und Experten für die SAP-Tech-

> „Vor allem kommt es darauf an, die Führungsebene aus den Projektgruppen herauszuhalten, indem man die Bedeutung des Projekts herunterspielt. Führungskräfte in Projektgruppen haben nicht die Detailkenntnisse der Arbeit, um dort konstruktiv mitzuwirken, sondern bringen statt dessen ihre ‚politischen' Interessen ins Spiel. Für den Projekterfolg ist entscheidend, Fakten zu schaffen, ehe die Führungs-ebene etwas merkt. "
> (SAP-Projektleiter in einem norddeutschen Maschinenbauunternehmen)

nologie zusammen, wobei zu letzteren auch häufig SAP- oder andere Unternehmensberater zählen. Da die Organisationskompetenz sich formal zwischen der Fachbereichsleitung und ggf. separaten Organisationsprojekten aufteilt, sind qualifizierte Organisatoren in Projektgruppen eine Rarität, was die Projektgruppen nicht davon abhält, in großem Umfang Prozeßketten umzuorganisieren. Noch seltener sind Qualifikationen im Bereich der Software-Ergonomie in Projektgruppen anzutreffen. Insofern kann es nicht verwundern, daß im Falle von Anwenderforderungen immer sehr schnell die Kosten für die Umsetzung, womöglich durch Modifikation, vorgerechnet werden, aber selten deren Nutzen bzw. der Preis für deren Unterlassung gegengerechnet wird.

Beratungsfirmen

Nur die allerwenigsten Unternehmen schaffen eine SAP-Einführung, ohne auf Unterstützung durch Beratungsfirmen zurückzugreifen, zunächst bei der Software-Auswahl und der Festlegung der Einführungsstrategie, später in der konkreten Einführung.

Nicht selten haben die Kriterienkataloge, aufgrund derer die Berater ihre Empfehlung für SAP aussprechen, sehr wenig mit den Besonderheiten und Erfordernissen des speziellen Betriebes zu tun. Vielmehr entsteht der Eindruck, als kämen die Beratungsfirmen mit den immer wieder gleichen Kriterien zu der immer wieder gleichen Empfehlung: die Einführung einer nach abstrakten Gesichtspunkten als modern geltende SAP-Software (für die man zufällig auch noch qualifziertes Personal für die Projektarbeit anbieten kann) auf die immer wieder gleiche Weise (vgl. Beispiel im Kasten).

In der Vorphase werden brisante Punkte wie die Herausforderung an die Organisation, Einführungsaufwand, Qualifizierungs- und Hardwarekosten häufig heruntergespielt. Wenn das Projekt erst einmal aufgesetzt ist und der Projektgruppe klar wird, auf welch ein komplexes Unterfangen sie sich eingelassen hat, kann der Bedarf an externer Unterstützung die ursprünglichen Annahmen dann leicht weit überschreiten.

Trotz der hohen Kosten und einer gewissen Abhängigkeit ist es für viele Betriebe durchaus wirtschaftlich, auf die Dienste von Beratern zurückzugreifen. Denn deren Erfahrungen aus anderen Einführungsprojekten lassen sich auch mit noch so viel Schulungsaufwand der eigenen Mitarbeiter nicht aufholen. Mangels detaillierter Kenntnisse der betrieblichen Gegebenheiten neigen aber Berater noch stärker als betriebliche EDV-Kräfte dazu, aus ihrer Sicht ‚erprobte' Lösungen oder einfach Standardabläufe zu gestalten, soweit ihnen nicht klare arbeitsorganisatorische Vorgaben gemacht werden.

Beratungsfirmen bündeln häufig die Erfah-

> **Anforderungen einer Firma an Standardsoftware:**
>
> 1. sofortige Fortschreibung der Geschäftsvorfälle,
> 2. Reduktion von Listen durch Abfragemöglichkeiten am Bildschirm,
> 3. maschinelle Erstellung von Auswertungen,
> 4. größere Aktualität der gespeicherten Daten,
> 5. verbesserte Auskunftsbereitschaft,
> 6. integrierte DV-Anwendungen mit konsistenter Datenbasis,
> 7. .....
> ...
> 12. Minimierung von Durchlaufzeiten
> 13. Abdeckung der von der Fa. ... benötigten betrieblichen Funktionen"
>
> (Aus der Vorstudie einer großen Unternehmenberatungfirma)
>
> **N.B.:** (13.) ist der einzige Punkt mit ausdrücklichem Bezug zum Anwenderbetrieb. In einer später durchgeführten detaillierten Schwachstellenanalyse stellte sich heraus, daß den Problemen des Unternehmens überwiegend organisatorische Mängel zugrundelagen.

rungen und Probleme aus Anwenderfirmen gegenüber SAP und haben insofern nicht nur einen besseren Informationszugang als der durchschnittliche Anwender, sondern auch einen gewissen Einfluß auf Weiterentwicklungen des Herstellers.

Organisationsprojekte

Häufig verlaufen gravierende Reorganisationsmaßnahmen wie die Durchsetzung von ‚lean production', Projekte des ‚business process reengineering', ‚Aufbau von Logistik-Abteilungen' etc. in zeitlichem Zusammenhang mit der Einführung von SAP-Systemen. Für die entsprechenden Aufgaben werden in der Regel eigene Organisationsprojekte aufgesetzt, deren Arbeit mit der der SAP-Projektgruppe koordiniert werden müßte. Die Abstimmung zwischen den beiden Projekten findet häufig nur auf höchster Ebene statt. Dies kann dazu führen, daß die Erarbeitung und Umsetzung übergreifender organisatorischer Leitbilder am SAP-Projekt vorbeigeht; d. h. die durch die SAP-Einführung aufgeworfenen organisatorischen Fragen fließen nicht in die Arbeit des Organisationsprojekts ein, geschweige denn, daß sie beantwortet würden. Die SAP-Projektgruppe bleibt bei entscheidenden organisatorischen Fragen doch auf sich selbst gestellt. Das Organisationsprojekt unterstellt einfach stillschweigend die Übersetzbarkeit ihrer Konzeptionen in die Technik. Eine SAP-Projektgruppe, die nach der Devise vorgeht „Das Soll-Konzept sind die SAP-Standardabläufe", wird mit abweichenden Vorgaben regelmäßig Schwierigkeiten haben. Manch eine kühne organisatorische Konzeption kam so schon unter die Räder der durch die Techniker gesetzten Fakten.

> „Was ich nicht verstehen kann ist, wieso mein Chef, der noch nie im Leben einen Wareneingang gebucht hat, immer zu diesen Projektsitzungen gegangen ist, und mich hat keiner gefragt. Trotz der guten Schulung ist die Arbeit mit dem SAP-System für mich jetzt umständlicher und deshalb aufwendiger als mit den Altsystemen."
> (Eine Mitarbeiterin des Wareneingangs in einem westdeutschen Metallunternehmen)

Die betroffenen Mitarbeiter

Daß die betroffenen Mitarbeiter in den Einführungsprozeß eines SAP-Systems einbezogen werden sollten, hat sich mittlerweile herumgesprochen. Wer sollte auch sonst die Detailkenntnisse über Arbeitsweise und –mittel in die Projektarbeit einbringen? Die ursprüngliche Zielsetzung kann allerdings infragegestellt sein, wenn Abteilungsleiter, die selbst nicht alle Details kennen, als Vetreter der Fachabteilung in die Projektgruppe gehen.

Aber auch andere Konstellationen können für das Ziel, den Mitarbeitern ein aus ihrer Sicht optimales System zur Verfügung zu stellen, kontraproduktiv sein. So liegt es aus der Sicht der Projektgruppe nahe, eine kleine Zahl von Fachabteilungsmitarbeitern möglichst intensiv in die Arbeit einzubinden. Dies kann über kurz oder lang dazu führen, daß deren Sichtweisen sich denen der Techniker anpassen und es zu einer Entfremdung von den Fachkollegen kommt. Andererseits ist die Tätigkeit in der Projektgruppe für viele Mitarbeiter ein Sprungbrett, z. B. um in spätere Koordinatorentätigkeiten aufzusteigen. Sie haben von daher nicht unbedingt ein Interesse, die Arbeit des Projekts einer kritischen Diskussion in der Abteilung zu unterziehen oder ihren Wissensvorsprung mit Kollegen zu teilen. Im Ergebnis geht die Arbeit des Projekts meist bis unmittelbar vor dem Einführungstermin völlig an der Mehrheit der betroffenen Mitarbeiter vorbei. Eine ausführliche Erhebung ihrer Anforderungen wird z. T. auch schon deshalb vermieden, um Forderungen nach zeit- und kostenaufwendigen Modifikationen gar nicht erst aufkommen zu lassen.

Der Betriebsrat

Das Betriebsverfassungsgesetz räumt dem Betriebsrat starke Beteiligungsrechte bei der Einführung von Systemen wie der SAP-Software ein. In der Praxis machen nicht alle Betriebsräte von diesen Rechten Gebrauch, nicht zuletzt, weil viele vor der Komplexität dieses Themas zurückschrecken und Schwierigkeiten haben, zwischen der Hoffnung auf Arbeitsplatzsicherung durch Modernisierung und der Furcht vor negativen Auswirkungen der Automatisierung eine klare eigene Position zu formulieren.

Die anderen haben es schwer, für ihr Ziel des Schutzes der Mitarbeiter überhaupt Ansprechpartner im Betrieb zu finden, denn welche Auswirkungen die geplanten Maßnahmen auf die Mitarbeiter haben werden, wird in der Projektarbeit nur selten unmittelbar thematisiert. Andererseits ist es für Betriebsräte min-

---

Integrierte Organisations- und Personalentwicklung

Bislang spielen die Personalabteilungen eine eher passive Rolle im Einführungsprozeß, obwohl viele Fragen in deren Zuständigkeit berührt sind. Wenn es nach dem Willen des SAP-Vorstandsmitglieds Tschira geht, soll sich das zukünftig ändern – durch Einsatz entsprechender SAP-Funktionen, versteht sich. Vielleicht ein Schritt in die richtige Richtung, aber die Entwicklung des notwendigen Problembewußtseins kann die SAP den Betrieben natürlich auch nicht abnehmen.

Es ist daher wünschenswert, den Prozeß der ständigen organisatorischen Verbesserung selbst als Geschäftsprozeß zu begreifen, zu organisieren und mit einer entsprechenden Infrastruktur zu unterstützen. Das SAP-System R/3 hilft auch hier weiter: Ausgehend von der sinnvollen Einbettung der Personalarbeit in das betriebliche Umfeld wurden im Rahmen der Produktgruppe „Human Resource Management Systeme" (HRMS) Werkzeuge zur Modellierung und Auswertung beliebiger Organisationsstrukturen und Arbeitsabläufe bereitgestellt.
Die Prozeßkette der organisatorischen Entwicklung erstreckt sich

- vom Erkennen einer Engpaß- (oder Überfluß-) Situation,
- über die sorgfältige Analyse der Ursachen im organisatorischen, personellen oder instrumentellen Bereich,
- über die Idee einer organisatorischen Änderung
- und die Modellierung und Kommunikation der ins Auge gefaßten Innovation der Ablauf und Aufbau-Organisation – dies umfaßt die Veränderung bzw. Neuzuordnung der Arbeitsinhalte und -abläufe, Berichtswege und Verantwortungsstruktur, der erforderlichen Qualifikationen und Kompetenzen, die Neufassung des Missions-Statements, die Revision der qualitativen und quantitativen Zielvorgaben (Objectives), die Anpassung des Anreizsystems und der Personalbeurteilungskriterien
- bis hin zur Schaffung der gegebenenfalls nötigen personellen Voraussetzungen (etwa Nachschulung, Fortbildung, Personalbemessung, Änderung des Arbeitszeitmodells usw.)
- und zur Nachbewertung des Erfolgs der eingeleiteten Maßnahmen.

(Klaus Tschira und Dr. Peter Zencke, SAP AG im SAPinfo März 1994)

destens ebenso schwer wie für ihre typischen Ansprechpartner in der Personalabteilung, sich einen Reim auf das Kauderwelsch von Prozeßketten, Dynpros und Tabellen zu machen. So kann aus der Frustration leicht eine Konfrontation werden, zumal wenn darin die einzige Möglichkeit besteht, auch nach außen hin zu dokumentieren, daß der Betriebsrat sich nicht übergehen läßt, sondern sich für die Interessen seiner Wähler einsetzt. Einem konstruktiven Dialog mit dem Projekt stehen nicht nur die unterschiedlichen Sichtweisen und Sprachen im Wege; die gesetzlich vorgegebene Arbeitsweise des Betriebsrats steckt seinen Möglichkeiten, sich auf die eher pragmatische und fast immer zeitkritische Arbeitsweise der Projektgruppe einzustellen, enge Grenzen.

Die Personalabteilung

Die Personalabteilung schließlich löst in der Regel personalbezogene Probleme, die sich aus der SAP-Einführung ergeben, wenn sie auftreten, ad-hoc. In keinem anderen Bereich des Betriebs löst die Vorstellung, die SAP-Einführung sei als langfristiger Prozeß der Organisationsentwicklung aufzufassen, erfahrungsgemäß größeres Unverständnis aus als in der durchschnittlichen Personalabteilung. Eine auf diesen Prozeß abgestimmte planmäßige Personalentwicklung, die die Entwicklung der Qualifikationsanforderungen an die Mitarbeiter und den Personalbedarf berücksichtigt, findet in der Regel nicht statt. ◆

Beispiele für die Austragung von Interessenkonflikten anläßlich der SAP-Einführung enthalten u. a. ➡ „3.16 SAP-Einführung, Projektorganisation und Betriebspolitik" sowie ➡ „1.8 Hinterher ist man immer klüger".

Hinterher ist man immer klüger ...

„Erfolgsstories werden genug erzählt", sagt B. Junker, SAP-Projektkoordinator der Fa. DeTeWe AG & Co Kommunikationssysteme in Berlin. Ein Erfolg ist zweifellos die weitgehende Umstellung der Informationssysteme im Unternehmen auf SAP R/2, die nach insgesamt vierjähriger Projektarbeit abgeschlossen werden konnte. Aber interessanter (und seltener) als die Erfolgsstories sind für Andere die Probleme, mit denen so ein Projekt zu kämpfen hat und welche Lösungen gefunden wurden. Hier sein kritischer Rückblick.

Frage: Was waren die Erwartungen, die sich mit der SAP-Einführung verbanden?

Antwort: Unsere Erwartungen bezogen sich zunächst nur auf den PPS-Sektor. Wir hatten damals von der Firmenleitung den Auftrag bekommen, ein neues PPS-System auszusuchen und haben dann die einzelnen Standardprodukte untersucht. Mit der Einführung einer Standardsoftware wollten wir von der Individualprogrammierung wegkommen.

Zum Zweiten war unsere Erwartung, daß wir damit auch im Bereich der Materialwirtschaft / Logistik die verkrusteten organisatorischen Strukturen aufbrechen könnten. Tatsächlich haben wir im Zuge der SAP-Einführung teilweise die Chance genutzt. Die ganze Verlagerung unserer Materialwirtschaft von Hannover ins Stammhaus war eine organisatorische Veränderung, die unter dem Deckmantel ‚SAP' lief. Darüber hinaus hatten wir andere organisatorische Veränderungen, beispielsweise daß Grunddaten am Entstehungsort eingegeben werden, weil wir der Auffassung sind, daß die Mitarbeiter, die das dann machen, an ihren Daten auch ein gewisses Interesse zeigen.

Wir haben an vielen Stellen bestimmt auch Fehler gemacht, und deshalb sind unsere Erwartungen nicht ganz erfüllt worden. Einmal hat sich die Verlagerung der Funktionen für die Vertriebslogistik aus unserer ehemaligen Materialwirtschafts-Geschäftsstelle in Hannover in das Stammhaus und deren gleichzeitige Integration und organisatorische Angleichung nachträglich als problematisch erwiesen. Weiterhin haben wir Schwierigkeiten auch mit der Pflege des Materi-

Wir wollten die verkrusteten organisatorischen Strukturen aufbrechen.

alstamms und bei der Anbindung des SAP Systems zu anderen Systemen in Produktion und Vertrieb. Da sind die Erwartungen nicht so erfüllt worden, wie wir es uns eigentlich vorgestellt hatten.

Frage: In Zeiten abnehmender Fertigungstiefen ist die Matrialschiene der entscheidende Kostenfaktor. Wie sieht es denn mit den Erwartungen bezüglich der Logistik für die Materialbeschaffung der Produktion aus?

Antwort: Da, wo es um Wertkontrakte, Mengenkontrakte etc. geht, haben wir heute eine Unterstützung für den Einkauf, die wir vorher nicht hatten. Überhaupt, bezüglich der Abwicklung und Überwachung des Einkaufs haben sich die Erwartungen auf jeden Fall erfüllt.

Frage: Wie sieht es mit der Planung und der Abschätzung von Bedarfen, Terminen, Kapazitäten aus?

Antort: Da kenne ich zwar nicht alle Einzelheiten. Aber dieses Feld scheint mir noch stark im argen zu liegen. Ich behaupte einfach sogar, daß es schlechter geworden ist. Das liegt aber nicht am SAP-System, sondern das liegt an Konflikten zwischen den Vetriebsbereichen und der Produktionsplanung. Die Programmplanung glaubte, daß sie es besser kann als der Vertrieb und hat viele Arbeiten an sich gezogen. Hinzu kommt noch, daß man keine verläßlichen Aussagen aus dem System bekommt, weil am System vorbeigearbeitet wird. Wenn es um dispositive Daten geht o.ä. wird teilweise noch mit Karteikarten gearbeitet und das System nicht rechtzeitig mit den Daten gefüttert.

Frage: Sie betreiben ein Lagerverwaltungssystem und eine Fertigungssteuerung von anderen Software-Herstellern über Schnittstellen am SAP-System. Woher rühren die Probleme mit diesen Schnittstellen und welche Konsequenzen ziehen Sie?

Antwort: Einerseits wollten wir für die Disponenten und Beschaffer eine einheitliche SAP-Oberfläche haben. Der Fertigungsbereich ließ sich aber ein „eigenes Lagerverwaltungssystem stricken", das jedoch das Zusammenspiel zum SAP-System nicht ausreichend berücksichtigte. Beispielsweise haben wir im diesem System nicht darauf geachtet, daß auch die logischen Prüfungen genauso sind wie im SAP-System. Aus diesem Grunde bleiben natürlich in den Schnittstellen immer fehlerhafte Sätze hängen, und es ist eine erhebliche Nacharbeit notwendig. Die Illusionen, die man hatte, daß der Disponent klarer platzbezogen seine Bestände sehen kann, haben sich nicht so recht erfüllt. Außerdem laufen die Lagerbestände dieses Systems und des SAP-LVS-Systems öfter auseinander und es ist immer schwierig, wieder den Aufsetzpunkt zu finden. Und aus diesem Grunde meine ich schon, daß es richtig ist, das derzeitige LVS-System abzuschalten und durch das SAP-Lagerverwaltungssystem zu ersetzen.

Im Werk Hoppegarten wird wahrscheinlich das Werkstattsteuerungssystem abgeschaltet werden, weil sich Randbedingungen geändert haben. Ich glaube nicht, daß man ein solches Feinsteuerungssystem für die derzeitige Linienfertigung braucht.

Frage: Wie ist in Ihrem Hause der Übergang von spartenorientiertem zu logistischem Denken gelungen?

Antwort: Unsere an den traditionellen Sparten orientierte Aufbauorganisation der Ver-

B. Junker, SAP-Projektkoordinator der DeTeWe AG & Co Kommunikationssysteme

Eine an den traditionellen Sparten orientierte Aufbauorganisation nur für die Vertriebe steht einem logistischen Denken eigentlich im Wege, denn sie verhindert, daß ich eine Prozeßkette von Anfang bis Ende durchgestalten kann.

triebe steht einem logistischen Denken eigentlich im Wege, denn sie verhindert, daß ich eine Prozeßkette von Anfang bis Ende durchgestalten kann.

Besonderheiten der SAP-Produkte

Die „Fabrik 2001" für Kommunikationssysteme und Endgeräte der DeTeWe in Dahlwitz-Hoppegarten

Dadurch bauen wir an einigen Stellen starke Grenzen auf, regelrechte Mauern. Aus diesem Denken ergeben sich erhebliche Schwierigkeiten, die logistische Kette nach modernen prozeßorientierten Gesichtspunkten zu gestalten. Trotz der vertrieblichen Spartenorientierung müßten wir versuchen, alle Funktionen in einer Kette abzubilden und nicht beispielsweise bei der Programmplanung plötzlich Schluß machen.

Das Resultat ist gegenwärtig, daß die Sparten weiterhin spartenbezogen denken und die Logistikabteilung versucht, logistisch zu handeln. Auf die Funktion bezogen versucht man schon, sich prozeßorientiert auszurichten, aber nicht in der gesamten logistischen Kette.

Für eines unserer Häuser hat es eine Untersuchung einer Unternehmensberatung gegeben, deren Ergebnis mehr dem Wunsch des Logistikers entsprach. Im Bereich eines anderen Hauses ist es erst gar nicht zu einer Untersuchung gekommen.

Frage: Könnte SAP noch effektiver eingesetzt werden, wenn diese Prozesse mal durchgehend formuliert und ausgebildet würden?

Antwort: Das würde ich so sehen.

Frage: War die Projektorganisation dem SAP-Projekt entsprechend ausgerichtet oder hätte dort mehr passieren können?

Antwort: Als die o. g. Untersuchung begann, lief dieses Projekt als logistisches Projekt erstmal neben dem SAP-Projekt. Dies hat sich als Fehler erwiesen. Wir hatten versucht, dies aus Sicht unseres Bereichs Zentralinformationswesen zu korrigieren und in das SAP-Projekt mit zu integrieren. Das ist uns auch teilweise gelungen, aber wir hatten keinen Einfluß auf die Gestaltung der Organisation. Wir hatten eigentlich nur Einfluß auf die Gestaltung des SAP-Systems. Wir mußten dann also sehr stark das SAP-System der Organisation anpassen und haben da auch erhebliche Schwierigkeiten gehabt.

Frage: Wie wurden denn die Aufgaben zwischen den einzelnen beteiligten Projektgruppen verteilt und koordiniert? Gab es da Probleme?

Antwort: Zunächst mal zur organisatorischen Struktur des Projekts: Wir hatten einen Entscheidungsausschuß, der sehr hochrangig besetzt war. Darunter waren vier Zuständigkeitsbereiche angesiedelt: einmal für die Schiene der Materialwirtschaft, der Lagerwirtschaft und des PPS. Das zweite waren die kaufmännischen Systeme, also Finanzbuchhaltung, Kostenrechnung, Anlagenbuchhaltung u.ä. Das dritte waren die Personalabrechnungs- und Zeitwirtschaftssysteme. Wir haben dann noch eine Gruppe gebildet, die sich mit den Basissystemen auseinandersetzen sollte. Dazu gab es die Stelle des Projektkoordinators, der diese einzelnen Projekte oder Projektgruppen koordinieren sollte und die administrativen Aufgaben steuern oder auch selbst ausführen sollte. Dabei gab es folgende Schwierigkeit: Der Projektkoordinator war nicht weisungsbefugt. Er konnte nur über den Entscheidungsausschuß eingreifen. Hier hätte ich mir manchmal stärkere Beeinflussungsmöglichkeiten gewünscht.

Das zweite ist, daß die Projektleiter nur geringe Chancen hatten, sich die Mitarbeiter aus den Fachabteilungen entsprechend der Qualifikation und dem Wissen über das Unternehmen, das sie mitbrachten, auszusuchen. Das führte dann natürlich zu Problemen, da junge Mitarbeiter eingesetzt wurden, die unser Haus teilweise erst seit einem Viertel Jahr kannten. In anderen Be-

Ein Projektkoordinator, der nicht weisungsbefugt ist, hat wenig Chancen, direkt einzugreifen.

reichen ist es nicht so gewesen, aber da gab es dann erhebliche Probleme durch den Weggang von verschiedenen qualifizierten Mitarbeitern, die lange Jahre hier waren, die aber das SAP-Projekt nicht mittragen wollten. Da gingen dann der Abteilungsleiter und sein Stellvertreter, der das Projekt eigentlich leiten sollte, gleichzeitig weg. Damit hatten wir dann ein erhebliches Vakuum. Das Problem konnte jedoch in angemessener Zeit gelöst werden.

Frage: Wie haben Sie die verschiedenen Projektgruppen koordiniert?

Antwort: Die Steuerung und Koordination lief einmal wie gesagt auf der Ebene von Geschäftsleitung/Vorstand über den Entscheidungsausschuß. Auf der Ebene der einzelnen Projektleiter gab es ca. alle 14 Tage eine Projektkoordinationssitzung. Da wurde z. B. abgesprochen, welche Tabellen wie eingestellt werden usw. Wir haben auch versucht, in fast alle SAP-Projekte Mitarbeiter der zentralen Organisationsabteilung einzubringen. Das ist uns aus Kapazitätsgründen nicht immer gelungen, aber dadurch haben wir natürlich auch in der zentralen Organisationsabteilung Wissen aufgebaut. Wir mußten uns kapazitätsmäßig ganz schön strecken - alle Welt machte plötzlich SAP.

Frage: Waren denn die Projektgruppen auch bei den Organisationsfragen der Linie beteiligt? D.h. wer macht in Zukunft welche Aufgaben, wer ist wofür in Zukunft zuständig?

Antwort: Teilweise ja, teilweise nein. Wenn z.B. an die Gestaltung der Materialstammpflege denke, da war das Projekt voll dran beteiligt. Da haben wir die Mitarbeiter gefragt, haben mit ihnen das Für und Wider dieser Denkweise besprochen, und haben das dann versucht, auch organisatorisch abzubilden. An anderen Stellen war mir zuwenig Beteiligung. Wir haben beispielsweise versucht, die Mitarbeiter im Marketing-Bereich dafür zu interessieren, daß schon im Vorfeld die Gemeinkostenmaterialien oder Dienstleistungen, die bestellt werden, von den Mitarbeitern selber auch ins System eingegeben werden, so daß dann die nachfolgenden Prozesse, die sich da anschließen, wie z. B. die Rechnungsprüfung, erleichtert werden. Da sind wir gescheitert. Es liegt teilweise am Widerstand der Gruppen, am Widerstand der Vorgesetzten, teilweise daran, daß wir uns ungeschickt verhalten haben. Es sind jedenfalls erhebliche Probleme aufgetreten.

Frage: Hätten Sie es besser gefunden, wenn einige Organisationsfragen unabhängig von der SAP-Einführung vorher geklärt worden wären?

Antwort: Das hätte ich schon gut gefunden. Als wir RF einführten und mit Materialwirtschaft anfingen, sind viele auf diesen fahrenden Zug aufgesprungen und haben versucht, noch eher am Ziel zu sein als wir mit unseren Projekten. Da wurden die ganzen organisatorischen Fragen absolut in den Hintergrund gestellt. Man hat das dann nur als Technik, als Umsetzung von einem System ins andere behandelt. Eine zusätzliche Schwierigkeit war der Wunsch des Vorstandes, daß mit der Inbetriebnahme der neuen Fabrik auch das PPS-System stehen sollte. Das war eigentlich von der Planung her nicht vorgesehen und brachte einen unwahrscheinlichen Druck in das Projekt. Wir kriegten auch viele externe Mitarbeiter ins Projekt. Man hat dann versucht, das eben nur rein technisch zu

Wegen des Zeitdrucks, unter dem das PPS-Projekt stand, hat man versucht, das eben nur rein technisch zu lösen, nur abzubilden, was vorhanden ist, ohne die organisatorischen Dinge im Vorfeld zu gestalten.

lösen, nur abzubilden, was vorhanden ist, ohne sich über die organisatorischen Konsequenzen im klaren zu sein oder die organisatorischen Dinge im Vorfeld zu gestalten. Heute haben wir einige Probleme in der gesamten Durchlaufplanung, weil wir infolge der engen Projektzeit den Prozeß nicht genügend gestalten konnten.

Frage: Wie haben die unterschiedlichen Mitarbeitergruppen auf das Projekt reagiert?

Antwort: Die Mitarbeitergruppen im kaufmännischen Bereich waren nicht glücklich darüber, daß sie SAP machen sollten, denn sie hatten ein sehr gut auf DeTeWe angepaßtes Produkt der ADV ORGA. Sie konnten sich nicht vorstellen, daß es durch SAP besser werden sollte, ganz im Gegenteil, es wurde gesagt, daß SAP an vielen Stellen wesentlich umständlicher ist und dadurch ein erheblicher Mehraufwand für diese Mitarbeiter entstehen würde. Aus dem Grunde waren die Mitarbeiter in der Finanzbuchhaltung eigentlich demotiviert.

Sie waren noch aus einem anderen Grund demotiviert, und zwar haben wir einen Grundfehler begangen. Wir hatten ja eigentlich die Aufgabe, ein PPS-System auszusuchen. Bei unserer Präsentation vor dem Vorstand haben wir SAP empfohlen und den klassischen Weg vorgeschlagen, die Finanzbuchhaltung als erstes einzuführen. Dieses hatten wir aber vorher mit den Mitarbei-

Die Mitarbeiter sollten stärker einbezogen werden, und die Projektgruppen müssen sich auf erfahrene Mitarbeiter stützen können.

tern und Führungskräften in dem Bereich nicht abgesprochen. Eine entsprechende Information ist aus Gründen, die ich jetzt nicht mehr nachvollziehen kann, lange Zeit unterblieben. Da ging natürlich die Gerüchteküche um, und es gab erhebliche negative Reaktionen. Man wollte absolut nicht auf SAP umsteigen, weil die Notwendigkeit an der Stelle nicht gesehen wurde.

Frage: Und wie war die Reaktion bei Mitarbeitern in der logistischen Kette, speziell in der Fabrik?

Antwort: Mein Eindruck ist, daß die alten DeTeW-isten dem System sehr skeptisch gegenüberstanden. Das Vorgängersystem ISI war ständig angepaßt und auf den neuesten Stand gebracht worden. Von den Mitarbeitern wurde deshalb nicht die Notwendigkeit für eine Umstellung gesehen. Die haben es aber nur rein von der PPS-Seite her betrachtet. Daß z. B. die Materialwirtschaft in bezug auf Einkauf schlecht oder gar nicht unterstützt war, das wurde dabei ausgeblendet. Dadurch war die Reaktion negativ. Bei verschiedenen Führungskräften, die jetzt neu im Unternehmen waren, und das waren ja eine Reihe von Leuten im logistischen Bereich, haben wir dagegen sehr positive Reaktionen feststellen können, weil sie das auch als Chance gesehen haben, den Prozeß im Hause mitgestalten zu können. Wenn man jetzt noch die Gruppe der Betriebsräte sieht, ja, dann war da eigentlich eine sehr verhaltene Reaktion, so nach dem Motto „Macht mal, wir wollen es beobachten". Sie wollten darauf achten, daß mit dem System kein Unsinn passiert, z. B. keine leistungsbezogenen Auswertungen oder ähnliche Sachen passieren. Sie haben auch eine Betriebsvereinbarung darüber abgeschlossen.

Frage: Wie hätte man die o. g. negativen Reaktionen vermeiden können?

Antwort: Im kaufmännischen Bereich hätten die Mitarbeiter stärker eingebunden werden sollen. Und im logistischen Bereich hätte man doch von Anfang an auf erfahrene, bewährte Mitarbeiter mit Kompetenzen für die Projektgruppenarbeit zurückgreifen sollen.

Frage: Herr Junker, welches persönliche Resümee ziehen Sie?

Antwort: Also zunächst mal: Wir haben in der zur Verfügung stehenden Zeit eine ganze Menge geleistet. Dagegen gibt es eigentlich von der rein technischen Sicht her nichts zu sagen, und darauf sind wir auch stolz. Was ich anders machen würde wäre, stärkeren Einfluß auf die organisatorische Abbildung zu nehmen. Das ist einfach eine Zeitfrage. ◆

Gibt es Alternativen zu SAP?

Manchmal entsteht der Eindruck, die SAP AG sei völlig konkurrenzlos auf dem Markt. Dies trifft nicht zu. Die Firma SAP hat allerdings als eine der ersten Firmen ganz auf die Integration gesetzt. Deshalb hat sie jetzt mit R/2 und R/3 auch die mit am weitesten ausgebauten Systeme im Angebot. Der folgende Artikel gibt einen kurzen Überblick über einige Konkurrenzprodukte und ihre für die Arbeitsorganisation und den Arbeitsplatz wichtigen Eigenschaften.

Schon Anfang der siebziger Jahre wurde in der Informatik zum Thema Datenbanksysteme festgestellt, daß künftige Anwendungen nur noch datenorientiert statt in der bis dahin üblichen programmorientierten Weise aufgebaut würden. Die Praxis belächelte damals noch die Theoretiker der Datenbankszene. Nur wenige Jahre später hatten sich die ersten Firmen auf den Weg gemacht, Datenbanksysteme zu entwickeln, die diese Theorien aufgriffen. Die Gründer von SAP gehörten zu ihnen.

Heute – 20 Jahre später – kann kaum noch ein Softwarehaus für betriebswirtschaftliche Programme überleben, das nicht wenigstens ansatzweise ein ‚integriertes' System anzubieten hat.

Der datenbankorientierte Ansatz hat einige wichtige Eigenschaften, die die Arbeitsorganisation und die Arbeitsplätze beeinflussen können. Dazu zählt namentlich die Überwindung der räumlichen und zeitlichen Grenzen einer herkömmlichen Organisation, die noch auf der Basis der Übermittlung von Papier und Datenträgern funktioniert (→ „3.1 Organisation wird mitgeliefert").

Im folgenden werden einige integrierte Standardsoftware-Pakete und deren Marktpositionierung exemplarisch vorgestellt. Dabei orientiert sich die Darstellung an der Frage des Funktionsangebotes der Software einerseits, an Betriebsgrößen und an Branchen andererseits.

Der Markt für Großbetriebe

Sehr dünn ist die Luft, wenn es darum geht, Produkte für Großbetriebe mit industriellem Kerngeschäft und mit internationaler Orientierung aufzuzählen. SAP hat bei Anlegung dieser Maßstäbe nur wenige Konkurrenten, die ein ausgereiftes integriertes System in ihrem Sortiment anbieten: z. B.

- die niederländische Firma Baan mit ihrem Produkt TRITON. Triton ist wie SAP R/3 ein Client-Server-System, das entsprechend auf vielen Hardwareplattformen betrieben werden kann. Das System wirbt im wesentlichen für seine vier Branchenanwendungen: Industrie, Handel, Bauprojekte und Transport. Anders als die SAP-Software hat TRITON seinen Ursprung nicht in der kommerziellen Software, sondern in der Produktionsplanung und -steuerung.

- die amerikanische Firma Oracle, die bisher weniger als Lieferant für Anwendersoftware bekannt war, sondern für ihr Client-Server-

Datenbanksystem. Die Anwendungssoftware ist – ähnlich der SAP-Software – seit Ende der achziger Jahre aus der Finanzbuchhaltung (genannt: Oracle Financials) heraus gewachsen und umfaßt ORACLE® derzeit einen ähnlichen Funktionsumfang wie R/3. Sowohl preislich, wie auch von der Anzahl der Installationen ist die Oracle Anwendungssoftware direkt mit R/3 vergleichbar.

- die amerikanische Firma Peoplesoft – wie SAP auch äußerst erfolgreich im Client-Server-Geschäft für Großbetriebe tätig – kommt mit ihrem Produkt HRMS (Human Resources) für die Personalverwaltung und Financial für die Finanzverwaltung ebenfalls aus dem Bereich der kaufmännischen Standardsoftware und versucht, diese Funktionalitäten auf die produktionsnahe Verwaltung (zunächst die Materialwirtschaft) auszudehnen. Die Firma hat den Ruf, ein Vorreiter der Client-Server Technologie zu sein und bietet für seine Systeme bereits seit einiger Zeit in Kooperation mit den Firmen Lotus ind IBM eine Workflowkomponente zur anwendungsübergreifenden Automatisierung von Geschäftsvorfällen an.

- die amerikanische Firma MARCAM, die sich mit ihrem Produkt PRISM an die Anwenderfirmen der mittleren IBM-Rechnerserie AS/400 vorzugsweise in der chemischen und pharmazeutischen Industrie wendet.

Zur Situation im Mittelstand ➡ „1.6 Outsourcing – eine Lösung für den Mittelstand?"

SAP kommt zwar ebenfalls aus dem Bereich der Industrieverwaltung, entwickelt jedoch insbesondere auf der Basis von R/3 unter dem Modulnamen IS-X für X-verschiedene Branchen eigene Module, z. B. IS-H für Hospitäler, IS-B für Banken, IS-I für Versicherungen. Das bedeutet, daß sich die jeweiligen Konkurrenten der integrierten Standardsoftware von SAP nur zum Teil auf den gleichen Branchenmärkten wiederbegegnen. Der Trend ist jedoch bei allen Anbietern von integrierter Standardsoftware zu spüren, daß sie auf lange Sicht auf allen wesentlichen Branchenmärkten vertreten sein werden.

Der Markt für den Mittelstand

In diesem Markt geht es derzeit um Viel (Geld): In Deutschland wartet der gesamte Mittelstand mit dem schnellen Sterben der mittleren Datentechnik (MDT) darauf, ein Nachfolgesystem zu finden. Als typischer Vertreter der aussterbenden MDT-Standardsoftware ist hier das in Deutschland außerordentlich erfolgreiche Nixdorf-System „Comet" mit seinen etwa 5000 Installationen zu nennen. Dessen Anwender müssen sich in absehbarer Zeit nach einem Nachfolgesystem umsehen: Der Hersteller (jetzt Siemens-Nixdorf) möchte die Pflege des Systems eher heute als morgen einstellen, hat aber kein Nachfolgeprodukt anzubieten, auf welches man ohne größeren Aufwand umsteigen könnte. Eine der Alternativen, die Siemens-Nixdorf seinen Kunden anbietet, ist „R/3 live", eine Siemenslizenz des SAP-Systems R/3.

Weit größer als die Angebote an integrierter Standardsoftware für Großbetriebe ist die Anzahl entsprechender Angebote für den Sektor der Klein- und Mittelbetriebe aus dem PC-Bereich. Hier sind die Hersteller von Standardsoftware schon viel früher den Weg gegangen, schnell anpassbare Lösungen auch für das kleine Portemonnaie zu erstellen und diese in großen Stückzahlen zu verkaufen. Als typischer Vertreter dieser Kategorie sei hier die sehr erfolgreiche KHK Software erwähnt. Immerhin bringt es die KHK-Software für Kleinbetriebe laut Herstellerangaben auf etwa 300 000 Anwender bei ca. 60 000 Installationen. Mit derem neuen Produkt ‚X-Line', das für Ende 1995 angekündigt ist, wird R/3 zumindest auf der Ebene der Mittelbetriebe (mit ca. 50-2000 Beschäftigten) um die ehemaligen Comet Kunden konkurrieren müssen.

Die meisten Anbieter von Standardsoftware für den Mittelstand, die als Konkurrenten zu SAP infrage kommen, haben sich hier auf bestimmte Branchen und/oder auf bestimmte

Hardwareplattformen konzentriert. In keinem Fall handelt es sich dabei um Software mit einem so umfangreichen Funktionsangebot, wie bei den großen Anbietern. Dafür aber werden schnell und kostengünstig anpaßbare Lösungen angeboten, deren Anpassung an die Kundenorganisation nicht viel Geld kosten soll.

Objektorientierte Systeme – die Lösung für die Anpassungsprobleme?

Um die Anpassung der Programme noch schneller und weniger aufwendig zu machen, kommen zunehmend noch weitergehende Systemkonzepte – als es die datenbankorientierten Systeme darstellen – in die Diskussion. Zu nennen sind hier vor allem die objektorienten Systeme. Die oben schon erwähnte Produktlinie ‚X-Line' von KHK soll auf diesem Prinzip aufgebaut sein. Die Grundidee objektorientierter Systeme besteht darin, Daten und Funktionen zu sog. ‚Klassen' zusammenzufassen, die untereinander Nachrichten austauschen. Soll ein Datenobjekt – etwa eine Materialnummer – erweitert werden, so braucht man lediglich das Datenobjekt und die Funktionen seiner Klasse zu ändern. Der Rest des Systems bleibt von der Änderung unberührt, weil sich die Änderung auf sie nicht weiter auswirkt. Auf diese Weise lassen sich leichter an Kundenwünsche anpaßbare Systeme bauen. Auch Prototypen von Anwendungssystemen können noch in grundlegenden Eigenschaften geändert werden, wenn sich in der Diskussion mit den Endanwendern herausstellt, daß zum Beispiel wichtige Gesichtspunkte im System vergessen wurden. Der Beweis, daß sich durchgängig objektorientierte Systeme in diesem Sinne in der Praxis bewähren, muß allerdings noch erbracht werden.

In der Diskussion um neue Systemkonzepte wird allerdings leicht vergessen, daß auch moderne Konstruktionsprinzipien alleine nicht die Grundfrage von Standardsoftware beantworten können: Welche Funktionen soll und darf der Hersteller liefern, welche Funktionen müssen (können) vom Anwender selber gestaltet werden? Die Verantwortung (und damit ein gewisser Aufwand) für die Analyse und Optimierung der Organisation und entsprechende Vorgaben für die Systemanpassung kann dem Anwender nicht abgenommen werden.

Da sich die Kosten für die Anpassung schnell auf ein vielfaches des Softwarepreises summieren können, findet die Konkurrenz unter den verschiedenen Anbietern dennoch ganz wesentlich über die Dauer der Einführung und die entsprechenden Hilfsmittel statt. Entsprechend bieten heute alle genannten Produkte zur Anpassung der Benutzeroberflächen an die Anforderungen der Anwender und zur Anpassung von Abläufen an die Organisation Hilfsmittel an:

> *Da sich die Kosten für die Anpassung schnell auf ein vielfaches des Softwarepreises summieren, findet die Konkurrenz der Anbieter über die Dauer der Einführung statt.*

- Einführungshilfsmittel, die die möglichst schnelle Anpassung der Software an die betrieblichen Anforderungen unterstützen sollen (Customizing-Tools);

- eigene, in die Standardsoftware integrierte, Entwicklungsumgebungen, die es erlauben, Anpassungen oder eigene Entwicklungen hinsichtlich der betriebswirtschaftlichen Funktionen zu machen; damit können auch die Wünsche der Anwender hinsichtlich der Umsetzung bestimmter Leitbilder der Arbeitsorganisation weitgehend berücksichtigt werden, sofern sich die Leitbilder im Rahmen des mit diesen Systemen technisch Machbaren bewegen.

- Möglichkeiten zur Anpassung der Benutzeroberfläche an die Anforderungen der Benutzer, beispielsweise zur Erstellung eigener oder zur Anpassung vorgegebener Maskenaufbauten, zur Ausgabe von Daten auch in Form vom Graphiken oder Diagrammen, kurz zur Erfüllung der Anforderungen der Softwareergonomie.

Die folgende Tabelle ist eine Gegenüberstellung einiger für die Arbeitsgestaltung wichtiger Systemeigenschaften. Diese Gegenüberstellung ist ein in einigen Punkten ergänzter Auszug aus dem Markspiegel „PPS Systeme auf dem Prüfstand" der FIR Institutes der RWTH

Besonderheiten der SAP-Produkte

	SAP R/2 Einschränkungen zu Releaseständen in Klammern	SAP R/3 Release 3.0	MARCAM PRISM	BAAN Triton V.3
Oberflächengestaltung				
variable Eingabemasken	✔	✔	✔	✔
variable Menues	(✔) nur mit ABAP	✔	✔	✔
frei definierbare Funktionscodes				✔
frei definierbare Funktionstasten	(✔) nur bis Rel.4.4			✔
graphische Benutzeroberfläche	(✔) nur ab Rel. 5.0d und mit PCs	✔		✔
Fehlerhilfen				
Fehlermeldungen	✔	✔	✔	✔
Fehlerbehebungshinweise		✔	✔	✔
Online Hilfestellungen				
Nachschlagetext	✔	✔	✔	✔
kontextabhängige Steuerung	✔	✔	✔	✔
individuelle Hilfestellungstexte	✔	✔	✔	✔
einstellbare Userlevel				
Schulungsunterlagen				
Funktionsdokumentation	✔	✔	✔	✔
Schnittstellendokumentation	✔	✔	✔	✔
Demo/Schulungsversion		✔	✔	✔
Lernprogramme	✔	✔		
Zugangskontrolle				
einfaches Passwortsystem	✔	✔	✔	✔
hierarchisches Passwortsystem	✔	✔	✔	✔
Passwortsystem mit Durchgriff auf fremde Systeme				
Ausweisleser				
Systemzugang				
System	✔	✔	✔	✔
Systembereiche	✔	✔	✔	✔
Einzelfunktionen	✔	✔	✔	✔
Zugriffkontrolle				
Dateien	✔	✔	✔	✔
Datensätze	✔	✔	✔	✔
Datenfelder	✔	✔	✔	✔
Workflowsteuerung		✔		

Aachen.

Allerdings unterscheiden sich die verschiedenen Produkte z. T. sehr in der Art, wie Veränderungen an der Benutzerschnittstelle vorgenommen werden können. Sehr schnell kann da aus selbstverständlichen Anforderungen an die Dialoggestaltung eine ‚harte' Modifikation werden, die bei jedem Releasewechsel nachgepflegt werden muß. Aus diesem Grund lohnt es sich, bei der Auswahl der Software darauf zu achten, ob die Belange der Umsetzung der betrieblichen Anforderungen an die Arbeitsorganisation mit dem neuen System durch die Einführungshilfsmittel und die Entwicklungsumgebungen unterstützt werden. Ist dies nicht der Fall – z. B. weil die Einführungshilfsmittel im Interesse einer superschnellen Einführung alle arbeitsorientierten Fragen nicht behandeln – ist Vorsicht geboten.

Vergleich von Stellschrauben der Arbeitsgestaltung bei integrierten PPS-Systemen in Anlehnung an den Marktspiegel „PPS Systeme auf dem Prüfstand" der FIR der RWTH Aachen; Seite 152 ff.

Auswirkungen auf die Arbeitsorganisation

Auswirkungen auf die Arbeitsorganisation

Organisation wird mitgeliefert

Konzeption, Prozeßmodelle und Einführungshilfsmittel der SAP-Software sind nicht organisationsneutral.

Über den Zusammenhang zwischen der Einführung integrierter Software und Organisation gibt es in den Betrieben ganz unterschiedliche Vorstellungen. Manche Unternehmen machen ihren SAP-Projektgruppen klare konzeptionelle Vorgaben – z. B. ‚Unterstützung eines durchgängigen Logistikkonzepts' oder von ‚Gruppenarbeit in Fertigungsinseln' etc. Die Projektgruppen müssen sich dann damit auseinandersetzen, inwieweit ihre Vorgaben mit der technischen Konzeption und den vorgedachten Abläufen des Software-Herstellers zu verwirklichen sind und ggf. Kompromisse machen. Andere verstehen ihre Arbeit einfach als die Einführung eines modernen Softwarepakets und etwaige Reorganisationen – wie die Verschiebung von Aufgaben oder Einführung der Vorgangsbearbeitung – als deren zwangsläufige Folgen.

Ob die Restriktionen der Standardsoftware nun in der Form wahrgenommen werden, daß sie den organisatorischen Spielraum auf solche Maßnahmen, die mit ihrer Konzeption und den in ihr vorgedachten Abläufen konform sind, beschränkt oder daß sie bestimmte Reorganisationsmaßnahmen erzwingt – keine Software ist völlig organisationsneutral. Sie beinhaltet organisatorische Vorgaben, sozusagen ein festes Gerüst innerhalb einer großen Bandbreite von Einstell- und Anpassungsmöglichkeiten. Im folgenden soll es darum gehen, diese darzustellen. Nicht, daß organisatorische Veränderungen an sich negativ sind, aber man sollte sich ihrer bei der Systemauswahl und -einführung bewußt sein.

Die SAP kennzeichnet ihre Systeme immer wieder mit Sätzen wie dem folgenden:

> „Die R/3-Anwendungen zeichnen sich durch eine integrierte Abwicklung der Geschäftsprozesse aus." (R/3-Broschüre der SAP)

Integration und Prozeßorientierung sind in der Tat die herausragendsten Merkmale der SAP-Konzeption. Eine ganze Reihe von organisatorischen Konsequenzen lassen sich allein aus diesen Merkmalen ableiten.

Organisatorische Konsequenzen des Integrationskonzepts

Wesentlicher Pfeiler der Integration sind die zentralen Datenbanken, die durch das Unternehmensdatenmodell (UDM) beschrieben sind. Der durch sie hergestellte hohe Kopplungsgrad zwischen den Abläufen verschiedener Fachbereiche führt dazu, daß Veränderungen des Datenmodell, und seien es nur Schlüssel, in der Regel mit anderen Stellen abgestimmt werden müssen. Eine weitgehende Dezentralisierung der Software-Wartung in die Verantwortung der Fachbereiche ist nicht

> **Beispiel 1:** Der Einkauf konnte ein dringend für den Serienanlauf benötigtes Teil nicht bestellen, weil die Buchhaltung noch keine Kontierung für die zu erwartende Rechnung eingegeben hatte.
>
> **Beispiel 2:** Die Auftragsabrechnung stimmte nicht, denn die Lagerarbeiter wußten nur, daß man als Bewegungsart immer „irgendwas mit einer Zwei am Anfang" eingeben muß, „damit der Computer es annimmt".
>
> **Beispiel 3:** Bei einer Überlieferung, die die voreingestellten Grenzwerte überschritt, konnte kein Wareneingang gebucht werden, weil der für die Freigabe zuständige Einkäufer nicht erreichbar war. Die Materialien standen solange auf der Rampe, obwohl die Montage sie dringend benötigte.
>
> **Beispiel 4:** Fertige, dringend auszuliefernde Fahrzeuge standen ganze Tage im Versandlager. Weil noch Rückmeldungen aus der Fertigung ausstanden, verweigerte das System den Ausdruck von Lieferschein und Faktura.

Ausführlich zum Thema ‚Integration' „1.3 Stichwort ‚Integrierte EDV'" und „2.3 Integration als Organisationsaufgabe"

möglich. Darüber sollte auch die Tatsache nicht hinwegtäuschen, daß SAP im Zusammenhang mit R/3 gern den Begriff der Dezentralisierung verwendet. In der Praxis können die Fachbereiche oft höchstens das Aussehen ihrer Listen selbst beeinflussen. Die Wartung erfolgt überwiegend in Form regelmäßiger Releasewechsel vom Hersteller, die von der zentralen Systempflege nur eingespielt werden.

Die enge Kopplung zwischen den Prozessen unterschiedlicher Stellen führt nicht nur im Rahmen der Software-Wartung zu verstärkten Abhängigkeiten. Stellen, die sich traditionell eher fremd sind wie Produktion und Buchhaltung, werden durch die Verknüpfung von Material- und Wertefluß davon abhängig, sich gegenseitig korrekt und rechtzeitig mit Daten zu bedienen. Zwangsmechanismen zur Sicherung der Datenkonsistenz führen zu zahlreichen Rückfragen und bei geringfügigen Abweichungen von der formellen Organisation zur Blockade (s. Beispiele oben). Qualifikationsanforderungen an die Mitarbeiter und Anforderungen an die Disziplin, die formelle Organisation auch einzuhalten, nehmen zu. Improvisation und Schnellschüsse können massive Störungen nach sich ziehen. Das heißt, die formelle Organisation muß zunächst einmal für alle Fälle definiert sein, und alle müssen sich auch in Fällen von Eilaufträgen, Pannen und sonstigen Ausnahmesituationen daran halten. Die Beseitigung der oft als chaotisch empfundenen Improvisation mancher Betriebe werden sicher viele begrüßen; inwieweit damit auch ein Stück Flexibilität der Organisation und Motivation der Mitarbeiter verlorengehen, ist schwer objektiv und allgemeingültig zu beantworten, nichtsdestotrotz gerade für mittelständische Betriebe eine sehr wichtige Frage.

Organisatorische Konsequenzen der Prozeßorientierung

Während die Integration auf der Grundlage des Unternehmensdatenmodells die statische

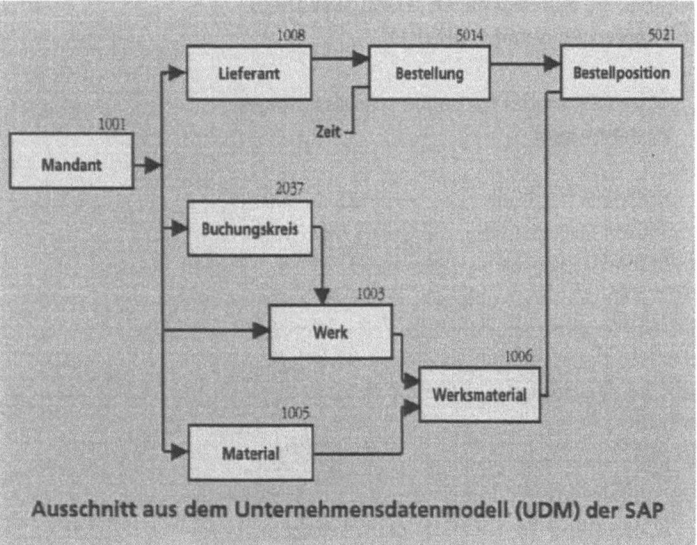

Ausschnitt aus dem Unternehmensdatenmodell (UDM) der SAP

Sicht auf die Organisation abbildet, modellieren sogenannte Prozeßketten bzw. ihre Verknüpfung im Workflow Management die Dynamik. Das einheitliche Datenmodell stellt dabei die Voraussetzung dafür dar, fachbereichsübergreifende Prozeßketten im System abzubilden. Man könnte insofern sagen, daß auf diese Weise neben der im vorigen Abschnitt beschriebenen Datenintegration eine Prozeßintegration realisiert wird.

SAP stellte schon lange vor der ‚business process reengineering'-Welle die bereichsübergreifende Optimierung der Prozeßketten in den Mittelpunkt der Organisations- und Systemgestaltung, z. B. in den Vorgehensmodellen. Mit dem R/3-Analyzer sind die im System vorgedachten Prozeßketten nun erstmals explizit dokumentiert (vgl. Abbildung).

Die Prozeßorientierung verfolgt vor allem zwei Ziele:
- Beschleunigung der Abläufe, vor allem durch Vermeidung von Liege- und Transportzeiten,
- Einsparung vermeidbarer Arbeiten, insbesondere Doppelarbeiten und Arbeiten, die aufgrund der arbeitsteiligen Bearbeitung anfallen.

Beispiel: Was der Auftragsdisponent einer norddeutschen Fahrzeugbaufirma eingibt, das wird gnadenlos gebaut. Als die Montageplanung zufällig bemerkte, daß ein Kunde 1 und nicht 11 Fahrzeuge bestellt hatte, war die Materialdisposition längst gelaufen, hatte die Vorfertigung die entsprechenden Materialien abgeliefert ...

Beispiel: Mit der Akquisition eines Auftrags beginnt die wichtigste Prozeßkette eines Unternehmens. Einmalerfassung und Vorgangsbearbeitung führen folgerichtig dazu, daß immer mehr Aufgaben dem Vertrieb zugeschlagen werden wie z. B. kaufmännische und technische Prüfung des Auftrags, Auftragserfassung, Disposition bei Sonderwünschen, Festlegung des Liefertermins. Viele solcher Tätigkeiten setzen technische und logistische Kenntnisse voraus, die Vertriebsmitarbeiter typischerweise nicht besitzen. Andererseits besteht die Gefahr, den Vertrieb mit Verwaltungsaufgaben zu belasten, statt ihm den Rücken für intensivierte vertriebliche Aktivitäten freizuhalten.

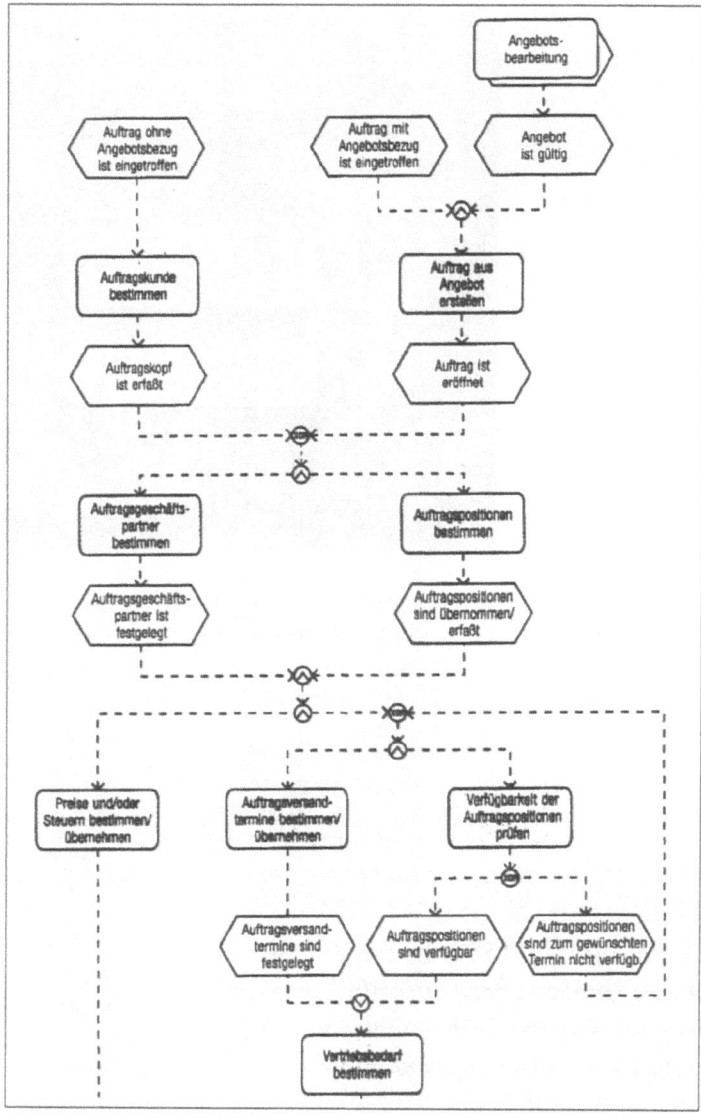

Prozeßkette Auftragsbearbeitung – Ausschnitt aus dem R/3-Referenzmodell (Quelle: SAP)

Aus der Prozeßorienterung der SAP-Konzeption ergeben sich eine Reihe von technischen Merkmalen, die ihrerseits organisatorische Konsequenzen zeitigen.

Konsequent verfolgt wird von SAP das Prinzip der Einmalerfassung von Daten zum frühestmöglichen Zeitpunkt. Einmal erfaßte Daten stehen dann für alle weiteren Bearbeitungsgänge und Auswertungen ohne erneute Eingabe zur Verfügung. Die Vorteile dieses Prinzips sind so einleuchtend, daß es kaum je hinterfragt wird. Man muß sich allerdings darüber im klaren sein, daß dieses Prinzip auch

Ausführlich zur Prozeßorientierung und dem Referenzmodell ➡ „4.7 Organisatorisch im Bilde"

Auswirkungen auf die Arbeitsorganisation

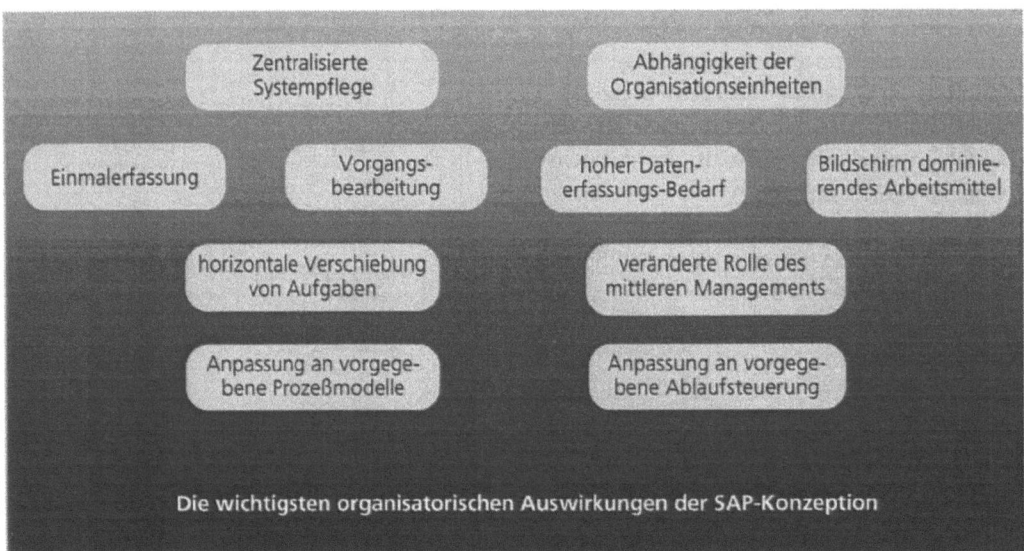

Die wichtigsten organisatorischen Auswirkungen der SAP-Konzeption

bedeutet, daß einmal falsch erfaßte Daten zwar technische Plausibiltätskontrollen durchlaufen, aber selbst grobe Fehler unter Umständen keinem Menschen mehr auffallen. Der Abbau der Redundanz bedeutet, daß die Anforderungen an die Qualität der Daten steigen. Entsprechend steigt die Verantwortung der Mitarbeiter, und das Arbeitsumfeld muß konzentriertes Arbeiten ermöglichen. Wareneingang, Materialdisposition und Produktionsplanung sind nur drei Beispiele für Büros, die ganz im Gegensatz zu dieser Anforderung in den meisten Betrieben eher einem Taubenschlag ähneln.

Eine Reihe von Arbeiten fallen nur infolge der arbeitsteiligen Bearbeitung an. Beispiele sind der Schreibauftrag, den der Sachbearbeiter für das Sekretariat ausfüllt, oder Rückfragen der zentralenAuftragserfassung bei der auftraggebenden Niederlassung. Bei der Vorgangsbearbeitung werden Vorgänge von einem Bearbeiter möglichst in einem Arbeitsgang abschließend bearbeitet. Dadurch entfällt der obengenannte Zusatzaufwand ebenso wie Transportzeiten und Zeiten, in denen der Vorgang beim nächsten Bearbeiter der Erledigung harrt. Dadurch entfallen auch sämtliche Zuarbeiten. Schriftverkehr, Ablage, Aktentransport fallen nur noch als Restarbeiten an, die im Rahmen der Sachbearbeitung miterledigt werden. Für Mitarbeiter, denen solche Aufgaben bisher oblagen, müssen andere Betätigungsfelder gefunden werden. Das Gleiche gilt für die Datenerfassung, mit dem Unterschied, daß sie nun einen erheblichen Teil der Sachbearbeitung ausmacht. Die Konzeption des Systems für die Vorgangsbearbeitung führt dazu, daß sich Sachbearbeitung und Datenerfassung nicht mehr trennen lassen, denn die meisten Pflegetransaktionen setzen dieFachkenntnisse eines qualifizierten Sachbearbeiters für die Bedienung voraus.

Auch ein an sich so begrüßenswerter Trend wie die Reduzierung der Arbeitsteiligkeit kann für die Hilfskräfte im Büro zu einer Bedrohung ihrer Beschäftigungsmöglichkeiten werden und für die Sachbearbeiter zu einer Überforderung führen, wenn zu den gewohnten Fachaufgaben nicht nur Nebentätigkeiten wie Datenerfassung und Auslösung von Schriftver-

> *„Prozeßorientierung' bedeutet eine Konzentration auf die Straffung der betrieblichen Abläufe. Die Frage, wer die verbleibenden Aufgaben ausführen soll (Aufbauorganisation), wird dabei bewußt zurückgestellt.*

Ausführlich zum Thema ‚Mischarbeit' ➡ „3.6 Bewegung im Apparat"

> „An die Stelle von Arbeitsteiligkeit tritt die Ganzheitlichkeit in der Abwicklung von Geschäftsprozessen: Bisher an verschiedenen Arbeitsplätzen erledigte Aufgaben können sachbezogen zusammengefaßt werden."
> (R/3-Broschüre der SAP)

kehr hinzukommen sondern, im Interesse der Einmalerfassung auch noch zusätzliche Fachaufgaben.

Die Vorgangsbearbeitung selbst wird durch die durchgängige Prozeßunterstützung des SAP-Pakets gewährleistet. Zur Bearbeitung eines Vorgangs werden dem Bearbeiter nicht nur alle erforderlichen Daten aus dem System zur Verfügung gestellt; mit der Einbindung von Schreib-, Ablage- und Postsystemen können Hilfs- und Nebentätigkeiten vom Sachbearbeiter durchgängig am Bildschirm erledigt werden und Medienbrüche wie das Abschreiben von Daten aus Listen anderer EDV-Systeme oder eines maschinengeschriebenen Angebots entfallen.. Die Vermeidung von Medienbrüchen bedeutet für viele Bearbeiter, daß der Bildschirm das dominante Arbeitsmittel wird und von Mischarbeit keine Rede mehr sein kann.

Über die bloße Unterstützung der Sachbearbeitungsvorgänge hinaus wird in vielen Bereichen der Weg einer weitgehenden Automatisierung beschritten, um auf arbeitssparende Weise zu beschleunigten Abläufen zu gelangen. Am konsequentesten hat SAP dieses Ziel im Zusammenhang mit der Workflow-Management-Komponente des R/3 formuliert (s. Kasten oben). Eine solche weitgehend automatisierte Bearbeitung setzt voraus, daß sich die Programme auf alle zur Bearbeitung erforderlichen Daten stützen können. In der Konsequenz bedeutet das für Bereiche, deren Aufgaben am Anfang von Prozeßketten stehen, einen hohen Datenerfassungsaufwand, z. B. bei

> „In die Weiterentwicklung von R/3 fließen zudem die Ergebnisse neuer Sortwaretechnologien ein, die unter der Bezeichnung ‚Workflow-Management' die ganzheitliche Unterstützung kompletter Geschäftsvorgänge ermöglichen. Vorgangsbezogene Prozeßketten werden dabei so miteinander verknüpft, daß die Software z. B. Bestellungen oder Kundenanfragen selbständig über alle betroffenen Bereiche hinweg von Anfang bis Ende abwickelt. *Wesentliches Ziel von Workflow-Management ist die größtmögliche Automatisierung von Geschäftsprozessen bei weitgehender Reduzierung von Benutzer-Interaktion.*"
> (R/3-Broschüre der SAP)

der Anlage von Materialstämmen. Ein Teil dieses Aufwands kann in späteren Abschnitten der Prozesse wieder eingespart werden. Aufwand und Ertrag fallen aber typischerweise in unterschiedlichen Bereichen des Unternehmens an. Es handelt sich um eine weitere Spielart der bereits im Zusammenhang mit der Vorgangsbearbeitung beschriebenen Verschiebung von Aufgaben, die auch vor Abteilungsgrenzen nicht haltmacht.

Solche Verschiebungen von Aufgaben bedeuten in der Konsequenz auch die Verschiebung von Arbeitsvolumen und damit u. U. auch von Personal, was arbeitsrechtliche Konsequenzen (Versetzung, Umgruppierung, Entlassung) nach sich ziehen kann. Die Veränderungen des Aufgabenzuschnitts ziehen einen entsprechenden Qualifizierungsbedarf nach sich. Darüber hinaus verschiebt sich mit den Aufgaben auch der Einfluß der Bereiche auf die betrieblichen Prozesse und damit die Macht im Betrieb, was ein erhebliches Konfliktpotential mit sich bringt, wenn die Veränderung nicht von der Unternehmensleitung und den Fachbereichsleitungen mitgetragen wird. Über die Automatisierung von Abwicklungsaufgaben hinaus macht die durchgängige Unterstützung von Geschäftsprozessen über Fachbereichsgrenzen hinweg das SAP-System auch zu einem Kommunikations- und Koordinierungsinstrument. Zusätz-

> „*Integration heißt für die SAP definierte Kommunikation.* Vorgangsbezogene Arbeitsabläufe werden systematisch zu Prozeßketten verknüpft, wobei jede Veränderung in einem Anwendungsmodul automatisch zu einer Fortschreibung der Daten in den beteiligten Funktionskreisen führt.
> Dabei macht die Integration nicht vor den Grenzen eines Fachbereiches halt. Produktion und Einkauf, Finanzbuchhaltung und Personalwirtschaft, Vertrieb und Materialwirtschaft wachsen zu einem Netz systematisch verbundener Arbeitsabläufe und Beziehungen zusammen.
> Für die strategische und operative Führung stellt das System aktuelle Informationen in verdichteter Form zur Verfügung."
> (R/3-Broschüre der SAP)

Auswirkungen auf die Arbeitsorganisation

> **Beispiel:** Bei einer Gesamt-Durchlaufzeit für das Produkt von ca. vier Wochen kann die Vorfertigung eines Maschinenbauunternehmens nicht mehr reagieren, wenn der Planungszyklus diesen Zeitraum deutlich unterschreitet. Andererseits müssen infolge des verschärften Wettbewerbs und zur Auslastung der Kapazitäten immer wieder Aufträge innerhalb der Vierwochenfrist ein- und umgeplant werden. Die Vorfertigung ist daher dazu übergegangen, die SAP-Produktionspläne zu ignorieren und aufgrund von Absatzprognosen und eigenen Schätzungen eine eigene Planung vorzunehmen.

> **Beispiel:** Bei der Beschaffung bestimmter elektronischer Bauelemente muß ein westdeutsches Elektrounternehmen Lieferzeiten von bis zu 15 Monaten in Kauf nehmen. Die Bestellungen müssen also zu einem Zeitpunkt vorgenommen werden, zu dem nur eine grobe Schätzung des Materialbedarfs möglich ist. Bei jedem Schritt der Konkretisierung bzw. Änderung des Produktionsplans müssen die Dispositionen dann laufend überprüft und unter Berücksichtigung der aktuell geltenden Lieferzeiten und der Gewährleistung entsprechender Bestände manuell fortgeschrieben werden.

lich werden eine Reihe von Kontroll- und Berichtsaufgaben vom System übernommen (s. Kasten vorige Seite). Die Abstimmung mit anderen Fachbereichen oder die Erstellung von Auswertungen und Berichten sind aber typische Aufgaben des mittleren Managements. Dessen Position wird von oben durch die direkten Zugriffsmöglichkeiten des Top Managements auf Fachbereichsauswertungen ausgehöhlt; im Rahmen der Vorgangsbearbeitung zur Beschleunigung der Abläufe müssen sie andererseits auch an die Sachbearbeiter immer mehr von ihrer Entscheidungskompetenz abgeben. Diese Eigenschaft der integrierten Software entspricht also dem organisatorischen Trend zu flacheren Hierarchien. Für die betroffenen Führungskräfte müssen andere Aufgaben gefunden werden.

Bei der Vorgangsbearbeitung werden Vorgänge von einem Bearbeiter möglichst in einem Arbeitsgang abschließend bearbeitet.

Restriktionen bestimmter Prozeßmodelle

Der SAP-Software liegen bestimmte Modelle der zu unterstützenden betrieblichen Abläufe zugrunde. Diese Modelle beschreiben die aufbau- und ablauforganisatorischen Annahmen. Im R/3-Analyzer sind sie in Form von Referenzprozessen dokumentiert. Die Modelle sind sehr allgemein gehalten und über einen so weiten Bereich anpaßbar, daß häufig der Eindruck entsteht, es könne keine sinnvollen Fälle geben, denen sie nicht gerecht werden. Dennoch kommt es immer wieder vor, daß die betrieblichen Gegebenheiten eines bestimmten Bereichs sich nicht auf die gegebenen Modelle abbilden lassen, was dann eine Modifikation der Software oder organisatorische Probleme nach sich ziehen kann. Dies gilt insbesondere in den Bereichen Vertrieb und Produktion, in denen die Vielfalt von Produkten und Produktionsweisen sich besonders stark in einer entsprechenden Vielfalt von Organisationsformen niederschlägt.

Das in der SAP-Software realisierte MRP II-Konzept der Produktionsplanung ist ein Beispiel für ein Modell großer Allgemeinheit, das im Detail dennoch zu Schwierigkeiten führen kann. So gibt es beispielsweise überall dort Probleme, wo die Beschaffungszeiträume für Materialien sehr groß sind und die Beschaffung vor der endgültigen Einplanung eines Auftrags anlaufen muß. Die – eigentlich im Widerspruch zur hierarchischen MRP-Planungslogik stehende – Änderung der Primärbedarfe nach Beginn der Fertigung bzw. Beschaffung führt in den entsprechenden Bereichen zu einem laufenden Korrekturbedarf ihrer Disposition, für die dann weitgehend auf Systemunterstützung verzichtet werden muß.

Die Planungskaskaden der MRP-Logik führen auch nur dann zu sinnvollen Ergebnissen, wenn sie in entsprechende hierarchische Aufbauorganisation abgebildet werden. Soll dagegen ein wesentlicher Teil der Planungsbefug-

Auswirkungen auf die Arbeitsorganisation

> **Beispiel:** Der Vertrieb eines Fahrzeugbau-Unternehmens arbeitet mit Preislisten, die – nach kaufmännischen Kriterien gegliedert – Preise für unterschiedliche Fahrzeugvarianten und Kundengruppen vorgibt. Aus den entsprechenden Positionen werden die Aufträge aufgebaut bzw. Sonderkonditionen vereinbart. Diese am Markt eingeführte und dem Vertriebspersonal vertraute Systematik wird sich nun ändern, wenn im Zuge der RV-PPS-Integration der Vertrieb auf SAPs Verkaufsgruppen/Verkaufsmerkmale-Systematik umgestellt wird. Dies zieht außer einer geänderten Preisbildung auch noch andere organisatorische Veränderungen wie die Umstellung der Verkäuferprovisionen und des Vertriebsberichtswesens nach sich. Die alte Preisliste hätte sich nur mittels massiver Modifikationen am R/2-System abbilden lassen.

nisse dezentralisiert werden, z. B. im Zusammenhang mit der Einrichtung von Fertigungsinseln, so gibt es Probleme, die entsprechenden Planungsaufgaben systemseitig abzubilden und zu unterstützen.

Bei der Feinplanung und -steuerung der Produktion überlagern sich häufig den allgemeinen Mechanismen der Verteilung von Aufträgen auf Arbeitsplätze und Maschinen besondere Anforderungen des Produktionsverfahrens, die einer streng hierarchischen Abbildung im PPS-System zuwiderlaufen. Beispiele hierfür sind die Bündelung von Aufträgen für eine Verschnittoptimierung in der Blechteilefertigung oder zur Vermeidung von Farbwechseln beim Spritzguß.

Ähnliche Beispiele lassen sich auch für den Vertrieb anführen, wo unterschiedliche Produktgliederungen, Preispolitiken, Vertriebsorganisationen etc. die Anwender leicht vor die Alternative stellen können, das Standardsystem zu modifizieren oder die Vertriebsorganisation an die SAP-Modelle anzupassen.

Software-Ergonomie und Arbeitsorganisation

Nicht nur für die großen, bereichsübergreifenden Prozeßketten muß der Hersteller bestimmte Annahmen und Modelle der Entwicklung seiner Standardsoftware zugrundelegen. Auch für die Bearbeitung der einzelnen Vorgänge am Arbeitsplatz werden durch die Ausgestaltung der Funktionen und vor allem der Bedienungsoberfläche Vorgaben gemacht. Das sowohl in R/2 als auch in R/3 realisierte Transaktionskonzept beruht auf einer strengen Abfolge von Eingabe – Plausibilisierung (Verprobung) – Buchung. Das Transaktionskonzept verlangt vom Anwender, seine Arbeitsweise entsprechend einzustellen und Vorgänge am System entweder zielstrebig bis zum Abschluß oder gar nicht zu bearbeiten.

Die Transaktionen realisieren Sichten auf die Datenbank, die jeweils die für eine bestimmte Aufgabe erforderlichen Daten zusammenfassen. Was jedoch für eine Aufgabe in welcher Zusammenstellung erforderlich ist, ist eine Frage der Organisation. Wenn die gewählte Arbeitsorganisation von der im Standard vorgesehenen abweicht, sind die für einen Vorgang erforderlichen Daten u. U. über mehrere Transaktionen verteilt. Dies ist vor dem Hintergrund der o. g. Restriktionen des Transaktionskonzepts eine sehr unglückliche Lösung, die nichtsdestoweniger durchaus vorkommt (s. Kasten folgende Seite).

Der Ansatz, den Anwender aus einer enormen Funktionsvielfalt aussuchen zu lassen, was für seine Branche, Produktionsform und Organisation brauchbar ist, führt zwangsläufig zu einer Aufblähung des Systems, die sich nicht nur im Ressourcenverbrauch bzw. in problematischem Antwortzeitverhalten niederschlägt, sondern auch darin, daß die Standardbilder (‚Dynpros') Felder vorsehen, die für den jeweiligen Anwender belanglos sind. Zwar besteht die Möglichkeit, solche Felder in den Dynpros auszublenden und die Übersichtlichkeit entsprechend zu steigern. Es bleibt aber das Problem, daß die Bildfolge – d. h. die Ablauforganisation der Bearbeitung – sich am komlexesten Fall orientiert, den das System vorsieht. Im Ergebnis müssen Sachbearbeiter häufig mehrere Masken durchblättern, um zu einem gesuchten Datum zu gelangen oder bei bestimmten Vorgängen in mehreren aufeinanderfolgenden Masken jeweils ein Feld ändern. Die Zusammenfassung eines solchen Vorgangs

Zur Software-Ergonomie ➠ „3.3 Gute Noten – aber auch Kritik" sowie ➠ „5.8 Belastungsanalysen und das Vorgehen zur Belastungsminimierung"

Business Process Reengineering mit Standardsoftware, wie es der Zeichner der Computerwoche sieht.

Quelle: Computerwoche 2/1995

auf einer Maske, wie sie unter software-ergonomischen Gesichtspunkten geboten wäre, gerade auch in Anbetracht der oft hohen Antwortzeiten, ist nur durch Modifikation möglich, aber dazu ringen sich die wenigsten Anwender durch.

Organisationsfragen im Einführungsprojekt

Im Customizing-Vorgehensmodell für das R/3-System taucht die Möglichkeit eventueller Modifikationen gar nicht mehr auf (wie noch im IMW-Vorgehensmodell des R/2), der Einführungsprozeß reduziert sich auf die Abbildung der Organisation auf die Referenzprozesse und die Einstellung der von SAP vorgesehenen Tabellen. Die Verwaltung und Pflege von Modifikationen über die Releasewechsel-Zyklen hinweg mittels des Korrektur- und Transportwesens ist nach wie vor mit großem Aufwand verbunden. Die Kosten für ein Einführungsprojekt, das auf Modifikationen verzichtet, können mittels des Customizing erheblich gesenkt werden, aber Modifikationen bleiben aufwendig sowohl vom notwendigen Know-How und der Durchführung her als auch bezüglich der Notwendigkeit, sie über die Releasewechsel hinweg zu pflegen. In der Folge verstärkt sich der Druck in Richtung auf eine Anpassung der Organisation an die Software weiter. ◆

Ausführlich zu dem Vorgehensmodel ➡ „5.2 Vorgehen nach Modell"

> **Beispiel:** Im Rahmen des Transaktionskonzepts können keine ‚Fragmente' angelegt werden; ein Vorgang wird entweder ordnungsgemäß verbucht, d. h. abgespeichert, oder er wird abgebrochen, was dann aber mit dem Verlust aller bis dahin getätigten Eingaben verbunden ist. Dieses Problem wird zwar durch die Möglichkeit des Wechsels in einen anderen Modus entschärft, z. B. um eine Rückfrage zu erledigen. Dies ist aber nur kurzfristig und in beschränktem Umfang möglich. Die Transaktionssteuerung des R/2 verhindert sogar in den meisten Fällen ein Zurückblättern innerhalb der Transaktion. Tauchen im Verlauf der Bearbeitung der Transaktion Fragen bezüglich bereits abgeschlossener Bilder (‚Dynpros') auf, kann die Transaktion nur abgebrochen und neu gestartet werden.
>
> **Beispiel:** Der Sachbearbeiterin im Wareneingang eines Elektrounternehmens obliegt auch die Rechnungsprüfung. Beim Buchen des Wareneingangs wird aber die mit dem Lieferanten vereinbarte Versandart nicht angezeigt, so daß sie den Vorgang für die Prüfung evtl. geforderter Transportkosten abbrechen und in eine andere Transaktion wechseln muß.

Über die Schwierigkeit, dem System die Wahrheit zu sagen

Flugzeuge müssen gewartet werden. Dafür gibt es Wartungspläne, und darin ist festgelegt, welche Teile in welchen Intervallen überprüft werden müssen. Die Überprüfung kann ergeben, daß ein Teil repariert oder verschrottet werden muß. Oft ist aber auch alles in Ordnung. Dann kann so eine Düse, ein Ruder oder Rad nach dem Abschmieren einfach wieder in Betrieb genommen werden. Da die Flugzeuge möglichst immer in der Luft sein sollen, baut man schnell frische Teile ein und inspiziert die ausgebauten, wenn das Flugzeug schon wieder unterwegs ist.

Als das SAP-System neu eingeführt wurde, haben die Monteure bei den Inspektionen ordnungsgemäß verbucht, welche frischen Teile sie eingebaut haben. Schließlich mußte bei jeder Lagerentnahme angegeben werden, wozu ein Teil gebraucht wurde. Mit der Zeit jedoch machte sich bei den Monteuren die Praxis breit, ausgebaute Teile nicht wieder ins Lager zurückzugeben, sondern sie in die Halle zu legen, womit zugleich die Wiederanmeldung dieser Teile im System wegfiel.

Von Zeit zu Zeit wurde mit dem System eine Rentabilitätsrechnung durchgeführt und siehe da, die Flugzeuge wurden immer teurer. Bei einem Flugzeugtyp waren die Wartungskosten dermaßen gestiegen, daß man beschloß, diese Maschinen möglichst bald zu verkaufen. Da geschah, was irgendwann geschehen mußte. Die Monteure griffen bei den Ersatzteilen natürlich immer häufiger auf solche zurück, die sie in der Montagehalle gelagert hatten. Derartige "Lagerentnahmen" wurden dem SAP-System nun ebenfalls nicht mitgeteilt, so daß in der SAP-Weltsicht die Wartungskosten wieder deutlich sanken und die Rentabilität der einzelnen Flugzeuge plötzlich wieder viel günstiger aussah.

Die Manager wurden stutzig und ließen die Sache untersuchen. Dabei ist der Fehler dann aufgedeckt worden, die Monteure wurden zurechtgewiesen, und die Bestände aus den informellen Lägern sollten in das System eingegeben werden.

Doch so einfach ging das nicht. Inzwischen war ein Geschäftsjahr zu Ende gegangen, und dank der unmittelbaren Kopplung zwischen Waren- und Wertefluß hatte das SAP-System den Jahresabschluß so ausgerechnet, als wären die nicht wieder angemeldeten Austauschteile gar nicht mehr vorhanden. Bei einer offiziellen Korrektur der Lagerbestände hätte man auch die Abrechnung mit dem Finanzamt neu aufrollen müssen, natürlich mit der Folge, daß mehr Steuern fällig geworden wären. Deshalb hat man sich entschlossen, die wiedergefundenen Lagerbestände ganz allmählich wieder in die offizielle Buchführung einzuschleusen. Bis der ganze Bestand erfaßt werden konnte, soll es mehrere Jahre gedauert haben.

Auswirkungen auf die Arbeitsorganisation

Integration als Organisationsaufgabe

Was es mit der technischen Integration in der integrierten Standardsoftware von SAP auf sich hat, wurde im ersten Kapitel ('Stichwort Integrierte EDV') untersucht. Hier soll ein Blick auf die Organisation geworfen werden, innerhalb derer die integrierten Programme zum Einsatz kommen und integrierend wirken sollen.

Integration, das zentrale Wort zur Charakterisierung der großen Softwarepakete von SAP, hat jedenfalls einen guten Klang. Da wird Vereinzeltes zusammengeführt, Ausgegrenztes eingebunden, Sperriges gefügig gemacht. Integration glättet. – Sie gliedert auch. Sie schafft eine höhere, umfassendere Ordnung, weist den einbezogenen Komponenten einen Platz zu im Gesamtgefüge, auf daß sie dort ihren sinnvollen Beitrag leisten zum übergreifenden Ziel. Die Faszination des großen Mechanismus schwingt mit, in dem viele Rädchen gleitend ineinandergreifen, der geschaffen wurde und – Wunder der Ingenieurskunst! – funktioniert.

Doch was Integration genau ist, das kann man nicht leicht fassen. Allerlei gängige Wortkombinationen von der europäischen Integration über integrierte Gesamtschulen bis hin zu ISDN deuten auf einen facettenreichen Hof von Bedeutungen, und Wörterbücher wie das von Wahrig oder der Duden umschreiben den gemeinsamen Begriffskern denn auch sehr allgemein mit Formulierungen wie "Zusammenschluß", "Einbeziehung in ein übergeordnetes Ganzes", "Vervollständigung", "Aufeinanderabstimmung".

Integration ist das Gegenstück zur Arbeitsteilung.

Im Zusammenhang mit der Organisation eines Betriebs gehört zur Integration zuallererst die Abstimmung der Aktivitäten von Betriebsteilen oder einzelnen Akteuren mit denen anderer. Eine Abteilung soll nicht nur die ihr übertragenen Aufgaben erfüllen, sondern sie soll das in einer Weise tun, die die Arbeit der anderen Abteilungen überhaupt ermöglicht und auch begünstigt. Es gilt, die für den Gesamtbetrieb optimale Arbeitsweise der einzelnen Bereiche herauszufinden und anzuwenden, auch wenn sie vielleicht aus der Sicht eines einzelnen Betriebsteils suboptimal ist. Für andere mitdenken, andere ausreichend informieren, ihre Schwächen und Engpässe berücksichtigen, das eigene Verhalten auch nach den Belangen der anderen auszurichten, das ist eine unerläßliche Daueraufgabe jedes arbeitsteilig produzierenden Betriebs. Integration ist das, was aus der Ansammlung arbeitender Individuen eine kooperierende Gesamtheit macht, also eine notwendige Voraussetzung dafür, daß man einen Betrieb, eine Abteilung, eine Arbeitsgruppe überhaupt als funktionale Einheit betrachten kann. Sie ist das Gegenstück zur Arbeitsteilung.

Integration kommt nicht von selbst. Wer die Erledigung der Gesamtaufgabe auf mehrere Instanzen aufteilt, muß die Zusammenarbeit organisieren, muß Zuständigkeiten und Abläufe festlegen und muß dafür sorgen, daß alle Beteiligten sich daran halten. Integration ist also selbst eine Aufgabe.

Wer erbringt diese Integrationsleistung und worin besteht sie überhaupt?

Strukturen definieren

Auf jeden Fall zuständig sind hier die Manager, die Organisatoren, die Controller. Sie sind von der Produktion im engeren Sinne freigestellt, damit sie sich um die Strukturen kümmern können, in denen Kooperation stattfindet. Ihre Aufgabe ist es, die Aufbau- und Ablauforganisation des Betriebs zu definieren. Das heißt, sie müssen analysieren, welche Teilarbeiten die Gesamtaufgabe umfaßt, welche davon zu einer "Stelle" gebündelt werden können und – hierbei könnte man von Integrationsaufgaben im engeren Sinne sprechen – welche Arbeiten zusätzlich zum eigentlichen Wertschöpfungsprozeß zu erledigen sind, um die Zusammenarbeit mit anderen Stellen zu ermöglichen. Zu diesen Aufgaben gehört vor allem die Kommunikation über Anforderungen an andere, über den eigenen Arbeitsfortschritt, über die Verfügbarkeit von Materialien, Ma-

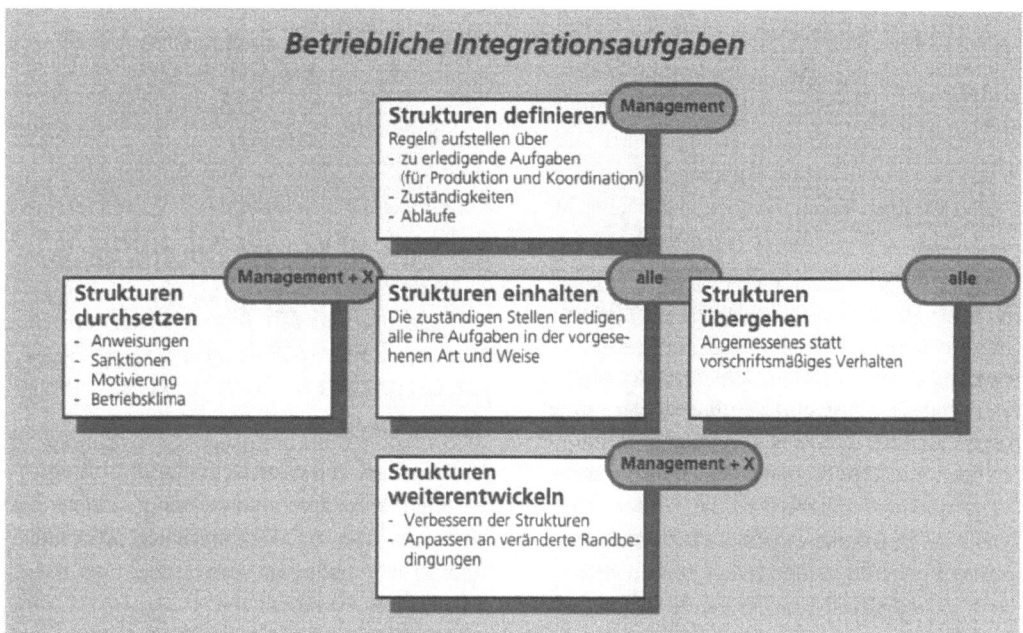

schinen und Mitarbeitern, aber auch das allgemeine Berichtswesen etwa im Rahmen der Kostenrechnung. Hierfür allgemeingültige Regeln und Formen zu definieren, macht die Strukturierung von Arbeitsorganisation aus, die das Zusammenwirken der Betriebsteile jedenfalls für den Normalfall garantieren soll.

Es ist klar, daß sich solche Regeln letztlich auch im EDV-System niederschlagen, z. B. in der Vergabe von Berechtigungen, in der Festlegung von ‚Muß'-Feldern, in der Programmierung von Berichten usw.

Strukturen einhalten

Natürlich sollen die vorgedachten Arbeitsstrukturen ausgefüllt werden durch das tägliche regelkonforme Verhalten aller Beschäftigten. Sie sind zum einen aufgefordert, alle ihnen zugeschriebenen Aufgaben auch tatsächlich zu erfüllen. Das klingt selbstverständlich; aber zu diesen Aufgaben gehören eben auch koordinierende Arbeiten, die zusätzlich zur unmittelbaren Wertschöpfung im Interesse der betrieblichen Integration geleistet werden, und etliche von ihnen sind offiziell gar nicht oder nur vage definiert. Zum andern soll aber auch niemand die Grenzen seiner Zuständigkeit überschreiten und vielleicht dringend benötigte Waren selbst bestellen oder ohne die üblichen Unterschriften aus dem Lager entnehmen. Die Einschränkungen der Orgasiationsregelungen zu respektieren und dafür evtl. auch gewisse Behinderungen beim eigenen Arbeitsfortschritt auf sich zu nehmen, ist ebenfalls eine Integrationsleistung, die anderen Abteilungen und dem Betrieb insgesamt Mehrarbeit z.B. durch das nachträgliche Schließen von Informationslücken erspart.

Viele koordinierende Arbeiten sind häufig nicht oder nur vage definiert.

Einhaltung von Strukturen durchsetzen

Doch so ganz selbstverständlich bringen die Menschen die von den Organisatoren erhoffte Diziplin nicht auf. Es bedarf offenbar besonderer Maßnahmen, um die Einhaltung der Strukturen zu erreichen, vielleicht muß man auch sagen: um sie gegen die Nachlässigkeit oder sogar gegen die Interessen und den Willen der Mitarbeiter durchzusetzen. Auch diese Maßnahmen zählen wir zu den Integrationsaufgaben. Sie können sehr vielfältig sein, fallen aber überwiegend den Managern und Organisatoren zu.

Die naheliegendste, aber nicht unbedingt

Auswirkungen auf die Arbeitsorganisation

zuverlässigste Methode ist die Anweisung, die die Chefs qua Direktionsrecht in Kraft setzen und der mit den üblichen arbeitsrechtlichen Mechanismen Nachdruck verliehen wird. Das kann einen erheblichen Aufwand bedeuten.

Ein weniger rigider, letztlich aber vielleicht wirksamerer Weg führt über die Motivation. Dazu ist es erforderlich, den Sinn und die Vorteile der vorgesehenen Organsiationsstrukturen transparent und einsichtig zu machen. Auch so schwer meßbare Prozesse wie die Stärkung des Wir-Gefühls – man denke nur an die in jüngerer Zeit weit verbreiteten Bemühungen von Unternehmen um eine sogenannte corporate identity! – oder das Fördern eines Denkens in gesamtbetrieblichen Zusammenhängen gehören zu den Integrationsleistungen, die die Bereitschaft, geltende Organisationsregeln einzuhalten, unterstützen können. Man kan sie freilich auch unmittelbar als Merkmale eines vielleicht weniger funktionalen Begriffs von betrieblicher Integration ansehen. Als Integratoren kommen hier nicht nur die Manager in Betracht, die solche Prozesse wohl anstoßen und z.B. durch den praktizierten Führungsstil fördern können. Einfluß hat gewiß auch der Betriebsrat, und realisieren müssen es letztlich alle Beschäftigten.

Beispiele ➡ 2.1 Organisation wird mitgeliefert"

Die Stärkung des ‚Wir'-Gefühls gehört ebenso zur Durchsetzung integrierter Strukturen wie die Förderung des Denkens in gesamtbetrieblichen Zusammenhängen.

Die integrierte Informationstechnik kann den den vordefinierten Regeln Nachdruck verleihen, indem sie regelwidrige Abläufe, wo es nur geht, blockiert und z. B. Funktionen sperrt, solange vorher zu vollziehende Buchungen noch ausstehen.

Strukturen übergehen

Es mag auf den ersten Blick paradox erscheinen, aber die Mißachtung der Organisationsregeln erscheint uns ebenfalls als eine Integrationsleistung, sogar als eine besonders wichtige. Genauer gesagt, halten wir es für unbedingt erforderlich, daß ein Unternehmen in der Lage ist, in Sondersituationen unpassende Organisationsregeln zu ignorieren und sie spontan durch angemessenes Verhalten zu ersetzen. Ausfall einer wichtigen Produktionsmaschine, systematische Fehler in der Produktion eines ganzen Quartals, eine Rückrufaktion, Konkurs eines Lieferanten von A-Teilen, Grip-

➡ „3.7 Handlungsfähige Mitarbeiter brauchen Spielräume"

Bei noch so viel organisatorischen Regelungen muß doch ein gewisser Spielraum für Improvisation und Intuition in Sondersituationen freibleiben.

pe-Epidemie, der kurzfristige Super-Auftrag, der alle Pläne durcheinanderbringt ... viele Szenarien kann man sich ausmalen. Für vieles kann man Notfallpläne vorbereiten, aber niemals für alle Eventualitäten.

Und dann kommt es darauf an, daß es Leute gibt, die die Lage richtig erfassen, zutreffend erkennen, daß die Routineverfahren jetzt nicht mehr angemessen sind und jenseits aller Verfahrensvorschriften die richtigen Schritte einleiten. Solche Leute zeichnen sich weniger durch eine akribische Beherrschung der Vorschriften aus als durch einen großen Erfahrungsschatz, durch einen guten Überbick über die betrieblichen Abläufe und durch ein erhebliches Maß an Intuition.

Robust ist, wenn es trotzdem läuft, könnte man in Anlehnung an Wilhelm Busch sagen, und robuste Integration erfordert von allen Beteiligten für den Gesamtbetrieb richtiges Operieren auf der Basis nicht formalisierten Erfahrungswissens. Dabei sollte man nicht nur an die großen Katastrophen denken, die hoffentlich nur selten vorkommen. Tagtäglich sind in allen Bereichen kleinere und größere Überraschungen zu bewältigen, an die kein Planer je gedacht hat. Es sind diese Überraschungen, wegen derer der berühmte ‚Dienst nach Vorschrift' so eng mit dem Boykott vewandt ist.

So erbringen alle Beschäftigten – und keineswegs nur die Manager – ständig Integrationsleistungen durch verantwortliches autonomes Agieren, und deshalb versteht es sich eigentlich von selbst, daß bei noch so vielen organisatorischen Rahmenregelungen und Einzelvorschriften, die gewiß eine wichtige Unter-

Auswirkungen auf die Arbeitsorganisation

stützungsfunktion für den ideellen Normalfall haben, doch zwangsläufig ein gewisser Spielraum für Improvisation und Intuition freibleiben muß.

Eine Organisationsstruktur zu finden, die dies respektiert, und eine Qualifikationsstrategie zu verfolgen, die die Beschäftigten zu selbständigem, umsichtigem Vorgehen befähigt, stellt eine wichtige, mittelbare Integrationsaufgabe dar, deren Wert meist unterschätzt wird.

Strukturen weiterentwickeln

Wenn Regeln öfter gebrochen als eingehalten werden, sollte das natürlich auch ein Anlaß sein, über die Regeln nachzudenken. Denn unpraktikable Organisationsregeln sind schlimmer als fehlende: man muß nicht nur improvisieren, sondern sich zusätzlich darauf vorbereiten, die Regelabweichung rechtfertigen zu müssen. Organisationsstrukturen können ungeschickt gewählt sein, sie können sich aber auch einfach überlebt haben, weil sie den betrieblichen und außerbetrieblichen Veränderungsprozessen nicht mehr in ausreichender Weise Rechnung tragen. Der Einsatz moderner Maschinen, Fluktuation im Personalbestand, Vorgaben der Konkurrenz, rechtliche und politische Entwicklungen, ja auch Innovationstrends wie CIM und ‚lean' machen die alten Strukturen immer wieder revisionsbedürftig. Das Alltagsgeschehen stets mit dem Blick auf das große Ganze kritisch zu beobachten und wo es notwendig oder nützlich ist, neu zu ordnen, stellt gewissermaßen als kontinuierliche Fortsetzung der anfänglichen Strukturdefininition eine weitere unerläßliche Integrationsaufgabe dar.

Auch hier handelt es sich um eine typische Managementaufgabe, die von den Organisatoren, den Controllern, der Unternehmensleitung zu erbringen ist. Eine Delegation an externe Unternehmensberater ist allerdings durchaus üblich, und auch die Belegschaft insgesamt wird – etwa im Rahmen eines ‚kontinuierlichen Verbesserungsprozesses' in diese Arbeit einbezogen.

Je nachdem, wer Veränderungen initiiert oder beurteilt, variieren die Kriterien dafür, was als Integrationsmangel einzustufen ist und wie man den Mängeln am besten begegnet. Das Interesse an der Kapitalverwertung bzw. an der Qualität der Arbeitsbedingungen – um nur zwei Pole zu nennen – kann zwar in etlichen Punkten harmonieren, aber natürlich auch kollidieren. So wird über das grundlegende Integrationsziel, daß die arbeitsteilige Produktion überhaupt gelingt, schnell Einigkeit herrschen. Ohne dies könnte das Unternehmen schließlich nicht existieren. Rationalisierung in dem Sinne, daß Dysfunktionalitäten in den Arbeitsabläufen beseitigt werden, findet gewiß ebenfalls auf allen Seiten nur Zustimmung, denn Behinderungen und Verluste aufgrund schlecht abgestimmter Abläufe sind nicht nur unwirtschaftlich, sondern oft auch frustrierend und belastend für die Arbeitenden. Andererseits wird es in der Hierarchie sowohl vertikal als auch horizontal Konflikte geben, wenn zum Beispiel mit der Verschiebung und evtl. Automatisierung von Koordinations- und Steuerungsfunktionen auch Machtpotentiale, individuelle Freiräume, Qualifikationsanforderungen, Zukunftschancen oder Verdienstmöglichkeiten verlorengehen. Integration kann, je nach ihrer Ausgestaltung, sehr viel Arbeit sparen, und damit wären wir mitten in der altbekannten Debatte um die Sozialverträglichkeit der Rationalisierung.

> **Integration kann sehr viel Arbeit sparen, und damit wären wir mitten in der altbekannten Debatte um die Sozialverträglichkeit der Rationalisierung.**

Mag also Integration als Wort einen guten Klang haben und als Zielperspektive objektiv notwendig und schon deshalb wenig kritikabel sein. Der Prozeß der Integration, die Art und Weise, wie und mit welchen konkreten Maßnahmen und Instrumenten Integration erzielt wird, ist dagegen keineswegs sachnotwendig vorgegeben. Es kommt darauf an, was man daraus macht, und deshalb kann und sollte das konkrete Vorgehen im Einzelfall Gegenstand der innerbetrieblichen Interessensausgleichs sein. ◆

Auswirkungen auf die Arbeitsorganisation

Den Pelz waschen, ohne naß zu werden?

Mit der Einführung von Standardsoftware können gewollte und ungewollte organisatorische Veränderungen verbunden sein.

In der Hitze der Diskussion wird gerne das Kind mit dem Bade ausgeschüttet. Genau in dem Augenblick, in dem das Wort von einer organisatorisch-technischen Umstellung die Runde macht, scheint aller Ärger über vergangenen Streß, Pannen, umständliche Abläufe und langweilige Routinearbeiten vergessen, und alles soll möglichst so werden, wie es war. Verständlich, denn Veränderung bedeutet immer auch Verunsicherung. Und klar ist: Das neue System muß die betrieblichen Arbeitsmittel, Produkte und Abläufe möglichst angemessen wiedergeben, wenn es als Arbeitserleichterung anerkannt werden soll. SAP-Promotoren auf der anderen Seite betonen oft die Chance, mit der neuen Software die bestehende Organisation mit ihren Schwachstellen hinter sich zu lassen und den Einstieg in den neuesten Stand der Betriebswirtschaft und Organisation zu schaffen. Daß manche Arbeitsweisen im Betrieb Ergebnis langjähriger Lernprozesse und Erfahrung sind und daß manches insofern verdient, erhalten zu werden, geht im allzu missionarischen Eifer leicht unter. Das organisatorische Konzept des ‚Standards' wird dann mit Verbesserung schlechthin gleichgesetzt. Klar ist: Die Einführung neuer Software stellt eine Chance dar, belastende, schlecht funktionierende und nicht mehr zeitgemäße Abläufe zu verbessern. also die Organisation zu modernisieren. Dabei sollten die Stärken der bestehenden Organisation tunlichst erhalten bleiben.

Organisation und Technik sind hochgradig interdependent. ‚Organisationskasper' und ‚Technikdrachen', wie sie unser Zeichner sieht.

Die Standardsoftware verwirklicht bestimmte organisatorische Konzepte, die vor allem in dem integrierten Unternehmensdatenmodell und den Funktions- und Prozeßmodellen ihren Ausdruck finden. Diese Modelle spiegeln die organisatorische Bandbreite wieder, für die der Hersteller die Software gedacht hat. An Organisationen, die außerhalb dieses ‚Korridors' liegen, wird sie dagegen nur mit Schwierigkeiten anpaßbar sein. Daneben gibt es noch eine Reihe von Restriktionen der Software, die weniger mit der Festlegung auf ein bestimmtes Organisationsmodell zusammenhängen als mit der Tatsache, daß auch die Programmierer eines großen Softwarehauses nicht immer nur der Weisheit letzten Schluß abliefern, sondern gelegentlich auch Ungereimtheiten. Natürlich kann die Software zwar auch an andere als die vorgedachten Organisationsformen angepaßt werden, z. B. mit den Mitteln der Programmentwicklungsumgebung. Manche der technisch möglichen Anpassungen sind aber mit so hohem Aufwand verbunden,

> „So ist z.B. die Erarbeitung eines detaillierten Soll-Konzepts basierend auf einer detaillierten Ist-Analyse sehr zeit- und kostenaufwendig. In den meisten Fällen führt diese Arbeitsweise außerdem dazu, die Ist-Situation festzuschreiben, mit der Folge mehr oder weniger aufwendiger Modifikationen. Die Chance zur Reorganisation wird damit für lange Zeit vertan."
> (M. Boll, Chefberater der SAP in sap information 2/91)

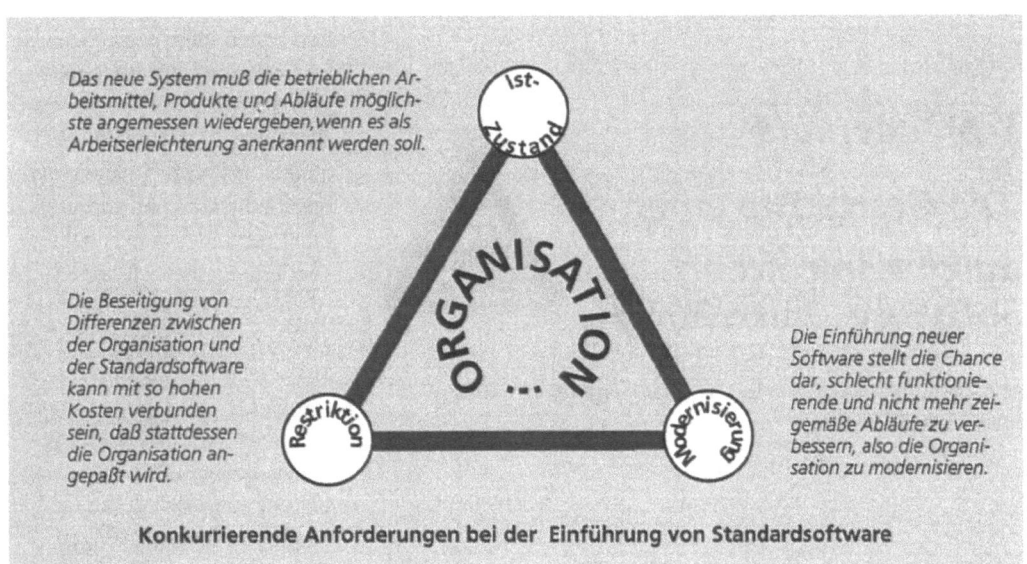

Konkurrierende Anforderungen bei der Einführung von Standardsoftware

so daß sie aus wirtschaftlichen Gründen verworfen werden. Umfassende Modifikationen an Programmen und Datenbanken setzen die Vorteile einer Standardsoftware aufs Spiel. Allerdings wird dieses Argument auch oft mißbraucht. Daß eine Anpassung der Software zu aufwendig sei, ist leicht gesagt, wenn man selbst nicht mit der unangepaßten ‚Lösung' arbeiten muß. Klar ist: Wenn man sich einmal auf ein Standardsoftwarepaket festgelegt hat, kann die Beseitigung etwaiger Abweichungen von organisatorischen Gegebenheiten und Zielsetzungen des Betriebs mit so hohen Kosten verbunden sein, daß stattdessen die Organisation angepaßt werden muß. Die SAP möchte es sich in ihrer Werbung weder mit den Konservativen noch mit den Modernisierern verderben:

„*Der Einsatz von R/3 ist eine strategische Entscheidung. Sie bietet die Chance, bisherige Formen der Geschäftsabwicklung zu optimieren oder mit neuen organisatorischen Lösungen das betriebswirtschaftliche Leistungsniveau erheblich zu steigern.*"

„*Den Freiraum für systemtechnische Entscheidungen ergänzt die SAP um die Freiheit bei der Festlegung von organisatorischen Strukturen. R/3 ist zwar in seiner Basis hochwertige Standardsoftware, zeigt dabei in seiner Flexibilität bei der Berücksichtigung betrieblicher und branchenspezifischer Anforderungen die qualitativen Vorzüge leistungsstarker Individuallösungen.*"

(Beide Zitate sind der R/3-Informationsbroschüre der SAP entnommen.)

Die Hoffnung, alles möge besser werden und dabei doch möglichst so bleiben, wie es ist, erinnert fatal an das Verlangen des Wolfs im Märchen: „Wasch mir den Pelz, aber mach mich nicht naß". Je klarer man sich darüber ist, daß die Einführung von Standardsoftware ein technischer Vorgang mit erzwungenen organisatorischen Konsequenzen ist, um so besser sind die Chancen, den Wandel wenigstens mit steuern zu können. ◆

„Die R/3-Anwendungen spiegeln die betriebswirtschaftlichen Abläufe eines Unternehmens in Form vorgedachter Businessprozesse wieder."
(R/3-Broschüre der SAP)

Schleuderkurs
oder
Die Geschichte einer durchschnittlichen Software-Umstellung

Übereinstimmungen mit tatsächlichen Begebenheiten sind nicht rein zufällig.

„An Ihrer Arbeit ändert sich nichts", hieß es. „Wir ersetzen nur die alten Programme durch modernere. Sie wissen ja, die Wartungsverträge für das alte System laufen zum Jahresende aus."

Das erscheint unproblematisch, ganz so, wie wenn das gute Auto einen Austauschmotor bekommt. Fahren kann man damit wie eh und je; Lenkrad, Schalter und Pedale bleiben ja die alten. Und wenn die neue Maschine etwas besser zieht, ist das ja kein Schade. Also nur zu!

Nach einigen Wochen - der Plan, die Software auszuwechseln, war bei den meisten schon wieder in Vergessenheit geraten - liefen vier Leute von einer Beratungsfirma durchs Haus und fragten die Benutzer des bisherigen Systems und auch sonst noch einige altgediente Mitarbeiter nach ihrer Arbeit. Alle Einzelheiten der alltäglichen Abläufe wollten sie erklärt haben. Eigentlich klar: Wenn alles bleiben soll, wie es ist, müssen die Berater erst mal erfahren, wie es denn ist. Aber irgendwie merkwürdig war das doch!

Wieder verging einige Zeit, in der man von dem EDV-Projekt nichts Besonderes wahrnahm bis zu dieser Mitarbeiterversammlung mit dem EDV-Chef, der das Projekt offiziell leitete und den Beratungsleuten. Sie wollten die Anwesenden „mit einigen Verbesserungen vertraut machen", welche nun dank des neuen Systems realisierbar seien. Da war von gesteigerten Informationsmöglichkeiten die Rede, von aktuelleren Zahlen, zusätzlichen Auswertungen und insgesamt übersichtlicheren Darstellungsformen. Sogar auf die Daten aus anderen Abteilungen werde man künftig online zugreifen können, müsse allerdings - ein Informationsvertrag auf Gegenseitigkeit! - auch die eigenen Daten zur Verfügung stellen.

Ja und dann sei den Damen und Herren Beratern, wo sie nun schon einmal die Gelegenheit hatten, den Betrieb gewissermaßen aus der Vogelperspektive zu betrachten, doch die ein oder andere Umständlichkeit ins Auge gefallen, auf die sie die Geschäftsführung nicht nur hingewiesen haben, sondern für die sich oft verblüffend einfache Lösungen anböten. Mehrfachnutzung statt Mehrfacherfassung von Daten sei die Devise, Automatisierung möglichst vieler Routinetätigkeiten und ganzheitliche Bearbeitung inhaltlich zusammenhängender Vorgangsfolgen; denn das erspare viele Mißverständnisse und Rückfragen bei der Übergabe eines Falls von einem Zuständigkeitsbereich zum anderen und sei doch außerdem seit langem eine jawohl! berechtigte Forderung der Arbeitnehmerseite. Der Chef gab seiner Freude darüber Ausdruck, daß so viel Gutes zu erwarten sei, mahnte seine Mitarbeiter aber zur Geduld und zu Verständnis dafür, daß paradiesische Verhältnisse nicht von heute auf morgen einkehren könnten.

Die Versammlung weckte bei den Mitarbeitern Interesse für den bevorstehenden Systemwechsel. In Flurgesprächen kursierten immer mehr Gerüchte darüber, was einzelne Kolleginnen und Kollegen aus den ersten Schulungen berichtet haben sollen, und je mehr Beschäftigte das neue System auch in der Praxis kennenlernten, desto heftiger wurde die Debatte. „Das haben wir noch nie so gemacht!" wurde oft im Sinne eines Gegenarguments geäußert. Manche fanden die neue Übersichtlichkeit der Informationsdarstellung gar nicht so hilfreich, weil sie sich auf die alten Listen und Masken eingerichtet hatten. Manche weigerten sich, Daten zu erfassen, die aus ihrer Sicht gar nicht erforderlich waren, manche beklagten, daß fehlende Daten aus anderen Abteilungen ihre Arbeit blockierten. Manche lobten, daß der Computer ihnen lästige Arbeiten abnahm, manche fanden, daß ihnen nur noch Lästiges blieb.

Am Anfang ging den meisten die Arbeit mit dem neuen System nicht besonders leicht von der Hand; es erschien sperrig, voller kleinerer und größerer Überraschungen, und immer wieder sahen sich Leute in Sackgassen, aus denen sie nicht allein wieder herausfanden. Es kam auch zu regelrechten Pannen bei der jetzt beschleunigten Auftragsbearbeitung, und dann konnte niemand genau sagen, was nachträglich alles zu korrigieren war, um die Datenwelt wieder in Ordnung zu bringen. Vor allem wußte niemand so recht, ob das alles so sein mußte, wie es nun war.

„Natürlich nicht!" rief der Mann von der Beratungsfirma. „Sie können alles auch anders haben. Sie müssen sich nur einigen, wie!" „Seien Sie aber vorsichtig", vertraute seine Kollegin einem Mitarbeiter aus der EDV-Abteilung an. „Sie müssen viele Änderungen bei jedem neuen Release des Programms nachpflegen. Das kann sehr aufwendig werden." Und der Leiter der Abteilung EDV hielt sich bedeckt. Man werde prüfen, was die Software hergebe, sicher im Interesse der Mitarbeiter „das Möglichste" tun, aber selbstverständlich auch die Kosten bedenken müssen.

Tatsächlich fügte man dem System einige neue Auswertungsprogramme hinzu, nach denen die Bereichsleiter und vor allem die Leute aus der später eingerichteten Abteilung „Controlling" verlangt hatten. Außerdem wurden im Verlauf mehrerer Monate etliche Bildschirmmasken neu und oftmals so aufgeteilt, wie es im alten System war.

Was die Pannen bei der Auftragsbearbeitung betrifft, so wiesen die Implementierungsberater nach, daß das System sich objektiv richtig verhielt. Die Programme hätten alle vertraglich zugesicherten Eigenschaften und erfüllten überdies die gesetzlichen Vorschriften zum Beispiel über ordnungsgemäße Finanzbuchführung. Zwei Mitarbeiter wurden noch einmal individuell nachgeschult. Danach sind keine vergleichbaren Pannen mehr bekannt geworden. Auch die Unruhe, die eine Zeitlang in der Luft gelegen hatte, ebbte nach und nach wieder ab. Man hätte annehmen können, der Betrieb erlebe ein weiteres Beispiel für die bemerkenswerte Bereitschaft und Fähigkeit der Belegschaft, sich mit allen möglichen Veränderungen irgendwie zu arrangieren.

Doch dieses Mal gelang es offenbar nicht, die Reibungspunkte informell in ausreichendem Maße zu glätten. Denn als im Rahmen von Verhandlungen über eine Betriebsvereinbarung zum Datenschutz die Zugriffsberechtigungen auf Daten und Programme einer gründlichen Revision unterzogen und dabei Aufgaben und Systemzugang jedes einzelnen Benutzers kritisch betrachtet wurden, löste das eine zweite, heftigere Diskussionswelle über die neue Software aus. Nicht nur, daß nahezu jeder, dessen zunächst sehr großzügig eingeräumten Zugriffsrechte geschmälert werden sollten, entrüstet den vollkommenen Zusammenbruch der Arbeitsabläufe prophezeite, wenn es nicht mehr möglich sei, in formal fremden Zuständigkeitsbereichen sozusagen Noteingaben zu machen. Die Berechtigungsrevision wirkte wie ein Ventil, eine Gelegenheit, die viele dazu nutzten, aufgestautem Ärger über das allgegenwärtige System Luft zu machen. Unersättlicher Datenhunger wurde dem System attestiert, jeder Handgriff sei neuerdings mit einem Informationszoll belegt, der sofort an das System zu entrichten sei. Besser rühre man keinen Finger mehr, oder man arbeite geheim. Nur, dann kommen die Kollegen nicht weiter, und rennen einem die Bude ein, weil ja alle irgendwie auf die Informationen aus dem System angewiesen sind. Oder man verständigt sich eben per Zettel und Telefon und hackt ins System, was immer es frißt. Information-Underground ob das wohl gutgehen kann?

SAP, Arbeit, Management

Und wenn jetzt, wie die Berater es ja vorgeschlagen hatten, Umständlichkeiten bei den Gesamtabläufen abgeschafft worden seien, so seien die Arbeitsschritte am System, die Abläufe im kleinen also, an zahlreichen Stellen viel umständlicher geworden, und trotz mancher unbestreitbarer Vorzüge sollten das System und seine Benutzung hier und da und dort, wenn irgend möglich, doch bitte geändert werden.

„Fragen und Anregungen sind jederzeit willkommen", hatten während der eigentlichen Einführungsphase besonders die Berater immer wieder hervorgehoben. Doch die waren jetzt nur noch relativ selten im Haus, und die Leute aus der EDV-Abteilung, die die Berechtigungsrevision durchführten, waren auf die unerwartet einströmende Kritikwelle nicht vorbereitet. Sie nahmen intuitiv eine Verteidigungshaltung ein. Man solle doch heilfroh sein, daß das Gesamtsystem jetzt überhaupt durchgängig funktioniere, und es sei nicht ihr Fehler, wenn die gekaufte Software derartige Vorgaben mache. Gewiß, Anpassungen seien möglich, habe man ja auch schon reichlich, sehr reichlich! vorgenommen, ja, und man werde, auch wenn die Phase der Anpassung jetzt eigentlich vorbei sei, die hier vorgebrachten Vorschläge irgendwie berücksichtigen.

Aber es geschah nichts. Bis sich nach einigen Wochen der Leiter der EDV, der Leiter der Abteilung Organisation und der kaufmännische Vorstand in einer gemeinsam unterzeichneten und als Hausmitteilung verbreiteten Grundsatzerklärung an die betriebliche Öffentlichkeit wandten. Darin war zu lesen: „Nach mehr als 18 Monaten des Experimentierens, Strukturierens und Feilens an und mit der neuen Software ist nun ein Gesamtsystem geschaffen worden, das auf die Bedürfnisse unseres Unternehmens optimal zugeschnitten ist. Dies war ein anstrengender Weg, aber wir haben ihn dank Ihrer aller Einsatzbereitschaft erfolgreich hinter uns gebracht. Und nun muß sich eine Phase der Konsolidierung und der Ruhe anschließen. Denn nur so können sich die Vorzüge der neuen Strukturen voll entfalten. Wir sollten daher jetzt so weise sein, nicht immer wieder alles in Frage zu stellen, und auch einmal Arbeiten akzeptieren, die aus der individuellen Sicht einzelner Mitarbeiter und Mitarbeiterinnen ungewohnt und vielleicht auch nicht unmittelbar verständlich sein mögen. Denken Sie daran, daß diese Arbeiten zur Optimierung unserer Gesamtabläufe nützlich und erforderlich sind!

Die Investition mehrerer Millionen D-Mark in modernste Technologie rechtfertigt sich letztendlich nur, wenn sie zu einer strukturellen Modernisierung unseres ganzen Unternehmens führt, wie sie der Wettbewerb heute von uns verlangt. Und das geschieht dann am besten, wenn die fortschrittliche Technik nicht durch ungezügelte, an der Betriebsorganisation von gestern orientierte Eingriffe bis zur Unkenntlichkeit und Wirkungslosigkeit verbogen wird. Nur als modernes Unternehmen können wir am Markt bestehen!"

Und weiter wurde mitgeteilt, daß ein feingliedriges Kosten-Controlling auch vor der EDV nicht haltmachen dürfe, und daß deshalb bei allen Modifikationen am jetzt eingerichteten Standard die veranlassenden Kostenstellen mit einer einmaligen Einrichtungsgebühr und dann mit einer monatlichen Wartungspauschale belastet würden.

Das war im vergangenen Sommer. Die Botschaft wurde verstanden und wirkte. Neue Modifikationen wurden rar, einige der schon programmierten Spezialauswertungen sogar wieder abgeschaltet. Und die Produktion lief – das Management sah sich in seiner Grundsatzentscheidung bestätigt – trotz aller vorherigen Unkenrufe weiter. Es funktionierte, und siehe da, außer den ohnehin bekannten Nörglern meldete auch niemand mehr nennenswerte Änderungswünsche an.

Zum Jahresbeginn aber fand nun die seit dem Systemwechsel erste Inventur statt mit dem Ergebnis, daß 47 Prozent der verzeichneten Mengen fehlten.

„Katastrophal!" kommentierte der kaufmännische Vorstand. „Was nützen uns die raffiniertesten Analysen, wenn die Basisdaten vollkommen falsch sind?" „Interessant" nannte der Organisationsleiter das Ergebnis, wußte aber auf viele der damit aufgeworfenen Fragen auch keine Antwort. Wird hier ein Mangel aufgedeckt, der immer schon bestand? Warum waren dann frühere Inventuren immer einigermaßen glimpflich ausgegangen? Was hat diese krasse Diskrepanz verursacht? Warum hat es nicht viel dramatischere Engpässe in der Produktion gegeben? Oder waren die gemeldeten Ergebnisse hier auch nicht die ganze Wahrheit? Waren die Lagerfehlbestände nur die berühmte Spitze des Eisbergs? Bei allem Rätselraten war klar: Hier bestand Handlungsbedarf. Man mußte der Sache auf den Grund gehen.

Zunächst kursierte das Gerücht, eine umfassende Datenrevision stehe bevor, bei der nun auch die Angaben über Arbeitsplätze, Arbeitspläne, Rückmeldungen, Auftrags- und Lieferdaten auf ihren Wahrheitsgehalt hin überprüft würden. „Sogar die Eingabehistorien werden analysiert", wurde vielfach gemunkelt. Aber dazu ist es wenigstens bisher nicht gekommen. Der Vorstandsvorsitzende soll sich eingeschaltet haben, um gemäß der Devise „Ursachen beheben statt Schuldige suchen" übereilte Reaktionen zu verhindern. Nun wird anscheinend seit Wochen darüber gestritten, worin die Ursachen denn wohl bestehen. Und was da nicht alles in Betracht kommt! Disziplinlosigkeit der Mitarbeiter, Gleichgültigkeit, fehlende Motivation, Intransparenz der Zusammenhänge im Gesamtsystem, mangelnde Qualifikation, Streß durch lästige Systemeigenschaften wegen unzureichender Ergonomie von Hard- und Software, unbefriedigender Aufgabenzuschnitt für Mitarbeiter, ... Noch ist nicht klar, welche Theorie sich im Management durchsetzen wird. Aber kürzlich ist aus der Stabsabteilung duchgesickert, daß an einer Ausschreibung für eine Organisationsuntersuchung gearbeitet wird. Im Entwurf soll von einem „integrierten Organisationskonzept für Arbeit und Technik, für Menschen und Maschinen" die Rede sein.

Der EDV-Chef hat kurzfristig Urlaub genommen. ◆

Chronologie einer Einführung

Bei der schrittweisen Einführung der Module Materialwirtschaft, Vertrieb und Produktionsplanung/-steuerung treten auf jeder Stufe andere Verschiebungen von Aufgaben, Anforderungen und Belastungen auf. Hier das Protokoll eines idealtypischen Anwendungsfalls.

Dieser Beitrag gibt den Verlauf der Veränderungen der Arbeitsorganisation am Beispiel seiner charakteristischen Einführungsschritte wieder. Der dargestellte Verlauf entspricht nicht dem Verlauf in einem bestimmten Betrieb, sondern stellt gewissermaßen die geronnene Erfahrung einer Vielzahl von Betrieben dar. Unserer Auffassung nach werden hier typische Veränderungen der Arbeitsorganisation von R/2-Installationen wiedergegeben. Die einzelnen Aussagen halten wir von der Sache her für übertragbar auf R/3-Anwendungen. Zeitlich gesehen werden bei R/3 die genannten Effekte wegen der kürzeren Einführungszeit im Zeitraffer auftreten.

Veränderungen können wir immer nur in bezug auf einen Vorzustand beschreiben und verstehen. Der Zustand vor der Einführung eines integrierten Systems ist bei unterschiedlichen Anwendern verschieden: Jeder hat vor der SAP-Einführung ein anderes System – meistens sogar mehrere – gehabt. So gibt es zum Beispiel die Ablösung der selbstgeschriebenen Software, die langsam in die Jahre gekommen war, ebenso wie den Anwender, der von einem anderen Standardsystem – das ebenfalls schon mit Bildschirmen bei den Sachbearbeitern funktionierte – umgestiegen ist. Es gibt sogar Fälle, die SAP schon zum zweiten Mal einführen, weil bei der ersten Einführung zu viele Fehler gemacht worden waren. Die Ergebnisse so unterschiedlicher Umstellungen lassen sich nur bedingt vergleichen.

Dieses vorweggeschickt, gehen wir dennoch davon aus, daß die folgende Darstellung immer wieder zu beobachtender Veränderungen anderen Anwendern zumindest wichtige Anstöße vermitteln kann.

Der Fall: ein Serienfertiger des Fahrzeugbaus

Dargestellt wird die Veränderung der Arbeitsorganisation, insbesondere die Verschiebung von Aufgaben, Anforderungen und Belastungen zwischen verschiedenen Stellen bzw. Berufsgruppen des betreffenden Unternehmens entlang der folgenden Einführungsschritte:
1. Einführung der SAP-Materialwirtschaft RM-Mat,
2. Ablösung des Altsystems im Vertrieb durch die erste Stufe der RV-Einführung,
3. Umstellung der Produktionsplanung und -steuerung auf RM-PPS,
4. Dezentralisierung der Auftragserfassung durch RV-PPS-Integration.

Organisatorische Rahmenbedingungen

In dem dargestellten Betrieb hat vor und unabhängig von der SAP-Einführung eine erhebliche Reorganisation der Fertigung von einer werkstatt- zur produktorientierten Linienfertigung stattgefunden. Die Fertigungslinien bestehen ihrerseits jeweils aus einer Komponentenfertigung, Fertigung und Montage der Fahrzeuge. Es existierte vor der SAP-Einführung in allen betrachteten Bereichen bereits EDV-Unterstützung in erheblichem Umfang.

Diese Organisation wurde nach der RM-PPS Einführung noch um Logistikinseln ergänzt, in denen produktbezogen die Aufgabenbereiche der Auftragsabwicklung, Konstruktion, Arbeitsvorbereitung und Produktionsplanung zusammengefaßt wurden. Das SAP-Projekt konnte also einerseits auf ein ausgereiftes und teilweise umgesetztes Organisationsleitbild aufsetzen, war dann aber selber wieder der Ausgangspunkt für weitere organisatorische Veränderungen, die sich zu Beginn der SAP-Einführung so niemand vorgenommen hatte.

SAP R/2 wurde modulweise eingeführt. Die Einführungsschritte und die Prioritätensetzung im Projekt bestimmten sich teilweise aus der desolaten Situation der abgelösten Altsysteme, deren weitere Pflege nicht länger wirtschaftlich war.

1. Einführung der SAP-Materialwirtschaft RM-Mat

Die RM-MAT-Einführung hat im wesentlichen Funktionalitäten betroffen, die schon im Vorgängersystemen einen hohen Automatisierungsstand aufwiesen und somit bereits EDV-technisch abgedeckt waren. Es gab keine ausgesprochenen ‚Rationalisierungsgewinner‘ oder ‚-verlierer‘. Da RM-MAT zu diesem Zeitpunkt weder mit der kaufmännischen Auftragsabwicklung noch mit der Produktionssteuerung eine echte Integration aufwies und insofern die Auftragsbearbeitungskette als ganzes nicht betroffen war, ist dieser Befund nicht überraschend.

Allerdings gab es einige Probleme mit dem erhöhten Erfassungsaufwand bei den Stammdaten, mit komplizierten Suchvorgängen, zu langen Bildschirmfolgen bei einfachen Arbeitsvorgängen sowie mit der Doppelarbeit bei der Erfassung von Stammdaten im CAD-System. Als sehr belastend erwies sich in dieser Zeit vor der endgültigen Ablösung der Altsysteme das Umschalten zwiscchen diesen und SAP, zumal dies sogar jeweils mit einem Wechsel des Betriebssystems verbunden war.

Im Vorfeld der RM-MAT-Einführung kam es zur Reorganisation der Normstelle. Im Ergebnis ist dabei eine Abteilung (mit weitgehend identischer personeller Besetzung – aber neuem Leiter) mit dem neuen Namen ‚Stammdatencontrolling‘ herausgekommen. Im Gegensatz zu früher, wo die Normstelle die alleinige Zuständigkeit für die Vergabe von Materialnummern und Anlage von Stammsätzen hatte, werden Eigenfertigungsteile jetzt von den Konstrukteuren selbst angelegt. Das Stammdatencontrolling prüft diese anschließend auf Normkonformität. Der Konstruktion wird damit erspart, den Arbeitsfluß zu unterbrechen und erstmal einen Normantrag zu stellen, ehe sie eine Zeichnung anlegen können. Außerdem erfaßt die Normstelle weiterhin Kaufteile, und – last not least – richtet sie Sachmerkmalsleisten ein und pflegt sie.

Der mit der RM-Mat-Einführung etwa zeitgleiche Versuch, Konstruktionsbetreuung und Einkaufsmarketing zu trennen, hat sich in der Praxis nicht bewährt (bzw. wurde von den Mitarbeitern unterlaufen). Diese organisatorische Regelung wird nun auch formal wieder zurückgenommen.

> **Bei der RM-MAT-Einführung gab es zunächst keine ausgesprochenen ‚Rationalisierungsgewinner‘ oder ‚-verlierer‘.**

Die Mitarbeiter hatten eine Reihe von fachlichen Verbesserungsvorschlägen bezüglich des Systems, waren aber abgesehen von dem o. g. Fall des Einkaufs mit der Tatsache zufrieden, daß Arbeitsteilung bzw. Aufgabenzuschnitt zunächst von RM-MAT nicht berührt wurden.

Die Erfassung und Änderung von Materialstämmen erfolgt dezentral (außer für Zusatzgeräte) mittels TJ01...07. Im Bereich der Materialdisposition war eine Differenzierung der Änderungsberechtigung nach Zuständigkeiten unter Release 4.3 nicht immer möglich. Gelegentlich gab es dort Probleme, weil durch Fehleingaben einzelner Disponenten die Dispo-Parameter durcheinandergebracht wurden.

Die SAP-Anwendungen in den Vertriebszentren halten sich noch sehr in Grenzen. Überwiegend wird mit den lokalen /36-Anwendungen gearbeitet, deren Ablösung allerdings beschlossene Sache ist. Im Ersatzteilbereich können Verfügbarkeit und Lieferstatus eingesehen werden. Eine Verschiebung von Aufgaben folgt daraus nur insofern, als sich viele telefonische Anfragen in der Zentrale dadurch erübrigen. Neuerdings können in einzelnen Vertriebszentren Eilbestellungen für Ersatzteile direkt eingegeben werden. Die Arbeit der zentralen Ersatzteildisposition entfällt in diesem Bereich. Die Vertriebszentrums-Disponenten sparen dadurch jeweils den Versand eines FAX. In der Serviceabwicklung werden mangels Qualifizierung nur Kundenkonten eingesehen. Im Innendienst werden lediglich offene Rechnungen geklärt und Controllinglisten gedruckt.

2. Ablösung des Altsystems im Vertrieb durch die erste Stufe der RV-Einführung

Vor Einführung von RV hatte die ‚zentrale Auftragsabwicklung', die von den Vertriebszentren eingehenden Aufträge zu prüfen, kaufmännische Abwicklungsfunktionen zu erledigen (Auftragsbestätigung, Liefer-/Ausfuhrpapiere, Faktura) und Koordinationsfunktionen zur Fertigung zu übernehmen. Während eine Reihe von Auftragsabwicklungsfunktionen von RV auf wesentlich höherem Automatisierungsgrad abgewickelt werden und insofern Arbeit entfällt, wurde die Erfassung der Aufträge aus der nunmehr geschlossenen Datenerfassungsabteilung in die Auftragsabwicklungsabteilung verlagert. Die zentrale Auftragsabwicklung verlor ihre Koordinationsfunktion und wurde zu einer Datenerfassungs- und Umcodierungsstelle ohne qualitative Funktion. Daß sie zumindest als Funktion in der Linie noch existiert, liegt zum einen an dem relativ anspruchvollen Produkt, dessen baubare Varianten gegenwärtig von den Auftragssachbearbeitern in den Vertriebszentren nicht überblickt/überprüft werden können; zum anderen an der historisch gewachsenen Trennung zwischen kaufmännischem und technischem Betriebsauftrag mit unterschiedlichen Schlüsseln und Bezeichnungen, die man mit der RV-PPS-Integration zu überwinden hofft.

Die zentrale Auftragsabwicklung verlor ihre Koordinationsfunktion und wurde in hohen Maße mit Datenerfassungsaufgaben belastet.

Der Kompetenzverlust der zentralen Auftragsabwicklung liegt

- an der umfassenderen Funktionalität von RV (z. B. Exportrechnungen, Auftragsbestätigungen);

- an der Dezentralisierung der Angebotsschreibung in die Vertriebszentren mit RV-Mitteln;

- an der direkten Einsichtsmöglichkeit der Vertriebszentren in Bestände, wodurch telefonische Anfragen bei der Abteilung Zentraler Vertrieb überflüssig werden. Hierdurch reduziert sich für die Mitarbeiter des Auslieferungslagers die Zeit, die mit Telefonieren verbracht wird, um ca. zwei Stunden pro Kopf;

- an der systemtechnischen Integration Vertrieb und Versand bei gleichzeitiger organisatorischer Aufspaltung. Der Versand geht in ein zentrales Auslieferungslager und hat im wesentlichen gewerbliche Tätigkeiten, weil sich die Verwaltungstätigkeiten auf den Abruf von Papieren aus dem System beschränken.

Die Motivation der Mitarbeiter in der zentralen Auftragsabwicklung wird zudem durch gravierende softwareergonomische Mängel bei den Auftragserfassungs-Transaktionen zusätzlich gedrückt; die Situation spitzt sich nach dem Releasewechsel von 4.3 auf 5.0 sogar noch zu. Als eine extreme Belastung stellen sich besonders

- die langen Auftragserfassungs- und änderungstransaktionen in Kombination mit

- häufigen Unterbrechungen durchs Telefon und
- langen Antwortzeiten des Systems dar.

Die Projektgruppe hat es unterlassen, die Bildschirmmasken den konkreten Bedingungen und Anforderungen dieser Arbeit anzupassen. Das softwareergonomische Kriterium der Aufgabenangemessenheit ist nicht erfüllt.

Die Mitarbeiter der zentralen Datenerfassung wurden teils über Fluktuation, teils über Umsetzungen abgebaut.

Im Zusammenhang mit der absehbaren Umverteilung von Arbeit in die Vetriebszentren wird die Möglichkeit entsprechender Versetzungen disutiert. Wegen der räumlichen Verteilung der Vertriebszentren in der ganzen Republik kommt eine Verteilung der

Verschiebungen in der Auftragsabwicklungskette auf verschiedenen Stufen der SAP-Anwendung

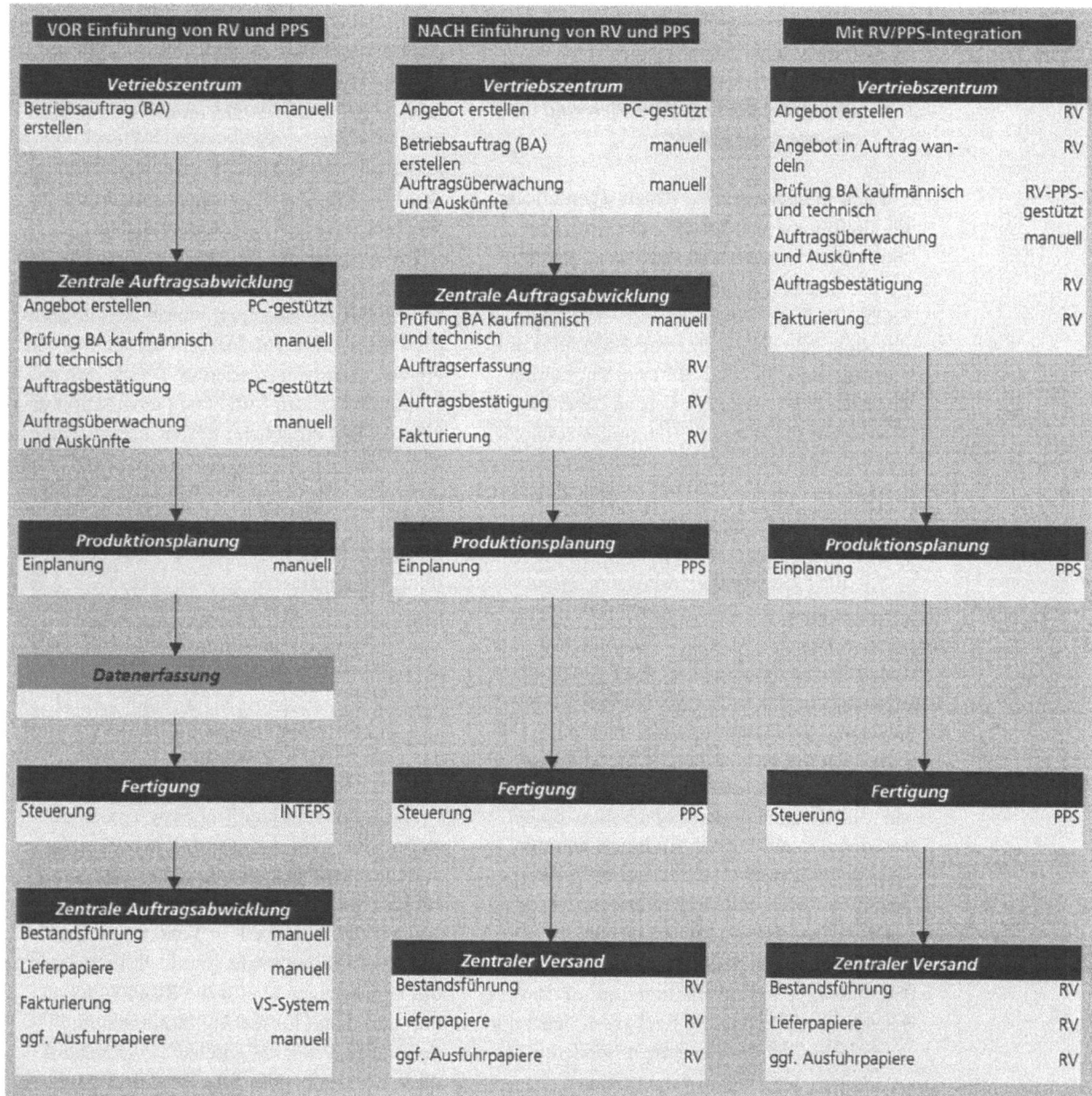

Mitarbeiter der Abteilung ‚zentraler Vertrieb' auf die Vertriebszentren aber nicht infrage.

Die Betroffenen werfen dem Betriebsrat vor, ihre Probleme nicht angemessen aufzugreifen. Tatsächlich ist die Betriebsratsmehrheit wenig bereit, sich mit dem arbeitsorganisatorischen Problem auseinanderzusetzen. Allerdings gibt es auch keine konkreten Alternativvorschläge aus dem Kreis der Betroffenen. Zeitweise gab es eine verhaltene Gesprächsbereitschaft auf seiten der Führungskräfte. Zu konkreten Verbesserungen führte all dies aber nicht.

3. Umstellung der Produktionsplanung und -steuerung auf RM-PPS

Nach mehrmaligen Verschiebungen erfolgt die Einführung von RM-PPS. Ein Grund für die Verschiebungen war, daß die Projektgruppe die Umstellung auf Release 5.0 abwarten wollte. Nach der Fertigungslinie EINS folgt ein Vierteljahr später die Linie ZWEI, und unmittelbar anschließend läuft die Umstellung der Linie DREI. Abgelöst werden dabei die Altsysteme STÜLI (Stücklisten und Arbeitspläne), STAMM (Stammdatenverwaltung) und INTEPS-FS (ein Standard-PPS-System, das zur Erstellung von Fertigungspapieren und zur Rückmeldung genutzt wurde).

Die für die zukünftige Arbeitsorganisation entscheidende RV-PPS-Integration ist noch nicht erfolgt. Die Abteilung ‚Zentrale Auftragsabwicklungsabteilung' wird ganz aufgelöst und die Mitarbeiter werden in die Logistikinseln der Fertigungslinien umgesetzt. Die Erfassung der technischen Betriebsaufträge erfolgt am Anfang der Umstellung zunächst in der Abteilung Fertigungsorganisation. Später werden den Auftragsabwicklern in den neu gebildeten Logistikinseln zusätzlich zu den kaufmännischen auch die Eingaben der technischen Betriebsaufträge übergeben.

Die frühere routinemäßige Prüfung der Betriebsaufträge in Konstruktion und Arbeitsvorbereitung auf technische Baubarkeit wird nur noch in Einzelfällen bei ganz besonderen Wünschen der Kunden vorgenommen.

Nach der PPS-Einführung hat sich nicht viel an der Arbeitsteilung und den Arbeitsaufgaben im Einkauf, der Materialdisposition und dem Lager geändert. Bestimmte Automatisierungsmöglichkeiten können nicht genutzt werden. Z.B. Kann bei diesem Anwenderbetrieb eine im R/2-System vorgesehene Disposition aufgrund maschinell erzeugter Bestellanforderungen (BANF) nicht erfolgen, weil Plan-Primärbedarfe bei der Materialbedarfsplanung erst aufgelöst werden, wenn sie in einen Kundenbedarf umgesetzt wurden. Da die Wiederbeschaffungszeit vieler Materialien aber größer ist als die Durchlaufzeit, an der sich die Einplanung orientiert, bringt die technisch gegebene PPS-MAT-Integration nicht viel. Disponiert wird überwiegend nach der außerhalb von R/2 auf PC erstellten rollierenden Planung. Die Belastungen durch den Wechsel zwischen Systemen entfallen.

Die Aufgabe der Rückmeldung von Arbeitsgängen in der Produktion oblag früher formell der Linienleitung, wurde allerdings in der Praxis schon vor der SAP-Umstellung von einigen Vorarbeitern erledigt. Dieser Zustand wird nun auch zur formellen Organisation erklärt. Es gibt erhebliche Beschwerden, weil es keine Sammelrückmeldungen wie bei INTEPS mehr gibt. Alles zusammengerechnet ist der Rückmeldeaufwand in der Produktion um bis zu 50% gestiegen. Außerdem ist die Zeitbindung der Rückmelder größer geworden. Die oft verspäteten Rückmeldungen führen zu Blockaden in den nachfolgenden Fertigungsabteilungen und im Versand.

4. Dezentralisierung der Auftragserfassung durch RV-PPS-Integration

Die Aufhebung der Trennung zwischen technischen und kaufmännischen Betriebsaufträgen setzt insbesondere die organisatorisch aufwendige Umstellung der Preislisten auf die SAP-Systematik in Verkaufsgruppen und Verkaufsmerkmale voraus. Damit sind die Voraussetzungen für die RV-PPS-Integration und damit für die Auftragserfassung in den Vertriebszentren geschaffen, womit auf diese ein erhebliches Arbeitsvolumen abgewälzt wird. Die Verantwortlichen sehen dies als letzten notwendigen Schritt zur Beschleunigung der Auftragsdurchläufe durch das Unternehmen an.

Allerdings fühlen sich die für die Auftragserfassung zuständigen Verkaufsassistenten überfordert. Sie hatten ohnehin schon zu den am stärksten überlasteten Mitarbeitern des Unternehmens gezählt. Auch wird angezweifelt, daß sie die qualifikatorischen Voraussetzungen mitbringen, um Fragen der Baubarkeit - und sei es SAP-unterstützt - zu beurteilen. Hiermit wäre zwar ein erheblicher Anstieg an Qualifikationsanforderungen für diese Mitarbeitergruppe verbunden, jedoch ist gegenwärtig nicht abzusehen, wie sie diese zusätzlichen Anforderungen angesichts der Überlastungssituation bewältigen sollen, denn entsprechende Qualifizierungsmaßnahmen sind nicht in Sicht. Die Beobachtung, daß bei der SAP-Auftragserfassung selbst den Mitarbeitern in der zentralen Produktionsplanung viele Fehler unterlaufen waren, scheint diese Zweifel zu unterstützen. Für eine endgültige Bewertung ist es aber noch zu früh.

Die Dezentralisierung der Auftragserfassung könnte in einigen Jahren noch eine ganz andere Dimension annehmen, wenn ein gerade aufgelegtes Projekt ‚Laptops für Verkäufer' realisiert wird und ausgereift ist. ◆

Qualifizierung

Man muß können, was man tun muß; was man davon nicht kann, muß man lernen. In dieser Hinsicht gibt es viel zu tun, wenn integrierte Standardsoftware eingeführt wird. Bevor das neue System wirklich bei der Alltagsarbeit verwendet werden kann, will ein komplexes Projekt abgewickelt sein.

Die *Benutzer* brauchen auf verschiedenen Ebenen Wissen, wenn sie mit einem integrierteten System vernünftig zurecht kommen sollen: Sie brauchen Handhabungswissen, Fachwissen, Organisationswissen, spezielle Kenntnisse über das System und schließlich Kenntnisse über einschlägige Vorschriften.

Handhabungswissen

Die Benutzer bekommen mit SAP ein neues Arbeitsmittel und müssen lernen, damit umzugehen. Das ist selbstverständlich und gilt im Grunde für jedes neue Programm. So werden daher auch bei den Umstellungsprojekten auf SAP-Software regelmäßig Schulungen vorgesehen, in denen den künftigen Benutzern erklärt wird, welche Funktionen das System ihnen bietet und welche Eingaben zu machen sind, um sie in Gang zu setzen. Trotzdem gibt es häufig Probleme wegen mangelnder Schulung.

Woran es oftmals mangelt, ist schlicht Zeit. Wenn die Zeit knapp wird, droht schnell, alles unter den Tisch zu fallen, was für das elementare Funktionieren des normalen Betriebs nicht unbedingt erforderlich ist, und die Qualifizierung hat dann oft ihr Bewenden mit dem Beibringen von rund 25 Tastenkombinationen, die, im richtigen Moment eingesetzt, die Funktionen starten, die für die jeweiligen Benutzer vorgesehen sind. Nach einer solchen Minimalschulung wird man häufig Menschen vor Bildschirmen antreffen, die schon froh sind, wenn es ihnen gelingt, überhaupt alle vom System verlangten Eingaben zu machen und ihre Pflicht-Transaktionen zu einem ordnungsgemäßen Abschluß zu bringen.

So werden in Schulungen nur allzu oft die Teilnehmenden mit einem dicht gepackten Lernprogramm konfrontiert, in dem wohl alles, was man zur Systembedienung braucht, einmal angesprochen wird, das aber keinerlei Chance läßt, den behandelten Stoff auch zu verdauen. Im Gegensatz dazu sollten die Systemfunktionen den zukünftigen SAP-Benutzern nicht funktionsorientiert, sondern problemorientiert, d. h. an den Arbeitsabläufen der Fachabteilungen orientiert, vermittelt werden. Dazu gehört, daß die Funktionen des Systems in einer Reihenfolge geschult werden, die dem zukünftigen Arbeitsablauf nahekommen. Dazu gehört weiter, daß geschult wird, wie man mit Fehlersituationen umgeht und wie sich der Einzelne aus solchen Situationen mit eigener Hilfe ‚befreien' kann.

Das Üben, das Ausprobieren an ‚praxisnahen Fällen', muß dazukommen, um die neuen Verfahren und Möglichkeiten tatsächlich nutzen zu können.

Das Üben könnte eigentlich auch außerhalb

der Kurse am eigenen Arbeitsplatz geschehen. Doch hier erwarten die Schulungsheimkehrer allzu oft ihre normalen Pflichten, und vielleicht müssen sie sogar aufarbeiten, was während ihrer Abwesenheit liegengeblieben ist. Dabei wäre es umgekehrt richtig. Wer etwas Neues lernt, muß von der Alltagsarbeit entlastet werden, und zwar nicht nur während der Schulungstage, sondern auch danach. Denn Üben und Ausprobieren kostet nun einmal Zeit und in der Umgewöhnungsphase kommt man eben nur langsamer voran.

Fachwissen

Weiter ist solides Fachwissen erforderlich. Die Benutzer sollten nicht nur wissen, wie man etwas macht, sondern auch, was das eigentlich bedeutet, was sie da einzugeben haben. Denn zum Beispiel

- die Eingabe von Dispositionsparametern kann nur dann richtig gemacht werden, wenn man weiß, welche Materialien warum wie disponiert werden können;
- die Eingabe der zu bebuchenden Auftragsart bei einer Lagerentnahme kann nur verstanden werden, wenn man weiß, welche Materialien auf welche Auftragsarten gebucht werden werden können und wozu diese Angaben bei einer Lagerbuchung eigentlich gemacht werden;
- die vom System angebotenen Auswertungen, sei es aus dem Bereich der Terminplanung, der Angebotskalkulation oder der Kostenrechnung, kann man natürlich nur dann richtig interpretieren, wenn man von der Sache selbst etwas versteht. Gerade die optisch aufwendig gestalteten Analyseergebnisse, die auf den ersten Blick sofort überzeugen, können den fachlich Unkundigen leicht in die Irre führen.

Nun mag der sparsame Weiterbildungskoordinator einwenden, daß die Fachfunktionen selbstverständlich von den betrieblichen Fachleuten genutzt würden, die doch fast alle auf eine langjährige Erfahrung zurückblickten. Diese Auffassung ist aber falsch, denn sie übersieht die Anforderungen eines integrierten Systems. Erstens wartet ein integriertes Stan-

---

Merkposten für Benutzerschulungen

Systembezogene Schulungen

- Es sind die notwendigen Funktionen, die man zur Durchführung von Fachaufgaben braucht vollständig zu schulen.
- Es sind auch die Funktionen der vor- und nachgelagerten Bereiche in ausreichendem Umfang zu erläutern.
- Die Schulung muß problemorientiert und nicht funktionsorientiert durchgeführt werden.
- Die Abläufe der Fachabteilungen müssen bei der Schulung in einer sinnvollen Reihenfolge berücksichtigt werden.
- Die Schulung muß vermitteln, wie der Benutzer auf Fehlersituationen reagieren soll und wie er/sie sich daraus befreien kann.
- Es muß eine Freistellung von der Arbeit während der Schulung und nach der Schulung für das Einüben der Funktionen am Testsystem stattfinden.
- Erfahrungsaustausch statt pauken.
- Es ist bei allen Schulungen darauf zu achten, daß die Schulungsunterlagen jeweils den aktuellen Stand des Systems wiedergeben.

Fachliche Schulungen

- Für die Verbesserung der Kooperation müssen die fachlichen Kenntnisse der Arbeitnehmer um ein fundiertes Verständnis der Aufgaben der kooperierenden Stellen in der Prozesskette erweitert werden.
- Übungen während und nach der Schulung müssen an Hand von praxisnahen Fällen (in Form geeigneter Testdaten) gewährleistet werden.
- Der Erwerb von Überblickswissen ist zu fördern.
- Fachliche Weiterqualifizierungsmaßnahmen für gefährdete Beschäftigtengruppen sind rechtzeitig zu planen und durchzuführen.

Organisationswissen für Anwender

- Kenntnisse über die Organisation von Projekten und der Datenverarbeitung sind zu vermitteln, insbesondere die Frage, wer für welche Anliegen der Anwender zuständig ist (z. B. für Verbesserungsvorschläge oder Probleme mit der Software oder Hardware).
- Der Anwender sollte wissen, welche Fragen zum Projekt wo und von wem entschieden werden.

dardsoftwaresystem mit einer Vielzahl anspruchsvoller fachlicher Funktionen auf, die das Spektrum des bislang Praktiziertem in den meisten Anwenderbetrieben weit überschreitet. Beispielsweise werden neue Formen der Kostenrechnung angeboten – wie etwa der Auftragsabrechnung – die in der Form früher nicht im Betrieb angewendet wurden. Zweitens soll integrierte EDV der Prozeßkettenoptimierung dienen. Das heißt, es werden Zuständigkeiten nach dem Kriterium eines möglichst flüssigen Arbeitsdurchlaufs neu verteilt. Dafür reicht der Stand der beruflichen Bildung und die berufliche Erfahrung der Mitarbeiter selten aus. Deshalb kann man das inhaltliche Verständnis für die im SAP-System ausgelösten Automatismen bei den Benutzern bestimmt nicht ungeprüft voraussetzen

Ganz früh bei der Einführung eines integrierten Standardsystems, d.h. wirklich schon zu Beginn des Projektes, sollte in Verbindung mit den Leitbildern der zukünftigen Arbeitsorganisation die fachliche Ausbildung der gefährdeten Beschäftigtengruppen stehen. Das heißt, daß etwa die Assistenzkräfte auf ihre neuen Aufgaben durch eine entsprechende Ausbildung zur Wahrnehmung von Sachbearbeitertätigkeiten vorbereitet werden oder daß die Rechenzentrumsangehörigen rechtzeitig für die neu entstehenden Aufgaben der Benutzerbetreuung und der Netzwerkverwaltung ausgebildet werden.

Organisationswissen

Neben dem Handhabungs- und dem Fachwissen sind auch Kenntnisse über die Organisation der Datenverarbeitung und über den üblichen Weg der Informationsflüsse erforderlich. Die Benutzer sollten wissen, wo die von ihnen benötigten Informationen normalerweise herkommen und wo die selbst eingegebenen Daten gewöhnlich hinfließen. Daß die Einbettung der eigenen Aufgaben und Aktivitäten in den Gesamtkontext der betrieblichen Abläufe klar sein soll, ist nicht nur eine Forderung der Arbeitspsychologie. Ausnahme- und Fehlersituationen können auch viel besser gemeistert werden, wenn man weiß, an wen man sich wenden muß, um fehlende Informationen einzuholen, oder um Korrekturen eigener Meldungen weiterzugeben. Die Benutzer müssen weiter darüber informiert sein, wer für die EDV-technische Umsetzung der Benutzeranforderungen ist, wenn es zum Beispiel um neue Auswertungen, aber auch, wenn es um die Reduzierung von Belastungen am Arbeitsplatz geht.

Gerade in integrierten Systemen, in denen die Abteilungen eines Betriebs durch die gemeinsame Nutzung derselben Datenbestände informationell viel enger aneinander gekoppelt werden, gewinnt diese Voraussetzung zur Kooperation und zur Weiterentwicklung des Systems an Bedeutung und sollte im Qualifizierungsplan besonders berücksichtigt werden.

Nicht alles muß davon allerdings im Sinne herkömmlicher Schulungen unterrichtet werden. Vielmehr haben sich für die Verbreitung solcher Informationen regelmäßige Anwendertreffen mit den Koordinatoren und EDV-Ansprechpartnern bewährt. Manche Themen aus diesem Spektrum werden in einzelnen Fällen sogar im Rahmen eigener Zeitungen oder Rundschreiben der SAP Projektgruppe aufgegriffen und an alle Anwender verteilt.

Funktionale Transparenz auch über Anpassungsmöglichkeiten und Kontrollpotentiale

Über die EDV-Technik im engeren Sinne brauchen die normalen SAP-Benutzer nur etwa soviel zu wissen wie ein PKW-Fahrer über Autos. Zwar sind Grundkenntnisse über die allgemeinen Funktionsprinzipien erforderlich, um sich im Umgang mit der Maschinerie sicher zu fühlen. Aber es ist z.B. belanglos, nach welchen Verfahren der physische Speicherort eines Datums auf einem von möglicherweise mehreren Datenbankservern festgelegt wird. Worauf es ankommt, ist funktionale Transparenz, Klarheit über die nach außen gerichteten oder von außen abfragbaren Reaktionen des Systems auf die gemachten Eingaben.

Dazu gehören neben den fachlichen Funktionen auch die Anpassungsmöglichkeiten, die das System trotz seiner Eigenschaft als Standardprodukt bietet, um die Bedienungsoberfläche oder auch die Fachfunktionen zu modifizieren oder zu erweitern. (Vergleiche hierzu die Beiträge in Kapitel 4) Die Benutzer sollten die Hilfsmittel kennen, die ihnen selbst zur Verfügung stehen, um das System an ihre individuellen Bedürfnisse anzupassen, etwa die Neubelegung von Funktionstasten oder die Einrichtung benutzerspezifischer Menüs. Sie sollten aber auch erfahren, welche weitergehenden Änderungsmöglichkeiten vom umgestalteten Maskenlayout bis zum neuen Auswertungsprogramm es gibt, damit sie wissen, was sie sich realistischerweise wünschen oder als Verbesserung empfehlen können.

Zur funktionalen Transparenz gehört weiterhin Klarheit über die Benutzungsprotokollierung, d.h. welche Daten werden von dem jeweiligen SAP-System erfaßt und können über welche Transaktionen oder ABAPs an welcher Stelle und für welchen Zweck ausgewertet werden. Die Art und der – im Falle SAP ja durchaus beachtliche – Umfang der automatischen Verhaltenskontrolle muß genau erklärt werden. Das gebietet nicht nur die Pflege eines vertrauensvollen Arbeitsklimas, sondern ist auch eine Rechtspflicht nach dem Bundesdatenschutzgesetz und den EU-Richtlinien zur Bildschirmarbeit.

Kenntnis einschlägiger Vorschriften

Auch über die Art und Weise der Systemanwendung selbst gibt es viele Vorschriften, die die Benutzer beachten müssen oder aus denen ihnen Rechte erwachsen. Diese Vorschriften sind in aller Regel nicht so verfaßt, als daß man sie einfach im Wortlaut abzudrucken und zu verteilen bräuchte. Das Datenschutzrecht, einschlägige Normen zum Arbeitsschutz und besonders auch der Inhalt geltender Betriebsvereinbarungen sollten deshalb bei der Benutzerqualifizierung als eigenständige Themen aufbereitet und behandelt werden.

> ### Merkposten für Benutzerschulungen
> *(Fortsetzung)*
>
> **Anpassungsmöglichkeiten und allgemeine Systemfunktionen**
> - Schulung im Gebrauch der Systemmöglichkeiten zur Anpassung der Menues etc.
> - Schulung der Möglichkeiten zur Protokollierung des Anwenderverhaltens und des Zwecks der Anwendung dieser Möglichkeiten.
>
> **Einschlägige Vorschriften und Regeln**
> - Schulung der einschlägigen gesetzlichen und betrieblichen Datenschutzvorschriften und andere geltender Rechtsvorschriften, die bei der Arbeit am SAP-System zu beachten
> - Erläuterungen zu Gesundheitsrisiken und der Einrichtung der Bildschirmarbeitsplätze
> - Zur Vorführung ergonomischer Anforderungen am Arbeitsplatz empfiehlt sich ggf. auch die Einrichtung von Musterarbeitsplätzen, an denen entsprechende Schulungen und Unterweisungen durchgeführt werden können.

Die *EDV-Fachkräfte* müssen die Instrumente und Stellschrauben zur Anpassung des Systems genau kennen und als einzige auch praktisch handhaben können. Dazu gehört bei SAP die ganze Entwicklungsumgebung mit ABAP-Sprache, Data Dictionary, Programmen zur Veränderung von Masken und Menüs usw., besonders aber auch das komplizierte Berechtigungssystem, welches man nur nach einem gründlichen Studium der Details wirklich voll ausnutzen kann.

EDV-Leute müssen sich immer auch ein gutes Stück in die Aufgaben eindenken, die mit dem Computer unterstützt werden sollen. Im Falle eines integrierten Systems steigen diese Anforderungen natürlich wegen der größeren Zahl der beteiligten Fachbereiche und weil die fachübergreifenden Abläufe zusätzlich im System repräsentiert werden müssen.

Hinsichtlich der Zeitplanung für Schulung

Merkposten für Schulungen der EDV-Fachkräfte

○ Schulung in SAP-Funktionen und Bedienungsabläufen

○ Schulung von software-ergonomischen Grundkenntnissen und SAP-spezifischen Konventionen (z. B. R/3 Style Guide)

○ ggf. Schulung von spezifischen Kenntnissen der SAP-Umgebung (namentlich: PC-Kenntnisse, Datenbanken und Netze)

○ Schulung der geltenden Betriebsvereinbarungen

○ Erfahrungsaustausch zwischen SAP-Know-How-Trägern und den angestammten EDV-Fachkräften

und Übungsphase, hinsichtlich der Verhaltensprotokollierung und der für die EDV-Anwendung einschlägigen Vorschriften gilt für die EDV-Fachkräfte im wesentlichen dasselbe wie für die Benutzer. Die über das reine Bedienungswissen hinausgehenden Fachkenntnisse beziehen sich bei ihnen auf die grundlegende technische Konzeption des Systems.

Die Erfahrung fast aller SAP-Anwender belegt, daß jedes Projekt erfahrene SAP-Einführer braucht. Ohne diese Know-How-Träger ist das Einführungsprojekt zum Scheitern verurteilt. Entscheidend ist unter dem Gesichtspunkt der Qualifikationsanforderungen, daß während der Einführung dafür gesorgt wird, daß diese Personen – auch informell – so schnell wie möglich die innerbetrieblichen EDV-Kräfte in den Stand versetzen, sich an der SAP Einführung zu beteiligen. Dies läßt sich in vielen Fällen nur bedingt im Rahmen von formellen Schulungen organisieren. Wichtig ist dabei auch der Erfahrungsaustausch.

Wie auch immer ein Einführungsprojekt organisiert sein mag, es wird wohl nicht anders gehen, als daß nur eine Auswahl von Beschäftigten sich mit der Vorbereitung des Systemeinsatzes im einzelnen befaßt. Diese Leute meinen wir, wenn wir hier von ‚*Projektgruppenmitgliedern*' sprechen, denn die Bildung kleinerer Teams für diese Arbeiten ist üblich und auch empfehlenswert.

Gestaltungsoptionen für Technik und Arbeitsorganisation

Ihre Kernaufgabe in den Projektgruppen besteht darin, die Standardsoftware und die Arbeitsabläufe im Anwenderbetrieb aufeinander abzustimmen. Die Projektgruppenmitglieder brauchen für Gestaltungsarbeiten auch Kenntnisse über Technik und Arbeitsorganisation. Da sich die Technik der arbeitsorientierten Optimierung der Kernprozesse unterordnen sollte, müssen Projektgruppenmitglieder die technischen Gestaltungsoptionen kennen, auch die Nicht-Techniker.

Bei der Zusammenstellung der Projektgruppe muß darauf geachtet werden, daß das Betriebswissen durch erfahrene Personen eingebracht wird. Hinsichtlich arbeitsorganisatorischer Gestaltungsmöglichkeiten genügt Betriebserfahrung alleine nicht. Gerade moderne Organisationskonzepte, die die Qualität der Produkte und der Arbeitsbedingungen gemeinsam betrachten, sind oftmals innerbetrieblich gar nicht bekannt und werden deshalb nicht in Erwägung gezogen. Eine Grundqualifizierung aller Projektgruppenmitglieder über Leitbilder der Arbeitsorganisation ist daher dringend zu empfehlen. Sie könnte zumindest Anregungen für den Entwurf eines eigenen organisatorischen Modells liefern.

Interdisziplinäre Gruppenarbeit

Weil es zur Prozeßkettenoptimierung erforderlich ist, müssen in den Teams Repräsentanten verschiedener Fachbereiche zusammenarbeiten, z. B. Lageristen, Verkäufer, Kostenrechner und Personalverwalter. Die für das Einführungsprojekt typische Arbeitssituation in einer Gruppe, die ohne Rücksicht auf die betrieblichen Hierarchien zusammengesetzt ist, und die ihre Arbeit weitgehend selbst organisieren muß, dürfte für viele ihrer Mitglieder ungewohnt sein. Vor allem die vielzitierte soziale Kompetenz ist gefordert, wenn man sich gegen Wortführer behaupten will, Mut aufbringen muß, eigene Überlegungen zu präsentieren und zu vertreten, persönliche und sachliche Ebenen trennen muß, aber doch keine übergehen darf.

Im Interesse einer beteiligungsorientierten Organisation des Einführungsprojekts kann es

> **Merkposten für die Qualifizierung der Projektgruppenmitglieder:**
>
> ○ Schulung der gängigen arbeitsorganisatorischen Leitbilder;
> ○ Vermittlung arbeitswissenschaftlichen Gestaltungswissens (z. B. Umgang mit dem Leitfaden ‚Büroalltag unter der Lupe');
> ○ Vermittlung von Umsetzungswissen von Leitbildern der Arbeitsorganisation in entsprechende Organisations- Qualifikations- und Technikkonzepte
> ○ Fähigkeit zur ‚interdisziplinären' Zusammenarbeit

außerdem sinnvoll sein, daß Projektgruppenmitglieder von einer Beschäftigtengruppe entsandt werden, um deren Belange zu vertreten. Diese Delegierten haben dann die zusätzliche Aufgabe, einen Interessenstandpunkt möglichst überzeugend zu vertreten, gleichzeitig aber kompromißbereit zu sein und ihr Verhandlungsergebnis anschließend gegenüber den vertretenen Kolleginnen und Kollegen zu rechtfertigen. Das heißt, von ihnen werden Verhandlungsgeschick und die Tugenden eines Botschafters erwartet.

Dies alles kann man natürlich nicht noch schnell vor Projektbeginn in einem Blitzkurs lernen. Andererseits werden große Softwareumstellungen aber auch nicht von heute auf morgen, sondern mit einem monate- wenn nicht jahrelangen Vorlauf geplant, und in dieser Vorphase kann man das Thema „Arbeiten in Gruppen" in der betrieblichen Weiterbildung durchaus wirkungsvoll fördern. Außerdem wäre es für die Effektivität und auch für das Arbeitsklima sehr hilfreich, wenn wenigstens einzelne Mitglieder der Projektteams

über Fähigkeiten zur Moderation von Gruppenprozessen verfügten. Auch hierfür gibt es zahlreiche Weiterbildungsangebote.

E s zeigt sich, daß *Betriebsrat und Geschäftsführung* zumindest bei der Einführung integrierter Standardsoftware in der Führung des Projektes gefordert sind. Hierzu brauchen sie spezielle Kenntnisse, die sie aufgrund ihres Werdegangs nicht notwendigerweise mitbringen.

Grundkonzepte der Technik und ihre Bedeutung für die Arbeitsorganisation

Anders als bei den Benutzern, die in ihrem jeweiligen Arbeitsbereich auch die Feinheiten der von ihnen zu verwendenden Transaktionen und Reports kennen müssen, können sich Betriebsrat und Geschäftsführung auf eine gröbere Gesamtschau von Grundkonzepten wie Integration, Real-time-Verarbeitung und Standardsoftware beschränken.

Der Zusammenhang dieser Grundkonzepte mit der Arbeitsorganisation berührt das Zentrum ihres Auftrags, grundlegende Gestaltungsstrukturen festzulegen.

Management eines riskanten Großprojekts

Die Beteiligung vieler Personen aus nahezu allen Abteilungen ist eine zwangsläufige Konsequenz aus dem Konzept der fachübergreifenden Integration. Die Beteiligung will wohlorganisiert sein, und da dies normalerweise weder für die Unternehmensleitung noch für den Betriebsrat ein alltägliches Arbeitsfeld ist, gibt es hier Qualifizierungsbedarf.

Zum einen ist die Frage, welche Beteiligungsgremien es im Einführungsprojekt geben soll, welche Aufgaben sie übernehmen können und in welchen Arbeitsschritten das Implementierungsprojekt vorgehen muß, um eine substantielle Beteiligung überhaupt zu ermöglichen. Zum andern müssen aber Betriebsrat und Geschäftsführung auch die Arbeitsorganisation in den eigenen Reihen kritisch unter die Lupe nehmen, wenn sie den besonderen Anforderungen des Einführungsprojekts gerecht werden wollen.

Zwar brauchen sie die vielen anstehenden Fragen nicht alle selbst zu klären, aber sie müssen die Problemlösung durch andere koordinieren. Das heißt, sie müssen das Gesamtproblem in delegierbare Teile aufgliedern, erarbeitete Lösungsvorschläge zusammentragen und beurteilen. Zur Koordinierungsarbeit gehört auch die Schaffung von Transparenz über den Gesamtprozeß und die schon erledigten Abschnitte, die verständliche Präsentation von Themen, Aufgaben und Ergebnissen, die Motivation der Mitarbeiter und das Ausgleichen von gegensätzlichen Konzeptionen und Interessen.

Und vor allem müssen geeignete Personen für das Projektmanagement mit den erforderlichen Qualifikationen gefunden werden.

Organisation des gemeinsamen Dialogs

Schließlich ist es ratsam, daß sich Geschäftsführung und Betriebsrat auf eine den Problemen angemessene Form der Zusammenarbeit verständigen. Denn die Vorschriften aus dem Betriebsverfassungsgesetz sind, was das Verfahren betrifft, sehr dürftig und führen bei enger Auslegung allzu leicht zu Blockaden, statt zu einer Bereicherung der Reorganisationskonzepte.

Die Fähigkeit zu einem in diesem Sinne kooperativen Vorgehen betrachten wir ebenfalls als eine Qualifikation, die bei der Einführung integrierter Standardsoftware hilfreich wäre.

Für viele Aufgaben kann man externe Berater engagieren. Aber wenn die Berater wieder gehen, geht ein gut Teil des Wissens mit, allgemeines Methodenwissen und auch Wissen über den Betrieb selbst. Solches Wissen im eigenen Hause zu halten, ist ein wichtiges Ziel.

Wie immer man es macht, die Qualifizierung der Beschäftigten ist von zentraler Bedeutung für das ganze Unternehmen und muß sorgfältig geplant werden. Es geht nicht nur um die Frage nach dem Outsourcing: Was machen wir selbst? Was kaufen wir ein? Es geht auch um die Frage, welche Personen die Chance erhalten sollen, an Weiterbildungsmaßnahmen teilzunehmen bzw. wem man wieviel Umlernen überhaupt zumuten kann. Es geht um die Inhalte, die jemand lernen soll und damit zugleich um dessen zukünftiges Arbeitsfeld, es geht um die Methoden, nach denen die neuen Kenntnisse und Fähigkeiten erworben werden, und es geht um die betrieblichen Rahmenbedingungen, unter denen das Lernen stattfinden kann. Qualifizierungsplanung ist also immer auch Arbeitsplanung und Personalplanung. ◆

Management und Betriebsrat

... haben das Einführungsprojekt mit einer entsprechenden Personalauswahl und klaren Leitbildern zu führen. Hierzu müssen beide

○ die Notwendigkeit der Zielsetzung auf den wichtigsten Ebenen verstehen und die Umsetzung gewährleisten können.

○ auf die entstehenden Konflikte zwischen Abteilungen und Personen vorbereitet sein und helfen, diese Konflikte zu lösen.

○ konstruktive Wege finden, die Interessenskonflikte untereinander produktiv zu wenden.

Hierauf müssen sich beide auch durch entsprechende Weiterbildungsmaßnahmen vorbereiten.

Ein Beispiel, wie es nicht sein sollte

Interview mit einem Sachbearbeiter, der seit 2 Jahren mit SAP arbeitet. (Name ist der Redaktion bekannt)

Frage: Sie arbeiten seit zwei Jahren mit dem SAP-System. Sie sind über die Arbeit mit dem System nicht glücklich. Warum?

Antwort: Die Einführung lief schon von Anfang an schief. Das lag daran, daß niemand uns aus der Fachabteilung beteiligen wollte. Ja, es war sogar so, daß bewußt alles unternommen wurde, damit wir nicht erfahren, was in dem Projekt abläuft. Einfach unglaublich. Ausbaden mußten wir, d.h. meine Kollegin und ich, dann die vielen Fehlentscheidungen. Meine Kollegin hat deshalb diesen Sommer das Handtuch geworfen, und wenn nicht bald etwas passiert, werde ich auch gehen.

Frage: Woran liegt das?

Antwort: Es gab und es gibt viele Gründe für diese Resignation. Der vielleicht wichtigste: Alle, die das vor 2-3 Jahren verbockt haben, sind noch in Amt und Würden und tun einfach so, als wäre nichts geschehen.

Aber einmal ganz von vorne: Unser selbstgeschriebenes Vorgängersystem war sehr fehleranfällig geworden. Eigentlich kamen wir ganz gut damit zurecht, es war ja auch auf unsere Bedürfnisse zugschnitten. Dann kam die Entscheidung für SAP, weil wir schon die Finanzbuchhaltung von SAP hatten. Da wir aber niemanden im Haus haben, der sich mit SAP auskennt, wurde ein externer Berater beauftragt, das neue SAP-Modul einzuführen. Er durfte aber mit unserer Abteilung nicht reden, weil wir zu gute Beziehungen zu dem Betriebsrat unterhielten. Die Folge davon war, daß in das SAP-System nur das hineingenommen wurde, was nach Meinung der Geschäftsleitung sein sollte. Daß die tatsächlichen Abläufe aber ganz andere waren, wußten die einfach nicht. Das fiel erst auf, als wir in der Fachabteilung Änderungen von 80% und mehr hatten.

Später, eigentlich erst nach der mißglückten Einführung, stellte man dann fest, daß der Berater das SAP-System gar nicht richtig gekannt hat. Er hat entscheidende Einstellungsmöglichkeiten nicht gekannt und dann Funktionen durch harte Modifikationen realisiert. Das ist erst aufgefallen, als schon vieles schiefgelaufen war. Jetzt müssen diese ganzen Änderungen Schritt für Schritt wieder herausgenommen werden.

Zu alledem kam, daß wir nicht richtig geschult worden sind. Meine Kollegin ist zwar zwei Wochen in Walldorf gewesen, aber verstanden hat sie davon fast nichts. Obwohl sie fachlich top fit war. Ich habe dann gar keine Schulung bekommen. Genausowenig die Kollegin, die mit mir seit dem Sommer zusammenarbeitet. Erst langsam stellt sich in Gesprächen mit Kollegen heraus, daß vieles auch einfacher im SAP-System gemacht werden kann als wir dies jahrelang machen mußten. Ich kann gar nicht mehr übersehen, was das an vertaner Arbeitszeit gekostet hat. Wir gehen aber jetzt mit dem neuen Berater auch anders um. Wir löchern ihn solange, bis wir eine Lösung für unsere Probleme haben. Vorher lassen wir ihn einfach nicht gehen.

Frage: Wie konnte sich das alles so entwickeln?

Antwort: Einmal wurde offensichtlich der Schwierigkeitsgrad unterschätzt. Die Einführung und Umstellung erfolgte zuerst in unseren Parallelabteilungen, die jedoch viel einfachere Abläufe haben. Das hat wohl dazu geführt, die schwierigen Fälle in unserer Abteilung zu unterschätzen.

Ein weiterer Grund ist die Abhängigkeit vom Fachwissen. Es war gar nicht möglich zu erkennen, daß der Berater das System auch nicht kannte, bevor alles schief gelaufen war.

Dann kommt noch dazu, daß das obere Management einfach weiterwurstelt, wenn Fehler aufgedeckt werden. Es werden höchstens mal diejenigen gerügt, die auf den Fehler aufmerksam gemacht haben.

Frage: Wie soll oder wie kann es jetzt weitergehen?

Antwort: Erst nachdem sich die Probleme so angehäuft hatten, daß alle Fachkräfte wegzugehen drohten, wurde ein Projekt aufgesetzt, das nun die

Versäumnisse nachholen und die Fehler wieder beseitigen soll. Aber das, was wir jetzt in diesem Projekt machen, hätte im Grunde schon vor drei Jahren gemacht werden müssen. Und ich bin mir immer noch nicht sicher, ob die besprochenen Punkte nun auch wirklich umgesetzt werden. Wir haben zwar lange Mängellisten erstellt, doch ich glaube erst an die Versprechungen, wenn tatsächlich Abhilfe geschaffen wurde.

Aber welche Alternativen habe ich, als hier mitzuarbeiten? ◆

Leitbilder

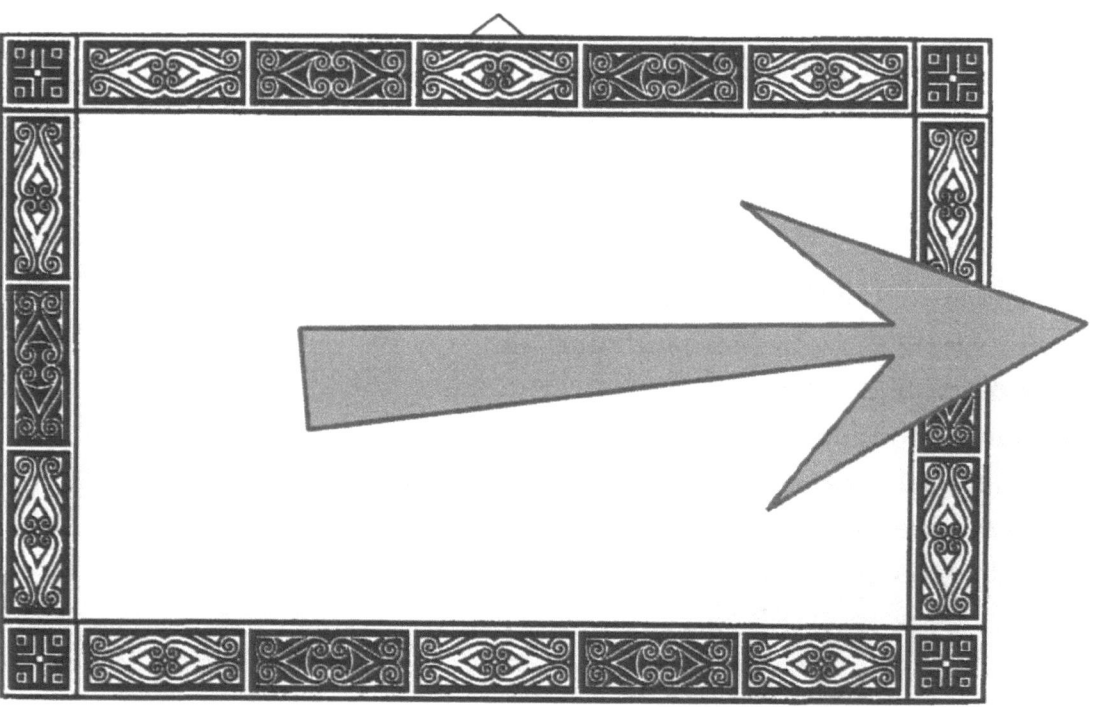

Leitbilder

> Wenn du ein Schiff bauen willst,
> dann trommle nicht die Männer zusammen,
> um Holz zu beschaffen,
> Aufgaben zu vergeben
> und die Arbeit einzuteilen,
> sondern lehre sie die Sehnsucht
> nach dem weiten, endlosen Meer.
>
> Antoine de Saint-Exupéry

Leitbilder: Wohin soll die Reise gehen?

Daß Arbeitsplätze ‚human' gestaltet werden sollten, wird wohl niemand bestreiten. Aber was heißt das in der Praxis? Der Beitrag gibt eine Einführung in wichtige Gestaltungsleitbilder, die im einzelnen dann in den folgenden Abschnitten behandelt werden. Er macht deutlich, daß ungeachtet der verbleibenden Interpretationsspielräume die ergonomische Gestaltung von Bildschirmarbeit zu einer handfesten gesetzlichen Anforderung geworden ist.

Leitbilder stellen übergreifende Orientierungen dar. Sie sind kein Ersatz für Detailarbeit, aber sie erlauben eine Verständigung über Richtungen und Ziele. Leitbilder können den Charakter von Vorgaben haben, über den sich ein größerer Kreis von Beteiligten verständigt und die dann verbindlich für die Umsetzung z. B. in einem SAP-Einführungsprojekt sind. Anschließend stellen sie auch Kriterien dar, anhand derer die Qualität der Umsetzung gemessen werden kann.

Die Orientierung der Arbeit von EDV-Projekten anhand von Leitbildern ist nicht neu. Zielsetzungen wie ‚Kostentransparenz' oder ‚Unterstützung einer dezentralen Vertriebsstruktur' waren schon immer typische Vorgaben für die Arbeit von SAP-Einführungsprojekten.

Die Formulierung von Vorgaben, innerhalb derer die Projektgruppen dann die Detailarbeit leisten und an deren Erfüllung ihr Arbeitsergebnis gemessen wird, ist eine typische Aufgabe des Top-Managements. Die Praxis zeigt allerdings, daß sie diese Aufgabe häufig nur sehr oberflächlich wahrnehmen. Insbesondere fehlen Weisungen bezüglich der Umgestaltung von Arbeitsbedingungen meist völlig. In der Folge spielen Fragen von Belastungen der Beschäftigten, Entscheidungsspielräumen oder Qualifikationsanforderungen, ja selbst von personellen Konsequenzen der Einführung in der Projektarbeit keine oder eine völlig untergeordnete Rolle, zumal die Projektgruppenmitglieder in den seltensten Fällen über eigenes arbeitswissenschaftliches Know-How verfügen.

Richtlinien, Gesetze, Normen

Diese Situation wird sich ändern müssen, denn durch die EU-Richtlinien zum Arbeitsschutz ist ergonomische Gestaltung der Bildschirmarbeit zur gesetzlichen Anforderung erhoben worden. Sie findet ihren Niederschlag im Arbeitsschutzrahmengesetz, der Bildschirmverordnung und der Unfallverhütungsvorschrift Bildschirmarbeit, die zum Zeitpunkt der Drucklegung vor der Verabschiedung stehen. Diese Regelungen formulieren eine Reihe eigener Leitbilder der Arbeitsgestaltung und verweisen darüber hinaus auf andere Normen, die ebenfalls Leitbilder enthalten. Deren Umsetzung ist damit nicht länger nur empfohlen, sondern zur gesetzlichen Auflage gemacht worden. Beispiele für solche Leitbilder sind im Kasten auf der folgenden Seite wiedergegeben. Neben übergreifenden Leitbildern beinhalten die genannten Regelungen zahlreiche konkrete Anforderungen an die Arbeitsgestaltung, wie z.B. zum Inhalt von Qualifizierungsmaßnahmen, zu Tastaturen, Beleuchtungsverhältnissen etc. Inhalt und Stellenwert der Vorschriften wir in dem Abschnitten

Bis zur Umsetzung in nationales Recht sind die geltenden Gesetze entsprechend den EU-Richtlinien auszulegen. ➡ „5.7 SAP-Software und Mitbestimmung"

„3.4 Arbeitsgestaltung per Gesetz" und „3.5 Ergonomische Anforderungen weltweit genormt" dargestellt.

Dem Spezialisten wird das Studium dieser Vorschriften und Normwerke im Detail nicht erspart bleiben. Klar ist: Viele dieser Vorschriften bedürfen einer Interpretation vor dem Hintergrund der konkreten Anwenderprobleme und Umsetzungsmöglichkeiten. Die Auseinandersetzung mit der ergonomischen Arbeitsgestaltung wird nur dann wirklich Früchte tragen, wenn sie sich nicht nur bürokratisch auf die Erfüllung des Wortlauts von Vorschriften verlegt. Die konkreten Belastungen, Befürchtungen und Vorstellungen der Betroffenen, wie sie von ihnen selbst oder über den Betriebsrat angesprochen werden, müssen dabei aufgegriffen werden. Glaubwürdig formulierte Leitbilder können so einen Konsens dokumentieren, Befürchtungen der Mitarbeiter zerstreuen und Akzeptanzprobleme des einzuführenden Systems vermeiden helfen.

Um die Orientierung zu erleichtern, hier eine Übersicht über einschlägige Leitbilder, die nach der Erfahrung der Autoren bei SAP-Einführungen helfen, Probleme rechtzeitig zu erkennen, aus denen sich praktikable Gestaltungskonsequenzen ableiten lassen und die mit den genannten Normen und typischen Arbeitnehmerforderungen konform sind. Auf diese Leitbilder, mit ihnen zusammenhängende arbeitswissenschaftliche Grundbegriffe und auf ihre Umsetzung wird in dann in den folgenden Abschnitten noch im einzelnen eingegangen.

Handlungsspielräume einräumen

Es besteht ein allgemeiner Konsens in der Arbeitswissenschaft, daß angemessene fachliche Entscheidungsspielräume sowie Spielräume bei der Wahl der Vorgehensweise bei der Arbeit Streß vermeiden helfen, die Arbeitsmotivation fördern, ja sogar entscheidenden Einfluß auf die Persönlichkeitsentwicklung der Arbeitenden haben. Solche Handlungsspielräume setzen eine entsprechende Qualifizierung voraus. Ausreichende Handlungs- und Entscheidungsspielräume werden von Mitarbeitern immer wieder als zentrales Merkmal hochwertiger Arbeit bezeichnet.

Was genau sich hinter der arbeitswissenschaftlichen Begriff ‚Handlungsspielraum' verbirgt und wie man den Handlungsppielraum bestimmter Tätigkeiten bewerten kann, schildert der Beitrag „3.7 Handlungsfähige Mitarbeiter brauchen Spieräume". Im Beitrag „3.8 Gewinner und Verlierer" werden wir darauf eingehen, wie sich Handlungsspielräume bei SAP-Arbeitsplätzen verändern.

Gesundheitsschutz

Daß die Gesundheit durch körperliche Einflüsse bei der Bildschirmarbeit beeinträchtigt werden kann, wird seit längerem kaum noch bestritten. Zunehmend findet aber auch die

---

EN 29 241-2 Artikel 4

Eine angemessene und effiziente Gestaltung von Arbeitsaufgaben für Bürotätigkeiten sollte

- die Erfahrungen und Fähigkeiten der Benutzergruppen berücksichtigen,

- vorsehen, daß eine angemessene Vielfalt von Fertigkeiten, Fähigkeiten und Aktivitäten angewandt wird,

- sicherstellen, daß die zu erledigenden Aufgaben als ganzheitliche Arbeitseinheiten statt als Bruchstücke davon erkennbar sind,

- sicherstellen, daß die zu erledigenden Aufgaben einen bedeutsamen, dem Benutzer verständlichen Beitrag zur Gesamtfunktion des Systems leisten,

- einen angemessenen Handlungsspielraum hinsichtlich Reihenfolge, Arbeitstempo und Vorgehensweise für den Benutzer vorsehen,

- ausreichende Rückmeldung über die Aufgabenerfüllung in für den Benutzer bedeutsamer Weise vorsehen,

- Gelegenheiten zur Weiterentwicklung bestehender und die Aneignung neuer Fertigkeiten im Rahmen der Aufgabenstellung vorsehen.

psychische Seite Aufmerksamkeit. Die Über- oder Unterforderung des Vermögens, Informationen zu verarbeiten, Streß oder mangelnde oder problematische Kooperationsbeziehungen zu Kollegen und Vorgesetzten müssen als ernstzunehmende psychische Belastungsfaktoren angesehen werden, die psychische oder psychosomatische Erkrankungen auslösen können.

Wie psychische Belastungen ermittelt werden können, wie es das Arbeitsschutzrecht verlangt, ist Gegenstand des Beitrags „3.2 Was

> **EU-Bildschirmrichtlinie Artikel 3**
>
> Der Arbeitgeber ist verpflichtet eine Analyse möglicher Gefährdung des Sehvermögens sowie für körperliche Probleme und psychische Belastungen vorzunehmen. Er muß zweckdienliche Maßnahmen zur Ausschaltung der festgestellten Gefahren treffen.

heißt hier psychische Belastung?". Um die Vermeidung körperlicher Beinträchtigungen bei der Bildschirmarbeit geht es in „3.6 Bewegung im Apparat". Was die betroffenen Anwender von Handlungsspielräumen und Belastungen am SAP-System halten, berichten wir in „3.3 Gute Noten, aber auch Kritik" und „3.9 Was Arbeitnehmer nervt".

Vermeidung von mitarbeiterbezogenen technischen Kontrollmechanismen

Das Betriebsverfassungsgesetz unterwirft „Einrichtungen, die dazu bestimmt sind, das Verhalten oder die Leistung der Arbeitenden zu überwachen" der Mitbestimmung des Betriebsrats. Erfahrungsgemäß reagieren Mitarbeiter und Betriebsrat schon dann empfindlich, wenn auch nur der Verdacht besteht, solche Kontrollen per EDV könnten vorgenommen werden, womöglich noch unbemerkt von den Betroffenen. Andererseits werden bestimmte Kontrollen mit Aufgaben der Revision, des Controllings und der Systemüberwachung motiviert.

Wie solchen Erfordernissen Rechnung getragen werden kann, ohne daß sich die Beschäftigten in ihren Persönlichkeitsrechten beeinträchtigt sehen, ist Thema des Beitrag „3.10 Nur ohne Großen Bruder". Der Beitrag „3.11 Gruppenarbeit mit SAP!?" macht einen Verallgemeinerungsschritt von der Vermeidung individueller Kontrollen zu den Voraussetzungen für ein echte Autonomie bei der Gruppenarbeit.

Beschäftigungsmöglichkeiten sichern

Auch wenn die Einführung der SAP-Systeme nur in seltenen Fällen drastischen Personalabbau nach sich zieht, gibt es bestimmte Beschäftigtengruppen, deren Aufgaben reduziert werden, entfallen oder anderen Mitarbeitern übertragen werden. Für diese Mitarbeiter sollen entweder neue Aufgabenfelder geschaffen werden, die an ihre bisherige Tätigkeit anknüpfen oder sie sind rechtzeitig und planvoll für andere Aufgaben zu qualifizieren. Für die Gruppe der Bürohilfskräfte wird diese Problematik im Beitrag „3.12 Bürohilfskräfte - eine bedrohte Art" dargestellt.

Qualifikation, Kommunikation, Beteiligung

Ein integriertes EDV-System stellt keinen Ersatz für qualifiziertes und umsichtiges Handeln der Mitarbeiter dar - im Gegenteil. Seine Potentiale werden nur mit Mitarbeitern ausgeschöpft werden, die die komplexen oganisatorischen und technischen Zusammenhänge überblicken und sich auch die anspruchsvolleren Nutzungsmöglichkeiten aneignen. „Integration braucht Kommunikation" heißt es deshalb im Betrag 3.15. Wie die notwendige Organisationsentwicklung erreicht werden kann, ist Thema des Beitrags „3.13 Betroffenenbeteiligung findet statt". Der Praxisbericht „3.14 Beteiligung will richtig organisiert sein" rundet die Darstellung ab.

Planung humaner Arbeitsbedingungen und Analyse von Belastungen gehören zusammen

Leider ist die Zuständigkeit für die in den Leitbildern angesprochenen Gestaltungsfelder in vielen Betrieben unklar. Die Personalabteilung? Die Fachkraft für Arbeitssicherheit? Der Einkauf für Büroausstattung? Die Fachabteilungsleitung? Die Projektgruppe? Fest steht, daß die bisherige Zersplitterung von Zuständigkeiten der Sache jedenfalls nicht dienlich ist, daß die Beteiligten also miteinander reden müssen, was sie bislang erfahrungsgemäß selten tun.

Unsinnige Aufgabenzuschnitte oder für die Aufgabe nicht geeignete Dialoge – um nur zwei Beispiele zu nennen – lassen sich schwer nachträglich mit ergonomischer Kosmetik ausbügeln. Die Umsetzung der Leitbilder muß also bereits in der Planungsphase des Systems und dem organisatorischen Soll-Konzept ansetzen.

Andererseits hieße es, die Planer zu überfordern, wenn man von ihnen verlangte, alle denkbaren Belastungen vorherzusehen und richtig einzuschätzen. Man wird also nicht umhin können, den Betrieb des fertiggestellten Systems daraufhin zu analysieren, inwieweit trotz der Bemühungen in der Planungsphase noch Beeinträchtigungen an den Arbeitsplätzen auftreten, die mit den Leitbildern nicht zu vereinbaren sind.

Die beschriebene Verzahnung von Planung und Analyse hat nicht nur aus pragmatischer Sicht viel für sich, sie entspricht auch dem Konzept des neuen Arbeitsschutzrechts. So fordert die EG-Rahmenrichtlinie (und entsprechend der Entwurf des Arbeitsschutzrahmengesetzes) vom Arbeitgeber eine

„Planung der Gefahrenverhütung mit dem Ziel einer kohärenten Verknüpfung von Technik, Arbeitsorganisation, Arbeitsbedingungen, sozialen Beziehungen und Einfluß der Umwelt auf den Arbeitsplatz". (Art. 6 Zi. 2g)

Soweit möglich sollen denkbare Beeinträchtigungen an den Arbeitsplätzen also bereits in der Planungsphase vorausgesehen und durch planvolle Gestaltung vermieden werden, ehe sie in der Praxis auftreten.

Andererseits verlangt die Bildschirmrichtlinie vom Arbeitgeber,

„eine Analyse der Arbeitsplätze durchzuführen, um die Sicherheits- und Gesundheitsbedingungen zu beurteilen, ...; dies gilt insbesondere für die mögliche Gefährdung des Sehvermögens sowie körperliche Probleme und psychische Belastungen",

sowie

„zweckdienliche Maßnahmen zur Ausschaltung der festgestellten Gefahren unter Berücksichtigung der Kombination der Wirkungen". (Artikel 3)

Die Umsetzung der dargestellten Leitbilder und Normen in der Projektarbeit – insbesondere in der Aufbauorganisation des Projekts und dem Vorgehensmodell sowie die Durchführung von Arbeitsplatzanalysen – sind Gegenstand des Kapitels 5. ◆

Die Vorschriften zum Arbeitsschutz verlangen eine ganzheitliche Planung

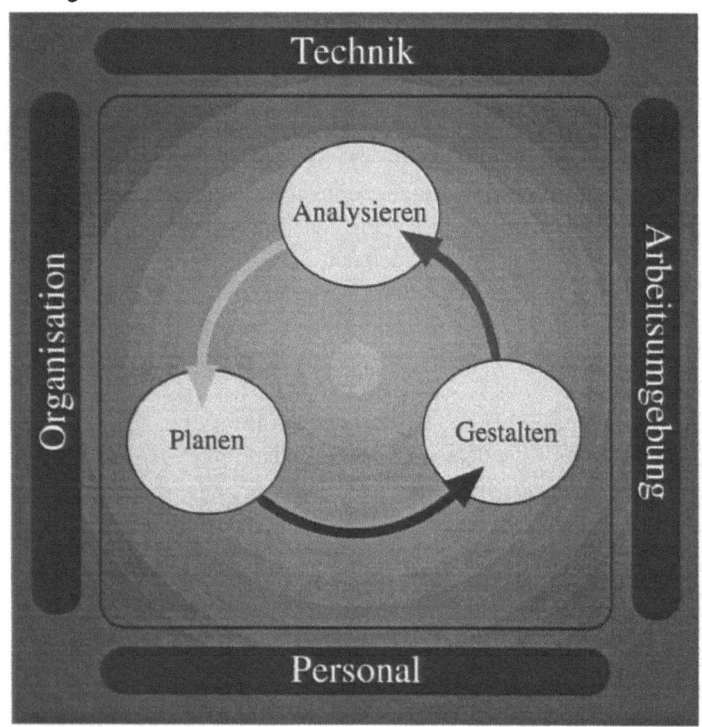

Leitbilder

Was heißt hier ‚psychische Belastung'?

Daß die Arbeit am Bildschirm unter Umständen zu einer ‚psychischen Belastung' werden kann – von geistiger Ermüdung bis hin zu emotionaler Frustration – davon können heute viele Beschäftigte ein Lied singen. Aber was versteht die Arbeitswissenschaft genau unter diesem Begriff und wie kann man solche Belastungen systematisch analysieren, wie es das neue Arbeitsschutzrecht verlangt?

Daß sich alltägliche Ärgernisse wie Ausfälle des EDV-Systems, umständliche Bedienungsvorgänge, bei Sonnenschein kaum lesbare Bildschirminhalte oder ständige Unterbrechungen durch rückfragende Kollegen bei der Bildschirmarbeit belastend auswirken, leuchtet intuitiv ein. Aber um solche Belastungen auch systematisch analysieren zu können, bedurfte es einiger wissenschaftlicher Vorarbeiten. Die Arbeitswissenschaft, bis in die achtziger Jahre ganz überwiegend mit körperlichen Belastungen beschäftigt, tat sich zunächst schwer, dieses neue Arbeitsfeld zu beackern.

Was versteht die Arbeitswissenschaft unter ‚psychischen Belastungen'?

„Psychische Belastung" – so eine Definition aus dem Jahre 1975, die noch 1987 zur DIN-Norm 33 405 erhoben wurde – „wird verstanden als die Gesamtheit der erfaßbaren Einflüsse, die von außen auf den Menschen zukommen und auf ihn psychisch einwirken." Und in den Erläuterungen wird darauf hingewiesen, daß dieser Begriff im Gegensatz zum Alltagssprachgebrauch ganz neutral alles meint, was da auf den Beschäftigten zukommt. In diesem Sinne wäre also auch die Mitteilung über eine Gehaltserhöhung ebenso eine ‚psychische Belastung' wie der Lärm eines Preßlufthammers vor der Bürotür.

Diese Definition taugt aus zwei Gründen nicht als Ausgangspunkt für Verbesserungen der Arbeitsbedingungen:

Zum ersten scheint es bei der geforderten ‚Analyse' weder leistbar noch sinnvoll, alle auf den Arbeiten einwirkenden Einflüsse zu erheben. Vielmehr geht es um solche, die ihn beeinträchtigen und die der betrieblichen Gestaltung zugänglich sind.

Zum zweiten unterscheidet die Definition nicht zwischen ‚Anforderungen' und ‚Belastungen'. Anforderungen an die Denk- und Entscheidungsfähigkeiten, die sich in Verantwortung und entsprechenden Handlungsspielräumen niederschlagen, werden allgemein als Merkmal ‚hochwertiger Tätigkeiten' erlebt. Sie sollten im Rahmen der Fähigkeiten des Beschäftigten so weit wie möglich gesteckt sein und im Gegensatz zu negativen Belastungen nicht minimiert werden.

Dem in der Alltagssprache üblichen Verständnis von ‚Belastung' näher kommt der arbeitspsychologische Begriff des ‚Streß'. Als Streß wird dort das emotional unangenehme Erleben bezeichnet, daß gestellte Anforderungen und die Fähigkeiten und Mittel zu ihrer Bewältigung im Ungleichgewicht sind. Dies kann langfristig insbesondere dann zu psychischen und psychosomatischen Beeinträchtigungen der Gesundheit führen, wenn die Arbeitenden auch keine Möglichkeit haben, die-

Leitbilder

Die Vorschriften zur Bildschirmarbeit verlangen für alle Arbeitsplätze eine Analyse der körperlichen und pschischen Belastungen.

ses Ungleichgewicht durch Anpassung der Anforderungen oder der Arbeitsmittel auszugleichen.

Für die Praxis der menschengerechten Gestaltung von Technik und Organisation sind die verschiedenen streßtheoretischen Ansätze allerdings insofern problematisch, als sie stark auf die individuell unterschiedliche Verarbeitung von Streß abheben.

Mit dem Konzept der ‚Behinderungen des Arbeitshandelns' wurde im Rahmen der sog. ‚Handlungsregulationstheorie' daher der Versuch unternommen, eine Systematik für solche Einflüsse zu formulieren, die in der Arbeitsaufgabe begründet sind und die bei einer überwiegenden Mehrheit von Personen zu Streßerleben führen. Dies sind genau die Faktoren, die auch der betrieblichen Gestaltung zugänglich sind. Dabei wurden insbesondere genannt:

- Hindernisse wie ungenügende, schlecht auffind- oder wahrnehmbare Information, fehlende, schlecht zugängliche oder umständlich zu bedienende Arbeitsmittel oder Unterbrechungen durch Personen oder Betriebsstörungen;
- Überforderungen wie hohe Konzentrationsanforderungen bei Monotonie und Zeitdruck

Instrumente zur Analyse psychischer Belastungen

Diese theoretischen Arbeiten mündeten in die Entwicklung einer Reihe von Analyseinstrumenten, die geeignet erscheinen, die geforderte ‚Analyse der psychischen Belastung' in der Praxis durchzuführen.

RHIA, das Verfahren zur Ermittlung von Regulationshindernissen in der Arbeit, wurde 1987 als erstes derartiges Instrument veröffentlicht und konzentriert sich ausschließlich auf die Analyse psychischer Belastungen. Wenig später folgte mit RHIA-B eine Variante speziell für Büroarbeitsplätze. Dieses Verfahren weist allerdings in der praktischen Handhabung eine Reihe von Schwächen auf:

- Mit den Behinderungen werden die negativen Seiten eines Arbeitssystems analysiert, die potentiell positiven Seiten, namentlich die Handlungsspielräume, sind nicht Gegenstand der Analyse. Sie wären entweder mit einem gesonderten Verfahren wie VERA zu ermitteln oder mit einem integrierten Analyseinstrument wie KABA, das die Belastungen in einen größeren Zusammenhang arbeitswissenschaftlicher Bewertung stellt.

- Die Analysen mit den genannten Instrumenten sind relativ aufwendig, nicht zuletzt weil die Arbeitsaufgabe, die Behinderungen und ggf. Handlungsspielräume jeweils im Einzelnen erhoben werden.

Mit dem Verfahren ‚Büroalltag unter der Lupe' wurde ein Instrument vorgelegt, das die verschiedenen Aufgaben in einem Industriebetrieb wie Buchhaltung, Einkauf oder Versand bereits organisatorische Varianten und deren Bewertung hinsichtlich Behinderungen und Handlungsspielraum vorgibt. Auf diese Weise reduziert sich die Erhebung auf die Zuordnung der vorgefundenen Arbeitsbedingungen zu vorgegebenen Varianten (vgl. Beispiel im Kasten auf der folgenden Seite). Je nach Art der Einschränkungen macht der Leitfaden Gestaltungsvorschläge für Verbesserungen.

Subjektive Erhebungsverfahren

Es gibt eine Reihe psychologischer Instrumente, die stärker die subjektive Befindlichkeit der Arbeitenden als die objektiven Arbeitsbedingungen in den Mittelpunkt der Analyse stellen. Für einen solchen Ansatz spricht, daß er stärker die Auswirkungen organisatorischer Mängel auf die individuelle Motivation und das Betriebsklima erkennen läßt als eine nüchterne Bestandsaufnahme objektiver Schwachstellen. Ein Beispiel für ein solches Verfahren

---

Entscheidungsspielräume im Versand

Teilaufgabe: Organisation des Verladens

1. Verladereihenfolge festlegen
2. Verladepersonal einteilen
3. Verladung überwachen
4. Warenausgänge verbuchen

Geringer Entscheidungsspielraum liegt vor, wenn bei der Überwachung des Verladens festgestellte Mängel in einer vorgegebenen Weise bearbeitet werden.

Mittlerer Entscheidungsspielraum besteht z. B., wenn bei einer Mengenabweichung oder Panne über das weitere Vorgehen entschieden werden muß.

Hoher Entscheidungsspielraum liegt vor, wenn bei der Einteilung des Verladepersonals unter Berücksichtigung der Personalkapazität und der Liefertermine die Verladereihenfolge für den gesamten Fuhrpark geplant werden muß. Dazu müssen Entscheidungen über eventuelle Terminverschiebungen mit anderen Stellen (z. B. Lager, Verkauf, Kunde) koordiniert werden.

Belastungen im Versand

Probleme mit dem Informationsfluß

1. Meldungen aus anderen Abteilungen oder von Spediteuren erreichen den Arbeitsplatz zu spät oder gar nicht. Es entsteht Mehraufwand durch die Beschaffung der Meldungen oder durch zusätzliche Arbeitsschritte.
2. Gegen Ende des Arbeitstages kommen Informationen von vorgelagerten Arbeitsplätzen oder Abteilungen häufig zu spät, müssen aber dennoch sofort bearbeitet werden. Die Arbeit verschiebt sich dadurch zeitlich nach hinten, so daß regelmäßig Überstunden angehängt werden müssen.
3. Informationen von anderen Arbeitsplätzen oder Abteilungen sind fehlerhaft oder unvollständig. Es entsteht Mehraufwand durch Rückfragen und Korrekturen.
4. Informationen können nur erschwert angenommen oder weitergegeben werden, weil der Hintergrundlärm zu groß ist. Es entsteht Mehraufwand durch erhöhte Konzentration und durch die Bearbeitung von Fehlern, die auf Mißverständnissen beruhen.
5. Wichtige Gesprächspartner sind nicht erreichbar. Es entsteht Mehraufwand durch häufige Versuche Verbindung aufzunehmen.

Unterbrechungen durch Personen und Telefonanrufe

6. Die Arbeit wird ständig durch andere Personen, vor allem durch Telefonanrufe, unterbrochen. Es entsteht Mehraufwand durch das Wiedereindenken in die unterbrochene Tätigkeit.

Probleme mit der EDV

7. Das EDV-System ist unzureichend gestaltet. Es entsteht Mehraufwand durch umständliche Handhabung, durch das Beschaffen notwendiger Informationen auf anderem Wege, oder es entstehen Wartezeiten.

Probleme mit anderen Arbeitsmitteln

8. Es stehen zu wenige, defekte oder unzureichend gestaltete Arbeitsmittel (z.B. Telefon, Telefax, Kopierer) zur Verfügung. Es entsteht Mehraufwand durch Wartezeiten oder weite Wege.

Zeitdruck

9. Es herrscht hoher Zeitdruck, da ständig oder phasenweise so große Arbeitsmengen zu bewältigen sind, daß der Stelleninhaber die Arbeit auch für kurze Zeit nicht ruhenlassen kann.

Aus: A. Ducki u.a.: Büroalltag unter der Lupe, Hogrefe 1993

Leitbilder

	trifft zu	trifft nicht zu
1. Die Zeit wird mir jetzt lang.	○	○
2. Diese Arbeit interessiert mich etwas.	○	○
3. Gegenwärtig bin ich richtig entschlußunfähig.	○	○
4. Ich reagiere zur Zeit nur noch langsam.	○	○
5. Augenblicklich arbeite ich ohne große Mühe weiter wie bisher.	○	○
6. Diese Arbeit ruft bei mir zur Zeit leichte Unruhe hervor.	○	○
7. Im Moment geht mir diese Arbeit gut von der Hand.	○	○
8. Ich reagiere jetzt schon langsamer und schlechter als sonst.	○	○

Ausschnitt aus dem BMS-Erfassungsbogen

ist der ‚Belastungs-Monotonie-Sättigungs-Erfassungsbogen' (BMS). Neben der bereits oben erwähnten Problematik, daß sich aus Angaben über die subjektive Wahrnehmung der Arbeit schwerlich unmittelbar Gestaltungsmaßnahmen ableiten lassen, stellt sich bei der Anwendung solcher Verfahren im Betrieb die Frage nach der Vertraulichkeit der mitgeteilten Empfindungen.

Multimodale Arbeitsplatzanalyse

Einen vollkommen anderen Ansatz als die oben beschriebenen Verfahren, die Analyse und Gestaltung im wesentlichen in die Hände von Spezialisten zu legen, verfolgt die multimodale Arbeitsplatzanalyse. Das Verfahren wurde konzipiert für Beschäftigte an Bildschirmarbeitsplätzen als Präventionsprogramm gegen die sog. ‚RSI-Symptomatik', schmerzhaften Degenerationserscheinungen an den Muskeln im Arm-Hand-Bereich, die durch sehr häufig wiederholte einseitige Belastungen bei der Tastaturbedienung entstehen sollen. Bei der multimodalen Arbeitsplatzanalyse wird von den Bildschirmarbeitskräften in kleinen Gruppen unter Anleitung eines Moderators eine eigenständige Analyse ihres Arbeitsplatzes, ihrer Arbeitssituation und ihres individuellen Umgangs mit diesen Rahmenbedingungen vorgenommen. So sollen sie in die Lage versetzt werden, ggf. notwendige Veränderungen im Arbeitsumfeld herbeizuführen bzw. ihren eigenen Umgang mit Behinderungen im Sinne eines Abbaus von Streßreaktionen zu überprüfen.

Die multimodale Arbeitsplatzanalyse wurde von Sorgatz u. a. an der technischen Universität Darmstadt entwickelt. Dort werden auch Schulungen für diese Methode angeboten.

Normkonformitätsprüfung

In einer Reihe von Normen werden Anforderungen niedergelegt, die aufgrund gesicherter arbeitswissenschaftlicher Erkenntnisse mindestens einzuhalten sind, um gesundheitliche Schädigungen zu vermeiden. Wer gegen solche Normen verstößt, muß zukünftig im Falle einer Schädigung mit Schadensersatzklagen von seiten der Betroffenen rechnen. Neben den bekannten Berufsgenossenschafts-Richtlinien und DIN-Normen, die sich auf Arbeitsplatzgestaltung und Gerätesicherheit beziehen und damit auf die körperlichen Belastungen der Benutzer, gibt es eine Reihe von Anforderungen zur Software-Ergonomie und zur Gestaltung der Arbeitsaufgabe (namentlich im Anhang der Bildschirmverordnung und der Europäischen Norm 29 241, vor allem Teile 2 und 10), die also die Vermeidung von psychischen Fehlbelastungen bezwecken.

Für den Bereich der Arbeitsplatzgestaltung kursiert eine Reihe von Checklisten, die eine brauchbare Überprüfung der Konformität eines Arbeitsplatzes mit den meisten Anforderungen der einschlägigen Normwerke auch dem eingearbeiteten Laien ermöglicht. Im Bereich der Software-Ergonomie und der Aufgabengestaltung ist eine solche Prüfung wegen der größeren Abstraktheit der Anforderungen schwieriger. Prüfungen der Software-Ergonomie werden von einschlägigen Instituten angeboten (z. B. vom TÜV Rheinland) und sollten von den Anwendern bei Standardsoftware auch verlangt werden. Dennoch können zentrale Aspekte wie die Aufgabenangemessenheit eines Dialogsystems oder der sinnvolle Aufgabenzuschnitt für eine Sachbearbeitungstätigkeit nur im betrieblichen Kontext bewertet werden, haben also eher Leitbildcharakter, als daß sie einer strengen Konformitätsprüfung zugänglich wären. ◆

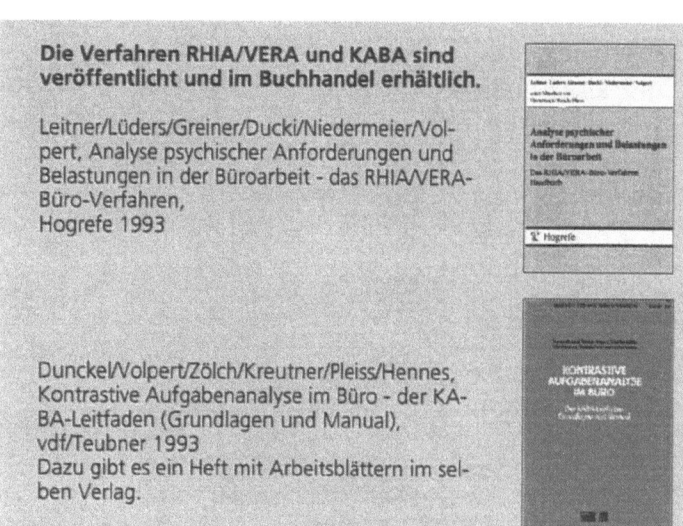

Die Verfahren RHIA/VERA und KABA sind veröffentlicht und im Buchhandel erhältlich.

Leitner/Lüders/Greiner/Ducki/Niedermeier/Volpert, Analyse psychischer Anforderungen und Belastungen in der Büroarbeit - das RHIA/VERA-Büro-Verfahren,
Hogrefe 1993

Dunckel/Volpert/Zölch/Kreutner/Pleiss/Hennes, Kontrastive Aufgabenanalyse im Büro - der KABA-Leitfaden (Grundlagen und Manual),
vdf/Teubner 1993
Dazu gibt es ein Heft mit Arbeitsblättern im selben Verlag.

Gute Noten - aber auch Kritik

In zwei Betrieben wurden die SAP-Benutzer per Fragebogen zu typischen Problemen der Einführung befragt. Das Ergebnis spiegelt deutliche Belastungsschwerpunkte wieder. Trotzdem bewerten die Benutzer das System unter dem Strich eher positiv.

Als auch einige Monate nach der Einführung der RM-Materialwirtschaft in einem Hamburger Betrieb das Rumoren in den betroffenen Abteilungen über die Unzufriedenheit mit dem System nicht enden wollte, entschloß sich die Projektleitung in Absprache mit dem Betriebsrat, eine Fragebogenaktion zur Ermittlung der Ursachen durchzuführen. Trotz des relativ schwachen Rücklaufs ergab die Aktion wertvolle Hinweise auf die Ursachen und auf Ansatzpunkte zu ihrer Beseitigung, die sich bei späteren Gesprächen in den Abteilungen durchweg bestätigten.

Die Fragebogenaktion wurde wenige Wochen später in einem Berliner Unternehmen wiederholt, das außer der Materialwirtschaft auch die Produktionsplanung und -steuerung des R/2 einsetzte (RM-PPS), also einen höheren Integrationgrad aufwies als der Hamburger Betrieb. Die Ergebnisse wiesen in vielen Punkten in die gleiche Richtung, so daß in der folgenden Darstellung der Ergebnisse nur dort zwischen den zwei Betrieben unterschieden wird, wo signifikante Unterschiede auftraten. In beiden Betrieben gab es langjährige Erfahrungen mit dem Einsatz von überwiegend eigenentwickelten EDV-Systemen am Arbeitsplatz, die jedoch nicht den Integrationsgrad von R/2 aufwiesen.

Belastungen im Bereich der Software-Ergonomie

Den Befragten wurde eine Liste möglicher Belastungsfaktoren vorgelegt. Mehr als ein Drittel der Befragten sehen sich durch erzwungene umständliche Abläufe bei der Bedienung belastet. Besonders große Kritik gab es an der Unübersichtlichkeit von Masken und Listen und der Aufteilung von Vorgängen über zahlreiche Bilder (Dynpros). Auffällig ist, daß mehr als ein Viertel der Befragten sich durch

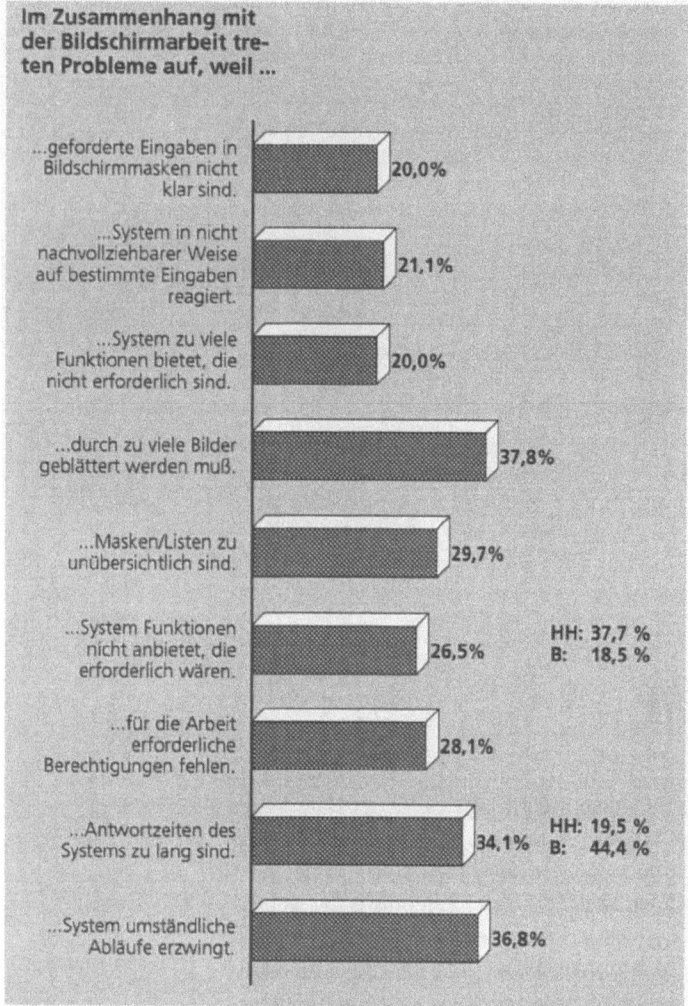

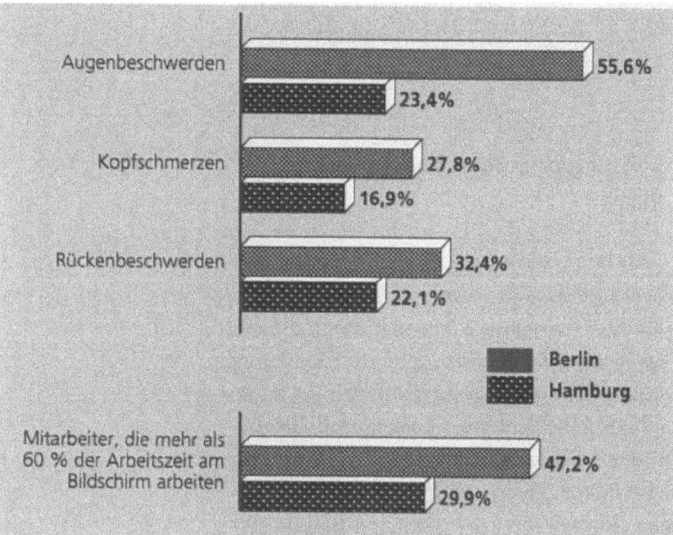

eingeschränkte Berechtigungen an der Arbeit gehindert fühlen. Über das Fehlen wichtiger Funktionen beklagten sich in Hamburg deutlich mehr Mitarbeiter als in dem Berliner Betrieb. Dies Ergebnis dürfte an der Tatsache liegen, daß in Hamburg die Produktionsplanung noch mit einem über Schnittstellen angeschlossenen Inselsystem abgewickelt wurde. Wahrscheinlich hängt es mit dem Ressourcenverbrauch des RM-PPS zusammen, daß in Berlin dafür die unzumutbaren Antwortzeiten des Systems stark kritisiert wurden.

Gesundheitliche Belastungen im Bereich der Arbeitsplatzgestaltung

Eine erstaunlich hohe Zahl von Mitarbeitern klagt über körperliche Beschwerden im Zusammenhang mit der Bildschirmarbeit. Das Ausmaß der Beschwerden korreliert deutlich mit dem Umfang der Bildschirmarbeit. Durch dieses Ergebnis wird noch einmal deutlich die Bedeutung von Mischarbeit für den Gesundheitsschutz unterstrichen. Im Bereich der Arbeitsplatzgestaltung wurden am häufigsten schlechte Beleuchtungsverhältnisse, für die Bildschirmarbeit ungeeignetes Mobiliar und die – dadurch sicherlich mit verursachte – mangelhafte Anordnung des Bildschirmgeräts kritisiert.

Veränderungen von Handlungs- und Entscheidungsspielräumen

Bezüglich der Veränderung von Handlungsspielräumen ergaben die Umfragen generell einen Trend zu einer leichten Ausweitung. Während bei den fachlichen Entscheidungsspielräumen eine leichte Polarisierung, aber keine deutliche Tendenz in eine Richtung festzustellen war, ergab sich für Dispositionsspielräume innerhalb der Arbeitsaufgabe eine deutliche Erweiterung. Entgegen dem generellen Trend zur Ausweitung der Dispositionsspielräume sehen allerdings in dem Berliner PPS-Anwenderbetrieb fast die Hälfte der Befragten ihre Spielräume, eigene Lösungswege zu gehen, eingeschränkt, die Mehrzahl davon sogar stark.

Dem Trend zur Erweiterung von Handlungsspielräumen zuwider laufen die zunehmende Abhängigkeit von anderen Stellen, die erwartungsgemäß in dem stärker integrierten Berliner Betrieb deutlicher ausgeprägt ist, sowie die drastische Zunahme der Kontrolle von Arbeitsergebnissen, auf die in beiden Betrieben mehr als die Hälfte der Befragten hinweisen. Die Grafiken verdeutlichen darüber hinaus, daß in den untersuchten Betrieben den Gewinnern bei den Spielräumen auch immer Verlierer gegenüberstanden, die ihre Handlungsspielräume eingeschränkt sahen.

Qualifizierungsdefizite

In beiden Betrieben förderten die Umfragen ein hohes Maß an Unzufriedenheit mit den Qualifizierungsmaßnahmen zutage. Die Hälfte der Befragten gab an, die Schulung sei nicht ausreichend gewesen, um die täglichen Aufgaben bewältigen zu können. Mehr als die Hälfte fühlen sich insbesondere über die Zusammenhänge im System nicht ausreichend informiert, sicher ein besonderer Problembereich in einem integrierten System, der in den typischen Bedienungsschulungen viel zu kurz kommt.

In beiden Betrieben erhoben eine große Zahl von Mitarbeitern die Forderung nach zusätzlichen Schulungen zur Bedienung und den fachlichen Inhalten. Dabei gab es in dem Hamburger RM-MAT-Anwender eine Mehrheit, die weitergehende *Bedienerschulungen* verlangte, während in dem Berliner Betrieb fast drei Viertel der Befragten zusätzliche Schulungen zu den *fachlichen* Inhalten des Systems forderten. Diese Verteilung hängt sicherlich mit den weiterreichenden fachlichen Umstellungen zusammen, die eine PPS-Einführung im Vergleich zur Umstellung der Materialwirtschaft mit sich bringt.

Neben Schulungskursen gab es bei mehr als der Hälfte der Befragten Interesse an zusätzlichen Möglichkeiten zum Erfahrungsaustausch. Im Hamburger Betrieb hatte es zeitweise Ansätze zur Institutionalisierung eines bereichsübergreifenden Erfahrungsaustauschs der Anwender gegeben, die dann aber eingeschlafen waren.

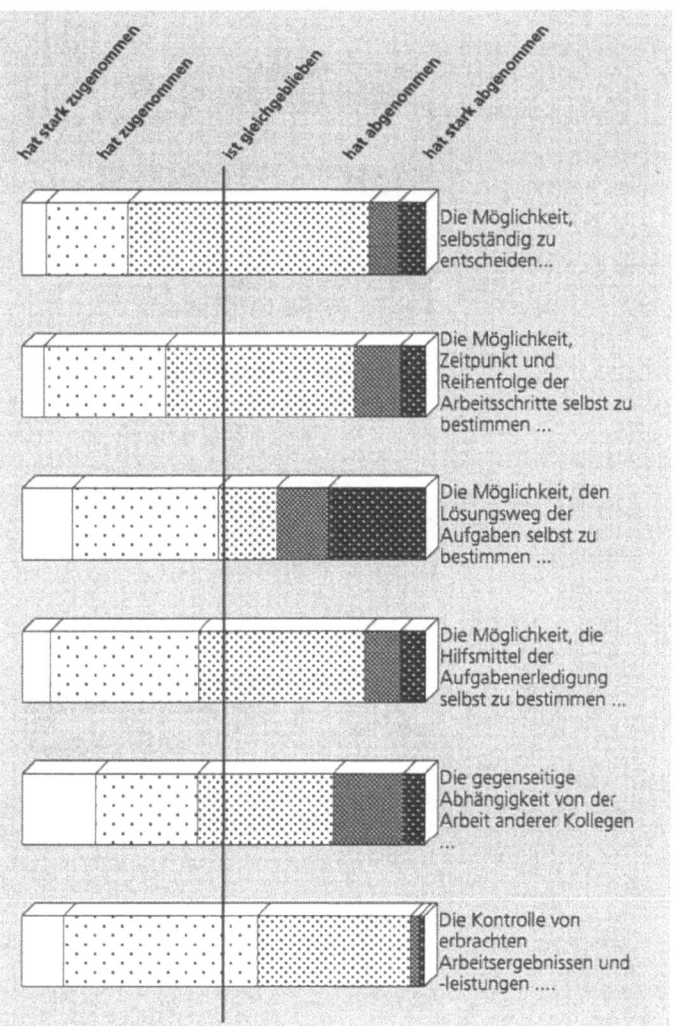

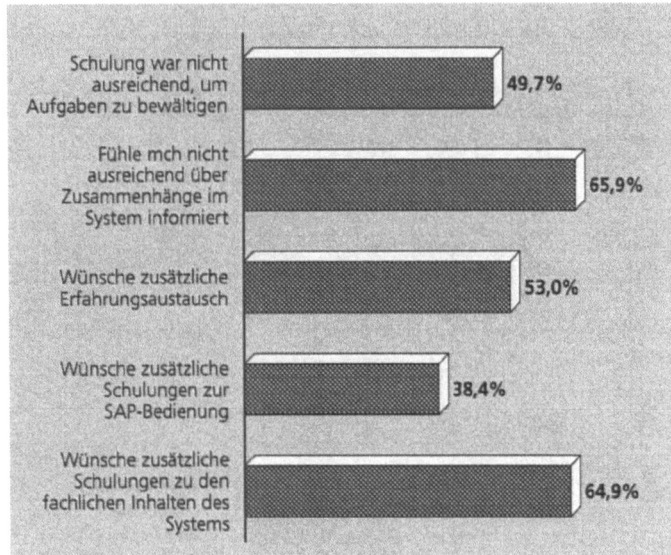

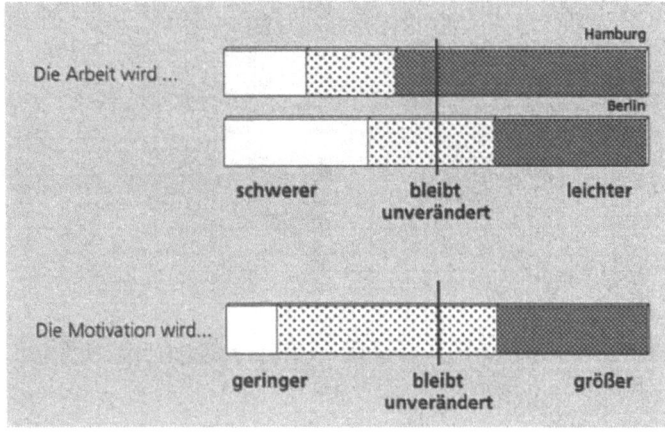

Erstaunlich positives Resümee

Gefragt, ob sie ihre Arbeit in der neuen Situation als schwerer oder leichter empfinden, ergibt sich eine Polarisierung der Antworten, die für den Betrieb B-INT am ausgeprägtesten ist. Dort sprechen jeweils ein Drittel von Erleichterung bzw. Erschwernis der Arbeit. Bei HH-MAT meint immerhin noch jeder Fünfte, seine Arbeit sei mit der Einführung des Systems schwerer geworden.

Trotz der dargestellten erheblichen Kritik am System und seiner Einführung kommt die Mehrzahl der Befragten zu überraschend positiven Reaktionen. In beiden Betrieben gibt die ganz überwiegende Mehrzahl der Befragten an, ihre Arbeitsmotivation wäre durch die Einführung des Systems nicht beeinträchtigt oder sogar größer geworden. Bleibt zu hoffen, daß die enorme Geduld und Belastbarkeit, die die Beschäftigten in vielen Betrieben an den Tag legen, bei den Verantwortlichen nicht zu der Schlußfolgerung führt, man müsse erkannte Belastungen erst dann abstellen, wenn die Motivation richtig abgestürzt ist. ◆

Arbeitsgestaltung per Gesetz

Als Folge von EU-Richtlinien zum Arbeitsschutz ändert sich das deutsche Arbeitssicherheitsrecht erheblich, insbesondere in Hinblick auf die Bildschirmarbeit. Alte Forderungen von Humanisierungsbefürwortern erhalten so Gesetzesrang.

Als im Mai 1990 der Europarat die „Richtlinie über Mindestvorschriften bezüglich der Sicherheit und des Gesundheitsschutzes bei der Arbeit an Bildschirmgeräten" erließ, verpflichtete er die Mitgliedsstaaten, diese Richtlinie bis Ende 1992 in nationale Gesetze umzusetzen. Dies hat die Bundesregierung bisher versäumt. Zwei Jahre nach Ablauf der Frist liegen nun immerhin Referentenentwürfe für ein neues Arbeitssicherheitsrahmengesetz, für eine Bildschirmverordnung des Arbeitsministeriums sowie ein Entwurf für eine Unfallverhütungsvorschrift der Berufsgenossenschaften zur Bildschirmarbeit vor. Damit nimmt eine grundlegende Wandlung des deutschen Arbeitssicherheitsrechts in bezug auf die Bildschirmarbeit Gestalt an, auch wenn Zeitpunkt der Verabschiedung und Formulierungsdetails gegenwärtig noch nicht feststehen.

Neu ist zunächst einmal, daß die Arbeitssicherheit an Bildschirmarbeitsplätzen per Gesetz bzw. Verordnung geregelt wird, während bildschirmspezifische Richtlinien bislang nur in den Richtlinien und Empfehlungen der Unfallversicherungsträger sowie in Normen (insbes. DIN 66 234) festgehalten waren. Diese waren von untergeordneter Verbindlichkeit. Anforderungen an die Gestaltung der Bildschirmarbeit erlangen nun Gesetzesrang und werden damit zum unmittelbar einklagbaren individuellen und kollektiven Anspruch. Durch Bezugnahme der neuen Rechtsvorschriften auf den ‚Stand der Technik' werden die Unfallverhütungsvorschriften und einschlägigen Normen in ihrer Verbindlichkeit erheblich aufgewertet. Dies gilt besonders für die die neue Internationale Norm ISO 9241 die als Europäische Norm bzw. DIN 29 241 Schritt für Schritt die alte DIN 66 234 ablöst.

Eine Übersicht über den Inhalt der Bestimmungen und Normen findet sich in den anschließenden Tabellen zu diesem Beitrag.

Mehr Aufmerksamkeit für Arbeitsorganisation und psychische Belastungen

Eine deutliche Erweiterung wird bezüglich des Gegenstands der Arbeitsgestaltung vorgenommen. Über die klassischen ergonomischen Handlungsfelder hinaus wird der Gestaltung der Arbeitsorganisation und die Berücksichtigung der psychischen Belastungen erhöhte Aufmerksamkeit zugemessen. Neben der konkreten arbeitsorganisatorischen Forderung der Bildschirmverordnung, die Arbeit als Mischarbeit zu organisieren oder den Betroffenen zumindest Bildschirmpausen einzuräumen, enthält die DIN 29 241 Teil 2 eine Reihe zu berücksichtigender arbeitsorganisatorischer Leitbilder. In Hinblick auf die psychischen Belastungen enthält die Bildschirmrichtlinie (und entsprechend die zukünfitge deutsche Verordnung) in ihrem Anhang eine Reihe von Anforderungen an die Software-Ergonomie. Noch detailliertere software-ergonomische Anforderungen enthält die demnächst zu verabschiedenden DIN 29 241 Teil 10. Außerdem verlangt diese Bildschrmrichtlinie/-verordnung eine gesonderte Analyse der psychischen Belastung an den Arbeitsplätzen.

Ganzheitlicher Ansatz bei Planung von Systemen und Arbeitsplatzanalysen

Die Phasen Planung - Gestaltung - Evaluation werden miteinander verzahnt. Gemäß einem soziotechnischen Ansatz sind dabei die Aspekte von Technik, Arbeitsorganisation und Arbeitsbedingungen jeweils im Zusammenhang zu betrachten. Nach der o. g. DIN-Norm gehören dazu auch Aspekte von Personal- und Qualifizierungsplanung. Die EG-Richtlinie zum Arbeitsschutz

> *Menschengerechte Gestaltung der Bildschirmarbeit wird zum unmittelbar einklagbaren Anspruch.*

Arbeitsorganisatorische Leitbilder der DIN 29 241 Tl. 2 ➡ „3.1 Wohin soll die Reise gehen?" (Kasten)

Leitbilder

Was steh

	Arbeitsschutzrahmengesetz bzw. EU-Rahmenrichtlinie	Bildschirmverordnung bzw. EU-Bildschirmrichtlinie	ISO 9241 bzw. DIN 29 241
Projektorganisation	Planung der Gefahrenverhütung mit dem Ziel einer kohärenten Verknüpfung von Technik, Arbeitsorganisation, Arbeitsbedingungen, sozialen Beziehungen und Einfluß der Umwelt auf den Arbeitsplatz (Art. 6) Der Arbeitgeber muß über eine Evaluierung der am Arbeitsplatz bestehenden Gefahren für die Sicherheit und die Gesundheit ... verfügen. (Art. 9) Die Arbeitgeber hören die Arbeitnehmer bzw. deren Vertreter an und ermöglichen deren Beteiligung bei allen Fragen betreffend die Sicherheit und die Gesundheit am Arbeitsplatz. (Art. 11)	Der Arbeitgeber ist verpflichtet, eine Analyse der Arbeitsplätze durchzuführen, um die Sicherheits- und Gesundheitsbedingungen zu beurteilen ...; dies gilt insbesondere für die mögliche Gefährdung des Sehvermögens sowie für körperliche Probleme und psychische Belastungen. (Art. 3 (1)) Der Arbeitgeber muß auf der Grundlage der Analyse ... zweckdienliche Maßnahmen zur Ausschaltung der festgestellten Gefahren treffen ... (Art. 3 (2)) Die Arbeitnehmer und/oder die Arbeitnehmervertreter werden ... zu den unter die vorliegende Richtlinie sowie deren Anhang fallenden Fragen gehört und an ihrer Behandlung beteiligt. (Art 8)	Leitbildorientierung und Ist-Aufnahme belastungsrelevanter Größen (ISO 9241-2 Abschn. 4.3) Integrierte Planung von Organisation, Arbeitsmitteln, personeller Auswirkungen und Qualifizierung unter Beteiligung der Betroffenen (ISO 9241-2 Abschn. 4.4) Laufende Überprüfung und kontinuierlicher Verbesserungsprozeß in Hinblick auf Ergonomie, Arbeitsinhalte, Arbeitszufriedenheit, Qualifizierungsmöglichkeiten, Kommunikationsmöglichkeiten (ISO 9241-2 Abschn. 5)
Arbeitsorganisation		Der Arbeitgeber ist verpflichtet, die Tätigkeit des Arbeitnehmers so zu organisieren, daß die tägliche Arbeit am Bildschirmgerät regelmäßig durch Pausen oder andere Tätigkeiten unterbrochen wird, die die Belastung durch die Arbeit an Bildschirmgeräten verringern. (Art. 7)	Merkmale gut gestalteter Arbeitsaufgaben gem. ISO 9241-2 ➡ Kasten im Beitrag 3.1 Besonders wichtige Gestaltungsfelder sind die Dauer und zeitliche Verteilung der Arbeit, der Handlungsspielraum i. S. v. Autonomie bezüglich der Wahl zur Nutzung des Systems nach Art und Umfang sowie die Abhängigkeit, d. h. der Grad, in dem das System als Arbeitsmittel zur Erfüllung der Arbeitsaufgabe unverzichtbar ist. (ISO 9241-2 Abschn. 4.3)
Qualifizierung	Der Arbeitgeber muß dafür sorgen, daß jeder Arbeitnehmer ... eine ausreichende und angemessene Unterweisung über Sicherheit und Gesundheitsschutz ... erhält, die eigens auf seinen Arbeitsplatz und Aufgabenbereich ausgerichtet ist. (Art. 12)	Umfassende Unterrichtung über alle gesundheits- und sicherheitsrelevanten Fragen im Zusammenhang mit ihrem Arbeitsplatz (Art. 6)	

Leitbilder

welcher Vorschrift?

	Arbeitsschutzrahmengesetz bzw. EU-Rahmenrichtlinie	Bildschirmverordnung bzw. EU-Bildschirmrichtlinie	ISO 9241 bzw. DIN 29 241
Software-Ergonomie		Die Software muß der auszuführenden Tätigkeit angepaßt sein. Die Software muß benutzerfreundlich sein und ggf. dem Kenntnis- und Erfahrrungsstand des Benutzers angepaßt werden können; ohne Wissen des Arbeitnehmers darf keinerlei Vorrichtung zur quantitativen oder qualitativen Kontrolle verwendet werden. Die Systeme müssen den Arbeitnehmern Angaben über die jeweiligen Abläufe bieten. Die Systeme müssen die Information in einem Format und in einem Tempo anzeigen, das den Benutzern angepaßt ist. Die Grundsätze der Ergonomie sind insbesondere auf die Verarbeitung von Informationen durch den Menschen anzuwenden. (Anhang 3)	Grundsätze der Dialoggestaltung: - Aufgabenangemessenheit - Selbstbeschreibungsfähigkeit - Steuerbarkeit - Erwartungskonformität - Fehlerrobustheit - Individualisierbarkeit - Lernförderlichkeit (ISO 9241-10) In Vorbereitung: ISO 9241-13: Benutzerführung ISO 9241-14: Dialogführung mittels Menüs ISO 9241-15: Dialogführung mittels Kommandosprachen ISO 9241-16: Dialogführung mittels direkter Manipulation ISO 9241-17: Dialogführung mittels Bildschirmformularen
Endgeräte-Ergonomie		Bildschirm (Anh. 1b) Tastatur (Anh. 1c) Lärm (Anh. 2d) Wärme (Anh. 2e) Strahlungen (Anh. 2f)	ISO 9241-3: Anforderungen an visuelle Anzeigen ISO 9241-4: Anforderungen an Tastaturen
Arbeitsplatzgestaltung		Arbeitstisch (Anh. 1d) Arbeitsstuhl (Anh. 1e) Platzbedarf (Anh. 2a) Beleuchtung (Anh. 2b) Reflexe und Blendung (Anh. 2c) Feuchtigkeit (Anh. 2g)	ISO 9241-5: Anforderungen an Arbeitsplatzgestaltung und Körperhaltung ISO 9241-6: Anforderungen an die Arbeitsumgebung

Leitbilder

Zur Beteiligung der Betroffenen ➡ „3.13 Betroffenenbeteiligung findet statt"

bzw. zukünftig das Arbeitsschutzrahmengesetz verlangen zwar vorausschauende Maßnahmen des Arbeitsschutzes durch Berücksichtigung möglicher Gefährdungen bereits in der Planungsphase. Diese Maßnahmen sind jedoch kein Ersatz für eine Evaluierung der tatsächlich auftretenden Belastungen der Benutzer. Nach Inbetriebnahme eines Systems, so verlangt die Bildschirmrichtlinie/-verordnung, sind die Belastungen an den Arbeitsplätzen daher systematisch zu analysieren. Festgestellte Mängel sind abzustellen.

Unterrichtung und Beteiligung der Betroffenen in allen Phasen

An zahlreichen Stellen verlangen die neuen Rechtsvorschriften eine Beteiligung der Betroffenen. Dies gilt ganz allgemein und umfassend für alle Fragen der Sicherheit und des Gesundheitsschutzes und insbesondere für die Umsetzung der Regelungen zur Bildschirmarbeit. Über alle diesbezüglichen Maßnahmen sind die Betroffenen umfassend zu unterrichten, was nicht nur eine Voraussetzung der verlangten Beteiligung ist, sondern auch notwendig, damit ergonomische Einrichtungen am Arbeitsplatz zweckgemäß genutzt werden können. Außerdem wird ausdrücklich verlangt, daß sie über die Gefährdungen für die Gesundheit im einzelnen aufzuklären sind. Da die Belastungssituation eng mit der Arbeitsaufgabe verknüpft ist, verlangt die DIN 29 241 Teil 2 die Beteiligung der Betroffenen an der Ist-Analyse, Planung und laufenden Verbesserung der Organisation.

Vorgehensmodelle und Projektorganisation müssen den neuen Anforderungen Rechnung tragen.

Der skizzierte ganzheitliche und beteiligungsorientierte Ansatz des neuen Arbeitsschutzrechts wird sich in einer entsprechend veränderten Projektorganisation niederschlagen müssen, die die bisher übliche Technikdominanz überwindet. Die Planungs- und Evaluierungsschritte müssen in die Vorgehensmodelle Eingang finden. Ebenso muß die Projektaufbauorganisation den veränderten Abstimmungserfordernissen zwischen technisch-organisatorischen und personalbezogenen bzw. für den Gesundheitsschutz relevanten Verantwortungsbereichen Rechnung tragen. Die Beteiligung der Betroffenen ist im Rahmen der Projektarbeit zu organisieren. Zur Projektorganisation finden sich zumindest Anregungen in der DIN 29 241 Teil 2.

Arbeitsgestaltung ist wieder betriebsvereinbarungsfähig

Für den Betriebsrat ergeben sich aus den Veränderungen der Rechtslage neue Handlungsmöglichkeiten. Galt der Arbeitsschutz nach höchstrichterlicher Rechtsprechung bislang als abschließend geregelt und insofern der Mitbestimmung nicht zugänglich, so sind das Arbeitsschutzrahmengesetz und die Bildschirmverordnung ausdrücklich als Mindestanforderungen formuliert, die somit einen Gestaltungsspielraum für die Sozial- bzw. Tarifpartner offenlassen. Dieser Gestaltungsspielraum kann durch Betriebs- und Dienstvereinbarungen ausgefüllt werden. Eine solche Umsetzung auf die Besonderheiten des jeweiligen Betriebs erscheint auch sinnvoll in Anbetracht der Komplexität des Themas und der methodischen Schwierigkeiten der Umsetzung der neuen Rechtsmaterie. ◆

➡ „5.7 SAP-Software und die Mitbestimmung des Betriebsrates"

Zur Projektorganisation ➡ „5.2 Vorgehen nach Modell"

Ergonomische Anforderungen weltweit genormt

Mit der ISO-Norm 9241 bzw. DIN 29 241 entsteht ein international anerkannter umfassender Leitfaden zur Gestaltung von Bildschirmarbeit.

Mit der DIN 66 234 gibt es in Deutschland schon seit etlichen Jahren ein Normenwerk zur Gestaltung von Bildschirmarbeit. Insbesondere der Teil 8 dieser Norm ‚Grundsätze der Dialoggestaltung' hat entscheidend dazu beigetragen, die Software-Ergonomie aus dem universitären Bereich herauszutragen und sie in das Bewußtsein der Software-Produzenten zu rücken.

Inzwischen haben Verbreitung und Anwendungsfelder der Informationstechnik ebenso zugenommen wie ihre Gestaltungsmöglichkeiten, und die ergonomische Forschung hat Fortschritte gemacht. Nationale und internationale Normungsinstitutionen habe sich deshalb daran gemacht, das ergonomische Gestaltungswissen auf dem neuesten Stand von Technik und Wissenschaft in einem neuen Normwerk niederzulegen, das den Titel „ISO 9241: Ergonomische Anforderungen für Bürotätigkeiten mit Bildschirmgeräten" trägt. Es wird als Europäische Norm EN 29 241 für Europa und aufgrund des Wiener Abkommens damit für Deutschland übernommen.

Das gesamte Werk enthält siebzehn Teile, von denen die ersten vier zum Zeitpunkt der Drucklegung endgültig verabschiedet sind. Für die verbleibenden liegen zum Teil abgestimmte Normentwürfe vor; andere befinden sich noch in der Entwicklung. Der Kasten gibt eine Übersicht über den Aufbau der Norm.

Die ‚allgemeine Einführung' stellt den *Prozeß* der ergonomischen Gestaltung besonders heraus. Denn in Anbetracht der Vielfalt von Anwendungsmöglichkeiten und individuellen Unterschieden zwischen Benutzern würde es wenig Sinn haben, abschließend normieren zu wollen, was ergonomisch ist und was nicht. Die Verfasser der Norm betonen, daß ergonomische Gestaltung etwas ist, an dem verschiedene Gruppen (Systemgestalter, Konstrukteure, Benutzer und deren Führungskräfte) mitwirken müssen. Entsprechend wenden sich die Normen an jeweils angegebene unterschiedliche Adressaten. Die Normen enthalten als konkrete Arbeitsvorgaben sowohl Begriffsdefinitionen als auch konkrete Anforderungen und die jeweils geeigneten Meß- und Überprüfungsverfahren. Sie bieten so eine Unterstützung bei der Erfüllung der Anforderungen des Anhangs zur Bildschirmrichtlinie (/-verordnung). ◆

Stand des Normungsverfahrens der ISO 9241 und von deren Übernahme als europäische/deutsche Norm

	Bezeichnung	ISO-Norm	als DIN/EN in Kraft
Teil 1:	Allgemeine Einführung	ISO 9241-1	DIN EN 29241-1 Juni 1993
Teil 2:	Anforderungen an die Arbeitsaufgaben - Leitsätze	ISO 9241-2	DIN EN 29241-2 Juni 1993
Teil 3:	Anforderungen an visuelle Anzeigen	ISO 9241-3	DIN EN 29241-3 August 1993
Teil 4:	Anforderungen an Tastaturen	Entwurf	
Teil 5:	Anforderungen an die Arbeitsplatzgestaltung und die Körperhaltung	Entwurf	
Teil 6:	Anforderungen an die Arbeitsumgebung	in Vorbereitung	
Teil 7:	Anforderungen an visuelle Anzeigen bezgl. Reflexionen	in Vorbereitung	
Teil 8:	Anforderungen an die Farbdarstellung)	Entwurf	
Teil 9:	Anforderungen an Eingabegeräte außer Tastaturen	in Vorbereitung	
Teil 10:	Grundsätze der Dialoggestaltung	ISO 9241-10	DIN EN 29241-10 April 1995
Teil 11:	Angaben zur Benutzbarkeit	Entwurf	
Teil 12:	Informationsdarstellung	in Vorbereitung	
Teil 13:	Benutzerführung	Entwürfe	
Teil 14:	Dialogführung mittels Menüs		
Teil 15:	Dialogführung mittels Kommandosprachen		
Teil 16:	Dialogführung mittels direkter Manipulation	in Vorbereitung	
Teil 17:	Dialogführung mittels Bildschirmformularen		

Leitbilder

Bewegung im Apparat

Ununterbrochene Bildschirmarbeit belastet Körper und Psyche des Menschen sehr einseitig und führt auf die Dauer zu Beschwerden. Die Arbeitsgestaltung sollte deshalb darauf achten, daß Möglichkeiten für den Ausgleich dieser Einseitigkeit in der Arbeit bestehen, z. B. durch die Einrichtung von Mischarbeit.

Gerade auf wissenschaftlichen Tagungen ist der Autor manchmal für einfache Weisheiten dankbar. „Erkrankungen des Bewegungsapparats bei Bildschirmarbeit" hieß die Veranstaltung, und eine ganze Reihe von durchaus seriösen Büroausstattern hatte gerade endlose Varianten des ultimativen Büromöbels für den Bildschirmarbeiter mit Becken-, Rücken-, Nacken-, Kopf- und Armstütze vorgeführt – alles hydropneumatisch gefedert, elektrisch verstellbar und mit ausführlichen arbeitsmedizinischen Gutachten untermauert. Das ungute Gefühl beim Anblick dieser ‚Sitzmaschinen' brachte ein erfahrener Arbeitsmediziner schließlich in seinem Referat auf den Punkt:

„Der Bewegungsapparat heißt Bewegungsapparat, weil er bewegt werden will. Bewegung ist die einzige Möglichkeit, den Bewegungsapparat gesund zu erhalten, denn im Gegensatz z. B. zu den Nerven beginnen Muskeln sofort, sich zurückzubilden, wenn sie nicht benutzt werden."

Wohlverstanden, das spricht nicht gegen ergonomisch durchdachte Möblierung. Wer sich am Bildschirmarbeitsplatz auf Dauer verbiegen muß, z. B. weil er einen ungeeigneten Stuhl oder keinen ausreichenden Platz für seine Vorlagen hat, wird krank. Aber mit aufwendigen Büromöbeln allein können die Gesundheitsrisiken ununterbrochener Bildschirmarbeit nicht aus der Welt geschafft werden:

Die Arbeit muß Raum für körperliche Bewegung bieten.

Manche Arbeitmediziner empfehlen Ausgleichsgymnastik während der Arbeitszeit. Das ist eine gute Idee, die allerdings nicht überall so gut ankommt. Man kann statt dessen das Gesunde mit dem Nützlichen verbinden. Statt ausgeklügelter Mail-Systeme und Workflow-Management, wo jedwede benötigte Information elektronisch auf dem Bildschirm erscheint, kann es nicht nur der Gesundheit, sondern

Bildschirmarbeit ist oft mit Bewegungsmangel und einseitigen körperlichen Belastungen verbunden.

auch der Kommunikation und Kooperation sehr dienlich sein, sich Akten und Belege bei Kollegen zu holen und dabei zugleich Einblick in deren Arbeitsweise und den Stand der Arbeit zu erlangen. Aber die Vorstellung, ein Disponent liefe wegen einer Rückfrage durch die Werkshalle – zu Fuß! – löst natürlich bei den Anhängern des elektronischen Büros blankes Entsetzen aus. Also doch Bürogymnastik?

Wieviel Bildschirmarbeit verträgt der Mensch? Eine abschließende Antwort auf diese Frage kann die Arbeitswissenschaft zumindest bislang auch noch nicht liefern. Klar ist nur, daß die Belastbarkeit stark davon abhängt, ob die materiellen und sozialen Rahmenbedingungen als be- oder entlastend wahrgenommen werden. Klar ist auch, daß die Wahrscheinlichkeit für das Auftreten von Beschwerden mit der täglichen Dauer der Bildschirmarbeit zunimmt. SAP-Benutzer, die mehr als 60 % der täglichen Arbeitszeit am Bildschirm tätig waren, klagten bis zu doppelt so häufig über Augen- und Rückenbeschwerden sowie Kopfschmerzen wie ihre Kollegen mit geringerer Arbeitszeit am Bildschirm. Als Faustformel läßt sich sagen:

Insgesamt sollte die Bildschirmarbeit vier Stunden am Tag nicht überschreiten.

Beschwerden werden auch schon bei kürzeren Zeiten der Bildschirmarbeit beobachtet, andererseits überstehen manche Menschen auch längere Zeiten beschwerdefrei. Dennoch besteht für die Festlegung der Obergrenze auf die Hälfte eines normalen Arbeitstages eine allgemeine Plausibilität, denn auf dieser Grundlage wurde in zahlreichen Betriebsvereinbarungen und Tarifverträgen ‚Mischarbeit' vereinbart.

Für Erkrankungen im Bereich der Schultern, Arme und Hände im Zusammenhang mit Bildschirmarbeit werden neben Mängeln der Möblierung vor allem zwei Entstehungsbedingungen genannt: Zum einen die sehr schnelle Wiederholung von Bewegungsabläufen, wie sie typischerweise bei reiner Daten- und Texterfassung auftritt. Solche Tätigkeitsprofile sind am SAP-System zwar denkbar aber eher untypisch. Zum zweiten die Kombination von hohen Denkanforderungen mit feinmotorischer Präzision bei der Systembedienung. Dieses Muster ist für anspruchsvolle Bildschirmtätigkeiten typisch; wo es über längere Zeit auftritt, wird eine zunehmende Verspannung von Rücken, Schultern und Armen beobachtet. Viele Sachbearbeitungsaufgaben am SAP-System entsprechen diesem letzteren Muster, z. B. Disposition oder Planung am Bildschirm. Es gibt Hinweise, die darauf hindeuten, daß sich die Anspannung durch die Bedienung per Maus noch verschärft. Parallel mit der Zunahme der körperlichen Anspannung fällt die Konzentration ab und die Fehlerrate steigt. All dies spricht nicht gegen anspruchsvolle Bildschirmtätigkeiten, aber:

Die Bildschirmarbeit sollte regelmäßig durch andere Tätigkeiten unterbrochen werden, die neben einem körperlichen Belastungswechsel auch einen Wechsel bei den Regulationsanforderungen ermöglichen.

Diese Forderung findet auch in der Bildschirmverordnung ihren Niederschlag:

„Der Arbeitgeber ist verpflichtet, die Tätigkeit des Arbeitnehmers so zu organisieren, daß die tägliche Arbeit am Bildschirmgerät regelmäßig durch Pausen oder andere Tätigkeiten unterbrochen wird, die die Belastung durch die Arbeit an Bildschirmgeräten verringern." (EG-Bildschirmrichtlinie, Art. 7)

Wo die Einrichtung von Mischarbeit unmöglich ist, sieht die Regelung Pausen vor. Allerdings hat die Erfahrung mit früheren Betriebsvereinbarungen zu Bildschirmpausen gezeigt, daß die Beschäftigten über der laufenden Arbeit ihre Ausgleichspausen leicht aus den Augen verlieren, solange noch keine massiven Beschwerden auftreten. Wenn die Wahrnehmung der Pausen nicht organisatorisch oder sozial gefördert wird, erfüllen sie ihre präventive Funktion nur unbefriedigend. Wo es möglich ist, sollte der Belastungs-

Zu körperlichen Beschwerden bei Bildschirmarbeit ➡ „3.3 Gute Noten- aber auch Kritik"

Mit ‚Regulationsanforderungen' bezeichnet man in der Arbeitswissenschaft Anforderungen an die Denk- und Entscheidungsfähigkeit auf allen Ebenen von der sensumotorischen Koordination (z. B. Mausbedienung) bis zur Entwicklung neuer Vorgehensweisen.
➡ „3.7 Handlungsfähige Mitarbeiter brauchen Spielräume"

Präventivprogramme, die über Risiken aufklären und Übungen vermitteln, können helfen, die Gesundheitsgefahren andauernder Bildschirmarbeit zu reduzieren.

wechsel sich aus entsprechenden Tätigkeiten ergeben, die Bestandteil der Arbeitsaufgabe sind. Neben Arbeitsgängen mit konventionellen Unterlagen kommen hierfür im Bürobereich insbesondere kommunikative Aufgaben in Betracht wie Auskünfte, Rückfragen, Koordinationstätigkeiten, Teambesprechungen, bei bestimmten Tätigkeiten auch Inaugenscheinnahme oder Kontrolle von Materialien, Produkten, Arbeitsgängen etc.

Um nicht neue Belastungen zu schaffen, muß die Arbeitsplatzgestaltung auf die Anforderungen der Mischarbeit abgestimmt sein. Vor allem müssen die Größen der Arbeitsflächen und die Tischhöhen ggf. sowohl der konventionellen Bearbeitung als auch der Bildschirmarbeit gerecht werden. Während dies in den meisten Betrieben des Dienstleistungsbereichs heute eine Selbstverständlichkeit ist, trifft man in den Büros von Industriebetrieben noch häufig auf die Praxis, die Bildschirmgeräte einfach auf die für konventionelle Arbeit ausgelegten Schreibtische zu stellen. Abgesehen von Problemen des zu geringen Betrachtungsabstands zum Bildschirm und der ungeeigneten Beleuchtung ist die Fläche für die Unterbringung der erforderlichen Arbeitsunterlagen und die Tastatur häufig viel zu klein und der Tischplatte für Tastaturarbeit zu hoch. Abhilfe bieten Winkelkombinationen, aber die setzen entsprechende Stellflächen voraus, die manche Betriebe zögern bereitzustellen.

Gesundheitliche und rechtliche Gründe sprechen also für die Einrichtung von Mischarbeit, also für Aufgabenprofile, bei der die Bildschirmarbeit nur einen Teil der Arbeitszeit ausmacht, die einen regelmäßigen Belastungswechsel ermöglichen und Raum für körperliche Bewegung vorsehen. So weit, so gut; gefordert und teilweise umgesetzt wird dies schon seit den siebziger Jahren. Aber:

Ist Mischarbeit bei einem integrierten SAP-Einsatz überhaupt noch zu realisieren?

Generell ist bei der Einführung von SAP-Systemen eine Zunahme des Anteils der Bildschirmarbeit zu beobachten. Dennoch trifft man noch viele Bereiche an, in denen sich sich Mischarbeit realisieren läßt, notfalls durch eine Umverteilung von Aufgaben.

In anderen Bereichen wird dem Bildschirm vom Einführungsteam eine so zentrale Rolle zugewiesen, daß auch realistisch mögliche Umverteilungen nicht mehr zum Ziel führen würden. Diese Situation ist z. B. häufig in der Buchhaltung anzutreffen - nicht selten auch schon vor der SAP-Umstellung. Es sollte gründlich geprüft werden, ob man solche Planungen mit ihren resultierenden Belastungen akzeptiert. Falls ja, wären dann zumindest alle

Leitbilder

anderen Möglichkeiten der Entlastung auszuschöpfen: Pausen, Arbeitsplatzgestaltung, Tätigkeitswechsel, medizinische Vorsorgeuntersuchungen, köperliche Ausgleichsangebote. In einer Reihe von Betrieben wurden mit Erfollg Präventivprogramme eingerichtet, die u. a. für die Gesundheitsrisiken und den persönlchen Umgang mit ihnen sensibilisieren und Ausgleichsübungen vermitteln (z. B. ‚Rückenschule').

Verfolgt man auf Tagungen und Kongressen die Visionen mancher Vordenker für die Zukunft der Büroarbeit, gewinnt man den Eindruck, Büroarbeit wäre in Zukunft ein Synonym für Bildschirmarbeit. Erst langsam wird der Öffentlichkeit bewußt, welche sozialen Kosten die damit verbundenen psychischen und körperlichen Belastungen nach sich ziehen werden. Ein Grund mehr, die Technikplaner nicht länger sich selbst zu überlassen, sondern die geforderte ganzheitliche Planung in die Praxis umzusetzen. ◆

Ausführlicher zur ganzheitlichen Planung
➡ „3.4 Arbeitsgestaltung per Gesetz"

„PC-fit User-Saver" nennt sich eine Software der Firma Ergo-Desk. Das Programm bietet grafisch animierte Anleitungen für Bildschirmgymnastik verschiedener Körperregionen sowie leicht verständlich aufbereitete Informationen zu Bildschirmergonomie und Arbeitsplatzgestaltung. Eine Beschwerdeliste hilft dem Benutzer, den Zusammenhang zwischen etwaigen körperlichen Beschwerden und Mängeln der Arbeitsgestaltung zu erkennen.

Der Clou: Wenn der Benutzer es wünscht, meldet sich das Programm nach einer einstellbaren Zeit und schlägt eine Ausgleichspause mit Übungen vor.

Handlungsfähige Mitarbeiter brauchen Spielräume

Handlungsspielräume in der Arbeit sind das entscheidende Merkmal hochwertiger Tätigkeiten.

Arbeit gab es auch nach der Einführung des SAP-Vertriebsmoduls RV noch genug in der zentralen Auftragsbearbeitungsabteilung eines norddeutschen Maschinenbauunternehmens. Aber ein Mitarbeiter brachte die Stimmung in der Abteilung mit den Worten auf den Punkt „Hier wollen alle bloß noch so schnell wie möglich weg". Im Zuge der ‚Straffung der Prozeßketten' – wie es bei der Einführung geheißen hatte – waren die Entscheidungs- und Koordinierungsaufgaben der Abteilung auf andere Stellen verlagert worden. Dafür stand für die Mitarbeiter nun die Erfassung und Berichtigung des für sie unverständlich umfangreichen Auftragsdatensatzes im Mittelpunkt. Das Resultat: Innerhalb weniger Monate hatte sich die Hälfte der qualifizierten Mitarbeiter bei anderen Unternehmen beworben. Wer blieb, machte Dienst nach Vorschrift. Mit den Konsequenzen mußten sich ja dann andere Abteilungen herumschlagen ...

Dieser Fall ist ein typisches Beipiel für eine technokratisch durchgeführte Reorganisation, die Arbeitsaufgaben als abstrakte ‚Funktionen' im Betrieb verteilt, ohne Rücksicht auf die Qualität der geschaffenen Anforderungen, eine Vorgehensweise, die leider von den SAP-Vorgehensmodellen nahegelegt wird. Dies ist umso bedauerlicher, als unter Konzepten wie ‚lean management' der motivierte, selbständig handelnde und seine Erfahrungen einbringende Mitarbeiter eigentlich Konjunktur haben sollte. Aber dafür müssen bewußt die Handlungsspielräume organisiert werden, in denen ein solches Konzept gedeihen kann.

Handlungsspielräume sind keine Spielwiesen

In der arbeitswissenschaftlichen Literatur werden seit langem die Handlungsspielräume der Mitarbeiter als ein zentrales Kriterium für die Qualität einer Arbeitssituation aufgeführt. ‚Spielräume' in diesem Sinne haben dabei nichts mit ‚Spielwiesen' zu tun – im Gegenteil! Gemeint sind objektive Anforderungen der Arbeitsaufgaben an das Planungs- und Entscheidungsvermögen des Arbeitenden.

Angemessene Anforderungen dieser Art sind das wichtigste Merkmal für Tätigkeiten, die allgemein als ‚hochwertig' angesehen werden. Anders als Belastungen oder Behinderungen werden solche Anforderungen als positiv wahrgenommen. Wie kein anderer Faktor sind sie für die subjektive Arbeitszufriedenheit verantwortlich und rangieren damit noch vor dem Faktor ‚adäquate Bezahlung'. Wie arbeitspsychologische Untersuchungen nachweisen, zeigen Menschen mit hohen Handlungsspielräumen in der Arbeit überdurchschnittliches Lerninteresse, gehen an unerwartete Problemsituationen mit größerem Selbstvertrauen heran und sind weniger ängstlich. Man hat daher

Handlungsspielräume in der Arbeit auch mit dem Kriterium der Persönlichkeitsförderlichkeit in Zusammenhang gebracht.

Abgesehen davon, daß motivierte und selbständig handelnde Mitarbeiter aus der Sicht der Organisation in jedem Fall einen hohen Wert darstellen, sind Handlungsspielräume in der Arbeit auch die Voraussetzung für den Erwerb von Erfahrungen und die Nutzung und den Erhalt von Qualifikationen, die wiederum der Organisation zugute kommen. Wer über die nötigen Erfahrungen verfügt, weil er seine Aufgabe nicht nur nach immer demselben vorgegebenen Muster erledigt hat, kann auch bei Sonderfällen und Störungen sinnvoll reagieren und sich schnell an Neuerungen anpassen. Werden Entscheidungen unmittelbar vom Bearbeiter getroffen, lassen sich lange Wege durch die Hierarchie einsparen.

Glücklicherweise hat es sich mittlerweile herumgesprochen, daß eine Arbeitsorganisation nach den Vorstellungen Henry Fords und Frederick Taylors unter humanen und unter wirtschaftlichen Gesichtspunkten heute nicht mehr tragbar ist. Umso bedauerlicher ist, daß eine systematische, an arbeitswissenschaftlich abgesicherten Leitbildern orientierte Aufgabengestaltung in den Projektgruppen nach wie vor die große Ausnahme ist. Auch die DIN 29 241-2 weist ausdrücklich auf dieses Gestaltungserfordernis hin und nennt die Handlungsspielräume als wichtigstes Qualitätskriterium. Ihre Umsetzung wird stark davon abhängen, daß es gelingt, die arbeitspsychologischen Konzepte in Analyse- und Gestaltungsinstrumente umzusetzen, die für den Einsatz in Einführungsprojekten geeignet sind.

Dabei geht es vor allem um zwei Anwendungsfelder. Zum einen sollte bereits in der Planungsphase bei der Festlegung zukünftiger Aufgabenzuschnitte eine Abschätzung der Handlungsspielräume einzelner Tätigkeiten und der Gesamtaufgabe vorgenommen und in Hinblick auf ihre Angemessenheit bewertet werden. Zum zweiten bietet sich eine Analyse an den eingerichteten Arbeitsplätzen an, wenn es Hinweise auf Mängel gibt. Insbesondere bietet der Vergleich solcher Analysen vor und nach einer Systemumstellung für exemplari-

Die zehnstufige VERA-Skala

Ebene 5 Einrichtung neuer Arbeitsprozesse	
Stufe 5	Organisatorische Bedingungen für die Einrichtung neuer Arbeitsprozesse werden konzipiert, wobei bestehende Arbeitsprozesse in neuartiger Weise integriert werden sollen.
Stufe 5R	Organisatorische Bedingungen für die Einrichtung neuer Arbeitsprozesse werden konzipiert, wobei bestehende Arbeitsprozesse möglichst wenig verändert werden sollen.
Ebene 4 Koordination von Teilprozessen	
Stufe 4	Es müssen Strategieentscheidungen in (mindestens) zwei Teilprozessen der Arbeitsaufgabe getroffen und miteinander koordiniert werden.
Stufe 4R	Es muß eine Strategieentscheidung getroffen und dabei berücksichtigt werden, daß die Realisierung von (Strategie-)Entscheidungen in Teilprozessen, die von anderen bearbeitet werden, nicht gefährdet wird.
Ebene 3 Strategieentscheidung	
Stufe 3	Es muß eine Strategieentscheidung getroffen werden; aus dieser leitet sich ab, welche weiteren Entscheidungen zu treffen sind.
Stufe 3R	Es müssen mehrere Entscheidungen getroffen werden; das Abwägen verschiedener Möglichkeiten ist mindestens zweimal im Verlauf eines Arbeitsauftrages erforderlich.
Ebene 2 Entscheidung	
Stufe 2	Vor oder während der Bearbeitung eines Arbeitsauftrages müssen verschiedene Möglichkeiten abgewogen werden. Für eine von ihnen ist eine Entscheidung zu treffen.
Stufe 2R	Es ist erforderlich, sich vor oder während der Bearbeitung eines Arbeitsauftrages die Vorgehensweise zu vergegenwärtigen.
Ebene 1 Regelanwendung	
Stufe 1	Bei der Bearbeitung eines Arbeitsauftrages ist die Bestimmung der Vorgehensweise erforderlich.
Stufe 1R	Die Arbeitsaufträge werden in immer der gleichen Weise mit den gleichen Arbeitsmitteln bearbeitet.

Quelle: Leitner u.a., Analyse psychischer Anforderungen und Belastungen in der Büroarbeit

Humankriterien

Entscheidungsspielraum
Bei dem Entscheidungsspielraum geht es um das Ausmaß, in dem die Arbeitenden an ihrem Arbeitsplatz eigenständige Planungen und Entscheidungen bezüglich Arbeitsablauf, Arbeitsergebnis, verwendete Informationen und Arbeitsmittel vornehmen können und müssen.

Zeitspielraum
Mit dem Zeitspielraum wird beurteilt, inwieweit eine Arbeitsaufgabe zeitliche Spielräume bietet, d.h. inwieweit zeitliche Planungen erforderlich sind, aber auch welche zeitlichen Vorgaben bei der Erledigung der Arbeitsaufgabe gestellt sind (Zeitbindung der Arbeitsaufgabe).

Variabilität
Bei der Variabilität wird beurteilt, ob die Arbeitsaufgabe unterschiedliche Arbeitsaufträge umfaßt, z.B. ob sich die Arbeitsaufträge in der Dauer oder in der Abfolge von Arbeitsschritten unterscheiden.

Strukturierbarkeit
Mit der Strukturierbarkeit wird beurteilt, inwieweit die eine Arbeitsaufgabe umgebenden Bedingungen (d.h. wesentlich der Zusammenhang mit anderen Arbeitsaufgaben) bekannt sind und entsprechend eigener Ziele und Erfordernisse gestaltet werden können.

Körperliche Aktivität
Bei der körperlichen Aktivität wird beurteilt, inwieweit die Durchführung der Arbeitsaufgabe unterschiedliche Bewegungen und Körperhaltungen erlaubt und erfordert.

Kontakt
Hier wird beurteilt, welche Informationen bei dieser Arbeitsaufgabe in welcher Weise (d.h. auch über welche Sinneskanäle) aufgenommen und bearbeitet werden.

Kommunikation
Mit Kommunikation wird erfaßt, in welchem Maße die Aufgabendurchführung, die Abstimmung mit anderen (intern und/oder externen) Personen erfordert und in welcher Form dies vorwiegend geschieht.

Quelle: Resch, lap

---

sche Arbeitsplätze gibt Aufschluß, wo ggf. unerwünschte Einschränkungen von Handlungsspielräumen stattgefunden haben.

Instrumente für Analyse und Gestaltung von Handlungsspielräumen

Für die Analyse von Handlungsspielräumen gibt es unterschiedliche arbeitspsychologische Verfahren, die allerdings alle hinsichtlich ihrer Handhabbarkeit noch Wünsche offen lassen. Drei dieser Instrumente sind dabei speziell für Untersuchungen entwickelt worden:

■ VERA - Verfahren zur Ermittlung von Regulationsanforderungen in der Arbeit. Aufgrund einer Analyse des Arbeitsablaufs werden die Handlungsspielräume detailliert bewertet. Das Verfahren liefert eine Einstufung in eine zehnstufige Skala (vgl. Kasten vorige Seite) sowie Hinweise für Gestaltungsbedarf und -möglichkeiten. Genauigkeit und Detaillierungsgrad werden dabei mit einem relativ hohen Untersuchungsaufwand erkauft, zumal das Verfahren keine Ergebnisse bezüglich anderer Dimensionen liefert. Zur Analyse psychischer Belastungen kann es allerdings mit dem Verfahren RHIA kombiniert werden.

■ KABA - Kontrastive Aufgabenanalyse im Büro. Das KABA-Verfahren stützt sich auf die Annahme, daß sich die spezifischen Stärken von Menschen und technischen Systemen insbesondere in Hinblick auf Entscheidungsfähigkeit und Vielseitigkeit grundlegend unterscheiden. EDV-Systeme sollten diese Stärken unterstützen, und sie dem Menschen weder streitig machen, noch ihn in ihrer Ausübung behindern. Aus diesen Überlegungen gingen acht ‚Humankriterien' hervor, die dem KABA-Verfahren zugrundegelegt wurden und die sich ihrerseits wieder in verschiedene Untersuchungsdimensionen gliedern (s. Kasten). Neben Handlungsspielräumen – hier als ‚Entscheidungs- und Planungserfordernisse' bezeichnet – untersucht das Verfahren eine Reihe verwandter Dimensionen, wie Zeitspielraum, Auftragsvariabilität, Durchschaubarkeit und Gestaltbarkeit der Aufgabe, geht aber auch auf psychische und körperliche Belastungen ein. Auf diese Weise ist ein umfassende Bewertung EDV-bezogener Tätigkeiten möglich, die die Ansatzpunkte für notwendige Gestaltungsmaßnahmen erkennen läßt. Da das Verfahren für die Dimensionen jeweils unterschiedliche Analysetiefen anbietet, sind Schwerpunktsetzungen bei bestimmten Dimensionen und damit eine Optimierung des Aufwands möglich.

■ Büroalltag unter der Lupe. Dieses Verfahren, das bereits im Abschnitt „3.2 Was heißt hier psychische Belastung?" vorgestellt wurde, kombiniert die Untersuchung des Handlungsspielraums mit einer Belastungsanalyse. Gerade im Bereich der Handlungsspielräume dürfte es von den genannten Verfahren das praxisnäheste sein, denn es setzt vergleichsweise wenig arbeitswissenschaftliche Spezialkenntnisse zu seiner Handhabung voraus und liefert sehr konkrete Gestaltungshinweise. ◆

Gewinner und Verlierer

Die Einführung von SAP-Software kann für bestimmte Mitarbeiter mit einer Ausweitung ihrer Handlungs- und Entscheidungsspielräume verbunden sein. Für andere ist genau das Gegenteil der Fall.

Werden durch die Einführung von SAP-Software die Handlungsspielräume für die Mitarbeiter nun größer werden, oder schrumpfen sie? In der betrieblichen Diskussion über diese Frage können Verfechter sowohl der einen wie auch der anderen Antwort stets überzeugende Beispiele für die Stichhaltigkeit ihrer Auffassung beibringen, und auch Benutzerumfragen und Arbeitsplatzanalysen zu diesem Thema ergeben ein uneinheitliches Bild, bei dem die Gruppe der ‚Gewinner' zwar zahlenmäßig überwiegt, aber dennoch eine deutlich auszumachende Gruppe von ‚Verlierern' erkennbar wird.

Ein Blick auf die Besonderheiten der SAP-Systeme hilft zu verstehen, wie die Polarisierung in Gewinner und Verlierer zustandekommt. Betrachten wir zunächst einmal die Veränderung von einzelnen Aufgaben, ohne die Möglichkeit einer Umverteilung auf andere Personen und Stellen in Betracht zu ziehen.

Am unteren Ende der Skala von Spielräumen stehen Aufgaben, die weitgehend organisatorisch geregelt sind. In bezug auf das System zählen hierzu alle Tätigkeiten, bei denen Daten über bereits vollzogene Prozesse eingegeben werden müssen. Dies können z. B. die Erfassung von Warenein- und -ausgängen im Lager sein, die Anlage von Stammsätzen für die Bestandteile neu konstruierter Produkte oder die Abmeldung abgeschlossener Arbeitsgänge in der Fertigung. Für diese Aufgaben existierten häufig auch vor der Einführung des Systems organisatorische Regelungen. Aber es gab immer wieder Abweichungen und Sonderfälle, die dafür sorgten, daß diese an sich wenig anspruchsvollen Tätigkei-

➡ „3.3 Gute Noten aber auch Kritik"

➡ „3.9 Was Arbeitnehmer nervt"

> *Verlierer ist, wer Daten über bereits vollzogene Vorgänge eingeben muß.*

ten eigene Entscheidungen und persönliche Initiative verlangten. Mit der Durchsetzung der formalen Regelungen mittels des Systems werden viele dieser organisatorischen Grauzonen eliminiert. Entsprechend gehen die Anforderungen bei solchen Tätigkeiten zurück.

Auf der Grundlage der so geschaffenen, im Vergleich zu früheren Systemen wesentlich umfangreicheren und verläßlicheren Datenbasis können andererseits Dispositions- und Entscheidungsaufgaben besser unterstützt werden. Die Beschaffung, Verteilung und Auswertung der notwendigen Daten ist keine eigene Aufgabe mehr – traditionell häufig vom mittleren Management wahrgenommen – sondern kann, wenn dies organisatorisch gewollt ist, an beliebigem Ort in die Sachbearbeitung integriert werden. Auf diese Weise erfahren solche von Anfang an eher vielseitigen Aufgaben eine Aufwertung.

Gewinner ist, wer aufgrund des besseren Informationszugangs Kompetenzen erhält, die bislang das mittlere Management besaß.

Die skizzierten Zusammenhänge zwischen Handlungsspielräumen und den Eigenschaften der Software bedeuten jedoch nicht, daß die Handlungsspielräume der Mitarbeiter der Gestaltung nicht zugänglich wären. Denn deren Aufgaben setzen sich in der Regel aus einer Reihe von Tätigkeiten zusammen, und deren Bündelung – der ‚Aufgabenzuschnitt' – steht im Zuge der Systemeinführung ohnehin häufig zur Disposition. Einer systembedingten Einschränkung von Spielräumen bei bestimmten Tätigkeiten kann also durch Anreicherung der Arbeit mit zusätzlichen anspruchsvollen Tätigkeiten gegengesteuert werden, wenn das in vielen Betrieben gängige Leitbild des motivierten und verantwortungsvollen Mitarbeiters mit organisatorischem Leben gefüllt werden soll. ◆

**Beispiel:
Ein Betrieb der Elektroindustrie in Niedersachsen**

Eilig benötigte Materialien holten sich Mitarbeiter der Fertigung mitunter direkt vom anliefernden LKW, um sie sofort einzubauen. Vor der Buchung des Wareneingangs sollte das zwar eigentlich nicht sein, aber der Sachbearbeiter am Wareneingang ließ die Kollegen gewähren und bemühte sich, nachträglich die Bestandsdaten entsprechend zu korrigieren. Trotz vieler Rückfragen ließ sich der Verbleib der Materialien allerdings nicht immer ganz genau rekonstruieren, was zu gewissen Abweichungen bei den Bestandsdaten führte.
Heute kann die Fertigung bei Fehlteilen gar keine Auftragspapiere mehr drucken. Ehe der Wareneingang nicht korrekt gebucht ist, läuft überhaupt nichts. Die Rückfragen und Korrekturen der Bestandsdaten entfallen. Dafür ist es in letzter Zeit häufiger zu Reibereien zwischen Fertigung und Wareneingang gekommen. Begleitet von Sprüchen wie „Ich werde hier nicht fürs Mitdenken bezahlt" werden die Wareneingänge stur nach Anlieferungszeitpunkt gebucht. Der Sachbearbeiter sieht sich in seinen Handlungsspielräumen eingeschränkt und fühlt sich nicht mehr an der Verantwortung für den reibungslosen Fertigungsablauf beteiligt. So reagiert er denn, wie er seine Arbeit wahrnimmt: bürokratisch.

SOFTWARE-ERGONOMIE
- EIN GLEICHNIS -

Eines morgens merkte ein Geschäftsmann, daß sein bester Anzug abgewetzt war. „Auf meinem Weg zur Arbeit geh' ich kurz in die Stadt und kauf mir einen neuen Anzug," sagte er. Im Stadtzentrum sah er einen Laden mit dem Schild über der Tür ‚I.M. Genius – Schneidermeister'. In der Annahme, daß jemand mit einem solchen Namen sicher ein Experte sein müsse, ging der Geschäftsmann hinein. Der Schneider nahm seine Maße und sagte, daß er morgen den Anzug abholen könne. Erfreut über den frühen Fertigstellungstermin verließ der Geschäftsmann den Laden.

Am nächsten Tag kam er zurück und probierte den Anzug an. Zu seinem Entsetzen war ein Ärmel länger als der andere, die Knöpfe stimmten nicht mit den Knopflöchern überein, an den Schultern war er zu eng, und die Knie waren ausgebeult. „Schauen Sie sich den Anzug an," schrie er den Schneider an, „das ist ja grauenvoll". „Kein Problem," sagte der Schneider, „krümmen Sie die Schultern, winkeln Sie den Arm an, lehnen Sie sich etwas nach vorne, gehen Sie ein bißchen in die Knie, und der Anzug sieht super aus." Der Geschäftsmann tat, wie ihm geheißen, und es schien, der Anzug paßte besser. Er verließ den Laden, fühlte sich aber übers Ohr gehauen.

Als er die Straße entlang ging, blieb ein Passant stehen und beglückwünschte ihn zu seinem Anzug. „Bei welchem Schneider waren Sie?" fragte der Passant. Der Geschäftsmann fühlte sich in seinem Anzug etwas wohler und beschrieb den Weg zum Schneider. Als sich der Passant umdrehte, um zu gehen, fragte der Geschäftsmann neugierig: „Warum wollen Sie zu meinem Schneider gehen?" „Das ist doch wohl klar", sagte der Passant, „er muß ein wahres Genie sein, um für so einen Krüppel wie Sie einen passendenden Anzug zu schneidern."

Quelle: R. Pressmann/R. Herron, Software-Schock,
Carl Hanser Verlag München - Wien 1993
Nachdruck mit freundlicher Genehmigung

Was Arbeitnehmer nervt

Der Arbeitswissenschaftler Dr. Martin Resch stellt bei seinen Analysen an SAP-Arbeitsplätzen immer wieder typische Probleme fest.

Frage: Herr Dr. Resch, Sie haben viele Arbeitsplatzanalysen an SAP-Arbeitsplätzen gemacht. Gibt es typische Belastungen an solchen Arbeitsplätzen? Was nervt die Arbeitnehmer am meisten?

Antwort: Ich habe Belastungen in drei Bereichen festgestellt. Zunächst gibt es häufig ergonomische Mängel – schlechte Bildschirme, schlechte Beleuchtung, zuwenig Platz auf dem Schreibtisch, teilweise Disponenten, die ihre Tastatur unter den Unterlagen hervorholen müssen.

Zum zweiten stellen wir immer wieder fest, daß Funktionen des Systems entweder für bestimmte Arbeitstätigkeiten

„Durch die Einführung von SAP werden verdeckte organisatorische Mängel sichtbar und führen für die betroffenen Mitarbeiter zu massiven Behinderungen."

nicht ausreichen oder sehr umständlich zu bedienen sind. So kommt es vor, daß Listen und Abfragen, die für die Arbeit benötigt werden oder sinnvoll wären, vom System nicht geliefert werden. Gerade wenn einmal eingegebene Daten geändert werden müssen oder z.B. wenn Bestellungen aus mehreren Positionen unvollständig angeliefert werden, dann ist der Aufwand mit dem System sehr groß – weil das System solche Fälle nicht vorsieht oder eben nur mit sehr umständlichen Umwegen.

Verantwortlich für Belastungen des dritten Bereichs sind arbeitsorganisatorische Probleme. Durch die Einführung von SAP werden verdeckte organisatorische Mängel plötzlich sichtbar und führen für die betroffenen Mitarbeiter zu massiven Behinderungen und Einschränkungen. Ein Beispiel sind Abweichungen bei der Lagerbestandsführung. Wo bisher bei Abweichungen Minus-Bestände hingenommen wurden, werden jetzt keine Buchungen mehr vorgenommen, und der Bearbeiter kann nicht mehr weiterarbeiten. Das ist kein Problem des Systems, sondern ein arbeitsorganisatorisches Problem, aber es schlägt sich in Belastungen nieder. SAP zwingt dabei zu einer ganz bestimmten organisatorischen Lösung.

Frage: Wie kommt es eigentlich, daß wir nach den vielen Jahren von Ergonomie-Debatten, nach Berufsgenossenschafts- und neuerdings EU-Richtlinien zur Arbeitsplatzgestaltung heute noch soviele Arbeitsplätze mit ergonomischen Mängeln haben?

Antwort: Nach meinen Erfahrungen ist das einfach eine Frage der Planungsreihenfolge. Die typischen ergonomischen Mängel entstehen dadurch, daß z. B. ein an sich ganz akzeptables Zimmer für zwei Einkäufer unverändert gelassen wird und zusätzlich noch die Bildschirme aufgestellt werden. Es werden höchstens noch neue Leuchten angebracht, vielleicht Außenjalousien, aber es wird nicht darauf geachtet, ob die Geräte für einen typischen Mischarbeitsplatz angemessen aufgestellt werden können. Ich würde für Bereiche wie Einkauf, Disposition, Lohnbuchhaltung zusätzliche Bildschirmtische verlangen, weil es sich eben um Schreibtisch- und Bildschirmarbeit, also Mischarbeit handelt. Tatsächlich werden die Bildschirme einfach auf die Schreibtische, wie sie sind, gestellt, und es kümmert sich niemand darum, wie der Bearbeiter seine Unterlagen organisieren soll.

Frage: Welche Veränderungen bei den Handlungs- und Entscheidungsspielräumen beobachten Sie, wo SAP eingeführt wird?

Antwort: Bei den Handlungsspielräumen ergibt sich kein ganz einheitliches Bild. Es gibt Bereiche, in denen sich die Handlungsspielräume kaum verändern und die Tätigkeit weitgehend gleich bleibt, z. B. im Einkauf, wo sich i. d. R. lediglich die Belastungssituation ändert.

Zum Teil werden neue Aufgaben mit geringen Handlungsspielräumen geschaffen wie z. B. Stammdatenerfassung, oder Tätigkeiten mit geringen Handlungsspielräumen werden ausgeweitet wie das Buchen im Lager oder im Wareneingang. Die Zahl der Buchungen und der zu erfassenden Daten nimmt meist erheblich zu, und die Bearbeitung stellt eine sehr einfache, fast monotone Tätigkeit dar.

Schließlich gibt es Bereiche wie Disposition oder Feinsteuerung, wo man sagen könnte, daß das SAP-System zwar nicht unmittelbar die Handlungsspielräume erweitert, aber zumindest die Voraussetzungen dafür schafft, indem es einfach mehr Informationen am Arbeitsplatz zur Verfügung stellt, Informationen, die früher nicht oder nicht so schnell am Arbeitsplatz verfügbar waren. Wenn die Organisation diese Möglichkeiten aufgreift, kann es an solchen Arbeitsplätzen zu gewissen Erweiterungen von Handlungsspielräumen kommen.

Frage: Sie haben außerdem Mängel bei der Funktionalität und Fehler im organisatorischen Umfeld angesprochen. Was kann man besser machen in der Planung?

Antwort: Häufig hören wir von den befragten Mitarbeitern „Hätten die uns da doch nur gefragt, z.B. beim Materialklassensystem, dann hätten wir ihnen sagen können, so geht das nicht". Sie wurden aber nicht gefragt und müssen mit einer Krücke arbeiten. Ein weiterer häufiger Fehler ist, daß die Auswirkungen auf die Kommunikation und den Zusammenhalt zwischen den Abteilungen nicht ausreichend bedacht wurden. Typisch für SAP ist aber, daß alle Abteilungen zusammenarbeiten müssen. Diese Zusammenhänge sind oft gar nicht allen bekannt oder wurden organisatorisch nicht ausreichend geklärt. So muß z.B. im Lager erst der Eingang gebucht werden, bevor der Ausgang gebucht werden kann. Die Mitarbeiter des Wareneingangs müssen bei eilig benötigten Lieferungen wissen und berücksichtigen, daß es wichtig ist, sofort zu buchen, oder es muß eine andere organisatorisch-technische Lösung gefunden werden.

Frage: Wie könnten solche Gedanken praktisch in die Projektarbeit einfließen?

Antwort: Ich würde vorschlagen, regelmäßig wirklich alle, die später am System arbeiten sollen, einzubeziehen. Dabei sollte nicht nur geklärt werden, welche Listen und Formulare benötigt werden etc., sondern auch eine Bestandsaufnahme der Stärken und Schwächen der bestehenden Arbeitsorganisation gemacht werden. Die Mängel in der Arbeitsorganisation, die durch den SAP-Einsatz sichtbar werden, waren oft vorher auch schon da, nur erträglicher, oder man hatte seine Wege damit umzugehen gefunden. Wenn man z. B. vorher erkennt, Zwischenlager und Disposition sind Reibungspunkte, da läuft es nicht so gut, dann wird es mit SAP

„Für Vorstand und Abteilungsleiter werden durchaus zusätzliche Transaktionen oder ABAPs erstellt. Für Funktionen, die für die tägliche Arbeit gebraucht werden, ist angeblich keine Zeit und Kapazität mehr da."

noch schlechter laufen, wenn die Organisation nicht vorher bereinigt wird. Wird diese Bereinigung erst nach der Einführung durchgeführt, wenn die Probleme unübersehbar sind, dann führt das nur zu sehr vielen Konflikten und unsinnigen Schuldzuschreibungen im Betrieb.

Nur selten treffe ich solche Situationen an, wo die Beschäftigten nach der Einführung die Möglichkeit haben zu sagen „Moment, das klappt nicht, warum muß ich diesen Weg gehen?", und dann Abhilfe geschaffen wird. Oft ist es so, daß für Vorstand und Abteilungsleiter durchaus zusätzliche Transaktionen oder ABAPs eingebaut werden. Für Funktionen, die für die tägliche Arbeit gebraucht werden, ist dann keine Zeit und Kapazität mehr da. Solange das so ist, bleibt den Beschäftigten wohl nur der Weg, immer wieder hartnäckig ihr Interesse anzumelden und sich nicht zu schnell abweisen zu lassen. ♦

Im zweiten Teil des Interviews stellt Dr. Resch seine Erfahrungen mit Nutzen und Aufwand von Arbeitsplatzanalysen vor. ➡ „5.9 Arbeitsplatzanalysen: Der Aufwand lohnt"

Leitbilder

Nur ohne ‚Großen Bruder'

Die SAP-Systeme sind ohne Zweifel geeignet, eine Überwachung des Verhaltens oder der Leistung der Mitarbeiter im Sinne des Betriebsverfassungsgesetzes vorzunehmen.

„Wenn mir mal ein kleiner Fehler unterläuft, können den dann alle, vor allem mein Chef, gleich sehen?"

„Wird meine Leistung bei der Bildschirmarbeit ausgewertet, so daß man sehen kann, wenn ich mal einen Tag weniger schaffe als mein Kollege?"

„Ich habe keine Ahnung, wer eigentlich alles Daten über mich auswerten kann."

„Das ist dann wie REFA, nur unsichtbar; jeder kann sehen, an welchen Tagen wir noch ein bißchen ‚Luft' haben."

➡ „5.7 SAP-Standardsoftware und die Mitbestimmung des Betriebsrates"

Die einfachste Möglichkeit, solche Befürchtungen von Mitarbeitern zu zerstreuen, bestünde darin, sie als völlig unbegründet abzutun. Leider geht das nicht so einfach, denn ungeachtet der Tatsache, daß Unternehmensleitung und Projektgruppe solche Ziele mit der Einführung von SAP-Systemen möglicherweise nicht verfolgen, bietet das System eine ganze Fülle von Ansatzpunkten, die obengenannten Befürchtungen Wirklichkeit werden zu lassen.

Wohlgemerkt: Hier ist nicht vom Personalwirtschaftsmodul RP bzw. HR die Rede, sondern schlicht vom Basissystem und den Logistikkomponenten (vgl. Kästen auf den folgenden Seiten). Solche mitarbeiterbezogenen Verarbeitungen sind meist nicht in erster Linie für Leistungskontrollen vorgesehen. Vielmehr sollen sie beispielsweise zur Einkreisung der Ursachen von Systemstörungen dienen. Die Revision nutzt sie zur Aufdeckung von betrügerischen Handlungen. Im Logistikbereich werden sie zur Identifizierung von Ansprechpartnern bei Rückfragen verwendet.

Wegen der allgemeinen Sensibilität für solche technischen Kontrollmechanismen unterliegt ihr Einsatz dennoch einer Reihe gesetzlicher Restriktionen. So hat der Betriebsrat bei ‚technischen Einrichtungen, die dazu bestimmt sind, die Leistung oder das Verhalten der Beschäftigten zu überwachen' ein zwingendes Mitbestimmungsrecht. Er muß also der Einführung solcher Kontrollpotentiale zustimmen und kann Regelungen verlangen, auf welche Weise ggf. bei der Anwendung solcher Einrichtungen die Persönlichkeitsrechte der Betroffenen geschützt werden können.

Unabhängig von der Mitbestimmungsfrage verlangt der Anhang der EG-Bildschirmrichtlinie:

„Ohne Wissen des Arbeitnehmers darf keinerlei Vorrichtung zur quantitativen oder qualitativen Kontrolle verwendet werden."

Und das Bundesdatenschutzgesetz erlaubt nur solche Verarbeitungen von mitarbeiterbezogenen Daten, die sich im Rahmen der Zweckbestimmung des Arbeitsverhältnisses bewegen und räumt den Betroffenen u. a. Auskunfts- und Berichtigungsrechte ein.

Besteht damit ein unüberbrückbarer Widerspruch zwischen dem sich aus Arbeitnehmerforderungen und der Gesetzeslage herleitenden Leitbild der Vermeidung von mitarbeiterbezogenen Kontrollen einerseits und der Realität der SAP-Systeme andererseits? Dieser Widerspruch läßt sich zum Teil auflösen, denn die Nutzung vieler solcher Kontrollen ist durch den Anwender gestaltbar. So sollte beispielsweise die Berechtigung für die Nutzung von Transaktionen zur Systemüberwachung wie TM04/SM04 ausschließlich auf den Kreis der dafür zuständigen Mitarbeiter beschränkt werden. Ebenso sollte mit den Berechtigungen für die Transaktionen und Reports, die Zwecken der Revision dienen, verfahren werden. Bei mitarbeiteridentifizierenden Angaben in den Fachanwendungen (Disponent, Einkäufer etc.) ist abzuwägen, ob nicht schon im Interesse der Vermeidung des Eindrucks von Kontrollen

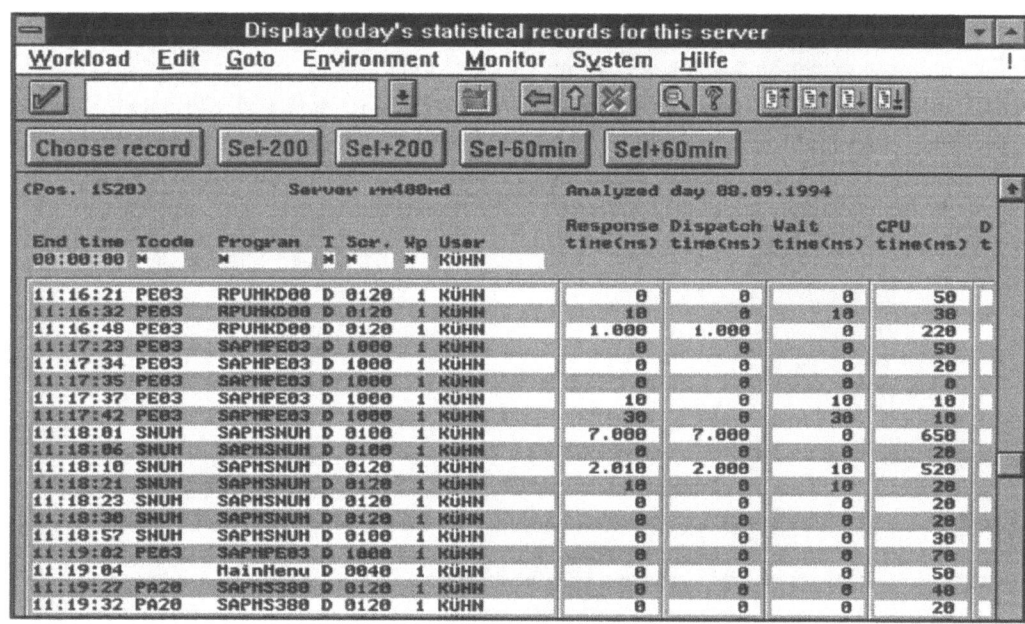

Monitoring im R/3-System: Sämtliche Vorgänge eines selektierten Benutzers für einen ausgewählten Zeitraum

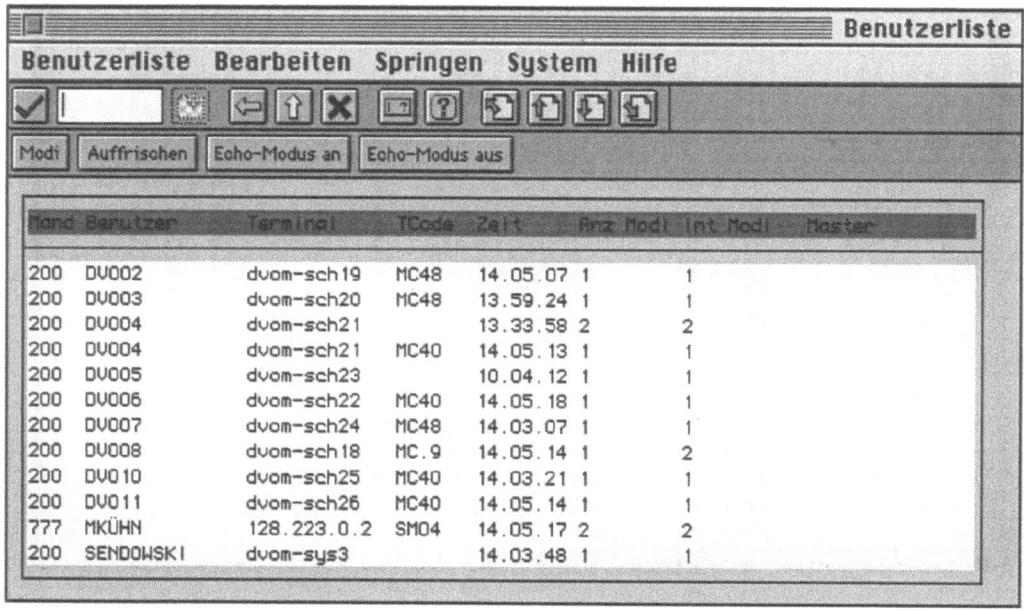

Benutzerliste des R/3-Systems: Welche Benutzer sind zur Zeit angemeldet und welches war der letzte Vorgang, den sie aufgerufen haben?

Eine entsprechende Transaktion existiert auch im R/2-System unter der Bezeichnung TM04.

Leitbilder

→ „3.11 Gruppenarbeit mit SAP!?"

auf die entsprechenden Felder ganz verzichtet werden kann, oder ob zumindest die entsprechenden Angaben in allen Dynpros von solchen Stellen und Vorgängen ausgeblendet werden, für die sie nicht zwingend erforderlich sind. Das bedeutet aber, daß die Vermeidung von Verhaltens- und Leistungskontrollen nicht nur in der Technik, sondern bereits in der Organisation verankert sein muß.

Die Liste ließe sich fortsetzen mit weiteren Fällen, in denen eine mitarbeiterbezogene Verarbeitung unvermeidbar ist, z. B. infolge bestimmter Nachweispflichten in der Qualitätssicherung. In allen solchen Fällen ist anzustreben, die Verarbeitung – namentlich Auswertungen und Zugriffsmöglichkeiten – auf das für die jeweils übereinstimmend als notwendig bezeichneten Zwecke zu beschränken. Für das Problem, daß sich auf diese Weise in einem integrierten System immer mehr mitarbeiterbezogene Daten ansammeln, die technisch auch nahezu unbeschränkt auswertbar sind, daß darüber hinaus mit wachsendem Datenumfang auch Begehrlichkeiten entstehen können, diese Daten auch für andere Zwecke zu verwenden, gibt leider kein Patentrezept. Die Mitarbeiter tun gut daran, sich eine gewisse Skepsis zu bewahren, und die Anwenderbetriebe sind gut beraten, bei der technischen und organisatorischen Datensicherung größte Sorgfalt walten zu lassen. ◆

```
Anzeigen Protokolldatenbank      ZEIT 12.20.24   DATUM 28.04.95    SEITE 1.08
-----------------------------------------------------------------------------
Z  MD BENUTZERNAME DATUM     ZEIT     TCOD PG MODUL MC BK BEL-NR   ST ERR APLZ-ABA
-----------------------------------------------------------------------------
A  11 KUEHN       28.04.95 08:19:14 TJ10 03 MTAHZ 00              F0 000 000001F4
B  11 BARTHEL     28.04.95 08:20:48 TJ10 03 MTDHZ 00              F0 000 000002EE
C  11 KUEHN       28.04.95 08:22:16 TJ10 03 MTCHZ 00              F0 000 0000036B
D  11 BARTHEL     28.04.95 08:26:35 TJ10 03 MTAHZ 00              F0 000 0000055F
E  11 MOTT        28.04.95 08:27:52 TJ10 03 MTCHZ 00              F0 000 00000659
F  11 BARTHEL     28.04.95 08:29:57 TJ20 03 MATUU 00 0070003406   F0 000 000006F0
G  11 KUEHN       28.04.95 08:30:31 TX10 02 LKAHZ 00              F0 000 00000704
H  11 KUEHN       28.04.95 08:30:44 TJ20 03 MATUU 00 0070003407   F0 000 00000745
I  11 KUEHN       28.04.95 08:30:49 TS13 02 LUUCD 00 0035002943   F0 000 0000074C
J  11 KUEHN       28.04.95 08:32:00 TX10 02 LKAHZ 00              F0 000 000007A1
K  11 BARTHEL     28.04.95 08:33:18 TX10 02 LKAHZ 00              F0 000 000007EA
L  11 KUEHN       28.04.95 08:36:20 TL01 07 HZBLG 00 0150009701   F0 000 0000088E
M  11 KUEHN       28.04.95 08:36:21 TE21 06 BESTH 00 0145006653   F0 000 000008A1
N  11 MOTT        28.04.95 08:37:31 TL01 07 HZBLG 00 0150009702   F0 000 000008D7
O  11 KUEHN       28.04.95 08:37:53 TE21 06 BESTH 00 0145006654   F0 000 00000910
P  11 MOTT        28.04.95 08:38:00 TL01 07 HZBLG 00 0150009703   F0 000 00000923
Q  11 MOTT        28.04.95 08:38:09 TL01 07 HZBLG 00 0150009704   F0 000 00000947
R  11 MOTT        28.04.95 08:41:40 TL01 07 HZBLG 00 0150009705   F0 000 0000098D
-----------------------------------------------------------------------------
OK _                                                                 1 -01118
```

Die Anzeige der Protokolldatenbank am R/2-System mit der Transaktion TM13 zeigt sämtliche Vorgänge, die zu Datenänderungen führen für einen gewählten Zeitraum. Unter der Belegnummer finden sich noch detailliertere Informationen zum Vorgang.

Gruppenarbeit mit SAP!?

Die SAP-Systeme bieten einige interessante Anknüpfungspunkte für Gruppenarbeitskonzepte. Allerdings gibt es auch Aspekte, die die Einrichtung echter Gruppenarbeit eher erschweren.

Um es gleich vorwegzunehmen, es gibt keine deterministische Beziehung zwischen SAP und Gruppenarbeit. Aber es gibt eine Vielzahl von faulen Ausreden von Organisatoren und Projektleitern, die sich bei ihrer Ablehnung von Gruppenarbeit auf ‚Sachzwänge' berufen. Und es gibt ebensoviele technikbezogene Versprechen bzw. Etikettenschwindeleien, die mit echter Gruppenarbeit wenig zu tun haben.

Ein technischer Traum geht in Erfüllung

Schon Anfang der siebziger Jahre war bekanntlich der Traum von Managementinformationssystemen (MIS) als Spitze des Eisbergs einer großrechnerorientierten Durchdringung des Unternehmens nach einigen u. a. von IBM unterstützten Experimenten ad acta gelegt worden. Die Technik war noch nicht reif (Batch-Verarbeitung), integrierte betriebswirtschaftliche Modelle fehlten, und vor allem das mittlere Management wehrte sich mit Informationsboykott.

Die darauffolgende Phase der Entwicklung und Verbreitung dialogorientierter Insel-Software gipfelte Anfang der achtziger Jahre in der technischen Vision einer über CIM vollintegrierten Produktion. Eine Vision, die wiederum für Viele traumatisch endete und deren Ausläufer und Wendehälse sich in der aktuellen ‚lean'-Modephase wiederfinden.

Eher abseits der kurzlebigen Modezyklen entwickelte die SAP ein Softwaresystem, das schon Ende der achtziger Jahre mit Fug und Recht behaupten konnte, datentechnisch und funktional mehr integriert abbilden zu können, als die damaligen CIM-Konzepte jemals versprachen, und das sich das konzeptionelle Understatement leistete, sich von den Bereichssystemen der Konstruktion und der Betriebsdatenerfassung über Batch-Input-Schnittstellen bedienen zu lassen. Kurz und knapp, die SAP-Systeme realisieren derzeit die Abbildung und Steuerung des gesamten betrieblichen Finanz- und Werteflusses, des Materials, der Aufträge, der Fertigung und Montage, der Instandhaltung und Qualitätssicherung, des Personals, der Termine – integriert, anpaßbar, mit einer einheitlichen Bedienungsoberfläche, einem kompletten Bürokommunikationssystem und einer Entwicklungsumgebung.

So gesehen sind die SAP-Systeme mehr als bloß Software. SAP konnte zum Industriestandard werden, weil es dem jahrzehntealten Traum von der integrierten Modellierung des Betriebs näher kam als so ziemlich jeder Andere.

Und die arbeitsorganisatorischen Träume?

Während all dieser Jahre der technischen

Leitbilder

Gerade moderne, hochtechnisierte Organisationen kommen ohne die menschliche Flexibilität nicht aus. Damit sich diese entfalten kann, bedarf es eines tragfähigen Netzes sozialer Beziehungen

Visionen mit ihren Erfolgen und Rückschlägen gab es Bemühungen, mit der Technisierung auch eine Humanisierung der Arbeit voranzutreiben. Schon früh erkannten Einzelne, daß gerade eine hochtechnisierte Produktion nicht ohne die Flexibilität von Menschen auskommt. Diese Flexibilität kommt nur in einer Arbeitsorganisation zum Tragen, in der den Menschen Handlungs- und Entscheidungsspielräume eingeräumt werden und in der die hohen Anforderungen der Arbeit auf ein tragfähiges Netz sozialer Beziehungen verteilt werden können.

Angeregt vor allem durch skandinavische Experimente, machten auch in Deutschland Begriffe wie ‚teilautonome Fertigungsinseln' und ‚qualifizierte Gruppenarbeit' die Runde. Gruppenarbeit meint dabei mehr als nur einen Oberbegriff für Mitarbeiter, die unabhängig voneinander entlang einzelner Vorgangsketten bestimmte Verrichtungen an einem bestimmten Objekt vornehmen. In guter europäischer Tradition wird darunter eine Einheit verstanden, die durch eine gemeinsame Aufgabe definiert ist, die Planungs-, Ausführungs- und Kontrollfunktionen umfaßt, zu deren Erfüllung die Gruppe als soziale Struktur notwendig ist und deren Außenbeziehungen – vor allem Weisungsrechte und Berichtspflichten – definiert sind. So gesehen bedeutet ja eine Fertigungsinsel noch lange keine Gruppenarbeit sondern zunächst nur ein Organisationsprinzip der Fertigung.

Soweit die nüchternen organisatorischen Feststellungen. Untrennbar mit diesem Konzept verbunden ist aber auch eine gewisse Autonomie, die sich aus Entscheidungsspielräumen, Zeitautonomie und Aufgabenvariabilität ergibt, also kurz Macht, sich gegenüber allzu einschränkenden Vorgaben seitens hierarchisch oder ablauforganisatorisch vorgelagerten Stellen zu verweigern. Von gewerkschaftlicher Seite erhoffte man sich von solchen Konzepten nicht zuletzt, daß sie die Beschäftigten davor bewahren würden, zu austauschbaren Rädchen in einer völlig technisierten Produktionsmaschine zu werden und dadurch die traditionell relativ starke Stellung vor allem der Facharbeiter und die daraus resultierende Verhandlungsmacht einzubüßen.

Während sich nun die Humanisierungsforschung vor allem auf die ehrgeizigen CIM-Projekte stürzte, entwickelten sich die SAP-Produkte sozusagen in deren Windschatten. Wer interessierte sich Mitte der achtziger Jahre schon für die Arbeitsbedingungen von Buchhaltern und Kostenrechnern? Erst als die Systeme immer mehr den gesamten Betrieb abzudecken begannen, griff die SAP auch zunehmend organisatorische Debatten auf. Das Ergebnis sind Systeme, deren Konzeption als gigantisches Formular noch stark seine tayloristischen Ursprünge in Buchhaltung und Kostenrechnung wiederspiegelt, die aber andererseits eine Reihe von arbeitsorganisatorisch interessanten Ansätzen zeigen.

Ansatzpunkte für Gruppenarbeit

Aus den o. a. Merkmalen von Gruppenarbeit lassen sich einige Anforderungen an die Technik ableiten. Es gibt eine Reihe von Merkmalen in den SAP-Systemen, an die bei der Planung der Arbeitsorganisation im Sinne von Gruppenarbeit angeknüpft werden kann.

■ 1. Abbildung der gemeinsamen Aufgabe

Die Datenintegration bietet die Möglichkeit, Funktionen und Daten an jedem beliebigen Arbeitsplatz bereitzustellen. Dadurch entfallen frühere Restriktionen der Arbeitsgestaltung, bei denen bestimmte Aufgabenzuschnitte durch die Bindung von Arbeitsmitteln (z. B. Karteien, Auftragsmappen) an bestimmte Arbeitsplätze vorgegeben waren. Technisch ist es kein Problem, z. B. alle Funktionen der Logistiksteuerung und der Produktionsplanung in einer Fertigungsinsel zusammenzuführen. Das differenzierte Berechtigungskonzept der SAP bietet komplexe Möglichkeiten, so zusammengesetzte Aufgaben in entsprechende Zugriffsprofile umzusetzen.

Im operativen Betrieb müssen den einzelnen Gruppen ihre Arbeitsaufträge zugeordnet werden können. In einfachen Fällen kann das über im System vorgesehene Merkmale wie ‚Disponentengruppe' im Materialstamm erfolgen. Bei den Stammdaten (z. B. Materialstamm, Personalstamm) sieht das System die Möglichkeit der Verteilung der Zuständigkeit für die Pflege auf beliebig festlegbare Stellen vor, wodurch sich weitgehende Freiheitsgrade bei der Definition von Aufgaben ergeben, die für die Organisation von Gruppenarbeit genutzt werden können. Schwierig kann sich allerdings in der Produktionsplanung die Zuordnung von Auftragsbündeln zu den Gruppen gestalten, wenn deren Aufgaben nach mehre-

---

Stichwort ‚qualifizierte Gruppenarbeit'

Ein erweiterter Blick auf die Zukunftsperspektiven der Produktionsarbeit, der eine irreversibel werdende Erosion der facharbeitertypischen Befähigungsprofile vermeiden will, muß die kooperative Dimension von Arbeitsorganisation und Arbeitsstrukturen in den Vordergrund rücken.... Die unbestreitbaren und zunehmend unbestrittenen fertigungstechnischen und betriebswirtschaftlichen Vorteile qualifizierter Produktionsarbeit sind gemäß dieser These nur dann auf Dauer gesichert, wenn Arbeitsteilung, Arbeitsorganisation, Tätigkeitsinhalte und Personalstrukturen von einem Prinzip geprägt sind, das wir als qualifizierte Gruppenarbeit bezeichnen. In seiner idealen Form bedeutet dieses Prinzip, daß – als Ergebnis einer weitgehenden Rücknahme von hierarchischer, fachlicher und funktionaler Arbeitsteilung – Strukturen mit folgenden Merkmalen entstehen:

■ Eine Gruppe von Arbeitskräften mit gleich hoher Qualifikation,
■ die dank weitgehender Gleichartigkeit hohe wechselseitige Ersetzbarkeit sicherstellt,
■ ist gemeinsam für einen größeren zusammengehörigen Fertigungsbereich (und zwar nicht nur für die dort anfallenden Fertigungsfunktionen, sondern auch für diesen zugeordnete Dienste) verantwortlich,
■ wobei die Gruppe über innere Autonomie der Aufgabenverteilung und Arbeitsplanung verfügt
■ und die Eingliederung in die übergeordneten Aufbau- und Ablaufstrukturen auf der Grundlage von verhandelten 'Außen'-Beziehungen erfolgt.

Quelle: B. Lutz, Qualifizierte Gruppenarbeit – Überlegungen zu einem Orientierungskonzept technisch-organisatorischer Gestaltung, in: KfK-PFT 137, Karlsruhe 1988, S. 103 f.

> **Anforderungen an Systeme zur Unterstützung von Gruppenarbeit**
>
> 1. **Abbildung der gemeinsamen Aufgabe**
>   - freie Gestaltung von Aufgabenzuschnitten
>   - Zuordnung von Aufträgen zu Gruppen
> 2. **Absicherung der Autonomie**
>   - Verzicht auf PPS-Feinsteuerung
>   - Unterstützung der Steuerung durch autonomes System
>   - Abschottung durch Berechtigungsprofile
> 3. **Unterstützung der internen Disposition**
>   - allgemein verständlich und allgemein zugänglich
>   - Unterstützung von Gruppenentscheidungen und/oder Job Rotation
> 4. **Unterstützung flexibler Arbeitsteilung**
>   - einheitliche Bedienungsoberfläche
>   - Integration von Fach- und Bürosystemen
> 5. **Gestaltbarkeit der Arbeitsmittel in der Gruppe**
>   - individuelle Aufbereitung und Nachverarbeitung zentraler Daten
>   - Änderungen an Daten- und Programmstrukturen des Zentralsystems

ren Kriterien wie Auftragsart und Bearbeitungsweise differenziert sind.

■ 2. Absicherung der Autonomie

Die Autonomie der Gruppe kann nur aufrechterhalten werden, wenn ihre interne Disposition gegen Eingriffe von außen abgesichert ist. Ein Hineinregieren von außen ist auf die Dauer nur dadurch zu unterbinden, daß im Rahmen der internen Disposition anfallende Daten nach außen abgeschottet werden. Dadurch kann darüber hinaus auch ein wirksamer Schutz gegen individuelle technisierte Leistungskontrollen erreicht werden. Das Integrationskonzept der SAP, insbesondere die Koppelung von Material- und Wertefluß, steht zu einer solchen Abschottung generell im Widerspruch, denn für die Fortschreibung der Werteflüsse werden differenzierte Rückmeldungen über den Arbeitsfortschritt verlangt.

In der Realisierung könnte diese Anforderung bedeuten, daß ...

... innerhalb der Gruppe auf eine Unterstützung durch das System verzichtet wird und nur Vorgänge, die der Gruppe übergeben werden oder die sie verlassen, im System dokumentiert werden. Dieser Weg wird von einigen Anwendern begangen. In der Produktion bedeutet er einen Verzicht auf die PPS-Feinsteuerung und auf eine entsprechend differenzierte Auftragsabrechnung, was aber für die genannten Anwender durch die arbeitsorganisatorischen Vorteile mehr als wettgemacht wird.

... die Gruppe ein autonomes EDV-System nutzt, das nur aggregierte Daten an das Zentralsystem weitergibt. Ein Leitstand, der voll in das zentrale Datenmodell eingebunden ist, erfüllt diese Forderung nicht.

... die Gruppe das Zentralsystem nutzt und über Berechtigungsprofile gesteuert wird, daß Stellen von außerhalb die Vorgänge der Gruppe nur ab einer gewissen Aggregierungsstufe sehen können. Das SAP-Berechtigungskonzept bietet hierfür nur Ansatzpunkte bei bestimmten Auswertungen, z. B. im Controlling, aber keine generelle Lösung. Möglich wäre es natürlich, die gewünschten Aggregierungen (z. B. Verdichtung, Meilensteinrückmeldungen auf halbe Tage gerundet) für bestimmte Stellen über ABAPs zu realisieren, aber in Anbetracht der vielfältigen Zugriffsmöglichkeiten dürfte es schwer fallen, alle Möglichkeiten der Umgehung dauerhaft auszuschalten.

... die Arbeit der Gruppe zwar zentral vorgeplant wird, der Plan aber nur Anhaltspunkte gibt, von denen abgewichen werden kann und dessen Abarbeitung nicht zurückgemeldet werden muß. Rückmeldungen können sich auf Fälle der Überschreitung kritischer Ecktermine beschränken. Um Dispositionsmöglichkeiten und Spielraum für Sonderfälle (Eilaufträge, Ausfälle) zu erhalten, sollten die zentralen Planungen von einer Inselkapazität von deutlich unter 100 % der theoretisch möglichen ausgehen.

3. Unterstützung der internen Disposition der Gruppe

Die Optimierung der Bearbeitungsreihenfolge und die Arbeitsverteilung sollen innerhalb der Gruppe erfolgen. Voraussetzung der Dispositon durch die Gruppe ist, daß die Arbeitsmittel die Kommunikation nicht behindern, also allgemein verständlich und allgemein zugänglich sind.

Die Disposition kann systemgestützt oder manuell erfolgen. Im ersten Fall muß das System die für die Disposition ausschlaggebenden Daten in einer übersichtlichen Form darstellen und die getroffenen Planungen und Änderungen verwalten. Bei komplexen Fertigungssituationen können grafische Leitstände dabei hilfreich sein, vorausgesetzt, sie bilden tatsächlich die für die speziellen Dispositionsbedingungen in der Gruppe einschlägigen Daten ab und produzieren für die Fortschreibung der Pläne nicht mehr Rückmeldeaufwand als sie an Arbeitserleichterung bieten.

Eine manuelle Disposition der Arbeit, z. B. durch Dispo-Listen und Plantafeln, kann in vielen Fällen anschaulicher sein und insofern besser geeignet für allgemein nachvollziehbare Gruppenentscheidungen. Voraussetzung ist, daß die entsprechenden Unterlagen in für den Zweck geeigneter Form aufbereitet werden. Diese Anforderung wird sich nicht immer mit Standardlisten abdecken lassen. Eine entsprechende Unterstützung setzt eine Anforderungsanalyse voraus, die nicht nur einen abstrakten Informationsbedarf ermittelt, sondern auch die Arbeitsweise der Disposition nachvollzieht.

Im Bürobereich ist die Verteilung der Arbeit meist leichter zu disponieren. Der Trend, diesen Vorgang durch Workflow-Management zu automatisieren, läuft der Idee der Gruppenarbeit natürlich völlig zuwider.

4. Unterstützung flexibler Arbeitsteilung

Die Stärke der Gruppenarbeit liegt in ihrer Flexibilität, und die kommt nur zum Tragen, wenn sie nicht durch eine starre Arbeitsteilung innerhalb der Gruppe unterlaufen wird. So gibt es in einem Team zwar Spezialisten für bestimmte Aufgaben, aber auch eine gewisse Bandbreite, innerhalb derer die Gruppenmitglieder sich gegenseitig unterstützen und Schwankungen der Auftragsbelastung oder Personalausfälle ausgleichen können.

Die Zusammenfassung aller Funktionen unter einer einheitlichen Bedienungsoberfläche in den SAP-Systemen ist sicherlich für diese Zielsetzung hilfreich, denn sie erleichtert es dem Mitarbeiter, auch in Bereichen, in denen er kein Spezialist ist, einfache Vorgänge zu bearbeiten oder zumindest Auskünfte abzurufen. Die Integration der Bürofunktionen in die Fachsysteme erleichtert darüber hinaus eine flexible Arbeitsteilung zwischen Sachbearbeitung und Teamassistenz, bei der SachbearbeiterInnen Sekretariatsfunktionen nutzen können und TeamassistentInnen Fachfunktionen.

„3.12 Bürohilfskräfte – eine bedrohte Art"

Zu Gruppenarbeitskonzepten in der Produktion gehört häufig auch, daß die Planungs- und Dispositionsaufgabe in der Gruppe entweder rotiert oder daß diese Verantwortung der gesamten Gruppe obliegt und im Rahmen von Gruppenbesprechungen wahrgenommen wird. Wenn die Wahrnehmung der Planung und Disposition keine Spezialistenaufgabe sein soll, so setzt dies voraus, daß diesbezügliche Planungshilfsmittel nicht eine abstrakte Planungslogik widerspiegeln, sondern anschaulich und im Falle einer Systemunterstützung leicht bedienbar sind.

5. Gestaltbarkeit der Arbeitsmittel in der Gruppe

Die Erfahrungen innerhalb der Gruppe sollten unmittelbar in Verbesserungen der Arbeitsmittel, namentlich der EDV-Systeme, umgesetzt werden können, ohne durch langwierige Antragsverfahren bei zentralen Stellen entmutigt zu werden. Bezüglich Auswertungen bieten die SAP-Systeme entsprechend geschulten Mitarbeitern schon durch ABAP/4 und QUERY hierfür umfassende Möglichkeiten. Darüber hinaus ermöglichen die Schnittstellen zu verbreiteten PC-Standardwerkzeugen wie Excel und Access eine individuelle Informationsaufbereitung der Gruppe bei relativ geringem Aufwand. Grundsätzlich besteht die Möglichkeit, auf diesem Wege sogar einfache dezentrale Steuerungen zu realisieren (vgl. oben unter 2.2). Den Autoren ist ein in ganz Deutschland operierender Industriebetrieb bekannt, der in der gesamten Produktionssteuerung jahrelang erfolgreich mit individuell erstellten Tabellenkalkulationsprogrammen auf Heimcomputern arbeitete.

Ein Upload dezentraler Daten aus solchen Systemen muß allerdings aus Gründen der Konsistenz des zentralen Datenbestands immer zentral geprüft und eingerichtet werden. Eine Realisierungsmöglichkeit dafür bei SAP-Systemen besteht in der Abwicklung über die Batch-Input-Schnittstelle. Soweit die Gestaltungsanforderungen von anderen Stellen mitgenutzte Objekte betreffen oder Modifikationen des SAP-Standards erfordern, werden sie in der Regel nur zentral vorgenommen werden können. Der Pflegeaufwand, der sich aus dem Releasewechselkonzept der SAP ergibt, wird in vielen Fällen dazu führen, daß Modifikationsanforderungen abgelehnt werden.

6. Gruppenarbeit im Einführungsprojekt

Hier geht es nicht um Gruppenarbeit in operativen Tätigkeiten, sondern im Einführungsprojekt. SAP plädiert in diesem Bereich ausdrücklich für Gruppenarbeit und unterstützt mit organisatorischen Vorschlägen und Tools die meisten der oben angeführten Kriterien, namentlich die Unterstützung der internen Disposition und die Gestaltbarkeit der Arbeitsmittel im Customizing. Die Steuerung der Programme über Tabellen ermöglicht eine flexible Arbeitsteilung zwischen EDV-Fachkräften und Fachbereichsmitarbeitern im Team. Probleme der Kommunikation über die Abbildung fachlicher Abläufe in die EDV können mittels der grafischen Darstellung des R/3-Analyzers reduziert werden.

Unterstützt SAP nun Gruppenarbeit oder nicht?

Die Frage „Unterstützt SAP nun die Gruppenarbeit in Produktion und Verwaltung oder nicht?" läßt sich also nur mit einem zaghaften „Jein" beantworten. Eines ist jedenfalls klar: Die Entscheidung für organisatorische Leitbilder nimmt einem die SAP nicht ab. Für die Einführung von Gruppenarbeit sind zu allererst die organisatorischen Voraussetzungen zu schaffen, wie z. B. Definition von Aufgabenstellung, Weisungsbefugnissen und Berichtspflichten, Akzeptanz in der Organisation, Qualifizierungsmaßnahmen, Beteiligung des Betriebsrats, kurz umfassende Maßnahmen der Organisationsentwicklung. In ein solches Konzept wird sich die SAP-Software nicht immer nahtlos einfügen. Aber dort, wo Gruppenarbeitskonzepte in der Praxis gescheitert sind, hing das höchstens vordergründig mit der Systemtechnik zusammen. Ausschlaggebend war, daß bestimmte Stellen die Gruppenarbeit nicht wollten, um keine Handlungsspielräume abgeben zu müssen, und daß das Leitbild von der Unternehmensleitung nur halbherzig unterstützt wurde. Was man nicht will, kann man mit SAP auch nicht realisieren ... ◆

Leitbilder

Bürohilfskräfte – eine bedrohte Art

Die SAP-Systeme unterstützen den autarken Sachbearbeiter, der, ohne auf Unterstützung angewiesen zu sein, alle Vorgänge selbständig erledigt. Für Sekretärinnen und andere Bürohilfskräfte wird dadurch die existenzielle Frage nach weiteren Beschäftigungsmöglichkeiten aufgeworfen, während sich Fachkräfte unter Umständen dadurch in Nebentätigkeiten verzetteln. Eine ausreichend ausgestattete Teamassistenz ist dann eine wirtschaftlich und personalpolitisch sinnvolle Alternative.

Das von SAP propagierte Modell der Vorgangsbearbeitung durch den Sachbearbeiter hat so augenfällige Vorzüge, daß andere Organisationsmodelle der Sachbearbeitung kaum noch ernsthaft in Erwägung gezogen werden. Ablauforganisatorisch lassen sich die Bearbeitungszeiten durch Wegfall der Liege- und Transportzeiten drastisch kürzen. Die Aufgabenintegration führt zu einer Erhöhung der Aufgabenvielfalt für den Sachbearbeiter; in Bereichen mit relativ geringen Regulationsanforderungen kann damit eine Erhöhung der Anforderungen verbunden sein. Gerade vor dem Hintergrund einer durch die Kritik am Taylorismus gekennzeichneten Diskussion wird diese Entwicklung allgemein als positiv bewertet.

Wo sämtliche Datenerfassungs-, Schreib-, Ablage- und Kommunikationsfunktionen in die Sachbearbeitung integriert sind – soweit sie nicht ganz automatisiert wurden – gibt es für Sekretärinnen und andere Bürohilfskräfte nichts mehr zu tun. Für sie müssen andere Betätigungsfelder gefunden werden, nur wo, wenn die autarke Sachbearbeitung sich – scheinbar als Sachzwang – im ganzen Betrieb durchsetzt?

In einer Reihe von Betrieben, die nicht einfach auf Entlassungen in dieser Mitarbeitergruppe setzen wollten, wurden ehemalige Sekretärinnen in Sachbearbeitungsaufgaben eingearbeitet. Da dies in der Regel ohne eine langfristige Qualifizierung erfolgte, waren die Ergebnisse unterschiedlich und sehr stark von der Motivation und persönlichen Anpassungsfähigkeit der Mitarbeiter abhängig. Bessere Ergebnisse ließen sich mit Sicherheit erzielen, wenn eine langfristige Personal- und Qualifizierungsplanung durchgeführt würde, die entsprechend systematische Qualifizierungsmaßnahmen ermögliche. Aber obwohl die personellen Auswirkungen in diesem Bereich zu einem frühen Zeitpunkt des Projekts leicht vorhersehbar sind, wird das Problem meist erst in der Einführungsphase erkannt und dann ad hoc reagiert.

Personal- und Qualifizierungsplanung kön-

Zur Vorgangsbearbeitung
➡ „2.1 Organisation wird mitgeliefert"

> „In drei Wochen werden wir auf die SAP-Materialwirtschaft umgestellt. Nach dem, was ich so gehört habe, brauche ich dann nicht mehr Bestellungen einzugeben, weil das die Disponenten dann selber machen. Dann bin ich praktisch überflüssig hier. Ich habe früher auch schon mal in der Einkaufssachbearbeitung ausgeholfen, z. B. Termine angemahnt oder Angebote angefordert, das fand ich interessant. Mein Chef meint, wahrscheinlich gäbe es andere Arbeiten an dem neuen System, die ich machen könnte, das müsse man halt mal abwarten."
>
> (Mitarbeiterin des Einkaufssekretariats eines Niedersächsischen Elektrounternehmens)

SAP, Arbeit, Management

Leitbilder

Organisationsformen der Sachbearbeitung Quelle: Kiesmüller u. a. (modifiziert)

nen Härten für die Mitarbeiter der unteren Qualifikationsstufen im Büro im Zusammenhang mit der Durchsetzung der autarken Sachbearbeitung mindern helfen. Darüber hinaus wird aber von Fachkräften immer wieder die Frage aufgeworfen, ob eine konsequent autarke Sachbearbeitung überhaupt wirtschaftlich und organisatorisch optimal ist. Gerade in Bereichen mit traditionell hohen Qualifikationsanforderungen und starken Außenkontakten wie Einkauf und Vertrieb wird die Integration von Datenerfassungstätigkeiten und Korrespondenz in die Sachbearbeitung als Belastung empfunden, die von den eigentlichen Fachaufgaben ablenkt und auch nicht den typischen Stärken der Fachkräfte entspricht. Hinzu kommen durch die Schließung der Sekretariate noch weitere nicht systembezogene Tätigkeiten wie Reiseorganisation und -abrechnung, Büromaterialbeschaffung, Terminkoordination etc. Typisch für diese Situation war die Klage eines Einkäufers nach der RM-MAT-Einführung:

„Ausgerechnet zu dem Zeitpunkt, wo das Unternehmen erkannt hat, daß es Konkurrenzvorteile vor allem über eine globalisierte und

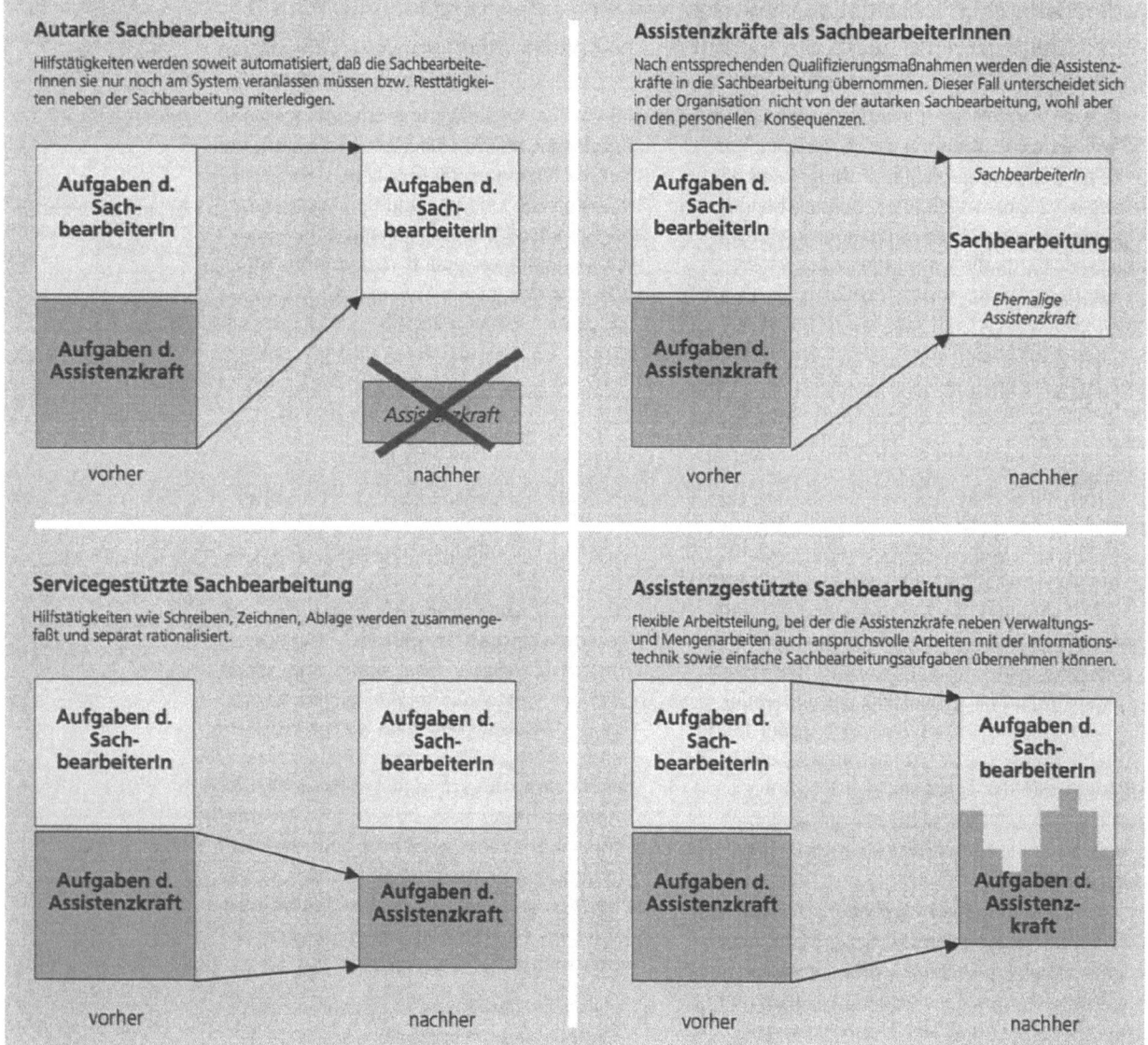

> „Früher habe ich für ein Angebot an den Kunden einen Schreibauftrag erstellt, und daraus hat das Sekretariat dann mit der programmierten Textverarbeitung ein Angebotsschreiben gemacht. Heute mache ich das unter WinWord selbst. Ich tippe zwar nach dem ‚Zwei-Finger-Adler-System' (erst kreisen, dann hacken), aber es ist mal was anderes, mich in das WinWord einzuarbeiten. Wirtschaftlich ist das natürlich bei etwas längeren Texten nicht, zumal ein guter Vertriebler bei uns schon ein bißchen mehr als eine Sekretärin verdient. Aber es befriedigt mich, wenn ich es hingekriegt habe."
>
> (Vetriebsmitarbeiter nach der Einführung von PC-Textverarbeitung an allen Arbeitsplätzen)

preisbewußte Beschaffungspolitik erzielen kann, werden uns die Sekretärinnen weggenommen, die bisher die Preiskartei führten. Jetzt sitze ich nach Preisverhandlungen mit wichtigen Lieferanten mehrere Tage daran, die vereinbarten Konditionen ins System einzupflegen, statt neue Lieferanten aufzutun."

Die häufig gehörte Polemik, es schade „diesen elitären Angestelltengruppen" überhaupt nichts, auch mal an einem Bildschirm zu arbeiten, sollte nicht den Blick dafür verstellen, daß eine solche Organisation mit den strategischen Zielen des Unternehmens bezüglich seiner Beschaffungs- und Vertriebsmärkte nicht unbedingt konform geht. In den seltensten Fällen wird geprüft, welche Verteilung der Aufgaben auf Mitarbeiter unterschiedlicher Qualifikations- und Lohnniveaus wirtschaftlich ausgewogen ist.

Ganz abgesehen davon, daß eine Fachkraft wie der Einkäufer des obigen Beispiels eine ausgesprochen teure Bedienungskraft für EDV-Systeme ist, bleibt seine Leistung bei vielen solchen Arbeiten auch weit hinter denen eines geschulten Assistenten zurück. Das beginnt mit der Tastaturbedienung. Den vollen Funktionsumfang, den ein komplexes Fachsystem mit Büroumgebung bietet, wird eine Fachkraft zudem in vielen Fällen zu selten nutzen, um auf Dauer einigermaßen souverän damit umzugehen. Das Erstellen von Statistiken, das Formatieren von Berichten, das Anlegen und Ändern von Textbausteinen sind Beispiele für Tätigkeiten, die ein gewisses Spezialwissen der Systembedienung verlangen, das nur bei ständiger Anwendung aktuell gehalten werden kann. In vielen Fällen wird es daher sinnvoll sein, den Sachbearbeiter nur die für seine Arbeit ständig erforderlichen Funktionen des Systems ausführen zu lassen (‚Basisnutzung') und darüber hinausgehende Aufgaben Assistenzkräften als Spezialisten für Systembedienung (‚Vollnutzung') zu übertragen.

Also zurück zur Arbeitsteilung zwischen Sachbearbeitung und Hilfskräften? In manchen Fällen mag die Aufrechterhaltung oder Einrichtung von Servicestellen, die bei klarer Aufgabentrennung der Sachbearbeitung bestimmte Dienstleistungen erbringen, tatsächlich bessere Ergebnisse zeitigen als eine rein autarke Sachbearbeitung. Aber die bekannten Probleme der großen Distanz zwischen Auftraggeber

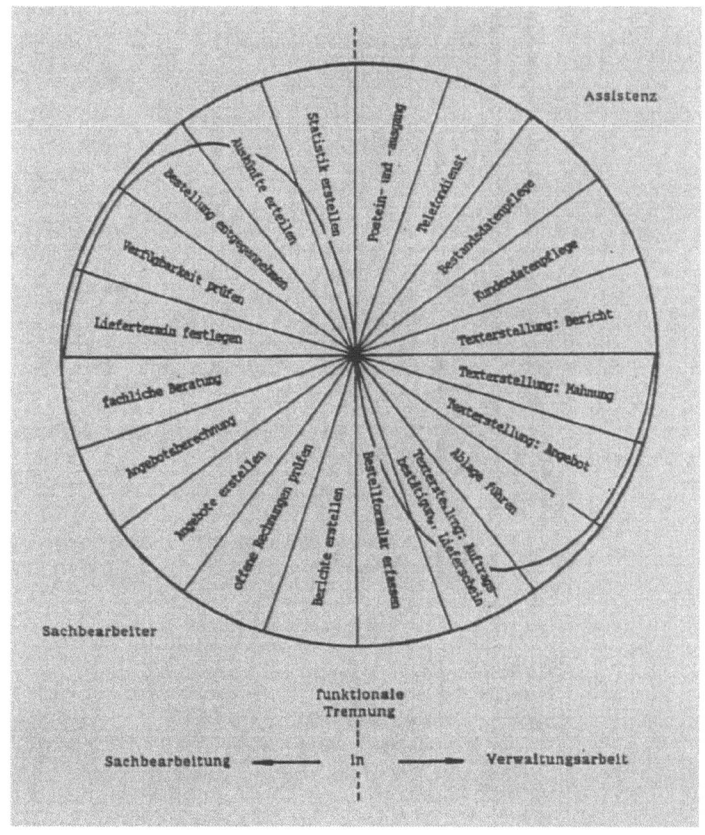

Das Konzept der assistenzgestützten Sachbearbeitung am Beispiel des Einkaufs

Leitbilder

und Ausführenden, der Gefahr monotoner Arbeitsabläufe in den Servicestellen und des zusätzlichen Aufwands für die Kommunikation zwischen Service- und Fachabteilung sind bei dieser Organisationsform schwer zu vermeiden.

Dem Teamdenken moderner Organisationen näher liegt das Konzept der assistenzgestützten Sachbearbeitung oder Teamassistenz. Die Assistenzkräfte arbeiten dabei in unmittelbarer räumlicher Nähe der Fachabteilung, der sie zugeordnet sind. Ihre Funktionen sind
- Entlastung der Sachbearbeitung von Mengenarbeiten;
- Ausführung anspruchsvoller Aufgaben am EDV-System;
- allgemeine Verwaltungs- und Koordinierungsaufgaben;
- bei Bedarf (z. B. Abwesenheiten oder Arbeitsspitzen) Übernahme einfacher Sachbearbeitungsaufgaben.

Es handelt sich hier also um ein Konzept flexibler Arbeitsteilung, bei dem bestimmte Aufgaben je nach Arbeitsanfall wahlweise von der Sachbearbeitung oder den Hilfskräften übernommen werden. Die Erfahrung hat gezeigt, daß diese Organisationsform nur dann funktioniert, wenn die Assistenz ausreichend personell ausgestattet ist und zu nicht mehr als 50 % mit Mengenarbeiten ausgelastet wird. Anderenfalls ist sie nicht in der Lage, die anderen Aufgaben im Bereich der Teamassistenz zu gewährleisten.

Kriterien und Checkliste für unterschiedliche Typen von Assistenzorganisation (nach Kiesmüller u.a.)

Aufgabenstellung	periodisch wiederkehrende, standardisierbare Aufgaben	komplexe Aufgabenstellung mit gleichartigen, durchgängig hohen Qualifikationsanforderungen	komplexe Aufgabenstellung mit unterschiedlichen Qualifikationsanforderungen
	geringer administrativer oder organisatorischer Unterstützungsbedarf	klar abgrenzbarer Unterstützungsbedarf	hoher administrativer oder organisatorischer, qualifizierter Unterstützungsbedarf
	geringer Schriftgutanfall oder anfallende Schriftmenge in Arbeitsablauf integriert	periodisch wiederkehrendes, größeres, standardisiertes Schriftgut (z. B. Berichte)	zeitlich und mengenmäßig unterschiedlicher Anfall von qualitativ hochwertigem Schriftgut (Texte, Statistiken, Grafiken usw.)
Arbeitsteilung	Sachbearbeiter führt die zu seiner Teilaufgabe erforderlichen Teiltätigkeiten selbst aus	klare Trennung in bearbeitende und rein ausführende Tätigkeiten	flexible Arbeitsteilung zwischen bearbeitenden und rein ausführenden Tätigkeiten
	seltene Benutzung der zentralen oder externen Dienste	häufige Benutzung der zentralen oder externen Dienste	Benutzung zentraler oder externer Dienste bei Arbeitsspitzen
Technikeinsatz	hoher Technisierungsgrad der Sachbearbeitung möglich	Technisierung der Sachbearbeitung nicht möglich	Technisierung der Sachbearbeitung teilweise möglich
Defizite	Defizite bei qualifizierten Aufgaben	Unterstützungsdefizite bei reinen Mengenarbeiten	Defizite bei unterstützenden Arbeiten (z. B. Sammeln und Sortieren von Information)
Summe Punkte für	autarke Sachbearbeitung	servicegestützte Sachbearbeitung	assistenzgestützte Sachbearbeitung

Ob Integration in eine ‚autarke Sachbearbeitung' oder ‚Teamassistenz': Beschäftigungsmöglichkeiten für Bürohilfskräfte werden sich nur über erhebliche Qualifizierungsanstrengungen sichern lassen. Die Einführung von SAP-Systemen ohne ein klares Leitbild für die Rolle der Assistenzkräfte in der Organisation führt für diese früher oder später zum Aus und macht die Sachbearbeiter in vielen Bereichen zu überforderten Einzelkämpfern. Aus der Entscheidung für ein organisatorisches Leitbild können langfristig angelegte Qualifizierungsprogramme abgeleitet werden, so daß die Systemeinführung organisatorisch durch flexible Teams mit ausgewogener Personalstruktur flankiert werden kann. ◆

Leitbilder

Betroffenenbeteiligung findet statt. Aber wie?

Betroffenenbeteiligung wird immer wieder gefordert – nicht zuletzt von seiten der Betriebsräte. Aber oft ist unklar, wie das umzusetzen sei. Der folgende Artikel gibt Anregungen.

Zur Betroffenenbeteiligung vgl. auch den Praxisbericht ➡ „3.14 Beteiligung will richtig organisiert sein".

Schon bevor die Modewelle beteiligungsorientierter Reengineeringprozesse wie TQM, KVP, Lean Production, Lernendes Unternehmen etc. über die deutsche Industrie schwappte, wurde unspektakulär bei SAP-Einführungsprojekten Benutzerbeteiligung praktiziert. In allen Fassungen des SAP-Vorgehensmodells, zunächst Method I, dann im IMW und zuletzt – auf R/3 zugeschnitten – IMG, wird die Einrichtung von Projektgruppen" dringend empfohlen. In ihnen sollen neben den EDV-Experten und externen Beratern fachkundige und erfahrene Mitarbeiter der betroffenen Fachabteilungen intensiv mitarbeiten. Diese Empfehlungen stehen nicht nur auf dem Papier, sondern sind auch verbreitete Praxis. Die bei SAP-Einführungen beteiligten Beratungsfirmen – sei es SAP selbst, ein Logo-Partner" der SAP oder ein Dienstleistungsrechenzentrum – machen eine solche Projektstruktur in aller Regel sogar zum Bestandteil ihrer Beratungsverträge.

Also alles o.k.? Können die Beteiligungsapostel zufrieden feststellen, daß ihre Forderungen nach sozialverträglicher oder wie wir es nennen arbeitsorientierter Technikgestaltung quasi als Sachzwang wie von selbst erfüllt werden? Leider nicht ganz. Denn allzu oft zielt die Beteiligung der Betroffenen viel zu eng auf eine bloßes Erheben ihres Wissens über die betrieblichen Abläufe. Aber immerhin: es ist ein Anfang gemacht, an den man anknüpfen kann.

Auch die bloße Wissenserhebung will wohlorganisiert sein

■ *„Klaus, kannst du die Bestellungen hier übernehmen, ich muß in die SAP-Projektgruppe!" – „Wann kommst du wieder?" – „Weiß ich nicht." – „Ich komme mit meinem Kram aber auch nicht hin! Na ja, ich werde Karin fragen. Sonst bleiben die Bestellungen halt liegen! – Tschüß!"*

Ein typischer Dialog – im Grunde unproblematisch und üblich, wenn Mitarbeiter nur halbtags im Fachbereich arbeiten. Problematisch sind aber oftmals die Bedingungen, unter denen solche Abstimmungen im Zusammenhang mit SAP-Einführungsprojekten verlaufen:
- Für die zumeist über 50-prozentige Delegation von Fachbereichsmitarbeitern in das Projekt stehen keine Ersatzkapazitäten zur Verfügung.
Die Folge: Überstunden und Mehrarbeit für alle.
- Das Projekt ruft, der Mitarbeiter muß kommen, aber der Vorgesetzte ruft auch und sagt: „Die Produktion geht vor!" Eine klare Regelung für solche Konfliktfälle gibt es nicht.
Die Folgen: Der Kampf um die Prioritäten wird auf dem Rücken der Mitarbeiter ausgetragen. Die Arbeits- und Kooperationszusammenhänge werden für alle unkalkulierbar und damit auch schlecht planbar.

■ *„Früher hat der Heinz ja noch was aus dem Projekt erzählt, aber jetzt scheint er ja was Besseres zu sein. Er hat ja SAP studiert, und wir sollen ihm den Rücken für seine Karriere freihalten, ohne zu wissen, was danach mit uns wird."*

Die Auswahlkriterien für die Projektmitarbeit, die mittelfristige Personalplanung und die Informationspolitik bleiben intransparent.
Die Folgen:
- Entfremdung der Projektmitarbeiter von der Fachabteilung, Isolierung des Projek-

tes;
- Mißtrauen und Mißgunst gegenüber den freigestellten Mitarbeitern und dem Projekt insgesamt;
- Demotivation und sinkende Änderungsbereitschaft in der Linie.

■ *„Der 1.1.199X naht, und die Datenübernahme und Massentests sind noch immer nicht durch ..."*

Die Projektterminierung ist sehr oft einfach unrealistisch.
Die Folgen:
- Das Projekt bringt ungesunden Streß und Hektik.
- Es immunisiert sich mehr und mehr gegenüber Ansprüchen und Anregungen aus den Fachabteilungen und zieht nur noch seine ‚technische Aufgabe' durch.
- Die Akzeptanz in den Fachbereichen gerät in Gefahr.
- Die Chancen für arbeitsorientierte SAP-Modellierungen sinken.

Ein Großteil der oben angesprochenen Probleme ließe sich durch recht einfache Maßnahmen kompensieren oder gänzlich vermeiden, wenn da nicht die ‚Fürsten' und die Geschäftsleitungen wären, die schon die funktional notwendige Beteiligung im Sinne einer Wissenserhebung bei den ‚Arbeitsplatzexperten' aus den Fachbereichen behindern oder sogar direkt torpedieren, zumindest aber die Beteiligungslasten auf die betroffenen Mitarbeiter abzuladen versuchen.

Mit anderen Worten: Auch die konventionelle Form der Beteiligung in SAP-Einführungsprojekten bedarf einer klaren Orientierung, verbindlicher Vorgaben und einer ständigen Förderung von seiten des Linienmanagements und der Geschäftsführung. Schließlich ist es deren Aufgabe, Ersatzkapazitäten für die durch das Projekt gebundene Arbeit bereitzustellen, Prioritäten zwischen Produktions- und Projektarbeit zu setzen und eine kontinuierliche Information der betrieblichen Öffentlichkeit über Ziele, Fortgang und erwartete Konsequenzen des Projektes sicherzustellen.

Da aber gerade Selbstverständliches ‚oben' häufig nicht beachtet wird oder weil es die Unternehmenskultur nicht zuläßt, solche Banalitäten auf die Tagesordnung des Lenkungsausschusses oder gar einer Geschäftsführersitzung zu setzen, ist allzu häufig der Betriebsrat am Zuge.

Zum Schutz der vom Projekt betroffenen Mitarbeiter, hat er nach dem Betriebsverfassungsgesetz eine Reihe von Aufgaben, so etwa

■ § 99 bei Umsetzung und Versetzung von Fachbereichsmitarbeitern ins Projekt,
■ § 95 in Verbindung mit § 92 und § 93 bei der Auswahl von Projektmitarbeitern,
■ § 87 Abs. 1 Nr. 2 bei Mehrarbeit im Projekt bzw. in den Fachabteilungen,
■ § 98 bei der Schulung und Weiterbildung der Projektmitarbeiter und der späteren Systemanwender.

Nicht selten stellen Betriebsräte dabei fest, daß Geschäftsleitung, Linienvorgesetzte und Projektleitung diesem Aufgabenfeld kaum Beachtung geschenkt haben und zu allem Überfluß die Initiativen des Betriebsrats als Behinderung der Projektarbeit, wie sie sie verstehen, wahrnehmen.

**Befristete Abordnung ins Treibhaus -
Zur sozialen Situation der Beteiligungseliten**

In den meisten Unternehmen sind Projekte wie eine SAP-Einführung Sondersituationen, in denen besondere Regeln gelten. Teamarbeit ist angesagt, man kann sich bewähren, wird gefordert und gefördert. Man hat klare Ziele vor Augen. Und vor allem: Man kann sein persönliches Wissen, eigene Erfahrungen, Ideen und Beschwerden unbürokratisch einbringen. Dafür ist man bereit, durchzupowern und auch mal 11 Stunden gerade sein zu lassen. Vielleicht springt am Ende ja auch noch ein besserer Job, zumindest aber ein sicherer Arbeitsplatz heraus. Mitarbeit im Projekt als Herausforderung und Chance.

Ist jedoch das Projekt nach einem harten Endspurt abgeschlossen, wird also die Behei-

> „Die Arbeit im Projektteam ist effektiv und macht Spaß; ich mag gar nicht wieder zurück in die verknöcherte Linie."
> (Ein Projektmitarbeiter)

zung des ‚Treibhauses' abgestellt, so treten allzu häufig auch für die Beteiligungselite die alten Regeln wieder in kraft. In der Fachabteilung lebt der alte Arbeitsstil fort, und den Nicht-Beteiligten wird das Produktivsystem zur Einarbeitung vorgesetzt. Dann ist der Frust der Projektmitarbeiter vorprogrammiert:

- Man fühlt sich ausgepreßt und ausgelaugt und reagiert auf jegliche, auch auf berechtigte, Kritik am System sauer und schimpft über die disziplinlosen Anwender.
- Man muß sich wieder in die alte Hackordnung und bürokratischen Strukturen einordnen, Verbesserungsvorschläge zurückhalten, nur positiv auffallen, kuschen usw.

Sind darüber hinaus im Zuge der SAP-Einführung noch Arbeitsplätze oder Mitarbeiter überflüssig geworden, so wird die Beteiligung daran von Kollegen zuweilen durchaus als Verrat gesehen und den Projektmitarbeitern, aber auch dem ganzen Verfahren zur Last gelegt: „Projektbeteiligung ist gut für die, die noch klettern dürfen; nicht aber für die, an deren Ästen gesägt werden soll."

> „Eine intensive IST-Aufnahme kann man sich sparen, die Mitarbeiter bringen das notwendige Wissen ja frisch aus den Fachabteilungen mit ins Projekt; man muß es nur zu nutzen verstehen."
> (Ein SAP Projektleiter)

Solche Treibhausprojekte produzieren Kulturbrüche im negativen Sinn des Wortes und hinterlassen gravierende Flurschäden im Bereich der Motivation und der Änderungsbereitschaft der Mitarbeiter. Die Chance, über das Projekt neue Arbeitsformen, Kommunikation über die Abteilungsgrenzen hinweg oder nützliche Abläufe auch für den Linienalltag auszuprobieren, ist vertan. Das Change Management ist wieder einmal in der Änderung einer bloß als technisch wahrgenommenen Struktur hängengeblieben.

Verantwortlich für die Gestaltung des Veränderungsprozesses ist und bleibt vor allem die Unternehmensspitze bzw. ein mit entsprechenden Kompetenzen ausgestatteter Projektleiter. Die Geschäftsleitung muß das Ziel definieren, neben der Technikentwicklung eine Organisationsentwicklung zu vollziehen, und sie muß die notwendigen Voraussetzungen dafür schaffen, zu denen nicht zuletzt eine personell und thematisch umfassende Beteiligung gehört.

Und der Betriebsrat? In einer Situation, in der der Beteiligungsnutzen allein auf die Mühlen des Unternehmens und einzelner Mitarbeiter zu fließen droht, kann er sicherlich hier und da blockieren, Meinungen und Stimmungen beeinflussen, eventuell über einen Sozialplan materielle Nachteile ausgleichen. Die ihm gesetzlich verbrieften Rechte versetzen ihn aber gewiß nicht in die Lage, einen glaubwürdigen Prozeß der Organisationsentwicklung und des Interessenausgleichs zu erzwingen. Er kann aber mit gutem Beispiel vorangehen und seine SAP-Politik stärker vor Ort diskutieren, Meinungsbilder auf Abteilungsversammlungen einholen, Ideen und Beschwerden aus den Projektgruppen und den Fachabteilungen aufgreifen und weiterentwickeln. Er kann darüber hinaus Aufgaben – wie die Suche nach Problemlösungen – an die Betroffenen selbst delegieren und nicht alles stellvertretend in die eigenen Hände nehmen. Aber auch das geht bei noch so gutem Willen nicht von heute auf morgen. Beteiligung muß auch betriebsratsseitig gelernt werden, und es bedarf einigen Mutes, mit alten Interessenvertretungsstrategien zu brechen und die eigene Arbeitsorganisation im Betriebsrat zu entwickeln. Denn auch die Kultur der Interessenvertretung für und durch Arbeitnehmer kann erheblichen Schaden nehmen, wenn Anregungen und Möglichkeiten zur politischen Einflußnahme auf die Dauer eines Treibhausprojektes" befristet bleiben.

Der Königsweg, den kaum jemand zu gehen wagt

Wenn Betroffenenbeteiligung nun solch eine zentrale Rolle spielt, ein empirisch belegter Erfolgsfaktor zielgerichteter Organisationsentwicklung und nicht zuletzt auch eine Verpflichtung aus den EG-Richtlinien ist, warum wird dieser ‚Königsweg' dann so selten beschritten?

Unserer Erfahrung nach scheinen hier drei Faktoren zu wirken. Es ist erstens die Angst vor Macht- und Gesichtsverlust auf allen Führungs- und Entscheidungsebenen. Zweitens beobachten wir einen nach wie vor tief verwurzelten Irrglauben der Experten, daß Pläne und vorgedachte Handlungsabläufe, weil sie in sich stimmig, logisch und betriebswirtschaftlich-funktional vollständig sind, auch tatsächlich funktionieren und nur noch durchgesetzt zu werden brauchen. Sie können sich nur schwer mit dem Gedanken anfreunden, daß bei aller Optimierung von Planungsabläufen, ‚best ways' von Planungskaskaden und umfassenden Datenmodellen immer noch zahllose Unbilden, Sondersituationen und Zufälligkeiten des betrieblichen Alltags die EDV-technische Abbildung konterkarieren, und die Kooperation betriebserfahrener Mitarbeiter zwingend erforderlich machen. Drittens fehlt es den wenigen Mutigen oder Einsichtigen, die die Schlagwörter von der Organisationsentwicklung und Beteiligung mit Leben erfüllen wollen, an konkreten Vorstellungen davon, wie man das denn nun ganz praktisch durchführen kann.

Es scheint so, als wäre es für die Überwindung solcher Hemmnisse erforderlich, daß sich überzeugte und überzeugende Personen oder Gruppen finden, die sich als Promotoren oder Change Agents für eine integrierte Betroffenenbeteiligung in einem integrierten Restrukturierungsprozeß starkmachen. Aber nicht nur das persönliche Engagement, der Mut oder auch nur das nüchterne Nutzenkalkül von Personen sind entscheidend. Derartige strukturelle Veränderungsprozesse müssen von ihrer formellen Konzeption her einige Grundbedingungen erfüllen, von denen wir vier besonders hervorheben wollen.

Vier Kernpunkte für eine integrierte Betroffenenbeteiligung

Der erste Kernpunkt ist die *Unmittelbarkeit der Beteiligung*. Denn nur sie verspricht eine wirklich arbeitsorientierte Gestaltung der integrierten Standardsoftware. Wir meinen damit, daß nicht nur die formellen Projektmitarbeiter aus den Anwenderabteilungen in die Gestaltungsarbeit einbezogen werden sollten, sondern prinzipiell alle Betroffenen. Die Intensität und die Art der Mitarbeit werden natürlich anders sein als bei den Projektgruppenmitgliedern. Aber dennoch sollte sich die Beteiligung der übrigen Betroffenen keinesfalls etwa nur auf Bekanntmachungen aus dem Projekt beschränken. Ihnen sollte vielmehr die Aufgabe und die Gelegenheit gegeben werden, eigene Ideen, Anforderungen, Wünsche und Kritik zu entwickeln und in die Projektarbeit einzubringen. Der Erfolg dieses Vorgehens hängt allerdings eng mit der Wahl einer geeigneten Methodik zusamme, mit der die Meinungen und Anregungen entwickelt und kommuniziert werden. Professionelle Hilfe für Moderation und Präsentation können diesen Prozeß nachhaltig unterstützen.

> „Das Projekt darf nicht mehr als zwei Jahre dauern; denn länger kann man eine Organisation und ihre Mitarbeiter nicht ungestraft überlasten."
> (Ein SAP-Projektleiter)

Der zweite Kernpunkt ist die *Absicherung der Beteiligten und Betroffenen* wenigstens hinsichtlich

- Beschäftigung,
- Gehalt,
- Wert ihrer Qualifikation.

Garantien hierüber sollten in einer Betriebsvereinbarung niedergelegt werden, denn ohne sie wird ein Beteiligungsprozeß eher einer Elitenbildung mit Ellenbogenverhalten und einer Mißtrauenskultur Vorschub leisten, als einer von allen akzeptierten und zielgerichteten Reorganisation und Personalentwicklung. Die Binsenweisheit aus Japan und der Geschichte des betrieblichen Vorschlagswesens in Deutschland, daß der Absicherungsgrad der betroffenen Mitarbeiter in nahezu direktem Verhältnis zu Innovationsbereitschaft und Ideenproduktion steht, widerspricht nicht den ebenso bekannten Sätzen wie „Not macht erfinderisch" oder „Keiner ist so klug wie alle". Im Gegenteil: Gemeinsamer Nutzen von Anstrengungen der Belegschaft und Respekt gegenüber den vielen kleinen Ideen und Initiativen, sind ein wichtige Merkmale einer glaubhaften, d.h. auch die Interessen der Mitarbeiter berücksichtigenden, Beteiligung.

Der dritte Kernpunkt ist die *Arbeitszeit*, die legitimiert für Beteiligungsprozesse aufgewendet werden darf. Wir haben schon betont, daß eine vernünftige Kapazitätsplanung für die Linienbereiche über die Dauer der SAP-Einführungsprojekte erforderlich ist. Dies gilt aber nicht nur für die Fachbereichsmitarbeiter im Projekt und für die Qualifizierungszeiten der Benutzer. Auch eine weitergehende Betroffenenbeteiligung, sei es über Prototyping, Informations- und Diskussionsworkshops oder auch nur über die formell eingeräumte Möglichkeit, jede Woche im Arbeitsbereich 2 Stunden lang über die SAP-Einführungsprobleme und -optionen zu debattieren, Vorschläge oder Bedenken zu formulieren, muß glaubwürdig eingeplant und gefördert werden.

Der vierte Kernpunkt einer sozialverträglichen Beteiligungsstruktur ist ihre formelle *Verknüpfung mit der Mitbestimmungskultur* und der Rolle des Betriebsrats, also das Ineinandergreifen von Entscheidungswegen, Institutionen und die Verteilung von Verantwortungen und Kompetenzen. Hier gilt es insbesondere darauf zu achten, daß unklare politische Ziele und unausgesprochenes Mißtrauen nicht zu einem innovationsfeindlichen Beteiligungsbürokratismus führen und daß die kollektivrechtlich vorgesehene Strategie- und Letztentscheidungsinstanz Betriebsrat nicht ausgehebelt wird.

Hinweise für die Umsetzung

Folgende Organisationsformen haben sich dafür bewährt:

- Der Betriebsrat und die Geschäftsleitung bilden einen paritätischen SAP- oder Reorganisationsausschuß, der über die Grundlinien (Ziele, Leitbilder, Rahmenbedingungen) einvernehmlich entscheidet, über ihre Einhaltung wacht und sie eventuell anpaßt. Dem klassischen Lenkungsausschuß sollte deshalb eher eine beratende Funktion oder die Rolle der Qualitätssicherung zugewiesen werden.

- Die vom SAP-Projekt betroffenen Betriebsbereiche haben das Recht, einen von ihnen gewählten Kollegen oder eine Kollegin in die Projektgruppen zu delegieren. Diese Delegierten haben die Aufgabe, neben der normalen Projektarbeit die Fachbereichsmitarbeiter über den Projektverlauf intensiv zu informieren, aber auch deren Ideen und Beschwerden verbindlich ins Projekt zu transportieren.

- Der Betriebsrat hat überdies das Recht, diese Fachbereichsdelegierten zu Koordinationszwecken bzw. für belegschaftsorientierte Interessenausgleichsdebatten zwischen den Bereichen zusammenzurufen. ◆

Leitbilder

Die Beteiligung der Arbeitnehmer will richtig organisiert sein

Interview mit Wolfgang Müller, stellvertretender PR-Vorsitzender der Stadtwerke Frankfurt a.M., über die Mitarbeit von gewählten Vertrauensleuten in Projektgruppen.

Frage: Bei Ihnen wird seit Anfang 93 im Zuge einer von der Beratungsfirma AAC gestützten SAP-Einführung ein neues Beteiligungsmodell praktiziert. Können Sie kurz schildern, wie es dazu kam und welche Besonderheiten es hat?

Antwort: Die Gründe waren rein praktischer Natur. Nach einem BIT (AFOS)- SAP-Grundlagenseminar hatten wir sehr schnell gemerkt, hier kommt mit SAP etwas auf uns zu, was wir weder von der zeitlichen Beanspruchung, noch von unseren fachlichen Möglichkeiten über die normale Personalratsarbeit alleine bewältigen können. Das stand am Anfang! Der zweite Punkt war, daß wir hier im Personalrat keine SAP- bzw. Datenverarbeitungsspezialisten sind, sondern aus anderen Erfahrungszusammenhängen herkommen. Und der dritte Punkt war, daß wir gesagt haben, wenn überhaupt das Wissen der Beschäftigten in das Projekt eingehen soll, dann soll es auch das interessenorientierte Wissen sein, das von der Basis, bzw. von den Betroffenen selber. Von daher kamen wir dann auf die Idee, nicht alles über den Personalrat laufen zu lassen, sondern wir sagten den Kollegen in den Fachabteilungen: Ihr bestimmt Eure Vertrauenspersonen, die dann in den Projektgruppen mitarbeiten. Damit könnt Ihr nicht nur uns als Personalrat entlasten, sondern vor allem Eure Ideen und Beschwerden direkt in das Projekt einbringen. Wir organisieren darüber hinaus ein monatliches Treffen der Vertrauenspersonen, um sie zu stützen und übergreifende Probleme und Wege zu diskutieren bzw. mit ihnen abzustimmen.

Frage: Welche Widerstände gab es bei der Durchsetzung dieser Idee gegenüber der Geschäftsführung, den Beratern bzw. auch vielleicht Betriebsrat/Personalrat?

Antwort: Mit der Geschäftsführung hatten wir eigentlich wenig Probleme. Sie hat diesen Beteiligungsansatz sehr schnell akzeptiert und in der Dienstvereinbarung abgesegnet. Die Berater von AAC haben sich vollkommen neutral verhalten. Worauf wir dann allerdings achten mußten, war, daß unsere Vertrauenspersonen vom Projekt auch immer eingeladen wurden. Es war nicht so, daß AAC von sich aus initiativ wurde und gefragt hat, ja wo bleibt denn der Herr X und die Frau Y, sondern das mußten wir dann schon ein bißchen im Auge behalten. Es wurde neutral eingeladen: Wer da ist, ist da und wer nicht, der fehlt. Es war also unsere Aufgabe, dann immer mit den Mitarbeitern zu sprechen, damit unsere Vertrauenspersonen ihre Aufgabe wahrnehmen konnten.

Frage: Und im Personalrat?

Antwort: Die Diskussion unter uns war sehr schnell und pragmatisch. Es gab nicht die Angst, daß über diese neue Vertretungsstruktur der Personalrat ausgehebelt wird, also wir nicht mehr als Personalräte ernstgenommen werden oder so – und dies ist bis heute so. Es gab auch keinen Grund dazu; denn wir haben von Anfang an gesagt, eine SAP-Vertrauensperson kann jeder sein.

Die von ihren Kollegen gewählten Vertrauenspersonen beteiligten sich an der Projektarbeit und trafen sich monatlich in einem Arbeitskreis.

Sie ist nicht gebunden an Gewerkschaftsmitgliedschaft, sondern es ist die Vertretung der Kollegen im Projekt und so wurde auch an das Problem herangegangen: Hat er das Vertrauen der Mitarbeiterinnen und Mitarbeiter in der jeweiligen Abteilung? Es hat daher auch in keinem Fall zu Spannungen zwischen der Entscheidung der Mitarbeiter und des Personalrats geführt. Deshalb haben wir auch Gewerkschaftsmitglieder und Nicht-Gewerkschaftsmitglieder als Vertrauenspersonen – bis heute.

Frage: Haben sich auch genügend Freiwillige gefunden?

Antwort: Es mußte schon mit dem einen oder anderen gesprochen werden, vor allem bei denen, wo die Ängste da waren, die Zusatzbelastungen nicht verkraften zu können.

Frage: Was meinen Sie mit Zusatzbelastung?

Antwort: Daß sie eben mehr Termine und Projektgruppensitzungen wahrnehmen mußten. Sie haben ja auch den Arbeitskreis der Vertrauenspersonen gehabt, der einmal im Monat zusammengekommen ist. Wir haben auch darum gebeten, daß sie zwischendurch immer wieder einmal ins Personalratsbüro kommen, um uns aus ihrer Sicht zu berichten. Dies ist eine reale Zusatzbelastung zur Projekt und Normalarbeit.

Dieser zweijährige Gewaltakt hat die Belegschaft zusammengeschweißt: Man ist stolz, es dennoch geschafft zu haben.

Frage: Wie haben diese Wahlen eigentlich stattgefunden?

Antwort: Wir haben Teil-Personalversammlungen durchgeführt – ganz formal nach dem hessischen Personalvertretungsgesetz, haben z. T. von unserer Seite aus schon Personalvorschläge gemacht, die aber vorab mit Kollegen besprochen waren, haben dann die Bereiche aufgefordert, weitere Vorschläge zu machen. Es war nicht so, daß jemand aufgesetzt wurde, aber wir haben gedacht, so ganz unvorbereitet können wir auch nicht reingehen.
Wir hatten sogar, wo es gefordert wurde, schriftlich, d. h. eine geheime Wahl durchgeführt. Da, wo es keine alternative Kandidatur gab, haben wir eben offen abgestimmt, aber da, wo mehr Kandidaten waren, gab es entsprechend auch geheime Wahlen.

Frage: Und die Vorgesetzten der jeweiligen Abteilungen haben die die Wahl der Vertrauenspersonen als Mißtrauensvotum empfunden?

Antwort: Am Anfang gab es mal solche Bemerkungen. Aber das hat sich eigentlich sehr schnell gegeben. Dies ist bis heute wohl das Fazit. Die Vorgesetzten haben ja auch was von den Vertrauenspersonen gehabt: Zum Beispiel brauchten sie die Mitarbeiter nicht mehr selbst zu informieren oder die Konflikte liefen direkt in die Projektgruppen und nicht über sie. Zum Teil haben sie die Vertrauenspersonen auch als Transportmittel ihrer eigenen Vorstellungen und Interessen zu nutzen versucht – manchmal sicherlich auch erfolgreich; denn wenn die Vorschläge vom Vorgesetzten gekommen wären, wäre man hier und da vielleicht argwöhnischer gewesen.

Frage: Sie sprachen vorhin von der Angst vor Zusatzbelastungen für die Vertrauenspersonen; wurden sie denn nicht ausreichend von ihrer Normalarbeit befreit?

Antwort: Nein, das muß man also klar sagen, das war nicht der Fall. Es war zwar so angedacht, aber in der Praxis hat es nicht funktioniert. Das Projekt hat ausnahmslos alle betroffenen Mitarbeiter, seien sie Vertrauenspersonen, Projektmitarbeiter oder die Leute in der Linie sehr belastet. 60 Stunden in der Woche waren und sind da keine Seltenheit. Das ist der Preis dafür, daß bisher alle geplanten Termine gehalten wurden. Aber auch der Preis dafür, daß die Qualität aus unserer Sicht gelitten hat und nun wieder mit viel Aufwand nachgebessert werden muß.
Man darf dabei aber nicht verschweigen, daß dieser zweijährige Gewaltakt die Belegschaft zusammengeschweißt hat: Man ist stolz, es dennoch geschafft zu haben.

Frage: Diese Vertrauenspersonen sind ja nun besondere Projektmitarbeiter gewesen, die ggf. Wünsche, Ideen und eben auch Kritik aus der Fachabteilung in die Projektgruppe getragen haben. Hat es in den Projektgruppen aufgrund dieser besonderen Rolle der Vertrauenspersonen Spannungen gegeben?

Antwort: Nein, dazu ist mir nichts bekannt geworden. Es muß sogar auf Zustimmung ge-

stoßen sein, daß eben auch kritische Gedanken da eingebracht wurden. Ich glaube auch aus den Erzählungen, daß es in der Projektgruppe, in der normalen Zusammenarbeit, auch gar nicht mehr so klar wurde, wer in welcher Position da drin ist. Wenn man mal gefragt hätte, müßten die Leute sicher erst einmal einen Moment nachdenken, um zu sagen, aha, das ist der Vertrauensmann der Beschäftigten und das ist jemand, der kraft seiner Vorgesetzen aus der Abteilung mitarbeitet.
Die Vertrauenspersonen sind sozusagen als Katalysatoren in den Projektgruppen akzeptiert und getragen worden. Sie haben wohl auch hier und da die anderen Projektmitarbeiter positiv angesteckt sicherlich auch mal umgekehrt.

Frage: Welche Erfahrungen haben Sie nun mit diesem Modell konkret gemacht?

Antwort: Die erste Erwartung war, daß unsere Vertrauensleute schneller und konkreter die Interessen einbringen, die wir in unserer Dienstvereinbarung festgelegt hatten. Z.B. Mischarbeit, Ergonomie, Qualifikation für alle etc. Dies kam aber so nicht immer zum Ausdruck, sondern es wurde auch von den Vertrauenspersonen sehr fachbezogen mitgearbeitet, man hat seine Erfahrungen, sein Wissen mit eingebracht, aber sicherlich nicht immer daran gedacht, daß es darum ging, auch in der Projektarbeit Arbeitnehmerinteressen zu vertreten. Also das, was ein Personalrat natürlich immer tun sollte, war nur in abgeschwächter Form bei unseren Vertrauensleuten festzustellen. Sie verstanden ihre eigene Rolle hier eben doch nicht so interessenbezogen.

Frage: Aber in der Koordinationsgruppe, wo die Vertrauensleute mit dem Personalrat die entsprechenden Probleme diskutiert haben, sind da denn die entsprechenden Betriebsvereinbarungspunkte entlastend für den Personalrat besprochen worden?

Antwort: Ja, also darauf haben wir immer geachtet, daß dies gemacht wurde, daß diese Punkte zur Sprache kamen. Diese Zusammenkünfte waren auch z. T. kleinere Schulungsveranstaltungen. Das heißt, wir haben schon von der Tagesordnung her fast bei jeder Zusammenkunft auch selbst informiert, oftmals auch organisiert als Präsentation, als Vortrag, bzw. mit Folien, um Problembewußtsein zu schaffen. Es war immer eine Kombination von einer kleinen Schulungsveranstaltung mit Erfahrungsaustausch und anschließender Erarbeitung eines Standpunktes zu den konkreten Problemen. Aber es war eben vom Anfang doch sehr beschränkt und man hätte, was den Schulungs- und Orientierungsteil angeht, mehr tun müssen.

Frage: Bezogen auf die Teilnahme des Personalrats, z.B. in Lenkungskreissitzungen oder Koordinationskreissitzungen des Projektes war man durch diese Vertrauenspersonen besser informiert?

Antwort: Ja, dies kann ich klar sagen. Also davon haben wir sehr im Lenkungsausschuß profitiert. Da konnten wir uns gut auf das stützen, was uns von den Vertrauenspersonen so berichtet wurde. Wir waren z. T. dadurch besser und schneller informiert als die anderen LA-Mitglieder. Insofern haben sich da unsere Erwartungen voll erfüllt.

Die Vertrauenspersonen sind sozusagen als Katalysatoren in den Projektgruppen akzeptiert und getragen worden.

Frage: Aber wie haben sich nun die Vertrauenspersonen gegenüber der gesamten Abteilungsbelegschaft verhalten?

Antwort: Die Erfahrungen sind hier unterschiedlich. Es gab Vertrauenspersonen, die gut informiert haben und dann auch wirklich versuchten, die Kollegen nach ihren Interessen zu befragen. Aber es gab auch Vertrauenspersonen, die das Wissen und alles sehr stark für sich behalten haben, wo also die Aufgabe, eben Informationen zu transportieren, um auch wieder Rückmeldungen zu bekommen, sich abzusprechen, sich auch selbst zu vergewissern, habe ich eine richtige Haltung eingenommen, unterging. Dies hängt auch z. T. mit dem Zahlenverhältnis zusammen. Wir hatten ja Vertrauenspersonen aus kleinen Bereichen, die also nur im Kreis von vier oder fünf Mitarbeitern

Leitbilder

zu informieren hatten, aber wir hatten ja auch große Bereiche, wo 20 - 25 oder sogar 30 Personen zu informieren gewesen wären. Und da kamen auch noch die zeitlichen Probleme hinzu. Man konnte nicht ständig kleine Abteilungsversammlungen organisieren. Zudem waren alle, wie gesagt, im ungeheuren Streß gefangen, um ja nur die Gesamteinführung termingerecht sicherzustellen. Von daher waren natürlich die Vertrauenspersonen, die kleine Arbeitseinheiten repräsentierten, sehr im Vorteil.

Die Vertrauenspersonen müssen gut qualifiziert werden, z. B. zu Themen wie Mischarbeit oder ergonomischen Standards.

Frage: Das heißt, die eigentlich auch vereinbarten 2 Stunden pro Woche zur Diskussion in den Abteilungen wurden aufgrund des allgemeinen Projektstresses nicht beachtet?

Antwort: Dies steht tatsächlich auf dem Papier, aber hatte in der Realität keine richtige Auswirkung. Wobei es nicht auszuschließen ist, daß Vertrauenspersonen, die an einer starken Rückmeldung und Rückkopplung interessiert waren, daß die auch mehr als zwei Stunden in der Woche mit den Kollegen und Kolleginnen gearbeitet haben. Da hat auch keiner etwas gegen gehabt. Es gab also in keinem Fall, zudem wir angesprochen worden sind, Beschwerden, die Vertrauensperson würde zu lange jemanden von der Arbeit abhalten. Es wäre aber auch schwierig gewesen, das überhaupt auseinanderzuhalten. Es wurde ja permanent diskutiert. Es mußten immer wieder Lösungswege gesucht werden: Es gab darüber überhaupt keinen Streit. Es wurde dafür auch keine Uhr in Gang gesetzt. Alle hatten ja eh Streß und die Termine im Auge.

Den Vertrauenspersonen waren zwei Stunden pro Woche für Diskussionen in den Abteilungen zugebilligt.

Frage: Was können Sie nun, abschließend vor dem Hintergrund dieser 2-jährigen Erfahrungen einem Personal- oder Betriebsrat raten, der sich ebenfalls auf dieses Neuland begeben möchte?

Antwort: Ich sage das noch einmal aus heutiger Sicht. Die Vertrauenspersonen gut qualifizieren! Das heißt am Anfang interessenbezogen so zu schulen, daß sie sich nicht nur als die fachlichen Wasserträger verstehen, sondern daß sie wirklich auf der Basis der Dienstvereinbarung Arbeitnehmerinteressen einbringen. Dies ist nicht im Selbstlauf möglich. Dazu gehört eben, daß man das Wahrnehmungsvermögen der Vertrauenspersonen ständig stärkt, sie sensibel macht für ganz bestimmte Probleme, z. B. was bedeutet Mischarbeit? Oder wie muß man darauf achten, daß eben ergonomische Standards eingehalten werden? Sie kommen nicht im Selbstlauf darauf. Die Leute müssen dafür eine Antenne entwickeln und auch diesbezüglich fachlich fit sein. Dies ist nur über gute Schulungen möglich, die nebenbei bemerkt, ja nicht immer der Personalrat durchführen muß, sondern durchaus von externen Beratern oder internen Experten z. B. dem Arbeitsmediziner durchgeführt werden können. Die zweite Empfehlung: Wir hätten als Personalrat ein bißchen mehr die Diskussionen zur Wahl orientieren sollen, damit hier Kolleginnen und Kollegen gewählt werden, die eben stärker den Arbeitnehmerinteressenbezug berücksichtigen können und wollen. Dies ist kein Argument gegen die demokratische Wahl der Vertrauenspersonen, sondern ein Rat, ihre Rolle und Funktion bei den Kandidaten und der Belegschaft vorab deutlicher zu machen.

Drittens: Man muß sich trotz dieses Beteiligungsmodells als Personalrat sehr genau um das Projekt kümmern, vor allem um die abteilungsübergreifenden Probleme, wie z. B. das Verlagern von Tätigkeiten von einem zum anderen Fachbereich. Hier sind die Vertrauenspersonen qua Amt überfordert und berechtigterweise konservativ.

Viertens – und hier muß von Anfang an der Personal- oder Betriebsrat aufpassen und einschreiten – darf das Projekt nicht zu einem das ganze Unternehmen erfassenden Überstundenstreß ausarten. Denn dem können sich auch die Vertrauenspersonen nicht entziehen und werden so zu leicht vom Strudel der rein SAP-fachbezogenen Lösungssuche erfaßt.

Integration braucht Kommunikation

Die Beteiligung, Schulung, Betreuung und der Erfahrungsaustausch der Anwender – kurz die gesamte notwendige betriebliche Kommunikation – sollten bei einem integrierten Software-System als Einheit geplant werden. Da sich SAP-Installationen in der Regel als ‚Dauerbaustelle' erweisen, sind Organisations- und Personalentwicklung über die Phase der Einführung des Systems hinaus gefordert.

Als der Vorstand die Vorstudie einer Unternehmensberatungsfirma abnahm, waren sich alle einig: Eine neue Ära der integrierten Informationsverarbeitung stand vor der Tür, und auf dieses neue Zeitalter sollte das Unternehmen durch umfassende Maßnahmen der Organisations- und Personalentwicklung vorbereitet werden. Aber als dann ein Jahr später der Projektgruppe die Termine aus dem Ruder liefen, hatten die Mitarbeiter andere Sorgen, als sich den Kopf darüber zu zerbrechen, was die hohen Herren mit ihren großen Worten gemeint hatten. Schließlich wurden die Fachabteilungen durch anderthalbtägige Einweisungen geschleust und ansonsten an ihre in Walldorf geschulten Koordinatoren verwiesen. Die meisten Projektmitarbeiter waren zu diesem Zeitpunkt schon dabei, sich in das nächste Projekt einzuarbeiten – die erste Projektstufe war für sie abgehakt. Einzelne Fachabteilungsmitarbeiter hörte man vernehmlich mit den Zähnen knirschen, aber nach Streß und einigen Anfangsspannen kriegten sie die Arbeit doch irgendwie vom Tisch. Waren die großen Worte am Anfang also Unsinn gewesen?

Zwar zeigen zahllose wenig ruhmreiche Beispiele, daß entsprechend motivierte Mitarbeiter selbst noch bei völlig ungenügenden Qualifizierungsmaßnahmen „den Laden am Laufen halten" können. Fragt sich nur, wie lange man solchen persönlichen Einsatz erwarten kann und wie effektiv die Chancen des integrierten Systems dann genutzt werden. Tatsächlich müssen systematische Organisationsentwicklung, Personalentwicklung und Evaluation des praktischen Systembetriebs einen festen Platz in der Projektarbeit haben, wenn mehr erreicht werden soll, als mit neuer Technologie günstigstenfalls die alte Arbeitsweise abzubilden(vgl. Abb. nächste Seite). Die „schlanke Organisation" erreicht man nicht, wenn die Anwender gezwungen sind, sich mit jedem Problem an Koordinatoren zu wenden (die sich dann womöglich ihrerseits noch an Spezialisten wenden müssen), sondern indem die Anwender in die Lage versetzt werden, selbständig mit den weitreichenden technisch-organisatorischen Möglichkeiten namentlich des R/3-Systems umzugehen, die häufig zu Anfang des Projekts ausschlaggebend für die Systemauswahl waren.

Für eine umfassende Beteiligung der Mitarbeiter an der Organisationsentwicklung sprechen nicht nur deren Detailkenntnisse der Arbeitsabläufe und der Kooperationsbeziehungen, die so in die Projektarbeit einfließen können. Eine breite Organisationsentwicklung hilft, die komplexen Zuständigkeits- und Kooperationsprobleme des integrierten Systems bereits in der Planung zu erkennen und auszuräumen. Die Einbeziehung der Mitarbeiter vor allem in Sollkonzept-Entwicklung und Prototyping bereitet den Boden dafür, auch über den Tag des Produktivstarts hinaus selbständig Verbesserungsmöglichkeiten zu erkennen, vorzuschlagen oder vorzunehmen.

Eine Organisationsentwicklung, die die Mitarbeiter nicht nur als Informationsquelle für die Projektarbeit sieht, sondern deren Selbständigkeit über das Projekt hinaus fördern will, muß durch eine entsprechende Personal-

➡ 3.14 Beteiligung will richtig organisiert sein"

Eine Dauerbaustelle ist nicht nur die SAP-Zentrale in Walldorf, sondern auch manche SAP-Installation

Ein Konzept der betrieblichen Kommunikation, das Beteiligung, Schulung, Betreuung und Erfahrungsaustausch der Mitarbeiter einschließt, muß sich auf den gesamten Life Cycle der SAP-Anwendung beziehen.

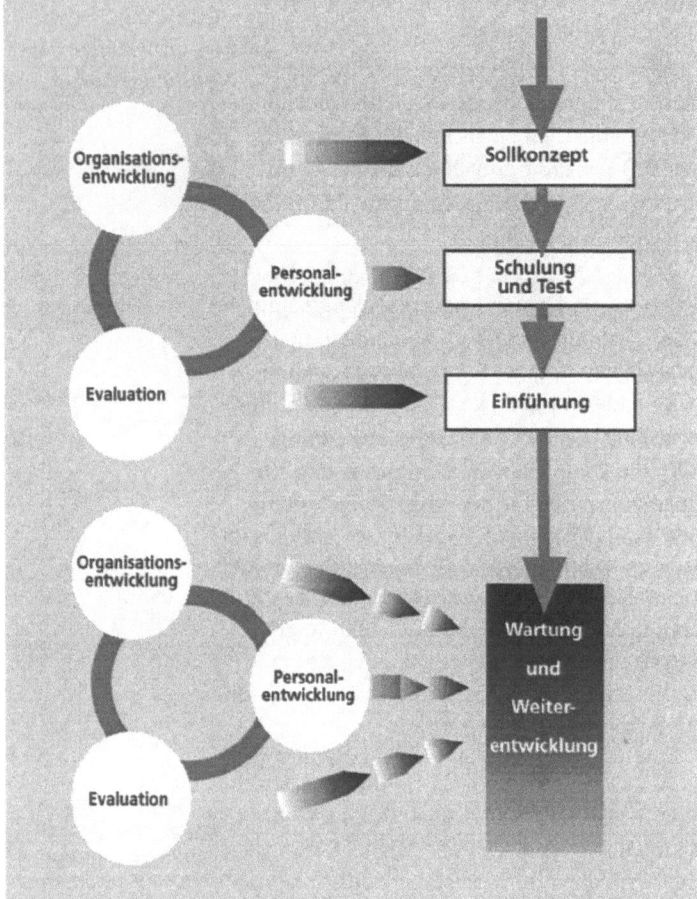

entwicklung flankiert sein. Informations- und Qualifizierungsmaßnahmen dürfen sich daher nicht auf die eigentliche Schulungs-/Testphase beschränken, sondern müssen bereits zu Beginn der Beteiligung der Mitarbeiter greifen, um sie in die Lage zu versetzen, das System in seinen Grundzügen zu verstehen und sich mit der Projektgruppe zu verständigen. Dabei geht es zu Anfang weniger um technische Einzelheiten als um die im System realisierten bzw. realisierbaren Funktionen und Zusammenhänge. Auf diese Weise wird ein Verständnis für die neue Qualität des integrierten Systems hergestellt, das bei rein bedienungsbezogenen Schulungen viel zu kurz kommt.

Die Evaluation nach der Einführung des Systems hat die Aufgabe, neben rein technischen auch qualifikatorische Mängel und organisatorische Probleme aufzudecken. Sie ermutigt allerdings nur dann zur Beteiligung, wenn es geklärte Zuständigkeiten für die Abstellung festgestellter Mängel gibt.

Im Brennpunkt der Arbeit einer SAP-Projektgruppe steht üblicherweise die Einführung. Suggeriert das Wort ‚Einführung' einen einmaligen Vorgang, der irgendwann zu einem definierten Zeitpunkt zu einem Ende kommt, so gibt es in der Praxis vielfältige Folgeaktivitäten, Grund genug auch für die SAP, ihren Kunden nahezulegen, bei ihren Planungen nicht die Einführung, sondern den gesamten ‚life cycle' der Software einschließlich Wartung und Weiterentwicklung zugrundezulegen. Es gibt viele Gründe, warum SAP-Erfahrene ihre Systeme auch gern als ‚Dauerbaustelle' bezeichnen:

■ Fehlerkorrekturen und neue Releases der SAP führen für die Sachbearbeiter zu immer neuen kleineren oder größeren Änderungen in der Handhabung.

■ Das gleiche gilt für betriebliche Verbesserungen und Korrekturen bzw. zusätzlich aktivierte Funktionen.

■ Solche Verbesserungen können sich z. B. auch aus der Beseitigung von Mängeln und Schwachstellen ergeben, die bei der Evaluation nach dem Produktivstart festgestellt wurden.

Auch im laufenden Betrieb sollen die Mitarbeiter also an den organisatorisch-technischen Änderungen beteiligt werden, was zunächst einmal ausreichende Information und ggf. ergänzende Qualifizierungsmaßnahmen voraussetzt; Organisations- und Personalentwicklung sind kein einmaliger Akt. Wahrgenommen wird diese Aufgabe in der Regel von den Fachabteilungen bzw. deren Koordinatoren. Aus einer Reihe von Gründen wäre aber ein breiterer Rahmen wünschenswert:

■ Probleme der Kooperation verschiedener Stellen über das integrierte System zeigen sich u. U. erst in der Praxis. Ihre Lösung setzt bereichsübergreifende Kommunikationsmöglichkeiten zwischen den Beteiligten voraus. Für diesen Zweck haben sich regelmäßig tagende Anwendertreffen als nützlich erwiesen.

■ Im Laufe der Arbeit entwickeln die Anwender Tricks und Kniffe zur Erleichterung der Arbeit, Erfahrungen, die sinnvollerweise ausgetauscht werden sollten. Viele Anwender wünschen deshalb auch ein Forum zum Erfahrungsaustausch untereinander, ohne den Weg über ihren Koordinator gehen zu müssen. Ggf. können Erfahrugsaustausch und Verbesserungsvorschläge an bestehende Aktivitäten eines „kontinuierlichen Verbesserungsprozesses" (KVP) oder des betrieblichen Vorschlagswesens anknüpfen.

■ Wollte man den Benutzern alle Möglichkeiten und Zusammenhänge des Systems, die für ihre Arbeit relevant werden können, in Schulungen vor dem Produktivstart vermitteln, käme man zu unrealistischen Schulungszeiten. Diese finden aber weder bei allen Anwendern Akzeptanz noch sind sie sonderlich effektiv, weil die Verbindung von Lernen und Anwendung in der Praxis fehlt. Man wird also sinnvollerweise nach einer Grundschulung und dem Beginn des Produktivbetriebs weitere Vertiefungsangebote machen. Solche abgestimmten Qualifizierungsangebote müssen von einer zentralen Stelle koordiniert werden.

■ Eine weitere Möglichkeit, die Anwender über bevorstehende Veränderungen zu informieren und ein Forum für Kritik und Hinweise der Anwender zu bieten, ist die Herausgabe eines regelmäßig erscheinenden betrieblichen Informationsblatts („SAP-news"). ◆

SAP-Einführung, Betriebspolitik und Projektorganisation

Ein Gespräch mit Paul Bunzel, Organisations- und Revisionsleiter bei der DUEWAG AG in Ürdingen und Düsseldorf

Frage: Herr Bunzel, Sie leiten seit etwa sieben Jahren die Einführung von SAP-R/2 mit nahezu allen Modulen bei der DUEWAG AG. Heute ist die integrierte Software in fast allen Unternehmensbereichen produktiv, und Sie sind um einen großen Erfahrungsschatz reicher. Wenn Sie auf die langen Projektjahre zurückblicken, was ist eigentlich der nachhaltigste Eindruck, den das Projekt bei Ihnen hinterlassen hat?

Antwort: Also ganz spontan muß ich sagen, mein nachhaltigster Eindruck ist das Verständnis der Werker an der Basis für die Kernideen des SAP-Systems. Der wesentliche Vorteil von SAP liegt ja in der Integration, und dieser Vorteil ist zugleich am schwersten zu vermitteln. Aber für die Leute vor Ort, etwa für einen Lageristen, der Wareneingangs- und Warenausgangsbuchungen machen muß, war Integration ganz selbstverständlich. Unheimlich schwer tut sich dagegen die mittlere Führungsschicht. Mit denen gab es immer wieder Grundsatzdiskussionen über Sinn und Zweck des ganzen Vorhabens, über SAP ja oder nein – elend lange Debatten, die wir mit den Leuten vor Ort nie zu führen brauchten.

Frage: Welcher Art waren denn die Vorbehalte aus dem mittleren Management?

Antwort: Meistens wurde eingewandt, daß für den jeweiligen Bereich irgendwo irgendwelche Detailprogramme existierten, die fachlich wesentlich besser und schöner waren. Aber in der Integration waren sie eben nicht so gut. Und so einem Fachbereichsmenschen klarzumachen, ‚hör mal, du mußt das dritt- oder viertbeste Programm am Markt nehmen, damit die Integration gewährleistet ist, und nicht das beste', das ist schwer. Da muß man auf das Gemeinwohl pochen, und diese Ader ist bei den Mittelmanagern nicht so ausgeprägt.

Frage: Die DUEWAG hat schon vor zwölf Jahren die ersten SAP-Module gekauft und ist seit mindestens sieben Jahren damit beschäftigt, eine wirklich integrierte EDV-Infrastruktur auf SAP-Basis zu schaffen. Haben sie eigentlich damals schon damit gerechnet, daß das Einführungsprojekt so lange dauern würde?

Antwort: Nein, nein! Wir waren damals noch sehr blauäugig. Wir hatten 1987 noch einen Terminplan, der lief schon 1990 aus, und wir hätten dann alles erreicht haben müssen. Mittlerweile sehe ich diese lan-

Einem Fachbereichsmenschen klarzumachen, er müsse das dritt- oder viertbeste Programm am Markt nehmen und nicht das beste, das ist schwer.

ge Phase aber auch nicht mehr so negativ. Dieses integrierte System ist ja ein ganz neues Medium, mit dem ich erst dann sicher umgehen kann, wenn ich einen Erfahrungsschatz habe, und den erwerbe ich in einem Regelkreis, also einmal etwas machen, sehen, wie es sich auswirkt, und es beim nächsten Mal besser machen.

Unser Produkt hat eine Gestehungsphase von zwei bis drei Jahren. Bis wir wissen, ob der erste Auftrag, den wir unter PPS-Bedingungen ganz durchgezogen haben, auch nur halbwegs richtig eingestellt war, sind wir zwei, drei Jahre älter. Optimiert haben wir die Einstellungen dann erst beim zweiten, dritten Mal, und dann sind wir noch ein paar Jahre älter.

Frage: Würden Sie denn diese Optimierungsphasen mit zum Einführungsprojekt zählen?

Antwort: Meine Erfahrung ist, daß so ein Projekt streng genommen nie fertig ist. Irgendwann geht es nahtlos ins Tagesgeschäft über, und man merkt gar nicht, daß man gar kein Projekt mehr macht. Zwar setzt man einen willkürlichen Endtermin fest, aber in Wirklichkeit geht es weiter. Zum Beispiel haben wir im Vollbahnbereich alle Projektaktivitäten insofern abgeschlossen, als wir nichts Neues mehr einführen. Wir ändern aber ständig die Einstellung der Software-Instrumente. Das ist offiziell kein Projekt mehr, das ist eine Optimierungsphase; aber die wird wohl noch lange dauern.

Frage: Wie organisieren Sie denn die Arbeit in der Optimierungsphase?

Meine Erfahrung ist, daß so ein Projekt streng genommen nie fertig ist.

Antwort: Ich bin zwar Organisationsleiter, aber ich habe eine gesunde Aversion gegen zu viel Organisation. Es gibt deshalb keinen formalisierten Ablauf. Wenn zum Beispiel jemand sagt, ich schlage ein neues Materialbereitstellungskonzept vor und weiß praktisch auch schon, wie das gehen soll, dann muß er seine Ideen unbürokratisch umsetzen können - natürlich ohne das Gesamtsystem zu verletzen.

Frage: Wer ist denn zuständig für ein solches Konzept der unbürokratischen Unterstützung von Basisinitiativen?

Antwort: Das ist meine Gruppe der „Projektbetreuer", wobei der Name etwas irreführend ist, weil die zum Teil gar keine Projekte mehr machen. Diese Gruppe besteht aus vier bis fünf Leuten, die für eine gewisse Zeit aus den Fachbereichen freigestellt werden, und dann in der Organisationsabteilung konzentriert bei der SAP-Einführung mitarbeiten. Schon in der eigentlichen Projektphase lernen sie das Werkzeug SAP in- und auswendig kennen und können später Optimierungen – unter Wahrung der Integration – schnell durchziehen. Diese Leute bleiben aber nicht ewig bei mir, sondern kehren irgendwann nach ca. zwei bis drei Jahren wieder in die Fachbereiche zurück.

Frage: Haben Sie irgendwelche besonderen Maßnahmen ergriffen, um im Betrieb bekanntzumachen, daß jeder sich an Ihre Gruppe wenden kann und hier auch ein offenes Ohr findet?

Antwort: Das kann man nicht per Aushang oder Lautsprecherwagen machen! Die Leute müssen das spüren! Sie müssen die Erfahrung gemacht haben, daß sie ernstgenommen werden und daß sie Hilfe kriegen. Deshalb schicke ich meine Leute direkt an die Front. Dabei kommt es übrigens gar nicht darauf an, auf jede Frage gleich eine Antwort zu haben. Es ist oft viel besser, wenn jemand sagt: „Das weiß ich jetzt gar nicht. Aber ich schreibe mir die Frage auf, und morgen komme ich wieder und gebe dir eine Antwort." Da kommt dann nämlich nicht der große Guru, der viel erzählt, und wenn er weg ist, versuche ich das zu verstehen, sondern da kommt einer, der ist wie du und ich. Der versteht meine Probleme.

Frage: Welche Bedeutung messen Sie der Nachbereitungsphase eigentlich bei?

Antwort: Jetzt fängt das Geldverdienen an. Die ganze SAP-Einführung hat uns ein Schweinegeld gekostet. Aber jetzt, in der Nachbereitungs- und Optimierungsphase, können wir Feineinstellungen vornehmen und sehen, wie hinten D-Mark gespart werden. Wir verbessern die Prozeßketten, machen sie schneller und kostengünstiger.

Frage: Aber Sie haben doch sicher nicht im ersten Schritt einfach nur die alte Organisationsstruktur eins zu eins im SAP-System abgebildet!

Antwort: Nein, ganz sicher nicht. Ich strukturiere um. Wenn ich beim Reorganisieren aber direkt zu optimieren versuche, dann tue ich in meinen Augen zuviel des Guten. Denn ich baue ein ganz neues Gefüge und muß erst Erfahrungen damit sammeln, bevor ich weiß, wie ich es optimieren kann. Im ersten Schritt geht es nur darum, eine greifbare Struktur zu schaffen in einem Medium, durch das ich sie beeinflussen kann. Denn an einer amorphen Masse kann ich nicht optimieren.

In der Nachbereitungs- und Optimierungsphase, können wir Feineinstellungen vornehmen und sehen, wie hinten D-Mark gespart werden.

Wenn der Meister vor Ort seinen Bereich steuert, dann kriegt der das wohl irgendwie hin. Das so erreichte Optimum des Einzelnen muß aber nicht dem Gesamtprozeß dienen. Ich kann dann gar nicht beurteilen, wie man bei höherem Auftragseingang auch einen höheren Durchsatz schaffen könnte. Ich kann nur Druck machen. SAP bietet mir jetzt eine durchgängige Transparenz der Abläufe vom Auftragseingang bis zum Ablauf der Gewährleistung, und jetzt kann ich plötzlich gezielt etwas tun, um auch einen Auftrag mehr durchzusetzen.

Also: Strukturierung und Optimierung liegen in meinen Augen auf zwei ganz verschiedenen Ebenen, die viel zu oft vermischt werden. Ich sehe das lieber sequentiell.

Frage: Haben Sie denn genug Ressourcen für diese wichtige Nachbereitungsphase?

Antwort: Meine Gruppe ist mit vier bis fünf Leuten nie besonders groß gewesen, aber wirksam! Langfristig, wenn alle Projekte offiziell beendet sind, will ich nur noch ungefähr drei Leute in der exponierten Stellung behalten, aber das auf Dauer. Optimierung ist eine „never ending story", und dafür braucht man unbedingt vom Tagesgeschäft freigestellte Leute mit Fachbereichserfahrung und zugleich einem ausgeprägten Blick für die Integration, also diese Gruppe.

Frage: Würde dieses Dreierteam, das ja dann wohl nach wie vor zu Ihrer Organisationsabteilung gehören soll, auch EDV-technisches miterledigen, z. B. ABAPs schreiben und ändern?

Antwort: Nein, wir haben eine leistungsfähige EDV-Gruppe, und wir werden denen nicht die Arbeit wegnehmen.

Frage: Im Verlauf der langen SAP-Einführungsphase hat sich die Projektstruktur mehrfach gewandelt...

Antwort: Wie ein Chamäleon.

Frage: Welches waren denn die Gründe dafür? Und welches war schließlich die optimale Struktur?

Antwort: Ob es eine optimale Struktur gibt, weiß ich nicht. Es gibt nur Strukturen, die im Rahmen der politischen Strömungen gerade machbar sind, und solche, die gerade nicht machbar sind. Da mußten wir so eine Art Vertretermentalität entwickeln: Wenn wir vorne rausgeschmissen werden, kommen wir hinten wieder rein. Wir sind hartnäckig und arbeiten uns an unser Ziel notfalls auch auf Umwegen heran.

Wir haben natürlich so begonnen, wie man das eben macht, wenn man integriert denkt. Wir haben eine saubere Projektstruktur aufgebaut mit allem, was dazugehört. Das Formelle war auch gar nicht so sehr unser Problem. Wir hatten hauptsächlich Probleme damit, wie deutlich wir den Leuten unsere eigentlichen Ziele darstellen durften. Also zuerst haben wir klar und deutlich gesagt: Wir wollen SAP integriert betreiben. Das hat der Vorstand auch unterschrieben.

Es gab aber Widerstände von Leuten, die wollten gar keine Integration. Die wollten – wie jemand es tatsächlich einmal ausdrückte – SAP als Schreibmaschine benutzen. Es kam damals zu einer echten Blockade der Dispositionstätigkeit. Aber die Pensionierung unseres Hauptopponenten stand bevor, und der Vorstand wollte für die Zeit danach wenigstens die Richtung wahren – nach dem Motto: Macht weiter, aber zeigt es nicht mehr so deutlich.

Da haben wir etwas getan, was von der Sache her vollkommener Unsinn ist: Wir haben das Gesamtprojekt in 57 kleine Scheibchen geteilt, wie ein Puzzle, bei dem außer uns niemand mehr das Bild gesehen hat. Solche Scheibchen waren zum Beispiel ein Stücklisten-Einzelpaket, ein Einzelpaket Disposition, ein Einzelpaket Fertigungsaufträge. Natürlich kann man solche klei-

Im Verlauf der langen SAP-Einführungsphase hat sich die Projektstruktur mehrfach wie ein Chamäleon gewandelt.

nen Päckchen gar nicht einzeln betrachten. Also haben wir alles eingestellt für den Zeitpunkt, zu dem die politische

Strömung wieder richtig und auch Disponieren wieder erlaubt sein würde.

Dieser Zeitpunkt kam dann auch tatsächlich, so daß wir nach einer Phase des Black-Outs für die Integration wieder zu einer prozeßorientierten Projektorganisation übergehen konnten. Eigentlich brauchten wir die 57 Punkte nur auf ein Blatt zu schreiben, und da war das Bild wieder da.

Wir wahrten die Richtung nach dem Motto: „Macht weiter, aber zeigt es nicht mehr so deutlich."

Frage: Sie sagen „prozeßorientierte Projektstruktur". Das ist ja nicht unbedingt das klassische Modell. Normalerweise werden ja Projektgruppen fachbereichsweise gebildet. Haben Sie so etwas wie ‚Prozeßketten-Gruppen' gebildet?

Antwort: Man kann versuchen, mit der Projektgruppenstruktur dem Herrn Taylor noch ein Denkmal zu setzen. Ich muß aber doch immer das Ganze betrachten. Ich halte überhaupt nichts davon, Projektteams nach der Aufbauorganisation zusammenzustellen. Die Aufbauorganisation ist von geringerer Bedeutung, mich interessiert die Ablauforganisation.

Ich kann beispielsweise einem Konstrukteur die Definition seiner Stücklisten nicht allein überlassen. Ich habe ein integriertes System. Also muß der AV-Mensch mit dabeisein, denn der muß mit den Stücklisten leben, dann muß einer aus der Dispo mit dabeisein, streng genommen muß die Normung mit im Boot sein, so daß wir dann ruck zuck die ganze Kette vertreten haben. Aber einer war bei uns immer der Schwerpunkt, bei dem wurde die Hauptarbeit gemacht.

Daß im nachhinein die Aufbauorganisation anfängt, sich an die neuen Abläufe anzupassen, das ist etwas ganz anderes. Das ist noch nicht einmal gewollt, das ist natürlich.

Frage: Welche Gremien empfehlen Sie für ein SAP-Einführungsprojekt, und wer sollte darin mitarbeiten?

Antwort: Die Kernarbeit machen die Projektgruppen. In diesen Gruppen sollte für jede Funktion am besten jemand mitarbeiten, der sie auch derzeit bereits ausführt, und von denen am besten der Beste. Wir haben immer gute Leute gekriegt, aber deren zeitliche Verfügbarkeit war immer schlecht, weil sie eben auch in ihren Abteilungen fürs Tagesgeschäft gebraucht wurden. Außerdem sitzt in jeder Projektgruppe ein Datenverarbeitungsmensch und und auf jeden Fall auch ein Mensch aus meiner Projektbetreuungsgruppe. Das muß sein.

Ich habe selbst oft dabeigesessen, wie ein Datenmensch und jemand aus dem Fachbereich stundenlang aneinander vorbeigeredet haben. Das ist kein Mangel der beiden Seiten, die sprechen einfach verschiedene Sprachen und brauchen einen Dolmetscher. Das – so hat es sich erwiesen – muß einer sein, der im Fachbereich groß geworden ist, der das Fachwissen im Blut hat, und sich dann so weit in die SAP-Welt hineingearbeitet hat, daß er sie integriert versteht. Genau das ist die Rolle meiner Projektbetreuer.

Eine Stufe über den Projektgruppen muß es ein Abstimmungsgremium geben. Das nennen wir Fachberatung. Da müssen natürlich die Leithirsche der Fachabteilungen sitzen.

Ich habe selbst oft dabeigesessen, wie ein Datenmensch und jemand aus dem Fachbereich stundenlang aneinander vorbeigeredet haben.

Denn die müssen ja dulden, daß das, was die Projektgruppe entwickelt, bei ihnen auch umgesetzt wird.

Über diesem Abstimmungsgremium gibt es dann noch den Entscheiderkreis. Da sitzt bei uns im wesentlichen der Vorstand drin.

Frage: Welche Rolle spielt das Top Management für den Erfolg eines Projekts?

Antwort: Von höchster Wichtigkeit ist die absolute Rückendeckung der Geschäftsleitung. Die müssen das Konzept von der Integration nicht einfach vertreten, sondern müssen es verstanden haben. Und die Geschäftsleitung muß missionarisch von oben nach

Die Geschäftsleitung muß missionarisch von oben nach unten tätig sein.

unten tätig sein. Sie muß dafür sorgen, daß alle Führungsebenen dasselbe Bewußtsein haben. Egal wie, das muß in die Köpfe rein. Sonst hat man es verdammt schwer.

Frage: Welche Themen wurden denn in den Projektgruppen behandelt?

Antwort: So ziemlich alle. Zum Beispiel mußte geklärt werden, was bei uns überhaupt ein Fertigungsauftrag sein soll. Welche Informationen sollen drinstehen, und wo kommen die überhaupt her? Wie sieht so ein Auftrag aus? Wie wird er verteilt? Also dieses ganze organisatorische Drumherum vom Umsetzen eines Planauftrags bis zum Rückmelden.

Solche Fachentscheidungen haben aber zusätzlich eine betriebspolitische Dimension! Der Vertreter eines Fachbereichs hat mit seiner Projektarbeit faktisch einen Teil der Aufgaben seines Chefs übernommen. Er hat ja die zukünftige Organisation von dessen Laden gemacht. Bei uns wollten das einige Chefs aber nicht. Die hatten wohl eher gedacht: Den schick ich mal in die Projektgruppe. Der soll da ein bißchen mitmachen, und ich hab Ruhe. Dann kam der aber wieder und sagte, so und so wird bei uns künftig gearbeitet. Da ist dann praktische Psychologie vonnöten: Wie kriege ich dem Chef beigebogen, daß er meint, es sei seine Idee gewesen? Denn dann ist die Sache wieder in Ordnung.

Frage: Wie war es mit dem Betriebsrat? Hat der irgendeinen Einfluß auf die Gestaltung des Systems oder der Organisation genommen?

Antwort: An sich wenig. Ich bin in der Anfangsphase etwa vierteljährlich zum Gesamtbetriebsrat gegangen und habe Bericht erstattet.

Frage: Hat es denn förmliche Mitbestimmungsvorgänge im Rahmen des Projektes gegeben?

Antwort: Aber ja! Zum Beispiel die Geschichte "Lohnschein erst nach Rückmeldung". Darüber mußten wir uns mit dem Betriebsrat unterhalten. Und dann war die Lohnabrechnung selbst ein Mitbestimmungsvorgang. Muß ich das in Schriftform machen oder kann ich dafür eine Datei führen? Wir machen es nach wie vor mit Zettelchen. Die Fertigungssteuerung ist letztendlich auch mitbestimmungspflichtig. Wenn es darum geht, von wo steuere ich, wo habe ich die Terminstellen, wo mache ich Zwischenläger. Alles ist damit verbunden, daß Menschen versetzt werden. Da entstehen Stellen, die es noch nicht gab, manche gab es schon mal, wa-

Wie kriege ich dem Chef beigebogen, daß er meint, es sei seine Idee gewesen?

ren aber anders definiert. Jedesmal ist der Betriebsrat natürlich aktiv mit dabei. ◆

Die DUEWAG AG baut u. a. Wagen für den ICE

Technisch-organisatorische Ansatzpunkte

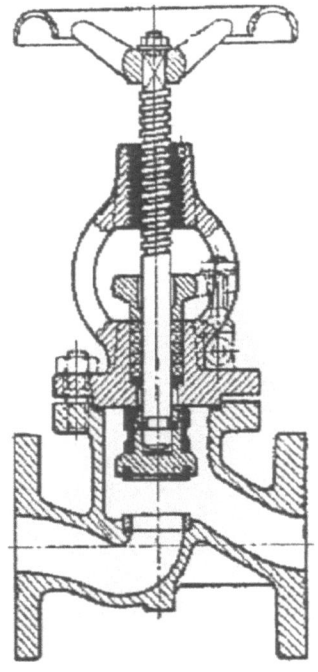

Technisch-organisatorische Ansatzpunkte

Das Stellschraubenkonzept.
Was ist eigentlich mit Stellschrauben gemeint?

Das Stellschraubenkonzept soll helfen, eine bestimmte Vorstellung von Arbeitsorganisation in einer SAP-Anwendung zu realisieren.

Das vorangegangene Kapitel hat sich intensiv mit der Funktion und den Inhalten einzelner Leitbilder befaßt. Nun interessiert es in diesem Kapitel, wie ein formuliertes Leitbild in die Technik ‚übersetzt' werden kann. Nehmen wir als Beispiel die assistenzgestützte Sachbearbeitung im Einkauf. Das formulierte Leitbild selber sagt eigentlich wenig über konkrete Einstellungen am System aus. Der Projektmitarbeiter aus der EDV-Abteilung hat vielleicht eine Idee davon, daß die Umsetzung des Leitbildes in SAP-Einstellungen etwas mit Berechtigungen zu tun hat. Die Organisatoren und Fachbereichsmitarbeiter im SAP-Projekt hingegen wissen zu Projektbeginn eher nichts darüber, wie arbeitsorganisatorische Vorgaben umgesetzt werden können.

Im folgenden wollen wir nun mit dem von uns so genannten „Stellschraubenkonzept" für die Diskussionen in den Projektgruppen eine Hilfestellung geben, wie die Brücke von den Leitbildern zu den technischen Einstellungen am System geschlagen werden kann. Im wesentlichen sind dazu folgende Schritte innerhalb der Projektgruppe zu gehen:

- Untersuchung des formulierten Leitbildes daraufhin, welche Dimensionen der Arbeitsgestaltung betroffen sind (zu den Dimensionen vgl. den Kasten); diese Phase könnte man als ‚organisatorische Detaillierung des Leitbildes' bezeichnen.

Leitbild der Arbeitsorganisation formulieren

⬇

Dimensionen betrieblicher EDV-Anwendungen zur Umsetzung des Leitbildes

Umfang und Gegenstand der Automation

Arbeitsteilung horizontal

Arbeitsteilung vertikal

Arbeitsabläufe

Führung der Datenbestände (zentral/dezentral)

Zugang zu Daten und Funktionen

Eingabetechnik (Tastatur / Maus / Scanner, etc.)

Bildschirmeigenschaften (Hardware)

Bildschirmdarstellung (alphanumerisch / graphisch)

Bildschirminhalte

Folgen von Bildschirminhalten

Übersetzung von Leitbildern der Arbeitsorganisation in einzelne Dimensionen der betrieblichen EDV-Anwendung

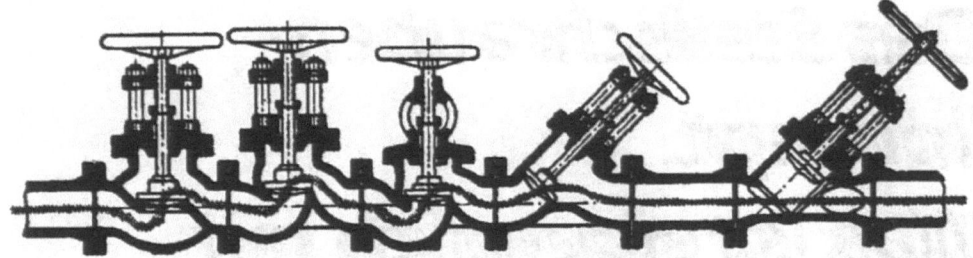

- Im nächsten Schritt ist zu den einzelnen Dimensionen der Arbeitsgestaltung konkret die Frage zu beantworten, welche Anforderungen das formulierten Leitbild (also die gewollten Arbeitsstrukturen) an die zukünftige Technikunterstützung speziell zu dieser Dimension der Arbeitsgestaltung stellt. Zum Beispiel indem gefragt wird, was heißt denn assistenzgestütze Sachbearbeitung in Bezug auf den Umfang der Technikunterstützung, welche Prozesse sollten von der Technik unterstützt werden, was heißt dieses Leitbild in Bezug auf die horizontale und in Bezug auf die vertikale Arbeitsteilung ... usw. für alle 11 Dimensionen.

Unter „Stellschrauben der Arbeitsorganisation" verstehen wir die Einstellungsmöglichkeiten an EDV-Systemen, mit denen die Arbeitsorganisation beeinflußt werden kann.

- In einem dritten Schritt ist zu untersuchen, mit Hilfe welcher Stellschrauben der Arbeitsgestaltung (genauer gesagt: Stellschrauben der jeweiligen Systeme, mit denen die Arbeitsorganisation beeinflußt werden kann) das Leitbild umgesetzt werden kann. Hierzu ist auf der nächsten Seite eine Tabelle zu finden, bei der für jede der 11 Dimensionen der Arbeitsgestaltung angegeben ist, welche Stellschraube (vgl. die Spalten) in den Systemen einen Einfluß auf diese Dimension haben. Hierbei gelten die linken 7 Spalten für R/2 und R/3, die rechten drei Spalten nur für R/3.

- Im vierten Schritt muß man nun die einzelnen Stellschrauben genauer untersuchen. Einmal gibt es die Möglichkeit, daß dieselbe Anforderung mit unterschiedlichen Stellschrauben erfüllt werden kann, manchmal auch nur mit einer Kombination verschiedener Stellschrauben. Zum zweiten müssen seitens der Projektgruppe die konkreten Einstellungsmöglichkeiten untersucht werden. Die Tabelle mit den ‚Stellschrauben der Arbeitsorganisation im R/2-System Release 5.0' (S. 157) macht dazu zusätzliche Angaben. Doch auch von dieser Tabelle muß man noch weiter in die jeweilige Systemdokumentation absteigen. Unsere Übersichten können also nur Hinweise geben, wo man suchen muß.
- Wurden schließlich geeignete Stellschrauben gefunden, muß sich die Projektgruppe die verschiedenen Möglichkeiten noch einmal hinsichtlich des Modifikationsaufwandes durch den Kopf gehen lassen, um das Leitbild schließlich auf eine möglichst einfache Weise umzusetzen.

Um die Vorgehensweise an einem praktischen Beispiel zu verdeutlichen, kommen wir noch einmal zurück auf unsere eingangs gestellte Aufgabe der Umsetzung des Leitbildes der assistenzgestützten Sachbearbeitung im Einkauf:

In der Projektarbeit sucht man zu den jeweiligen Dimensionen also die zugehörigen Stellschrauben aus der Tabelle auf der Seite 155. Zu der Dimension horizontale Arbeitsteilung finden sich Hinweise auf die

Technisch-organisatorische Ansatzpunkte

Wie wirken die Stellschrauben?

Wenn es verschiedene Stellschrauben zur Anpassung und Veränderung des SAP Systems an organisatorische Vorgaben gibt, dann interessiert als nächstes, was mit welcher Stellschraube eingestellt werden kann. Die nachfolgende Tabelle gibt einen groben Überblick, während Details in den jeweiligen Einzelbeiträgen nachzulesen sind.

Stellschrauben: Dimensionen betrieblicher EDV-Anwendungen zur Umsetzung des Leitbildes:	Stellschrauben von R/2 und R/3							spezielle R/3 Stellschrauben		
	Systemauswahl	Funktionsauswahl	Integrationsgrad	ABAP/4-Programme	Dynpro's und Module (Transaktionen)	Tabellen	Berechtigungen	Benutzereigene Menuegestaltung	Benutzereigene Dialoggestaltung	Workflow-Steuerung
Umfang und Gegenstand der Automation festlegen		X		X	X					
Arbeitsteilung horizontal			X	X	X	X	X			X
Arbeitsteilung vertikal		X		X	X	X	X			X
Arbeitsabläufe		X	X	X	X	X	X	X	X	X
Führung der Datenbestände (zentral/dezentral)	X			X		X				
Zugang zu Daten und Funktionen		X	X	X	X	X	X			
Eingabetechnik (Tastatur / Maus / Scanner, etc.)	X									
Bildschirmeigenschaften (Hardware)	X									
Bildschirmdarstellung (alphanumerisch / graphisch)	X				X					
Bildschirminhalte		X		X	X	X			X	
Folgen von Bildschirminhalten		X			X	X		X	X	

SAP, Arbeit, Management

Funktionsauswahl, die ABAP/4-Programme, Dynpros und Module, Tabellen und Berechtigungen. Im R/3-System gibt es dann weiter noch die Stellschraube Workflow. Angenommen, eine Projektgruppe diskutiert diese Arbeitsgestaltung für eine R/2-Anwendung. Die Tabelle für R/2-Stellschrauben auf der nächsten Seite gibt dann weitere Hinweise. Es finden sich dort noch einmal – gesondert hervorgehoben – spezielle Tabelleneinstellungen, die insbesondere für die Arbeitsabläufe in der Materialwirtschaft, mithin möglicherweise auch für unseren Einkauf, Abläufe und Zuständigkeiten zu regeln gestatten. Es sind dies Materialarten und Materialtypen (vgl. hierzu auch den Beitrag: „Beispiele für Stellschrauben 3: Stellschraube Tabellen" in diesem Kapitel). Diesen Hinweisen kann man nun im einzelnen nachgehen. Hier findet man dann in der Dokumentation etwa im einzelnen beschrieben, daß eine Steuerung von Abläufen u. a. von Materialarten abhängig gemacht werden kann. Ein Hinweis, den die Projektgruppe zum Beispiel diskutieren kann, wenn es darum geht, die Assistenzkräfte für einzelne Materialarten – etwa Büromaterial – selbständig Einkaufssachbearbeitung machen zu lassen.

Soweit zu dem Beispiel.

Weitere Informationen über die wichtigsten Stellschrauben haben wir in diesem Kapitel in Form von einzelnen Beiträgen zusammengestellt.

In welchem Rahmen ist das Stellschraubenkonzept einsetzbar?

Das Stellschraubenkonzept soll die Lücke zwischen formulierten Leitbildern und den technischen Ansatzpunkten verkleinern. Insgesamt steht hinter diesem Stellschraubenkonzept die Vorstellung, daß die gewünschte Form der Arbeitsorganisation vor der Einführung der Technik in Form eines Leitbildes – als Zielvorstellung – formuliert werden sollte.

Dieses Vorgehen wird auch prospektive, also vorausschauende Arbeitsgestaltung genannt, bei der die organisatorischen Entscheidungen den technischen Entscheidungen vorangehen. Die prospektive Arbeitsgestaltung unterscheidet sich von der korrigierenden Arbeitsgestaltung dadurch, daß sie die Frage der Arbeitsorganisation nicht als abhängige Variable der eingesetzten Technik betrachtet, sondern ihrerseits Vorgaben an den Einsatz der technische Hilfsmittel macht.

In der Praxis läßt sich allerdings aus verschiedenen Gründen eine echte vorher/nachher-Beziehung zwischen organisatorischen und technischen Entscheidungen kaum durchhalten. Es wird daher auch von der Verzahnung der Gestaltung von Technik und Organisation gesprochen. Neben der Planung von Technik und Organisation ist dabei außerdem die Planung der Qualifikationsentwicklung, d. h. die rechtzeitige Weiterbildung des vorhandenen Personals, ‚mitverzahnt'. Näheres hierzu ist im 5. Kapitel zu finden. ◆

Technisch-organisatorische Ansatzpunkte

Stellschrauben der Arbeitsgestaltung im SAP R/2 System, Release 5.0	Wirkungen auf die Arbeitsgestaltung (im Online System)
Berechtigungsvergabe mittels TMU1 (Benutzerstammsätze), TMU2 (Profile), TMU3 (Berechtigungen) pflegen und mit TMU6, bzw. TMU7 aktivieren	Die Berechtigungsverwaltung nimmt Einfluß auf die horizontale und vertikale Arbeitsteilung der betroffenen Sachbearbeiter. Das neue Berechtigungskonzept läßt sich relativ flexibel handhaben. Problem: schwer durchschaubar, viele Anwender übernehmen daher einfach den SAP Standard.
Transaktionskonzept, d. h. Steuerung der Arbeitsabläufe durch das System (mehrere aufeinanderfolgende Bildschirmbilder (Dynpros), deren Eingaben erst nach vollständigem Durchlauf verbucht werden). Die Transaktionen lassen sich durch die SAP-Werkzeuge erweitern. Alternativ dazu gibt es eine Menuesteuerung (MON).	Das Transaktionskonzept läßt simple Arbeitsinhalte – wie etwa reine Datenerfassung – nicht zu, weil die Daten direkt bei der Eingabe gegen Tabellen geprüft werden. Es werden nur erlaubte Werte angenommen. Veränderungen/Erweiterungen über TM38 und TM51. Vereinfachung über sogenannte V Codes (s. u.) und damit definierte vereinfachte Sichten auf Transaktionen. Komplizierte Transaktionen mit vielen Bildschirmbildern (Dynpros s. u.) können über vorgeschaltete Schnellerfassungstransaktionen ohne Modifikationen vereinfacht werden.
V Codes innerhalb von Transaktionen definieren: Sichten einzelner Fachabteilungen auf Transaktionen und damit Daten, bzw. Vorgänge. Es werden jedoch nur bedingt die Daten anderer Sichten ausgeblendet.	Die VCodesteuerung durch die Transaktionen führt zu relativ viel Informationen über bestimmte Abläufe bei denen, die sonst nur die notwendigsten Daten erhalten. Die V-Codeberechtigung (VCDBE) läßt sich in TMU2 in den Profilen einrichten, in Tabelle 131 z. B. für den Bereich Materialwirtschaft verwaltbar.
Tabellen, in denen Steuerungsparameter, Berechnungsformeln, Berechtigungen und Daten hinterlegt werden können. Die vom Anwender benutzbaren Tabellen sind in der Datei ATAB abgelegt. Daher stammt auch der Name ATAB-Tabellen.	Über ATAB-Tabellen kann in unterschiedlicher Form ohne Programmierung der Ablauf von Transaktionen und ABAPs, sowie horizontale-, vertikale- und Mensch/Maschine-Arbeitsteilung beeinflußt werden. Veränderungen an den Tabellen sind über ABAPs, die Transaktion TM31, 33 und den Job SAPTABU möglich.
Materialarten sind Unterscheidungsmerkmale für Materialien in der Materialwirtschaft.	Je nach Materialart kann der Bedienungsablauf unterschiedlich werden: z. B. die Behandlung von Leergut erfordert andere Abläufe als die Behandlung von Fertigerzeugnissen. Bild- und Transaktionssteuerung über definierte Materialarten (Dateninhalte) in der Materialwirtschaft erfolgt über die Tabelle 134.
Bildfolgesteuerung durch die **Materialtypen** und **Materialarten** im RV (Vertrieb) und RM (Materialwirtschaft) über die Tabelle 137V	Über Materialtyp werden Arbeitsabläufe insofern gesteuert, als verschiedene branchenspezifische Materialien (z. B. Chemie oder Maschinenbau) in unterschiedlichen Abläufen/Bearbeitungsketten behandelt/gesteuert werden können. Die Steuerung erfolgt zusammen mit den zulässigen Materialtypen über die Tabelle 137V.
Tabellenabhängige Feldauswahlsteuerung in Transaktionen von RM und RV	Im RM kann z. B. über die Tabellen 443,132,133,137,444 die Auswahl der Felder für die einzelnen Bildschirmbilder gesteuert werden: Soll ein Feld angezeigt oder ausgeblendet werden, oder soll auf jeden Fall bei dem Feld etwas eingegeben werden? Im RV gibt es zusätzlich die Preissteuerung über Tabelle 030.
Dynpros (Bildschirmmasken) können im SAP-System einzeln bearbeitet werden durch die Transaktion TM51 (Dynpro Pflege). Daneben gibt es noch die speziellen Transaktionen TM53 (Sprachenpflege) und TM54 (Tabellenpflege Dynpros).	Spezielle Bildschirmbilder, bzw. Bildschirmaufbauten sind für jeden einzelnen Arbeitsplatz, bzw. jede einzelne Arbeitsaufgabe noch einmal gesondert einstellbar. Spezielle Arbeitsabläufe können somit durch entsprechende Dynpros unterstützt aber auch behindert werden. Änderungen der Dynpros über SAP, den Job SAPDYNU oder den Screen Painter (TM51).
Zusätzliche Programme, ABAPs genannt, mit denen neue Reports und Transaktionen entwickelt oder bestehende Transaktionen verändert werden können. Die ABAPs sind in Modulpools zusammengefaßt in folgenden Dateien zu finden: - DLIB - LOAD (MOD)	Durch die ABAPs können der Umfang der Automation und die Abläufe nahezu beliebig geändert werden. Es können aber auch – wie RP zeigt – ganz neue Anwendungen geschrieben werden. Der Einfluß auf die Änderungsmöglichkeiten ist hier lediglich durch die Grenzen der Programmiersprache und durch faktische Begrenzungen (z. B. der Laufzeit oder den Erstellungsaufwand) eingeschränkt. Veränderungen an ABAPs über die Transaktion TM38, den Job SAPLIMU oder durch SAP.

Technisch-organisatorische Ansatzpunkte

Beispiele von Stellschrauben 1:

ABAP/4-Programme

Mit Hilfe der SAP eigenen Programmiersprache ABAP/4 können einzelne Auswertungen oder ganz neue Anwendungen programmiert werden.

Die SAP AG liefert mit dem Standardsystem eine eigene Programmierumgebung und bereits einige tausend fertige ABAP/4-Programme aus. Diese fertigen Programme lassen sich von Anwendern für Auswertungen aus dem vorhandenen Datenbestand einfach aufrufen. Im Gegensatz zu Transaktionen produzieren die ABAP/4-Programme eine Liste als Ergebnis des Programmdurchlaufes.

Diesen Programmen können beim Aufruf einige Auswahlmöglichkeiten (Selektionsparameter genannt) mit auf den Weg gegeben werden, d. h. es können in dem ABAP-Programm im vorgesehenen Rahmen zusätzliche Auswahlkriterien des Benutzers mitberücksichtigt werden. Welche Abfragen zugelassen sind, ist in dem jeweiligen ABAP-Programm festgelegt. Solche Variationsmöglichkeiten sollen helfen, möglichst genau die Daten als Ergebnis einer Abfrage zu liefern, die vom Anwender gesucht werden. Z.B. kann mit dem ABAP/4-Report RPAUFG39 die Anzahl der Beschäftigten pro Buchungskreis, Werk, Kostenstelle und Personenkreis ausgewiesen werden. Der Benutzer kann beim Aufruf dieses Reports die Abfrage auf eine bestimmte Kostenstelle begrenzen.

Zu den Einschränkungen bei Modifikationen „4.8 Mit welchem Modifizierungsaufwand ist zu rechnen?"

Neben der Eingabe dieser Variationsmöglichkeiten schon bei dem Aufruf eines ABAP-Programmes gibt es auch die Möglichkeit, in einer Ergebnisliste mit zu vielen Daten weiter nach bestimmten Wörtern zu suchen.

SAP-Definition: ABAP/4

Advanced Business Application Programming. SAP-Programmiersprache der vierten Generation zur Entwicklung von Dialoganwendungen und zur Auswertung von Datenbanken

ABAP/4 als Programmiersprache

ABAP/4 ist jedoch nicht nur eine Menge von bereits fertigen Programmen. ABAP/4 ist darüberhinaus selbst eine Programmiersprache, für deren Benutzung SAP eine Reihe von Programmierhilfsmitteln liefert.

Ursprünglich war ABAP/4 als Endbenutzersprache für die Fachabteilung konzipiert, hat aber seit geraumer Zeit eine Mächtigkeit erreicht, die anderen höheren Programmiersprachen in nichts nachsteht. Mit diesem Möglichkeiten konnten dann allerdings die EDV-Laien in der Fachabteilungen nicht mehr umgehen. Dazu war die Programmiersprache zu komplex geworden. SAP selbst hat seit einiger Zeit ganze Anwendungen – wie z. B. den Personalteil RP, bzw. HR – in der ABAP/4-Sprache entwickelt.

Anwendungsbereiche für ABAP/4

Einerseits kann die Anwenderfirma mit Hilfe von ABAP/4-Programmen die Funktionen zusätzlich programmieren, die SAP nicht oder nicht in der Form liefert, in der sie von den Anwendern gebraucht wird. Die Anwendungsmöglichkeiten gehen hier von der zusätzlichen Auswertung (zum Beispiel eine Revisionsauswertung über die vorhandenen Objekte im SAP-System für die Revision, den Datenschutzbeauftragen, oder den Betriebsrat) bis zu ganz neuen Anwendungen, etwa einem Informationssystem zum seitens der EU geforderten ÖKO-Audit für die damit befaßten Stellen.

Andererseits lassen sich auch die von SAP gelieferten ABAP/4-Programme ganz nach Wunsch der Anwender verändern. Solche Änderungswünsche können von der Layoutänderung der Ausgabeliste bis zu einer veränderten Funktion eines Programms reichen.

Arbeitsorganisatorisch lassen sich mit der

ABAP/4-Programmiersprache etwa
- Veränderungen am Umfang und am Gegenstand der Automation vornehmen, wenn neue Funktionen hinzugefügt, oder vorhandene verändert werden;
- die horizontale Arbeitsteilung und die Arbeitsabläufe beeinflussen, indem etwa spezielle Auswertungen für die vor- oder nachgelagerten Bereiche geschrieben werden, die es erlauben, schneller auf bestimmte Ereignisse zu reagieren;
- die vertikale Arbeitsteilung beeinflussen, indem beispielsweise für die Sachbearbeiter zusätzliche oder veränderte Auswertungen für Aufgaben zur Verfügung gestellt werden, die früher nur den Abteilungsleitern vorbehalten waren;
- Datenbestände auf dezentrale Rechner, z. B. PCs exportieren, damit sich die jeweilige Abteilung dort eigene Auswertungen mit PC-Werkzeugen erstellen kann.

Wer darf programmieren?

Entsprechend der Mächtigkeit der Programmiersprache sind es heute auch in erster Linie ausgebildete Programmierer aus der EDV-Abteilung, die mit der Sprache ABAP/4 programmieren. Bei vielen Anwenderfirmen ist der Gebrauch der Programmiermöglichkeiten in den Fachabteilungen durch ‚Laien' nach und nach eingeschränkt worden. Der Grund: Die Laufzeiten der Programme – und damit auch die Antwortzeiten des gesamten Systems für alle Bildschirmarbeiter – leiden schnell unter den ungenügenden Programmierkenntnissen; der Laie achtet bei der Erstellung seiner Programme eben nur darauf, daß sein Programm läuft und nicht darauf, daß die Laufzeit und der Speicherverbrauch des Programms möglichst gering ist. So kommen schnell sehr große Ressourcenfresser zustande, die den ganzen Betrieb regelrecht aufhalten.

Bedenken der Revision

Auch von anderer Seite ist der direkten Programmierung am *Produktivsystem* in der Fachabteilung ein Riegel vorgeschoben worden.

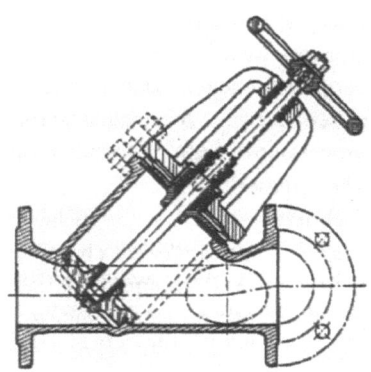

Die Revisoren und Wirtschaftsprüfer haben SAP und die Anwenderfirmen von ihren Bedenken gegen die Programmierung an Echtdaten überzeugt. Es war für die Kontrolleure nicht mehr nachvollziehbar, wer was am System und an den wichtigen Unternehmensdaten eingegeben und verändert hat, wenn die Programmierberechtigung im Produktivsystem vergeben war.

Die Programmierberechtigung darf daher nur für das *Testsystem* freigegeben werden. Zwischen der Fertigstellung der Programme im Testsystem und der Verfügbarkeit der ABAP/4-Programme im Produktivsystem muß ein geordnetes Programmfreigabeverfahren eingerichtet werden.

Für die Fachabteilung: Query

Um dem Endbenutzer in der Fachabteilung auch Programmiermöglichkeiten zu bieten, bietet SAP eine vereinfachte Form zur Entwicklung von Datenauswertungen an: ABAP/4 Query. Diese relativ einfach zu bedienende Abfragesprache wird gewissermaßen vor die Programmiersprache ABAP/4 geschaltet. Mit ABAP/4 Query werden ABAP/4-Auswertungsprogramme automatisch erzeugt. Query bietet dem Anwender in der Fachabteilung jedoch nur einen Teil der Möglichkeiten, die die ABAP/4-Sprache bietet. Dafür kann der Anwender mit Query selbst Abfragen erstellen und muß nicht lange auf die Abarbeitung seiner Programmierwünsche in der EDV-Abteilung warten.

Leider unberücksichtigt geblieben sind bei diesem vereinfachten ‚Programmierverfahren' immer noch die Bedenken der Datenschützer: Die geforderte Zweckbindung der Verarbeitung personenbezogener Daten ist nicht immer gegeben und die Nachvollziehbarkeit durch eine entsprechende Protokollierung ist auch nicht vorgesehen.

Im Ergebnis ist es also aus unterschiedlichen Gesichtspunkten unrealistisch, mit den Möglichkeiten des SAP-Systems die Programmierung gänzlich in die Fachabteilung zu verlegen. Programmierung bleibt bei SAP-Anwendungen weiterhin eine Angelegenheit von Fachleuten. ◆

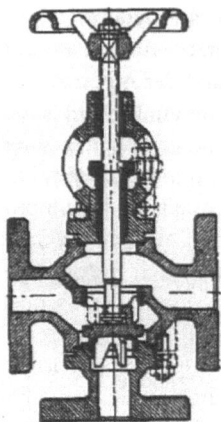

Beispiele von Stellschrauben 2

Dynpros + Module = Transaktionen

Durch die SAP Hilfsmittel zur Maskengestaltung und zur Programmierung von Modulen lassen sich vorhandene Transaktionen verändern und neue entwickeln.

Bildschirmmasken werden in der SAP-Sprache ‚Dynamische Programme' (kurz Dynpro) genannt. Transaktionen bestehen im SAP-System aus einer Menge von Dynpros und ‚Modulen', die die Verarbeitungslogik für die in die Bildschirmmasken eingegebenen Daten enthalten.

Mit dem Standardsystem liefert SAP eine Vielzahl von Dynpros und Modulen aus, die möglichst viele Praxisfälle abdecken sollen. So ist es zu erklären, daß der einzelne Benutzer eine Vielzahl an Datenfeldern in den Bildschirmmasken vorfindet, die er für die Erledigung seiner Aufgaben nicht benötigt, die vielleicht sogar niemand in der ganzen Firma jemals braucht. Weiterhin kommt es vor, daß die Bildschirmmasken im Standard die Datenkomplexe nicht in den Zusammenhängen abbilden, in denen sie für die Arbeitsaufgabe eines Sachbearbeiters in einem bestimmten Betrieb gebraucht werden. Daraus erwachsen am konkreten Arbeitsplatz Belastungen.

In der Praxis findet man immer wieder unnötige Belastungen am Arbeitsplatz

Bei Arbeitsplatzuntersuchungen stellten wir fest, daß in den Anwenderbetrieben aus Angst vor jeder Veränderung gnadenlos der ausgelieferte SAP-Standard beibehalten wurde, auch wenn er überhaupt nicht paßte. Folgende Probleme wurden uns dabei erläutert:

Datenfeldbezeichnungen (in den Bildschirminhalten) stimmten nicht mit den einzugebenden Daten überein; zusammenhängende Daten wurden durch den Maskenaufbau grundlos auseinandergerissen; zur Eingabe weniger Daten mußte durch eine Vielzahl von Masken geblättert werden.

Bei Umfragen in zwei Anwenderbetrieben haben z. B. immerhin ein Fünftel der Benutzer geantwortet, daß

- geforderte Eingaben, die das System erwartet, nicht klar sind;
- das System auf bestimmte Eingaben nicht

nachvollziehbar reagiert;
- das System zu viele Funktionen anbietet, die für die Arbeit nicht erforderlich sind;
- zu viele nicht benötigte Datenfelder die Bildschirmmasken überfüllt und damit unübersichtlich gemacht haben;
- das System zu viele Bildschirmbilder anbietet, die für die Arbeit nicht erforderlich sind.

Zwei Fünftel der Befragten gaben an, durch zu viele Dynpros blättern zu müssen, und ein Drittel der befragten Benutzer wird durch zu unübersichtliche Masken und Listen belastet.

Diese Belastungen können allerdings mit SAP-Mitteln reduziert werden. Die von den Anwendern genannten Probleme sind, wie erwähnt, darauf zurückzuführen, daß einfach der von SAP ausgelieferte Standard eingesetzt wird. Aus Angst vor den Komplikationen bei Modifikationen am System werden die vorgesehenen Stellschrauben gar nicht benutzt (siehe hierzu auch den Artikel: „4.8 Mit welchem Modifizierungsaufwand ist zu rechnen?").

Möglichkeiten zur Verbesserung

Zur Behebung o. g. Belastungen bieten sich allein schon 3 verschiedene Wege der Anpassung an den Arbeitsplatz an:

Erstens können den Standardtransaktionen sogenannte Schnellerfassungstransaktionen vorgeschaltet werden. Auf diesen Schnellerfassungstransaktionen werden die einzugebenden Daten erfaßt und systemintern an die belassene Standardtransaktion weitergereicht. Hierbei wird der Standard überhaupt nicht verändert, sondern lediglich eine zusätzliche Transaktion vorgeschaltet.

Zweitens lassen sich mittels des Screenpainters (eines relativ komfortablen Bildschirmeditors) direkt Daten aus den Standardmasken herausnehmen, umbenennen oder umstellen. Dies wäre ein Eingriff in die Standardtransaktion, die sich allerdings auch umgehen läßt, indem eine Kopie der Dynpros und der zugehörigen (Programm-) Module angefertigt wird. Dann gibt es ebenfalls wie im ersten Fall nur eine zusätzliche Transaktion, die keine Modifikation des Standards bedeuten würde. Die SAP-Namenskonventionen sehen sehen vor, daß solchen Transaktionen Codes mit den Anfangsbuchstaben X oder Y zuzuweisen sind.

Drittens gibt es innerhalb einzelner Arbeitsgebiete im SAP-System die Möglichkeit, die Anzeige von Daten in einzelnen Transaktionen über Tabellen ‚ein- und auszuknipsen'. Zum Beispiel ist im R/2-System in den Modulen RV, RM und RP eine solche tabellenabhängige Feldauswahlsteuerung vorgesehen (Tabelle zu den Stellschrauben der Arbeitsorganisation im R/2 auf Seite 157).

Neben diesen Möglichkeiten können selbstverständlich noch völlig eigene Transaktionen entwickelt werden, die direkt auf die Bedürfnisse der Anwender zugeschnitten sind.

Beispiele von Stellschrauben 3:

Tabellen

An vielen Stellen hat SAP bereits die Anpassung der Software beim Anwender mittels Tabellen vorgesehen. Einige der vorgesehenen Tabelleneinstellungen sind auch für die Arbeitsgestaltung von Interesse, etwa weil sie die Datenfelder in dem Bildschirmmasken steuern oder über die Bildfolgen die Arbeitsabläufe direkt steuern.

Im SAP-System sind viele Anpassungsmöglichkeiten nicht in der Programmlogik, sondern vielmehr in Tabellen niedergelegt. Diese Tabellen sind im R/2-System in der Datei ATAB abgelegt und werden daher auch ATAB-Tabellen genannt. Mit Hilfe solcher Tabellen lassen sich die Abfolgen der einzelnen Transaktionen und damit auch die Arbeitsabläufe steuern. Zum Beispiel zeigt die Abbildung zur Bildfolgesteuerung, welche Tabellen Einfluß auf die Bildfolge im RM und RV haben. Hierbei werden zur Berechnung der Auswahl des nächsten Bildschirmbildes (Dynpros) die Werte aus den jeweiligen Tabellen genommen und nach vorgegebenen Verknüpfungsregeln zusammengebracht. Als Ergebnis der Verknüpfung kommt dann eine Zeichenkombination heraus, mit deren Hilfe die Nummer des Folgedynpros in einer weiteren Tabelle nachgeschlagen werden kann.

Die Ausgangswerte und die Werte in den Zwischentabellen können jeweils vom Anwender direkt verändert werden. Es handelt sich dabei nur um die Veränderung eines einzelnen Zeichens.

Dieses hier sichtbar gewordene komplexe Bedingungsgefüge vermittelt schon einen Eindruck davon, daß zu der Veränderung der Tabellen selbst wieder beträchtliches Fachwissen vonnöten ist. Dies ist der Grund dafür, weswegen viele Anwender die ihnen zugedachten Einstellungsmöglichkeiten am System so wenig nutzen.

Im R/3-System ist deshalb die Einstellung der Tabellen erheblich erleichtert worden. ♦

Einflußgrößen für die Bildfolgesteuerung im RM und RV

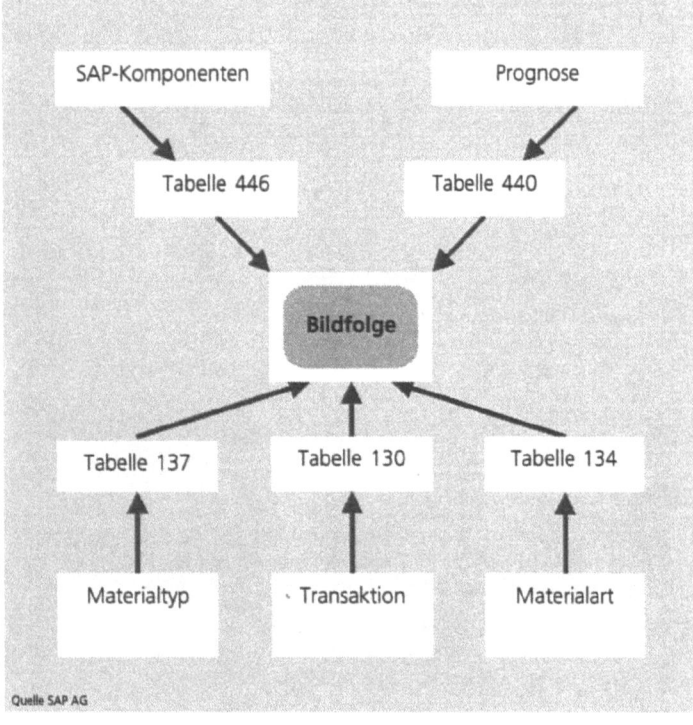

Quelle SAP AG

Beispiele von Stellschrauben 4

Das Berechtigungskonzept

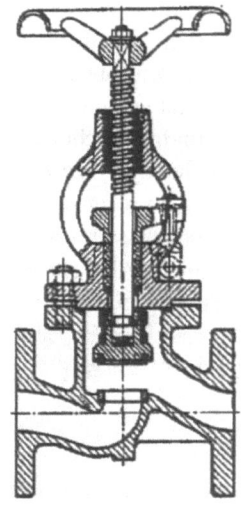

Als Berechtigungskonzept bezeichnet SAP das in ihren Softwarepaketen eingebaute Zugriffsschutzsystem. Wir geben in diesem Kapitel einen Überblick über die Funktionsweise des SAP-Berechtigungssystems (A), beleuchten die Wirkungen der Berechtigungsvergabe auf die Arbeitsbedingungen (B) und resümieren schließlich die grundlegenden Merkmale des SAP-Berechtigungssystems und Konsequenzen für das Einführungs-projekt (C).

Hinsichtlich der Softwarefunktionen beziehen wir uns auf das System R/3, Version 2.2. Die älteren Versionen von R/3 und auch R/2, Version 5.0 weisen zu dem hier Vorgestellten keine wesentlichen Unterschiede auf.

A. Wie funktioniert das Berechtigungskonzept?

Bevor das SAP-System irgendeine nicht vollkommen triviale Operation ausführt, prüft es, ob der Benutzer, der die Operation angestoßen hat, überhaupt dazu berechtigt ist. Fehlt die Berechtigung, so gibt das System eine entsprechende Fehlermeldung aus und beendet damit die Bearbeitung des eingegebenen Befehls.

Welche Berechtigungen zur Ausführung einer Operation erforderlich sind, ist im Programmtext dieser Operation festgelegt: In einem besonderen Prüfbefehl – in der ABAP/4-Sprache heißt er ‚authority-check' – werden die geforderten Rechte aufgelistet.

Über welche Berechtigungen ein Benutzer verfügt, geht aus dem Benutzerstammsatz hervor, einer Sammlung von Angaben, die ein Systemverwalter erfaßt, wenn ein neuer Benutzer angemeldet wird und die angepaßt wird, wenn sich der Status des Benutzers ändert.

Man kann sagen, jede Operation des SAP-Systems – sei es das Anzeigen bestimmter Daten, sei es eine Dateneingabe oder sei es das Starten eines Auswertungsprogramms – ist durch ein Schloß geschützt, für das der Benutzer, der die Operation starten will, einen passenden Schlüssel haben muß.

Das ist die relativ einfache Grundidee. Doch wieviele Zugriffsberechtigungen muß man unterscheiden? Wieviele unterschiedliche Schlösser und Schlüssel muß man einführen und verwalten? Die SAP-Systeme umfassen Tausende von Daten und Programmen, so daß ein großer Bedarf an feinen Differenzierungsmöglichkeiten bei der Verteilung von Zugriffsrechten besteht. Zum Beispiel:

- Meier soll alle Materialstammdaten ansehen, aber nicht ändern können;

- Müller darf Stammdaten auch ändern, soweit es um Preise für Materialien aus seiner Einkaufsgruppe geht;

- Schmidt darf als einziger Materialstammdaten aus dem Vorjahr ändern;

- Die vollständigen Daten von den Stundenzetteln aus der Produktion darf nur König sehen.

- Kaiser darf den Report zur Ermittlung der Überstunden anstoßen.

Bei solchen Zugriffsregeln geht es nicht etwa nur darum, für jedes Programm eine Aufrufberechtigung einzuführen, sondern man möchte unterschiedliche Zugriffsrechte erteilen können, je nachdem, auf welche Daten ein Programm angewandt wird. Der Aufruf eines Programms soll z. B. nach Buchungskreisen, Sachkontengruppen, Materialarten, Kostenarten, Nummernkreisen usw. differenziert freigeben werden können.

Neben den Differenzierungsbedürfnissen im Einzelfall gibt es meist doch immer wieder

Aufgabenbündel, die mehreren Benutzern gemeinsam sind. Man wird ihnen natürlich auch gleiche Berechtigungspakete zuordnen. Um die damit verbundene Verwaltungsarbeit einfacher und übersichtlicher zu machen, kann man eine beliebige Zahl von Einzelberechtigungen zu sogenannten Berechtigungsprofilen zusammenfassen und Benutzern anstelle vieler einzelner Rechte ganze Profile zuordnen. *Berechtigungsprofile* können ihrerseits beliebig gruppiert werden. Dadurch entstehen sogenannte *Sammelprofile*, also Profile von Profilen oder sogar von weiteren Sammelprofilen in beliebiger Verschachtelung.

Die Ausstattung eines Benutzers mit Zugriffsrechten erscheint damit als ein mehrschichtiges, unter Umständen sehr komplex strukturiertes Netz, an dessen untersten Knotenpunkten die verfügbaren Einzelberechtigungen stehen, welche ihm durch die Zuweisung der darüberliegenden (Sammel-)Profile verliehen wurden.

Wenn wir Einzelberechtigungen mit Schlüsseln vergleichen, können wir Berechtigungs-

Begriffe des SAP-Berechtigungskonzeptes

- Die **Berechtigungsfelder** bilden die Grundbausteine des SAP-Berechtigungssstems. Zu jedem Berechtigungsfeld gehört eine Angabe darüber, welche Werte in dieses Feld eingetragen werden dürfen.
- **Berechtigungsobjekte** bestehen aus 1 bis maximal 10 Berechtigungsfeldern.
- **Berechtigungen** sind eine Kombination von Werten für die Berechtigungsfelder eines jeweils zu benennenden Berechtigungsobjekts. Anstelle von Einzelwerten können auch Wertebereiche angegeben werden, zum Beispiel:

  Wertebereich 1 bis 4,   d.h. Werte 1, 2, 3 und 4;
  Wertebereich S*,   d.h. alle Werte, die mit einem S beginnen;
  Wertebereich 0 bis Z*, d.h. alle Werte.

  Berechtigungen ermöglichen es dem berechtigten Benutzer, bestimmte Systemfunktionen – etwa die Pflege von Kreditorenstammsätzen – auszuführen. Eine Berechtigung mit Wertebereichen berechtigt zu denselben Aktionen wie die Summe der Berechtigungen mit den entsprechenden Einzelwerten.

- Ein **Berechtigungsprofil** ist eine Zusammenfassung von Einzelberechtigungen oder von anderen Berechtigungsprofilen in beliebiger Verschachtelung. Benutzer, denen im Benutzerstammsatz ein Berechtigungsprofil zugeordnet wurde, verfügen über alle in diesem Profil zusammengefaßten Einzelberechtigungen. Im allgemeinen orientiert man sich bei der Bildung von Berechtigungsprofilen an Arbeitsbereichen, so daß jedem Benutzer nur wenige – aber möglicherweise kompliziert zusammengestzte – Profile zugeordnet werden müssen

- Jedes Feld, jedes Objekt, jede Berechtigung und jedes Profil hat einen eindeutigen Namen. Die **Definitionen** aller genannten Elemente des Berechtigungssystems, also Namen, zulässige Werte usw., werden im Data Dictionary abschließend aufgeführt. Modifikationen und Ergänzungen durch die Anwenderbetriebe sind möglich.

profile als Schlüsselbunde betrachten, die ihrerseits an größeren Schlüsselringen hängen usw. Da eine Einzelberechtigung oder ein Profil zu verschiedenen Profilen bzw. Sammelprofilen gehören kann, ist es möglich, daß im gesamten Bund mehrere Kopien desselben Schlüssels hängen. Doch egal wieviele Exemplare eines Schlüssels es gibt und wo im Bund sie festgemacht sind, für die Frage, welche Schlösser man öffnen kann, kommt es allein darauf an, ob man überhaupt über einen passenden Schlüssel verfügt.

Die Struktur der Profile ist aber dann von hoher Bedeutung, wenn sich die Arbeitsbereiche eines Benutzers ändern sollen. Wenn zu diesem Zweck jemandem ein Profil entzogen wird, so fallen nämlich nur die Einzelberechtigungen weg, die nicht zugleich Teil eines anderen zugewiesenen Profils sind. Wird von einem Schlüsselbund ein Ring abgehängt, so verengen sich die Zugangsbereiche natürlich nur insoweit, wie keine Kopien der abgenommenen Schlüssel an anderen Ringen zurückbleiben.

Die Neudefinition eines Profils findet keine direkte Entsprechung in der Analogie vom großen Schlüsselbund. Änderungen von Profildefinitionen wirken sich im SAP-System nämlich auf die Zugriffsmöglichkeiten aller Benutzer aus, die über das betreffende Profil verfügen. Für die Schlüsselbunde würde das bedeuten, daß die entsprechende Unterstruktur in allen ausgegebenen Bunden gleichzeitig geändert werden muß.

Berechtigungen

Jede Berechtigung umfaßt sogenannte Berechtigungsfelder, in denen bestimmte Werte eingetragen werden können, vergleichbar einem bis zu zehnstelligen Codewort, wobei an den verschiedenen Stellen neben Zahlen auch Wörter oder Kombinationen aus Zahlen und Buchstaben erscheinen können: Den einzelnen Positionen können inhaltliche Bedeutungen beigemessen werden. So kann man zum Beispiel in einem Feld den Buchungskreis nennen, in dem der Berechtigungsinhaber Operationen ausführen darf, man kann ein Feld für die Zugriffsart reservieren und vielleicht als Werte „lesen" und „schreiben" unterscheiden, man kann Sachkontengruppen, Materialarten, Einkaufsgruppen als freigegebene Zugriffsbereiche benennen und dergleichen mehr.

Die Untergliederung in verschiedene Felder mit Werten macht die Berechtigungen leichter lesbar, als wenn man sie nur insgesamt als ein Schlüsselwort behandelte, welches den Zugang zu bestimmten Operationen eröffnet.

Allerdings gibt es keinerlei Automatismus, der garantieren würde, daß z. B. eine Eintragung 0001 im Feld „Buchungskreis" auch wirklich genau den Zugang zu Buchungskreis 1 eröffnet. Das ist nur dann so, wenn die Berechtigungsabfragen in den Auswertungsroutinen – von SAP oder im Anwenderbetrieb – entsprechend programmiert werden. Undisziplinierte Programmierung führt hier zu größter Verwirrung.

Je nachdem, zu welchen Feldern in einer Berechtigung Werte angegeben werden, kann man Berechtigungstypen unterscheiden. SAP spricht hier allerdings von *Berechtigungsobjekten* und definiert ein Berechtigungsobjekt als eine mit einem Namen benannte Auswahl von 1 bis 10 Berechtigungsfeldern.

Überlappungen der Profile und die Frage, über welches Profil jemand eine Berechtigung erhalten hat, sind für die Zugriffsmöglichkeiten grundsätzlich ohne Belang. Bei den Berechtigungen dagegen würde eine entsprechende Auflösung in Feld-Wert-Paare die Zugriffsrechtslage im allgemeinen nicht mehr richtig wiedergeben: Die Berechtigungsprüfungen in den Programmen verlangen nämlich, daß der jeweilige Benutzer über die richtigen Feld-Wert-Paare *zu einem bestimmten Berechtigungsobjekt* verfügt. Anders als bei den (Sammel-)Profilen ist die Information über die Substruktur hier also wesentlich.

Der Berechtigungscheck als Zylinderschloß

Die Untergliederung von Berechtigungen in Felder mit Werten, die Berechtigungsobjekten zugeordnet sind, können wir in der oben schon angedeuteten Analogie zu Schlössern und Schlüsseln ein Stück weit nachvollziehen, wenn wir Zylinderschlösser betrachten.

Der Schließzylinder eines Zylinderschlosses kann nur dann gedreht werden, wenn die gegen Federn beweglich gelagerten und an einer beliebigen Stelle quer durchtrennten Sperrstifte von einem passend eingekerbten Schlüssel so verschoben werden, daß die Trennlinie jedes Stiftes genau mit der Grenzlinie zwischen Zylinder und umgebenden Gehäuse übereinstimmt. Wie gehabt, können wir sagen, jeder Schlüssel entspricht einer Berechtigung, jedes Schloß einer Berechtigungsprüfung. Dazu ergänzend können wir nun die Bohrungen für die Sperrstifte als Berechtigungsfelder, die Länge der Stifte von der Trennlinie bis zur Spitze als Wertanforderung und die Tiefe der Einkerbung im Bart des Schlüssels als dem Schlüsselinhaber zugeordnete Wertausprägung im jeweiligen Berechtigungsfeld betrachten.

Die Tatsache, daß eine Berechtigung stets auf ein Berechtigungsobjekt bezogen ist, findet ihre Entsprechung in der senkrechten Profilierung der Schlüssel bzw. des Schlüssellochs. Um ein Schloß zu öffnen, genügt es nicht, über einen Schlüssel zu verfügen, der für jeden Stift die richtige Einkerbung hat; wenn die von vorn zu sehende Profilierung des Bartes nicht zum Schlüsselloch paßt, kann man den Schlüssel gar nicht erst ins Schloß stecken. Das Profil des Schlüssellochs könnte man demnach als den Namen des Berechtigungsobjekts betrachten.

Im SAP-System gibt es auch Türen mit mehreren Schlössern: es kommt durchaus vor, daß vor Ausführung einer Operation mehrere Berechtigungen hinsichtlich verschiedener Berechtigungsobjekte geprüft werden. Auch Räume mit mehreren Türen sind denkbar, von denen man nur eine zu öffnen braucht, um sie zu betreten. Über die ABAP-Programmiersprache ist ein Programmierer nämlich völlig frei, die Reaktionen des Systems auf die dort ‚authority checks' genannten Berechtigungsprüfungen zu bestimmen.

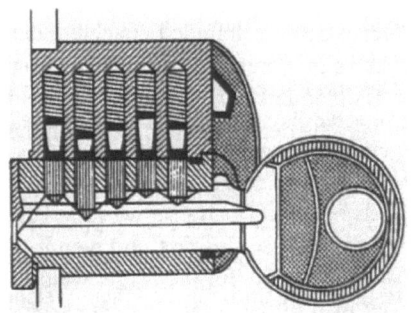

B. Zugriffsrechte und Betriebspolitik

Jeder Betrieb, der SAP-Software anwenden möchte, muß sich im Laufe des Einführungsprojekts mit dem Berechtigungssystem auseinandersetzen. Ohne Rechtezuteilung kann das System nun einmal nicht benutzt werden. Doch was als vermeintlich technische Aufgabe auf die Tagesordnung kommt, ist in Wahrheit ein betriebliches Politikum von beachtlicher Tragweite. Denn Zugriffsrechte wirken als Informationsrechte, Zugriffsverbote sind Informationshindernisse, welche natürlich im Falle personenbeziehbarer Angaben im Interesse des Datenschutzes erforderlich sein können. Zugriffsrechte sind oftmals auch Arbeitsmöglichkeiten; denn eine große Zahl von Aufgaben – zumal in den Bereichen Betriebswirtschaft und Logistik – sind untrennbar mit der Bereitstellung, Aufbereitung und Analyse von Daten verbunden, und diese sind mit steigender Tendenz nur noch über das zentrale EDV-System verfügbar.

So erweist sich die Verteilung von Zugriffsrechten als eine wichtige Dimension der betrieblichen Informations- und damit auch Machtpolitik. Deshalb sollte die technische Kompliziertheit der Umsetzung mit SAP-Mitteln auch weder dazu führen, einfach die von SAP recht großzügig vordefinierten Standardprofile zu verteilen, noch dazu, das ganze Thema den technisch versierten Kennern der EDV zu überlassen – auch wenn beides angesichts des üblichen Zeitdrucks im Einführungsprojekt geradezu verlockend erscheinen mag. Was für die SAP-Einführung im allgemeinen gilt, gilt für die Vergabe der Zugriffsrechte im speziellen: Die Ausgestaltung der technischen

Einzelheiten sollte einer informationspolitischen Konzeption folgen, die durch einen Aushandlungsprozeß betrieblich legitimiert ist. Dies ist das eigentliche, politisch brisante und diskutierbare Berechtigungskonzept. Was SAP hingegen „Berechtigungskonzept" nennt, ist dagegen nur ein mehr oder weniger gelungenes programmtechnisches Instrumentarium, dessen sich ein Anwenderbetrieb bedienen kann (und muß), um seine informations- und arbeitspolitischen Zielvorstellungen umzusetzen. Kurzum, das „Berechtigungskonzept" braucht ein Berechtigungskonzept. Drei Aspekte eines solchen inhaltlichen Konzeptes wollen wir etwas genauer betrachten: *Geheimhaltung und Öffentlichkeit, Arbeitspolitik* und *Datenschutz*.

Geheim oder öffentlich? Berechtigungsvergabe ist Informationspolitik

Hohe Transparenz des betrieblichen Geschehens ist die Verheißung aller Management-Informationssysteme und ebenso der integrierten Systeme R/2 und R/3. Transparenz sowohl in stofflicher, als auch personeller, als auch wirtschaftlicher Hinsicht und das jederzeit aktuell.

Doch wem soll dieser erweiterte Durchblick offenstehen? Hier einige Beispiele:

? Soll ein Verkäufer wissen, wieviel die von ihm zu vermarktende Ware in der Produktion gekostet hat?

Aber natürlich, sagt der Verkäufer. Denn nur so kann ich erkennen, wo bei meinen Preisverhandlungen die wirkliche Rentabilitätsgrenze liegt.

Nein, sagt der kaufmännische Geschäftsführer. Unsere Preispolitik ist eine Mischkalkulation, die globale Markttrends berücksichtigt, und deren Bewertung obliegt nicht dem einzelnen Verkäufer. Er muß sich unbedingt an die vorgegebenen Verhandlungsspielräume halten, und die Kenntnis der ohnehin viel zu schwierig zu interpretierenden Produktionskosten würde nur zu Irritationen führen. Hinzu kommt, daß diese Daten bei uns als Geschäftsgeheimnis behandelt werden und keinesfalls der Konkurrenz bekannt werden sollten.

? Soll ein Verkäufer erkennen können, wieviel Kapazität in der Produktion frei ist, um seinen Auftrag zu bearbeiten?

Das muß ich schon können, sagt der Verkäufer, wenn ich meinen Kunden verläßliche Liefertermine zusichern soll. Liefertreue ist schließlich ein ganz wichtiges Argument für die Kunden. Neulich hätte ich einen dicken Fisch fangen können, wenn ich wenigstens eine Teillieferung noch in diesem Jahr hätte in Aussicht stellen können.

Wann es uns möglich ist, eine bestellte Ware zu liefern, das können allein wir von der Produktion beurteilen, sagt der Mann aus der Fertigungssteuerung. Erforderliche Zeiten für die Maschinenwartung, eine gewisse Kapazitätsreserve für Unvorhergesehenes, die Optimierung der Losgrößen und vor allem die Prioritätensetzung unter den zur Bearbeitung anstehenden Aufträgen ist einzig und allein unsere Aufgabe. Das kann ein einzelner Verkäufer gar nicht überblicken.

? Soll ein Verkäufer erkennen können, in welcher Reihenfolge kaufmännische Aufträge in Fertigungsaufträge umgesetzt und freigegeben worden sind?

Ich warte schon lange darauf, daß hier endlich mit offenen Karten gespielt wird, sagt der Verkäufer. Es kann doch wohl nicht angehen, daß bei einigen Verkäufern immer wieder die Fertigstellungstermine verschoben werden, bei anderen aber nicht. Schließlich sind nur zufriedene Kunden treue Kunden, und meine Provision hängt auch noch dran.

So einfach ist das nicht mit der Auftragseinplanung, sagt der Fertigungssteuerer, als daß wir auch noch eine gerechte Verteilung der ‚Grausamkeiten' garantieren könnten. Da gibt es wichtigere Dinge zu beachten bei den heutigen Maschinenkosten. Das gäbe nur böses Blut zwischen Verkauf und Fertigung und unter den Verkäufern selbst auch. Und auf lange Sicht mittelt sich das sowieso ein.

? Soll ein Besteller nachverfolgen können, wann und wie seine Bestellanforderung von der Einkaufsabteilung bearbeitet wird?

Dann weiß ich wenigstens, wo ich dran bin, sagt ein Besteller, und kann meine Arbeit darauf einrichten. Notfalls kann ich auch mal nachhaken, wenn ich merke, daß es nicht weitergeht.

Das wäre eine große Erleichterung, meint ein Einkäufer. Wir bräuchten nicht jeden Tag 77 Anrufern zu sagen, daß die Bestellung seit 8 Tagen raus ist, daß die Lieferung in zwei Tagen hier eintreffen soll oder vielleicht auch um zwei Tage verschoben wurde. Das könnten dann alle direkt im System abrufen, und wir würden nicht dauernd gestört.

Nein danke, meint dagegen sein Kollege. Bei uns ist das wie in der Fertigung. Wir haben den Überblick über die gesamte Bedarfssituation. Wir müssen im Zweifel unsere Prioritäten setzen und gelegentlich auch mal ein bestimmtes Bestellvolumen abwarten, damit wir vernünftige Rabatte bekommen. Das müßten wir dann jedem, der meint, er habe es nun ganz besonders eilig, lang und breit erklären und begründen. Dann säße mir mit jeder Bestellanforderung der Besteller gleich mit im Nacken.

Sollen die Produktivitätskurven (wie z. B. Wertschöpfung, Auslastung, Produktiv- versus Rüstzeiten) der verschiedenen Maschinen, Fertigungsgruppen, Abteilungen allein für die Controllingabteilung einzusehen sein, oder sollen sie mehreren Abteilungen zur Information zur Verfügung stehen? Erfährt sie der jeweils zuständige Abteilungsleiter, der die Information weitergibt? Sieht er auch die Werte für die anderen Abteilungen? Was erfährt der Betriebsrat? Wie ist es mit dem Krankenstand pro Abteilung im Jahresverlauf? Wie mit den Statistiken aus der Instandhaltung, der Qualitätssicherung, wie mit den Daten über die eigene Liefertreue?

Die Liste derartiger Fragen läßt sich fortsetzen. Natürlich gibt es keine allgemeingültigen Empfehlungen, wie diese Fragen zu beantworten sind. Bemerkenswert ist jedoch, daß im SAP-System jede gewünschte Struktur von Zugriffswegen eingerichtet werden kann. Nur: Sie muß ausdrücklich definiert werden, und diese Notwendigkeit mag ein Anlaß sein, die bisherige Informationspraxis neu zu überdenken.

Berechtigungsvergabe ist Arbeitspolitik

Ein besonderer Aspekt der Informationspolitik ist die Verteilung von Arbeitsmöglichkeiten. Da in aller Regel die oft zitierte EDV-„Unterstützung" betrieblicher Funktionen zu einer EDV-Pflichtigkeit führt, Bearbeiter also nur noch selten die Wahl zwischen Computer und Papierformular oder auch nur zwischen SAP und anderen Systemen haben, bedeutet eine fehlende Berechtigung für bestimmte SAP-Funktionen zugleich den faktischen Entzug von Arbeitsmöglichkeiten und Kompetenzen.

- Wer keinen Zugriff auf die Bestell-Transaktionen hat, kann eben kein Material bestellen.

- Wer die im System gesetzten Limits für Über- und Unterlieferungen nicht verändern darf, kann stärker abweichende Liefermengen auch nicht verbuchen und auch nur annehmen, wenn andere bereit sind, nachträglich relativ aufwendige Korrekturbuchungen vorzunehmen.

- Wer keinen Zugang zu den Systemfunktionen der Rechnungsprüfung hat, kann nicht Rechnungsprüfer sein.

- Wer keinen Zugriff auf die Kalkulationsfunktionen des Systems hat, kann auch keine Aufträge kalkulieren, weil ihm die Basisdaten und die notwendige Rechenunterstützung fehlen.

- Wer den Freigabestatus eines Fertigungsauftrags im SAP-System nicht verändern kann, kann auch faktisch keine Auftragsfreigabe bewirken, es sei denn „am System vorbei" mit allen Konsequenzen wie Buchungssperren für jegliche Materialbewegungen zu diesem Auftrag und rückwirkenden Korrekturbuchungen.

_____Technisch-organisatorische Ansatzpunkte

> **Jede Transaktion eine Arbeitsaufgabe:
> Beispiele für R/3-Transaktionen**
>
> CK41 Kalkulationslauf Bauk. anlegen
> CK68 Kalkulationslauf Freigabe
>
> ME51 Hinzufügen Bestellanforderung
> ME52 Verändern Bestellanforderung
> ME54 Freigeben Bestellanforderung
> ME58 Bestellen zugeordnete Bestellanf.
>
> MB01 Wareneingang zur Bestellung buchen
> MB31 Wareneingang zum Fertigungsauftrag
>
> MR00 Rechnungsprüfung
> MR01 Eingangsrechnung bearbeiten
> MR02 Bearbeitung gesperrter Rechnungen
> MR03 Anzeige Rechnungsprüfungsbeleg
>
> MB1A Warenentnahme
>
> CM01 Kapaz. Planung Arbeitsplatz Belast.
> CM02 Kapaz. Plg. Arbeitsplatz Aufträge
> CM03 Kapaz. Planung Arbeitsplatz Vorrat
> CM04 Kapaz. Planung Arbeitsplatz Rückstand
>
> CO01 Hinzufügen Fertigungsauftrag
> CO02 Ändern Fertigungsauftrag
>
> CO05 Sammelfreigabe Fertigungsaufträge
> CO40 Umsetzen Planauftrag

- Wer eine Lagerentnahme nicht verbuchen darf, kann zumindest bei chaotischer Lagerplatzverwaltung die benötigten Materialien auch kaum entnehmen.

Hinzu kommen zahlreiche Aufgaben, die überwiegend erst aus dem Einsatz des integrierten Softwaresystems resultieren. Sie können ein beachtliches Volumen annehmen und sind schon deshalb ein wichtiges Thema für die Arbeitsorganisation. Zu nennen ist hier zum Beispiel die gesamte Datenpflege, insbesondere das Anlegen und Aktualisieren von Stammdatensätzen für Materialien, Lieferanten, Kunden, Personal usw. Einerseits bringen diese Aufgaben eine gewisse Entscheidungsbefugnis mit sich, andererseits aber auch erhebliche Verpflichtungen gegenüber anderen Systembenutzern, deren Arbeiten bei verspäteter Stammdatenpflege behindert oder gar blockiert werden können. Wer welche Teile etwa eines Materialstammsatzes zu pflegen hat, hat daher für die alltägliche Systembenutzung einige Bedeutung.

Im übrigen sind natürlich auch die Systempflege im engeren Sinne, die Verwaltung der Benutzerstammsätze, die Definition und Freigabe von Berechtigungsfeldern, -objekten und -profilen bis hin zur Neuprogrammierung einzelner Funktionen (ABAPs) durch den Systemeinsatz bedingte Arbeitsaufgaben, deren Zuordnung zu Personen wohl überlegt sein will.

Wie bei der konzeptionellen Frage, wer welche Informationen erfahren soll, gibt es selbstverständlich auch für die Frage der Aufgabenzuordnung zumindest im Detail keine allgemeinverbindlichen Regeln. Schon die möglichen Kriterien für die Zuständigkeitsverteilung sind vielschichtig. Neben ganz praktischen Bedingungen, wie Verfügbarkeit, Qualifizierung und Qualifizierungsmöglichkeiten des Personals, sollten z. B. Aspekte wie die arbeitswissenschaftliche Qualität des Aufgabenmix pro Arbeitsplatz und auch Sicherheit und Integrität des Informationssystems eine Rolle spielen. Auch hier sollte ein arbeitsorganisatorisches Konzept für die Aufgabenverteilung Vorgabe für die Einstellungen im Zugriffsschutzsystem sein, welches im SAP-System tatsächlich viele Optionen offenläßt.

Berechtigungsvergabe und Datenschutz

Der Datenschutz ist ein besonderes Kriterium sowohl für die Gestaltung der Zugriffspfade zu den Daten im Informationssystem als auch für die Zuständigkeitsverteilung bei der Datenpflege und -auswertung. Dies besonders deshalb, weil es zum einen grundgesetzlich geschützte Persönlichkeitsrechte derjenigen zu beachten gilt, über die Daten gespeichert werden, zum andern, weil die Verarbeitung von Leistungs- und Verhaltensdaten von Beschäftigten des Anwenderbetriebs förmliche Mitbestimmungsrechte des Betriebs- bzw. Personalrats auslöst und in der Regel zum Abschluß von Betriebs- oder Dienstvereinbarungen führt.

Schon die früher getrennten Fachsysteme,

deren Funktionen SAP im Sinne des Leitbilds ‚Integration' als Module eines Gesamtsystems zusammenfaßt, haben in aller Regel eine beachtliche Menge von personenbeziehbaren Daten verarbeitet. Dadurch, daß die Daten aus den verschiedenen Modulen nun grundsätzlich alle zusammengeführt und gemeinsam ausgewertet werden können, werden mehr Daten personenbeziehbar, und das Gefährdungspotential steigt. Die Menge der personalbezogenen Daten in R/2 oder R/3 ist tatsächlich so groß, daß man sie kaum mehr überblicken kann:

- Die Module RP (R/2) bzw. HR (R/3) für die Personalverwaltung enthalten alle Daten, die für ein umfassendes Personalmanagement erforderlich und nützlich sein könnten, von den Angaben zur Person eines oder einer Beschäftigten, über deren Arbeitsplatz, über Arbeits- und Abwesenheitszeiten, Dienstreisen, Urlaub, Krankheitszeiten bis hin zu Behinderungen, Schulbildung, besonderen Kenntnissen und Fähigkeiten, Beurteilungen und Belehrungen.
- Hinzu kommt der bei SAP mit dem Stichwort „realtime" verbundene Anspruch, im EDV-System möglichst jederzeit ein aktuelles, aussagekräftiges Abbild der Produktion einschließlich Materialfluß, aufgewendeten Arbeitszeiten und deren geldlicher Bewertung vorzuhalten. Dieser Anspruch ist nur dann einzulösen, wenn die realen Ereignisse wie Lagerzugänge, Lagerentnahmen, Bestellanforderungen, Erledigung einzelner Schritte aus Arbeitsplänen und dergleichen dem System zeitnah mitgeteilt werden. Zwar ist die Rückmeldedichte anpaßbar an die Bedürfnisse des jeweiligen Anwenderbetriebs (und damit eine eigene Stellschraube), aber im allgemeinen enthält die differenzierte EDV-gestützte Abbildung des Produktionsgeschehens eine Menge Daten über Leistung und Verhalten der Beschäftigten.
- Bei der automatischen Protokollierung der Systemnutzung umfassen die SAP-Systeme mehr, als man als „Logging"-Funktion von Betriebssystemen her kennt. Das SAP-Prinzip der Integration von Material- und Werteflußt, die Tatsache also, daß dem System gemeldete Materialbewegungen immer gleich in die betriebswirtschaftlichen Module „durchgebucht" werden, dehnt die für die Finanzverwaltung geltenden Anforderungen an eine ordnungsgemäße, insbesondere revisionsfähige Buchführung auf die Materialwirtschaft aus. So erzeugt das SAP-System für alle Änderungen der Daten einen Änderungsbeleg, der den Verursacher, den Zustand vor und nach der vorgenommenen Veränderung und den sekundengenauen Zeitpunkt verzeichnet.

Die Protokollierung von Lesezugriffen, die für die Datenschutz-Revision nützlich wäre, wurde von SAP allerdings nicht in demselben Maß vorbereitet.

Wer diese vielen personenbeziehbaren Daten sehen und auswerten darf, kann mit dem Instrumentarium des Zugriffsschutzmechanismus sehr fein eingestellt werden. So sind im Auslieferungszustand des SAP-Systems bereits Berechtigungsobjekte vorgesehen, die in den Standardroutinen, die auf Personaldaten zugreifen, abgeprüft werden. Zum Beispiel kann man etwa über Berechtigungen zum Berechtigungsobjekt P_ORGIN festlegen, auf welche Art von Angaben zu einem Beschäftigten (Infotyp) jemand zugreifen darf, ob er die Angaben nur lesen oder auch überschreiben darf, welchem Buchungskreis und welchem Werk der Beschäftigte angehören darf, welcher Personengruppe (aktive, ehemalige ...) und welchem Personenkreis (Arbeiter, Angestellte, AT-Angestellte ...). In ähnlicher Weise gibt es Berechtigungsobjekte zur Steuerung des Zugriffs auf Systembenutzungsdaten oder Rückmeldedaten aus dem Produktionsprozeß.

Doch wieder verbleibt dem Anwenderbetrieb die Konzeptionsaufgabe, selbst festzulegen, wem welche Zugriffswege zu den teilweise hochsensiblen Daten offenstehen sollen und wer sie mit welchen Instrumenten auswerten können soll. Vor dem Aufstellen von Verkehrsschildern und Schranken sollte nun einmal der Entwurf einer (Daten-) Verkehrsordnung stehen, und das ist ein nur zum geringeren Teil von technischen Zwangsläufig-

➡ „3.10 Nur ohne großen Bruder"

keiten, sondern weit überwiegend von politischen Zielen bestimmter Vorgang.

Die wesentliche Gestaltungsarbeit muß für jeden und in jedem Anwenderbetrieb aufs neue geleistet werden. Sie besteht in einer inhaltlichen Konzeptionierung der DV-Berechtigungsstruktur, in der gemäß den betrieblichen Spezifika auch Zielkonflikte, wie etwa der zwischen DV-Einschränkungen im Interesse des Datenschutzes und DV-Freigabe im Interesse vielseitiger Arbeitsplätze mit hohen Dispositions- und Gestaltungsspielräumen, für einzelne Beschäftigte gelöst werden. Ohne ein solches inhaltliches Konzept kann man die Werkzeuge des SAP-Berechtigungskonzepts nicht sinnvoll nutzen.

Wie kann man sich die Berechtigungen an System ansehen?

Über das Informationssystem erhält man Auskünfte zu Benutzer, Profilen, Berechtigungen und Objekten:

```
WERKZEUGE -->
ADMINISTRATION -->
BENUTZERPFLEGE -->
dann auswählen zwischen:
    Benutzer
    Profile
    Berechtigungen
INFO --> Übersicht
auswählen zwischen:
    Berechtigungen
    Benutzer
    Profile
```

C. Merkmale des SAP-Berechtigungssystems: ausdrucksstark, aber kompliziert

Werfen wir zum Schluß noch einen Blick auf das Instrumentarium selbst. Wir haben schon angedeutet, daß der von SAP vorgesehene Mechanismus sehr vielseitig ist und den Gestaltungswünschen der Anwender wenig Grenzen setzt. Tatsächlich gibt es etliche Möglichkeiten, als SAP-Anwender die Struktur der Zugriffspfade zu beeinflussen.

Selbstverständlich ist der Anwenderbetrieb frei, den einzelnen Benutzern Rechte zu erteilen, aufgrund derer ihnen der Zugriff auf bestimmte Funktionen gewährt wird. Dafür, welche Rechte es überhaupt gibt und wozu sie berechtigen, macht SAP im Auslieferungszustand seines Systems Standardangebote. In die Standardfunktionen ist jeweils ein Berechtigungs-Check einprogrammiert, der überprüft, ob im Stammsatz des jeweiligen Benutzers bestimmte Berechtigungen vorhanden sind. Auch für die Bündelung von Berechtigungen zu sogenannten Profilen macht SAP bereits Vorschläge, indem eine große Zahl vordefinierter Profile im Standardsystem mitgeliefert werden. Wenn die Zugriffsstruktur, die ein Betrieb realisieren möchte, mit diesen vordefinierten Mitteln nicht darstellbar ist, kann der Betrieb andere Kombinationen von Rechten als neue Profile einführen. Man kann sogar neue Berechtigungsfelder und Berechtigungsobjekte definieren, und dafür sorgen, daß die Funktionen hinsichtlich solcher neuer Objekte Berechtigungsanforderungen stellen. Das gilt sowohl für die Standardfunktionen als auch für selbst programmierte ABAPs.

Als Kehrseite der Differenziertheit des SAP-Berechtigungssystems wird oft seine Komplexität beklagt. Schon die Vielzahl der von SAP vordefinierten Objekte und ihre Wirkungsweise ist kaum zu überschauen. Um so schwieriger wird es, je stärker die Anwender von den Standards durch Umdefinieren von Profilen und durch Einführung neuer Berechtigungsobjekte abweichen. Um die Berechtigungspolitik überhaupt praktikabel zu halten, ist es deshalb unbedingt erforderlich, äußerste Disziplin bei der Dokumentation und bei der Strukturierung der selbst definierten Objekte zu wahren. Andernfalls droht ein unkontrolliertes Gestrüpp von Abhängigkeiten zu entstehen, das allmählich jegliche Modifikation des Berechtigungsstatus verbietet, weil niemand mehr sicher zusagen kann, daß eine beabsichtigte Änderung an entlegenen Stellen des Systems nicht zu ganz unerwünschten Folgen führt.

Für die Praxis ist es müßig darüber zu debattieren, inwieweit die Kompliziertheit der Berechtigungsverwaltung dem von SAP gewählten Berechtigungsmechanismus und inwieweit schlicht der Komplexität des großen Softwaresystems geschuldet sind. Man muß sich ihr in jedem Fall stellen.

Auf die richtige Behandlung im Einführungsprojekt kommt es an

Im Einführungsprojekt sollte man von vornherein einen eigenen Abschnitt für die Entwicklung einer wohldurchdachten Berechtigungsstruktur vorsehen, in dem für alle verfügbaren Transaktionen und Reports einschließlich der zugehörigen Parameter die berechtigten Benutzer bzw. Benutzergruppen bestimmt werden. Danach wäre zu klären, welche Berechtigungsobjekte und -profile aus dem SAP-Standard genutzt werden können bzw. welche neuen Rechte, Profile und Objekte zu definieren sind.

Dabei stellt die Systemverwaltung selbst natürlich einen besonders sensiblen Aufgabenbereich dar. Insbesondere die Berechtigung, selbstgeschriebene ABAP-Programme in das System einzubringen, muß sehr sorgsam vergeben und an Freigabeverfahren mit mehreren beteiligten Instanzen geknüpft werden; denn die von SAP gefällte Grundentscheidung, Berechtigungsprüfungen in die Programme zu verlagern, stellt es in die Macht des Programmierers, die Berechtigungsvoraussetzungen für seine Programme festzulegen. Da die ABAP-Sprache jegliche Auswertung aller gespeicherten Daten und auch deren Veränderung erlaubt, gibt es für Inhaber der Programmierberechtigung keinerlei Begrenzung der Datenzugriffe mehr.

Außerdem sollte vorgeplant werden, wie die weitere Pflege der Berechtigungsstruktur organisiert sein soll. SAP schlägt hierfür z. B. dreierlei Administratoren vor: einen Berechtigungsadministrator, der Einzelberechtigungen und Profile definieren, aber nicht aktivieren kann, einen Aktivierungsadministrator, der sie nur aktivieren, nicht aber definieren kann, und einen Benutzeradministrator, der aktivierte Berechtigungen und Profile den Benutzern zuweisen kann. Die zugehörigen Verwaltungsberechtigungen können im System getrennt vergeben werden und sind bemerkenswerterweise nicht etwa dem Superuser vorbehalten.

Der Aufwand will eingeplant sein

Daß diese Konzeptionierungsarbeit für die betriebliche Berechtigungsstruktur beachtliche Ressourcen hinsichtlich Zeit und Personal erfordert, leuchtet sofort ein. In einem Anwenderbericht [Behnke, E. et al: Entwicklung einer SAP 5.0 Berechtigungskonzeption in KES 94/2] ist von 6 bis 7 Personenmonaten die Rede, wobei es sich hier um eine R/2-5.0 Installation mit den Modulen RF, RA, RK und RM-MAT und 320 Benutzern handelte. Nicht erwähnt wurde, welche und wieviele Personen an der mit der Berechtigungsvergabe verbundenen Sollkonzeption für Arbeitsverteilung und Informationszugang beteiligt waren. Je breiter diese Diskussion angelegt ist, desto demokratischer, aber im Zweifel auch aufwendiger wird dieser Abschnitt des Einführungsprojektes ausfallen.

Was ein SAP-Anwenderbetrieb im Berechtigungssystem einstellen kann

- Zuordnung von Berechtigungen und Berechtigungsprofilen zu Benutzern;
- Zuordnung von Berechtigungen zu Berechtigungsprofilen;
- Zuordnung der Berechtigungsforderungen zu selbst programmierten oder auch zu im Standard gelieferten Einzelfunktionen (z. B. zu Transaktionen und Reports);
- Neudefinition von Berechtigungsfeldern, -objekten und Profilen.

Doch die Investition lohnt sich im Hinblick sowohl auf die Sicherheit des Systems als auch auf die Revisionsfähigkeit und die spätere Modifizierbarkeit. Man kann sogar damit rechnen, daß ein gutes Konzept insgesamt systematischer strukturiert, einfacher und überschaubarer ist als irgendwelche ad-hoc-Entwürfe. Der Ertrag für eine partizipativ angelegte Konzeptionsphase liegt in besserer Akzeptanz der Beteiligten sowie in einem sachlich gründlicher durchleuchteten und wahrscheinlich dem Betrieb angemesseneren Ergebnis, und es schützt vor nachträglichen Verzögerungen. ◆

Neue Stellschrauben im SAP R/3-System:

Eigene Menügestaltung, Workflow und ‚Dynamic User Interface'

Mit dem weiteren Ausbau erhält das R/3-Systems eine Reihe neuer Stellschrauben der Arbeitsorganisation.

Schon von Anbeginn war im R/3-System für die PC-Benutzeroberfläche Windows die Möglichkeit gegeben, sich eigene Benutzermenüs zusammenzustellen. Anwender von anderen Rechnern, wie z. B. Macintosh mußten etwas länger auf diese Möglichkeiten warten. Zwei zusätzliche Stellschrauben gibt es ab R/3 Release 3.0: das Workflow-Management und die flexible Benutzermaskengestaltung, Dynamic User Interface genannt.

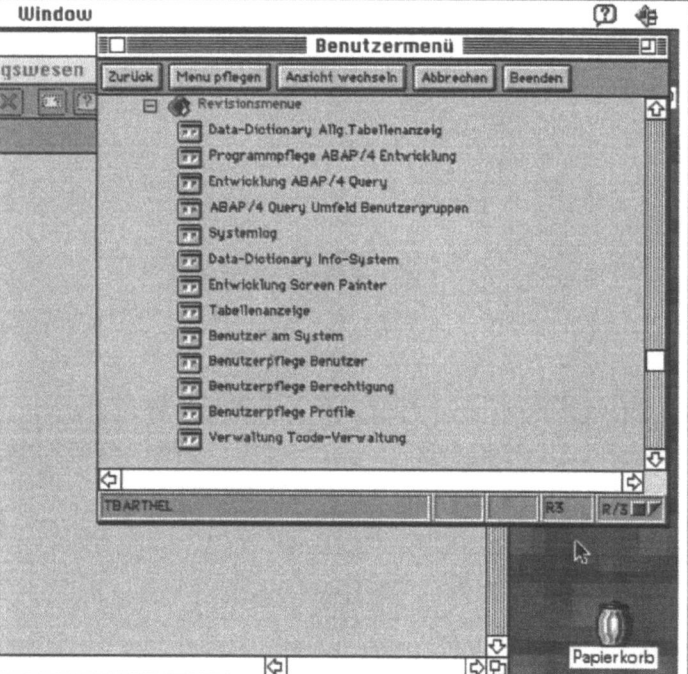

Beispiel für ein Benutzermenü: Funktionen aus verschiedenen Anwendungsbereichen können zu einem Menü zusammengefaßt werden.

Stellschraube: Benutzerdefinierte Menüs

Benutzermenüs lassen sich individuell vom einzelnen Benutzer im R/3-System durch einige einfache Anweisungen zusammenstellen. Früher gab es Vergleichbares im R/2-System im Rahmen der sogenannten benutzerindividuellen Funktionstastenbelegung. Die Möglichkeit, individuelle Menüs zusammenzustellen geht aber viel weiter und ist als Technik viel allgemeiner einsetzbar. Die eigentliche Einstellung besteht im wesentlichen darin, nach der Auswahl des Benutzermenüs (*System » Benutzervorgaben » Benutzermenü* und dann auswählen: *Menü Pflegen*) den eigenen Arbeitsbereichen einen Namen zu geben und diejenigen Funktionen, bzw. Transaktionen auszuwählen, die in das benutzereigene Menü übernommen werden sollen, und diese zu sichern. Dieses Menü kommt dann bei jeder Anmeldung automatisch in einem zweiten Fenster auf den Bildschirm (vgl. Abbildung). Man ruft einzelne Transaktionen im System auf durch einen Doppelklick auf den entsprechenden Menüpunkt.

So kann sich etwa ein Revisor ein – im SAP-System nicht vorgesehenes – Revisionsmenü zusammenstellen, in dem alle für die regelmäßige Prüfung wichtigen Befehle aufgelistet sind. Dies erspart Notizen über Menüfolgen oder Transaktionsaufrufe für eine Systemprüfung.

Der Unterschied zu der benutzereigenen Funktionstastenbelegung liegt darin, daß nun bedeutend mehr Funktionen in diese Liste aufgenommen werden können, die auch wieder in sich nach Fachgebieten gegeliedert sein können. (Eine Anmerkung dazu: Der Bildschirm muß groß genug sein, damit das Fenster nicht einen Teil des R/3 abdeckt und damit ständig im Weg ist.)

Stellschraube: Business Worflow

Mit dem Release 3.0 von R/3 kommt eine Workflowkomponente, mit der sich einerseits einzelne Ereignisse und Prozesse innerhalb des R/3-Systems koppeln lassen. Andererseits können durch entsprechende Einstellungen auch Ereignisse außerhalb des SAP-Systems – etwa in einem Textverarbeitungssystem – automatisch angestoßen werden, wie z. B. ein bestimmter Kundenbrief, der automatisch erzeugt wird, wenn der Kundenumsatz unter einen kritischen Wert zurückgeht.

Ganz allgemein versteht die SAP unter Business Workflow „die Verbindung der integrierten SAP-Anwendungen mit anwendungsübergreifenden Techniken, Werkzeugen und Dienstleistungen, die den Fluß von Arbeitsabläufen im Unternehmen beschleunigen und vereinfachen. Die weitgehende Automatisierung der Geschäftsprozesse ist das Ergebnis der umfassenden betriebswirtschaftlichen Anwendungsfunktionalität und der hohen Integration der SAP-Anwendungskomponenten miteinander."(R/3 Broschüre ‚Funktionen im Detail: Business Workflow', S.1-1) Mit diesen zusätzlichen Verknüpfungsmöglichkeiten können nun im System noch nicht vorgesehene Kopplungen von Funktionen „programmiert" werden. So kann der Fertigungssteurer automatisch von jedem kaufmännischen Auftragseingang in Kenntnis gesetzt werden oder ein zentraler Kundensachbearbeiter von allen seine Kunden betreffenden Aktionen des Vertriebs, des Kundendienstes und der Debitorenbuchhaltung unterrichtet werden.

Soviel zu den plausiblen und wohl auch vernünftigen Anwendungsmöglichkeiten. Genauso können mit diesem Instrument auch bürokratische Hemmnisse und die einer modernen Organisation zuwiderlaufende verstärkte Gängelung und Kontrolle der zuständigen Sachbearbeiter aufgebaut werden. Insofern eröffnet diese neue Stellschraube der Arbeitsgestaltung einen breiten Gestaltungskorridor, dessen Nutzung und Einsatz genau überlegt und dosiert sein will. Die SAP-Arbeitsgruppen, insbesondere jedoch die Organisatoren und Arbeitnehmervertretungen sind aufgerufen, sich frühzeitig über unterstützenswerte Leitbilder der Arbeitsorganisation und möglichst zu vermeidende Anwendungen der Workflowkomponente zu verständigen.

> *SAP definiert Business Workflow als „Verbindung der integrierten SAP-Anwendungen mit anwendungsübergreifenden Techniken, Werkzeugen und Dienstleistungen, die den Fluß von Arbeitsabläufen im Unternehmen beschleunigen und vereinfachen."*

Stellschraube: Dynamic User Interface

Unter dieser Überschrift hat SAP für das Release 3.0 von R/3 angekündigt, die anwendereigenen Anpassungen der Benutzermenüs an die Aufgaben der jeweiligen Benutzer in den Fachabteilungen mehr zu unterstützen. Unter ausdrücklicher Berufung auf die Anforderungen der EU-Richtlinie 90/270 zur Bildschirmarbeit werden folgende Verbesserungen der Benutzeroberfläche ausgeliefert:

- Die Fenstergröße wird frei einstellbar sein.
- Es werden nur noch die vom Anwenderbetrieb benötigten Daten in kompakter Darstellung angezeigt; das bedeutet, daß weder Lücken bleiben, wo SAP ein Datenfeld plaziert hat, welches nicht benötigt wird, noch Modifikationen am SAP-Standard mehr anfallen.
- Die Spaltenpositionen und auch die Spaltenbreite können nunmehr vom Anwender selber in die gewünschte Reihenfolge gebracht werden. Damit dürften die berühmten Diskussionen über die Spaltenreihenfolgen – wenigstens auf den Bildschirmmasken – der Vergangenheit angehören.

Damit entfallen hoffentlich in Zukunft auch die Diskussionen darüber, ob sich die Benutzerwünsche beim Anwender denn auch ohne großen Aufwand und vor allem ohne Aufwand bei der Pflege nach einem Releasewechsel realisieren lassen. Die SAP hat sich die Umsetzung der EU-Richtlinien zur Bildschirmarbeit zur Aufgabe gesetzt. ◆

Organisatorisch im Bilde

Stefan Meinhardt erläutert im Gespräch die Anwendungsmöglichkeiten des R/3-Analyzers für die Analyse und Dokumentation der von der Einführung betroffenen Organisation.

Frage: Herr Meinhardt, wer braucht eigentlich den R/3-Analyzer? Welche Personen sollen damit arbeiten und was leistet er, was nicht z. B. schon übers R/3-Customizing gemacht wird?

Antwort: Der R/3-Analyzer besteht in erster Linie aus dem R/3-Referenzmodell. Es ist eine neue Art graphischer Dokumentation. Der R/3-Analyzer ist quasi die Tool-Umgebung auf der PC-Plattform, um dieses Referenzmodell zu unseren Kunden bringen zu können. Soviel zur Begriffsklarheit.

Jetzt zu der Frage, wem nützt das Referenzmodell in dieser graphischen Art der Dokumentation. In erster Linie nützt es allen Beteiligten, die in dem Einführungsprojektteam des R/3-Systems involviert sind.

Bevor es eigentlich zur Entscheidung kommt, daß die SAP-Software eingeführt werden soll, kann das R/3-Referenzmodell schon sehr nützlich eingesetzt werden, um dem Team, das diese Entscheidung vorbereitet, Transparenz darüber zu geben, welche Geschäftsprozesse und welche Funktionen das R/3-System anbietet. Es ist eine betriebswirtschaftliche Beschreibung des Lösungsangebotes, das die SAP mit dem R/3-System anbietet, ohne daß man das System explizit schon bedienen können muß.

In der Projektphase geht es dann den Vertretern aus den Fachbereichen und den Organisatoren darum, im Detail herauszufinden, festzulegen und zu entscheiden, welche Geschäftsprozesse sie mit dem R/3-System abbilden wollen, wer für welche Geschäftsprozesse verantwortlich sein soll, welche Aufgabenträger welche Datenobjekte bearbeiten sollen.

Frage: Bei der Betrachtung des R/3-Vorgehensmodells hat man den Eindruck, daß die IST-Analyse und organisatorische Fragen eine sehr untergeordnete Rolle spielen. Der Analyzer scheint diese Aktivitäten

Herr Meinhardt ist bei der SAP verantwortlich für den Bereich Implementation, Methoden und Werkzeuge; dazu gehört auch das Produkt R/3-Analyzer

wieder aufzuwerten.

Antwort: Dem kann ich so nicht zustimmen, was beim genauen Betrachten des Vorgehensmodells, insbesondere in der Phase „Organisation und Konzeption" deutlich wird. Bei einer Reihe von Aufgabenstellungen kann nun der R/3-Analyzer mit dem R/3-Referenzmodell helfen, schneller und effizienter bessere Projektergebnisse zu erarbeiten. Durch den Einsatz des Referenzmodells muß man bei einer Vielzahl von Aktivitäten nicht auf der grünen Wiese anfangen. Da wären solche Aufgabenstellungen zu nennen, wie z. B. das Abchecken der Ausgangssituation des Unternehmens, also eine grobe IST-Aufnahme, welche Geschäftsprozesse hat das Unternehmen heute, welchen Unternehmenszielen dienen die Geschäftsprozesse, welche Produktstruktur und welche Organisationsstruktur bestehen. Bei dieser Aufnahme kann man sich schon an der Struktur des Referenzmodells orientieren, um die Erhebung der IST-Situation zu beschleunigen. Bei der IST-Aufnahme kann man bereits aus den 800 Prozeßbausteinen diejenigen Prozesse identifizieren, die im Unternehmen vorkommen und die potentiell bei der Einführung in Frage kommen können. Vielleicht gibt es auch Geschäftsprozesse, die man im Referenzmodell nicht wiederfindet und entsprechend ergänzen muß.

Frage: Mich interessiert, wie das mit dem R/3-Analyzer technisch umgesetzt wird.

Antwort: Der R/3-Analyzer ermöglicht das Navigieren im Referenzmodell. Man kann die Modelle des Referenzmodells auch grafisch ergänzen und erweitern, wenn man das ARIS Toolset der IDS Prof. Scheer GmbH als Modellierungsumgebung mitbenutzt.

Frage: Wenn man so einen Abgleich seiner Dokumentation der Ist-Organisation mit dem Referenzmodell durchführen will, dann braucht man das ARIS-Toolset?

Antwort: Das ARIS-Toolset ist diese Modellierungsumgebung, die Workbench dazu.

Frage: Wie detailliert muß man denn seine Istaufnahme dokumentieren? Das Referenzmodell gibt ja eine bestimmte Auflösung vor. Die feinste Auflösung des Funktionsmodells ist die Einzelfunktion. Wenn ich jetzt systematisch vergleichen will, muß ich dann auf die Einzelfunktion runter?

Antwort: Wenn man systematisch im Detail vergleichen will, ja. Wobei dies nicht unbedingt der Anspruch sein sollte. Dieses systematische Vergleichen kann im Einzelfall sinnvoll sein – aber, wie gesagt, mein Verständnis über eine Ist-Aufnahme ist die, Bewußtsein in das Projekt hineinzubringen, wie das Geschäft der Unternehmung heute abläuft, wo die Schwachstellen liegen, wo Verbesserungen mit R/3 angestrebt werden sollen. Das ist für mich das eigentliche Ziel einer IST-Aufnahme. Diese Aussagen kann man auch auf einem wesentlich gröberen Niveau herausarbeiten. In Detailfragen ist es tatsächlich notwendig, etwas genauer zu analysieren. Dies gilt insbesondere für besonders kritische Geschäftsprozesse, die sehr unternehmensspezifisch sein können.

Frage: SAP weist immer wieder darauf hin, daß die graphi-

Auf jeden Fall hat sich die These bestätigt, daß man anhand dieser Modellbilder sehr viel leichter das Verständnis über das R/3-System erlangen kann.

schen Möglichkeiten des Analyzers die Kommunikation innerhalb des Projektteams und mit den betroffenen Fachabteilungsmitarbeitern erleichtert. Gibt es da Erfahrungen?

Antwort: Ja, obwohl das Produkt ja noch relativ jung ist, gibt es bereits zahlreiche praktische Erfahrungen. Das Referenzmodell in Form des Analyzers hat mittlerweile über 500 Kunden, die es für verschiedene Aufgabenstellungen in den Projekten einsetzen. Dazu zählen die Entscheidungsfindung, ob das R/3-System die Anforderungen abdeckt, die Definition des Sollkonzeptes in der Einführungsphase, die Vorbereitung und Durchführung der Anwenderschulung und die Dokumentation.

Es hat sich auf jeden Fall die These bestätigt, daß man anhand dieser betriebswirtschaftlich orientierten Modellbilder sehr viel schneller und leichter das Verständnis über

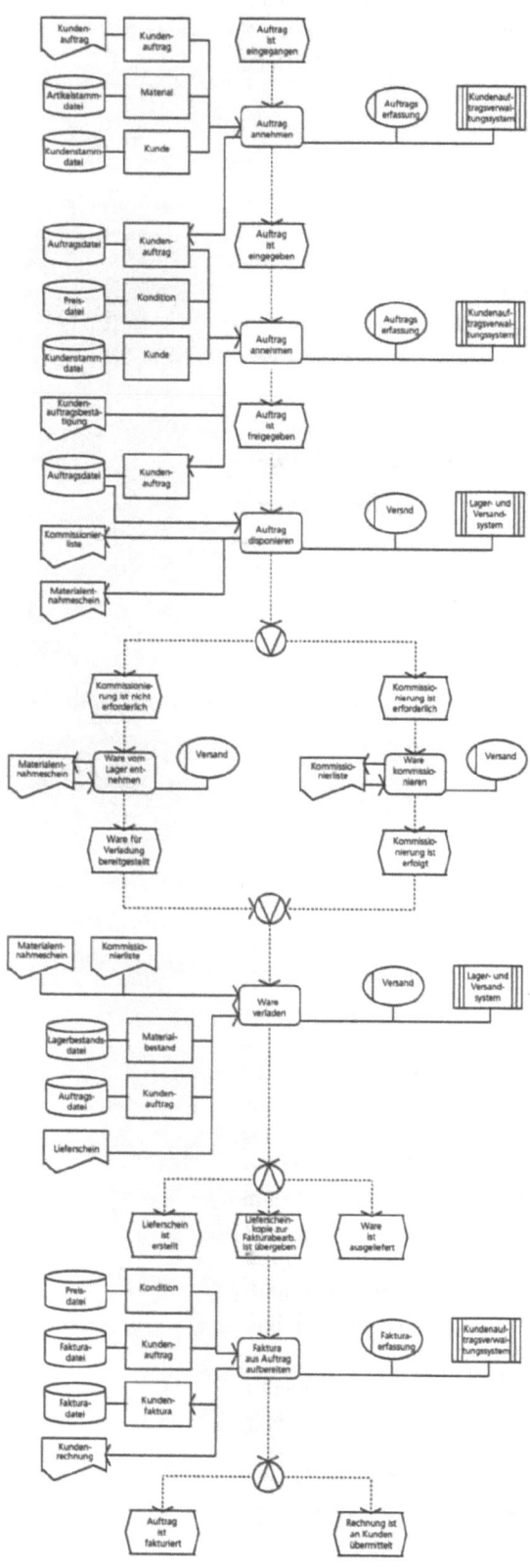

Prozeßkette "Kundenauftragsabwicklung" in der Ist-Situation (Quelle: SAP)

das R/3-System erlangen kann. Damit wird die Kommunikation im Projektteam, wo verschiedenste Leute mit unterschiedlichen Bildern über die Geschäftsprozesse zusammenkommen, entscheidend unterstützt.

Die Projektmitglieder, die eher aus dem IT-Bereich kommen, denken gern in Struktogrammen und ähnlichen sehr schematischen Bildern. Auf der anderen Seite hat man es mit Mitarbeitern aus der Organisation zu tun, die mehr dran denken, wie der Arbeitsablauf unternehmensweit am effizientesten und sinnvollsten zu gestalten ist. Sie denken meist in Organigrammen und Hierarchien. Eine ganz maßgebliche Rolle nehmen die Vertreter aus den Fachbereichen ein. Sie kennen meistens nur einen relativ kleinen Ausschnitt aus dem Aufgabenspektrum des Unternehmens und sind im Prinzip froh, wenn ihre spezielle Aufgabenstellung innerhalb der Prozeßkette möglichst gut unterstützt wird. Schließlich braucht das Management für die Beurteilung und Freigabe des SOLL-Konzeptes eine Dokumentation, aus der hervorgeht, ob dieses Konzept den Zielen des Unternehmens entspricht. Mit dem Analyzer ist der Anspruch durchaus realisierbar, die unterschiedlichen Zielgruppen oder Parteien, die in so einem Projekt involviert sind, in die Lage zu versetzen, über die gleiche Sache zu sprechen.

Frage: Die Anwendungsmöglichkeiten im Bereich der Schulungen würden uns besonders interessieren, da wir auch beobachtet haben, daß die Mitarbeiter in der integrierten Systemumgebung häufig nicht überschauen können, was vor ihnen und nach ihnen kommt. Das wird in den Schulungen häufig auch nicht ausreichend vermittelt.

Antwort: Ja, da bietet das Referenzmodell Ansatzpunkte. Ein Sachbearbeiter, der für einzelne Aufgaben verantwortlich ist, hat anhand der Prozeßgrafiken sehr schnell die Möglichkeit, einen Überblick zu bekommen. So erkennt er nicht nur, wie er eigentlich in den Kontext des Gesamtgeschäftsprozesses eingebunden ist, was für eine Rolle er spielt, was für eine Aufgabenstellung er hat, sondern auch, was passiert, wenn er seine Aufgabenstellung nicht adäquat wahrnehmen kann, wer von ihm abhängig ist, von wem er abhängt, durch welche Prozesse er seinen Input bekommt. Er sieht so nicht nur, quasi „mit Scheuklappen" das, was er an Aufgaben in seinen Posteingangskorb zur Bearbeitung bekommt und was seinen Postausgangskorb anschließend verläßt.

Ein großer Vorteil besteht darin, daß diese Modelle der Geschäftsprozesse ja in der Sollkonzeptionsphase vom Projektteam bereits erarbeitet werden. Man kann sie daher unmittelbar für die Schulung verwenden. In der Vergangenheit

Technisch-organisatorische Ansatzpunkte

war es eher so, daß man für die Anwenderschulung mühsam anschauliches Material zur Wissensvermittlung schaffen mußte. Wenn man unser Vorgehensmodell wirklich ernst nimmt, kann man nun in den späteren Phasen, wie z. B. bei der Anwenderschulung, der Anwenderdokumentation und auch bei Anwendertests auf die bereits erstellten Vorlagen des Soll-Konzeptes zurückgreifen.

Frage: Welche Möglichkeiten bestehen eigentlich, die arbeitsorganisatorischen Gestaltungsmöglichkeiten mit dem Analyzer zu dokumentieren, sie in ihm nachzuschlagen bzw. auch Alternativen durchzuspielen? Kann man Fragen beantworten, wie die, ob die dem Mitarbeiter Meyer zugeordneten Funktionen noch ei-

Daraus können dann auch die Auswirkungen auf den entsprechenden Qualifizierungsbedarf abgeleitet werden.

nen sinnvollen Aufgabenzuschnitt darstellen? Wie steht es mit der Arbeitsbelastung von Herrn Meyer? Was muß Herr Meyer eigentlich für seine Aufgabe neu lernen?

Antwort: Sie sprechen hiermit eine ganz wichtige Aufgabe im Projekt an, die manchmal – aus welchen Gründen auch immer – nicht genügend berücksichtigt wird. Das Referenzmodell trägt diesen Aspekten Rechnung, indem es neben einer Funktions- und einer Prozeßsicht auch eine Organisations- und eine Interaktionssicht bietet. Und in diesen Sichten gibt es entsprechende Modelle, die genutzt werden können, um die Organisation zu beschreiben, ihre Abteilungen, Gruppen usw. Diese einzelnen Aufgabenträger, Stellen oder Abteilungen sind dann sinnvoll den Prozessen und Funktionen zuzuordnen. Dabei ist auch zu überlegen, wie ein vernünftiges Mix zustandekommt. Welche Geschäftsprozesse lege ich jetzt in wessen Verantwortung? Hier kann schon auf einer Modellebene vorgedacht werden, wie Aufgaben zusammenpassen, welche Geschäftsprozesse eigentlich zusammengehören und von einer Organisationseinheit verantwortlich bearbeitet werden sollten. Daraus können dann auch die Auswirkungen auf den entsprechenden Qualifizierungsbedarf abgeleitet werden. Wenn man heute schon weiß, welche Person eigentlich zukünftig diese Aufgabe machen soll, kann man rechtzeitig betriebswirtschaftliche Nachschulungen in die Wege leiten, z. B. wenn das Aufgabenfeld größer wird.

Frage: Welchen Stellenwert hat eigentlich aus der Sicht der SAP oder aus der Sicht Ihres Bereiches die Personalentwicklung im Zusammenhang mit einem Einführungsprojekt? Welche Stellung sollte die Personalentwicklung eigentlich in der Projektarbeit haben?

Antwort: Wir von SAP können natürlich keine Vorgaben oder Leitlinien für die Unternehmen setzen, wie das zu handhaben ist. Ich denke persönlich, daß es absolut wichtig ist, dieses Thema im Projekt zu bearbeiten, denn der Erfolg von einer Software-System-Einführung hängt ganz entscheidend von der Akzeptanz der

Welche Geschäftsprozesse lege ich jetzt in wessen Verantwortung? Hier kann schon auf einer Modellebene vorgedacht werden...

Mitarbeiter ab. Eine entsprechende Akzeptanz kann sich nur dann entwickeln, wenn die Mitarbeiter entsprechend vorbereitet worden sind, d. h. entsprechende Schulungsmaßnahmen absolviert haben, und verstanden haben, in welches Umfeld ihre Aufgabe eingebettet ist. Dann wird das System auch richtig genutzt.

In den Projekten, an denen ich bisher maßgeblich beteiligt war, war die Personalabteilung allerdings in der Regel kaum beteiligt. Wenn sich ein Verständnis von Personalmanagement, wie es unser Vorstand, Herr Tschira, vertritt, in den Unternehmen durchsetzt, dann gehören künftig auch verstärkt Mitarbeiter aus dem Personalbereich in das Einführungsprojektteam hinein. ◆

Technisch-organisatorische Ansatzpunkte

Mit welchem Modifizierungsaufwand ist zu rechnen?

Anpassungen des SAP-Systems an die Anforderungen der Arbeitsorganisation sind mittels der Stellschrauben teilweise einfach, teilweise aufwendig durchzuführen. Ein zusätzliches Thema ist, wie die im System vollzogenen Änderungen über die verschiedenen Putlevel- und Release-Wechsel hinweg erhalten werden können.

Nicht wenige Anwender von Standardsoftware nutzen die Möglichkeiten zur Anpassung der Software an ihre Organisation gerne.

Warum Modifikationen?

Es gibt Modifikationen, die auf sich wandelnde Benutzeranforderungen zurückzuführen sind und es gibt unumgängliche Modifikationen, die gemacht werden müssen, damit überhaupt vernünftig gearbeitet werden kann.

Insbesondere, wenn die einzelnen Anwender von selbstgeschriebener Software verwöhnt sind, soll das neue System möglichst so sein wie das alte, nur besser. Doch ein neues Standardsystem ist fast nie nur besser als das alte. Es ist meistens auch anders. Das darf es dann für manche aber nicht sein. Und so müssen dann die Anordnungen von Datenfeldern und Spalten genauso geändert werden, wie es „schon immer" war – zumindest die letzten zwölf bis fünfzehn Jahre (länger lief das Vorgängersystem auch nicht). Doch soll von den Motiven dieser „notwendigen" Änderungen nicht länger die Rede sein.

Es gibt für Modifikationen die schon an verschiedenen Stellen genannten wichtigen Gründe, z. B.
- es lassen sich betriebliche Erfordernisse nicht auf das Datenmodell abbilden (z.B. zu wenig Stellen für die Speicherung der Materialnummer oder eines hohen Überweisungsbetrages (wenn er z. B. eine Milliarde überschreitet);
- es fehlen im Standard wichtige Funktionen;
- die Prozeßkette mit den Standardfunktionen führt zu ungünstigen Abläufen;
- die ergonomischen Belastungen sind an einzelnen Arbeitsplätzen zu hoch und müssen abgebaut werden.

Das sind Gründe der Anwenderbetriebe, Anpassungen der Standardsoftwaresysteme überhaupt durchzuführen.

Mit diesen Änderungswünschen hat sich dann die EDV-Abteilung auseinanderzusetzen. Doch gerade zu Beginn einer SAP-Installation kennen sich die meisten EDV-Leute im Hause noch nicht so recht mit dem neuen System aus. Da sind z. B. einige Stellschrauben nicht als solche erkannt. Oder es ist nicht bekannt, daß es die von der Fachabteilung gewünschte Auswertung unter den tausenden Standard-ABAPs mit bereits gibt. Und es hat niemand die Zeit gehabt, sich alle Programme mal anzusehen: ein neuer ABAP ist unter Umständen in wenigen Stunden fertig. Alle von SAP aus-

Es ist manchmal schneller, ein neues Programm zu schreiben, als nachzusehen: Gibt es das bereits?

gelieferten Programme und ABAPs nach einschlägigen Lösungen durchzukämmen, würde Tage dauern – mit ungewissem Ausgang. Auch der Gang zum Berater führt da nicht immer zum gewünschten Erfolg.

Die verschiedenen Wege der Systemanpassung

Wenn nun Anpassungen der Standardsoftware an die Anforderungen des Anwenderbetriebes vorgenommen werden sollen, so gibt es verschiedene Wege und Mittel (Stellschrauben) diese Anpassungen zu realisieren, nämlich
- die Ergänzung der SAP-Funktionen durch neuentwickelte Funktionen (z. B. neue ABAPs, Tabellen, Transaktionen) auf SAP-Ebene (auch Systemerweiterung genannt);
- die Systemergänzung um zusätzliche Funktionen außerhalb der SAP-Umgebung (im R/2 z. B. durch CICS-Transaktionen und im R/3 durch Einbindung von Fremdprogrammen über den Aufruf fremder Programme aus SAP heraus (RFC = Remote Function Call genannt) oder durch Einbindung von Microsoft Office-Programmen);
- die Abänderung von Kopien vorhandener SAP-Standardfunktionen ohne Eingriff in den Standard (weiche Modifikation genannt);
- die Abänderung vorhandener SAP-Standardfunktionen mit Eingriff in den Standard (harte Modifikation genannt).

Diese verschiedenen Möglichkeiten der Systemänderung bieten natürlich mit der Tiefe der Eingriffsmöglichkeiten verschiedene Gestaltungsspielräume und -zwänge. Je tiefer die Eingriffe ins System gehen, desto größer wird der laufende Aufwand der Systempflege. Im R/2-System war darüberhinaus noch die Unterscheidung zwischen harten Modifikationen in ABAP/4, ABAP/3 und Assemblerprogrammen zu machen, wobei die Eingriffe in die Assemblerprogramme unter diesen Möglichkeiten in der Regel die schwerwiegendsten Eingriffe ins System waren, weil die Konsequenzen des Eingriffs schwieriger zu erkennen waren.

Der normale Anwenderbetrieb ist dagegen gut beraten, wenn er harte Modifikationen vermeidet. Nicht umsonst gibt es bei vielen SAP-Anwendern die bewährte Praxis, harte Modifikationen nur mit Zustimmung des Vorstandes vorzunehmen.

Bei der Systemerweiterung und bei den weichen Modifikationen empfielt es sich unbedingt, die Namenskonventionen von SAP einzuhalten (vgl. Kasten). Das heißt, daß der Programmierer bei der Erstellung eines neuen ABAP-Programms den Namen des Programms mit Z oder Y beginnen läßt. Diese Namenskonventionen sollten auch eingehalten werden, wenn ein SAP-Standardprogramm verändert wird. Will man zum Beispiel die Transaktion SM04 (Anzeigen der Benutzerliste) im R/3 ohne die angegebenen Uhrzeiten haben (weil

---

Namenskonventionen SAP R/3

☐ Transaktionscodes sind grundsätzlich 4 Stellen lang. Anwendereigene Transaktionen beginnen mit Y oder Z.
Dabei setzt sich die Kurzbezeichnung für eine Transaktion (der Transaktionscode) zusammen aus dem Modul, dem Arbeitsgebiet und einer zweistelligen Nummer. (z.B. PA31 - Pflegen Grunddaten in der Personalverwaltung)

☐ ABAP- bzw Report-Bezeichnungen sind bis zu 8 Stellen lang.
Die erste Stelle bezeichnet entweder SAP-Standardreports
(R) oder anwendereigene Reports (beginnen mit Y oder Z), die zweite Stelle steht für das Modul (z.B. P für Personalwirtschaft).

☐ Anwendereigene Tabellen beginnen mit T9, Y oder Z

☐ Anwendereigene Berechtigungsprofile haben (im Gegensatz zu den von SAP definierten Profilen) keinen Unterstrich an der zweiten Stelle. (Z.B. das Profil S_User_All ist ein SAP Profil, S:User_All ein anwendereigenes Profil)

(Quelle: SAP-Normenhandbuch)

diese aus datenschutzrechtlichen Gründen bestimmten Anwendern nicht zugänglich sein sollte), dann sollte der Programmierer nicht die Transaktion selber verändern, sondern eine Kopie der dahinterstehenden SAP-Programme anfertigen und den kopierten Programmen einen Z- oder Y-Namen geben. Diese Kopie der Originaltransaktion kann dann problemlos modifiziert werden. In unserem Fall also kann die Anzeige der Uhrzeit ohne Folgen in der Kopie entfernt werden. Die Originaltransaktion kann dann entweder ganz gesperrt oder nur einem eingeschränkteren Benutzerkreis zugänglich gemacht werden. Mit einem solchen Vorgehen kann der Anwender gezielt schwerwiegende Eingriffe in das System minimieren und dabei auch den laufenden Anpassungsaufwand bei neuen Releaseständen (siehe unten und die beiden nachfolgenden Interviews) klein halten.

Harte Konsequenzen für harte Modifikationen

Harte Modifikationen haben im übrigen auch harte Konsequenzen, die der Anwenderbetrieb zu tragen hat: Bei der harten Modifikation verliert der jeweilige Anwender seine Gewährleistungsansprüche gegenüber SAP, d.h. in diesem Fall gibt der Hersteller SAP keine Garantien, daß die Programme noch fehlerfrei laufen. Handelte es sich bei der harten Modifikation darüber hinaus um finanztechnisch relevante Vorgänge, so riskiert das jeweilige Unternehmen weiter den Verlust der Testate, die SAP für die einschlägigen Module RF und RP von seiten der Finanzbehörden und der Sozialversicherungsträger erhalten hat. Folge: Die Wirtschafts- und Steuerprüfer stellen ggfs. die fehlenden Voraussetzungen eines prüfbaren Systems fest und verweigern das Testat. Das kann soweit gehen, daß eine Entlastung der betroffenen Vorstände eines Anwenderunternehmens nicht stattfindet.

Für die Anwender bleibt auf Dauer nur der Weg, sich den vom Hersteller vorgegebenen Releasewechseln unterzuordnen.

Die laufende Systempflege

Vollzogene Systemergänzungen und Modifikationen erfordern einen Pflegeaufwand in einem häufig unterschätzten Umfang. Die Folge bei so manchem Anwender war, daß dieser wegen der Vielzahl von Systemergänzungen und Modifikationen gar keine Releasewechsel mehr mitmachen wollte. Mit ihrem Releasestand glaubten diese Anwender ganz gut leben zu können, waren sie doch mit den Systemfunktionen ansonsten zufrieden. Doch nun passiert es ab und zu, daß der Gesetzgeber Änderungen am Steuerrecht oder am Sozialversicherungsrecht vornimmt, oder daß so etwas Unvorhergesehenes wie ein Jahrtausendwechsel kommt. Nachdem ein Releasestand einige Jahre beim Kunden eingesetzt worden ist, sagt der Hersteller SAP: Achtung, die alten Releasestände pflege ich nur noch bis zum Ende des nächsten Jahres. Dann müssen alle Kunden auf einen höheren Releasestand wechseln. Das ist nicht nur bei SAP so, sondern in der Branche allgemein üblich.

Diese Releasewechsel bedeuten Aufwand, der nicht nur darin besteht, daß Programme angepaßt werden müssen, sondern daß unter Umständen sogar die Rechner ausgetauscht werden müssen. Diejenigen Anwender, die versucht hatten, sich der ‚Dauerbaustelle' zu entziehen, mußten nach einiger Zeit doch eine komplette Neueinführung machen. Inzwischen hatte sich technisch soviel verändert, daß es nicht mehr ausreichte, alle Releaseänderungen nachzufahren.

Im Ergebnis muß man also davon ausgehen, daß bei so komplexen System wie den beiden SAP-Systemen bzw. integrierten Standardsoftwaresystemen generell nur die vom Hersteller vorgesehene Möglichkeit offen bleibt, die Wechsel so, wie sie kommen, alle mitzumachen. Der dazu nötige Aufwand und die Ressourcen sollten bereits bei der Entscheidung für integrierte Standardsoftware eingeplant werden.

Zu diesen Erkenntnissen sind derzeit schon viele SAP-Anwender gekommen. Von ihnen wächst deshalb der Druck, den Aufwand, der bei den einzelnen Releasewechseln zu treiben ist, möglichst gering zu halten.

Für R/3 hat sich SAP deshalb das automatisierte ‚Korrektur- und Transportwesen' (kurz KTW) einfallen lassen. Mit Hilfe dieses KTW können nun neue Releasestände zunächst ins Testsystem und später dann ins Produktivsystem eingespielt werden. Dabei wird vom System her der Abgleich der anwendereigenen Objekte mit den neu einzuspielenden SAP-Objekten unterstützt. Das System findet heraus, welche Objekte von einem Releasewechsel betroffen sind. Im Augenblick muß der Anwender dann allerdings noch die von ihm veränderten Objekte in den neuen Stand ‚per Hand' einpflegen: ein nicht zu unterschätzender Aufwand. ◆

Anpassungen und Modifikationen – nicht immer ganz so tragisch

Interview mit Herrn Fürst, Mitarbeiter der Basisgruppe bei der Hamburger Jungheinrich AG über den Modifizierungs- und Pflegeaufwand im R/2

Frage: Herr Fürst, Sie arbeiten als Mitglied der SAP-Basisgruppe bei einem Anwender, der schon seit langen Jahren das R/2-System einsetzt. In dieser Eigenschaft haben Sie viele Erfahrungen in der Pflege des Systems, d. h. in den laufenden Anpassungen der Installation bei neuen Putlevel- und Releasewechseln gesammelt. Viele Anwender interessieren die Fragen,
- inwieweit sie das SAP System durch Modifikationen auf ihre Anforderungen anpassen können und
- welcher laufende Anpassungsaufwand sie dann erwartet.

Könnten Sie dazu etwas sagen?

Antwort: Wir haben wenig harte Modifikationen im System vorgenommen und fahren damit relativ gut, weil wir in der Lage sind, unser System relativ schnell an einen neuen Stand von SAP heranzuführen. Zur Zeit versuchen wir, möglichst innerhalb von einem viertel Jahr nach der Auslieferung durch SAP den Putlevelwechsel durchzuführen.

Frage: Wie verhält es sich bei der Nutzung der Möglichkeiten der Entwicklungsumgebung – sprich der ABAP-Programmiersprache, des Screenpainters und des Data Dictionary – zur

Ergänzung der SAP-Funktionen? ABAPs sind bei Ihnen ja Tausende geschrieben worden.

Antwort: Bei einem Putlevelwechsel ist das Problem nicht so gewaltig. SAP gewährleistet ja, daß keine internen Änderungen der Programmiersprache oder der Datenstrukturen erfolgen. Von daher muß also nur nochmal die Kontrolle der Inhalte vonstatten gehen. Eventuell bleiben kleinere Strukturänderungen in Dateien oder Tabellen, die nachgepflegt werden müssen. Aber das ist nicht zu vergleichen mit einem Releasewechsel, wo ganze Sprachelemente sich ändern können wie bei dem Wechsel von 4.3 auf 5.0. Dort mußten die Programme zum einen rein technisch nachgepflegt und zum anderen kontrolliert werden.

„Bei einem Putlevelwechsel ist das Problem der Nachführung eigener Modifikationen nicht so gewaltig"

Frage: Kann man sich denn als Anwender darauf verlassen, daß man keine Nacharbeiten hat, wenn man sich an die Namenskonventionen gehalten hat oder muß man doch noch einmal jeden ABAP oder jede Transaktion kontrollieren?

Antwort: Sicherheitshalber sollte man das natürlich tun. Grundsätzlich ist es aber nicht nötig, wenn die Dokumentation gelesen und verstanden wurde.

Frage: Wie ist es bei selbstdefinierten Tabellen?

Antwort: Da ist es problemlos, solange SAP nicht mit seinen Daten- und Tabellenbezeichnungen in den Bereich hereinrutscht. Diese Namenskonventionen werden auch zu 97% eingehalten. Speziell im Tabellenbereich gibt es manchmal übriggebliebene Teststrukturen, wo man aber sofort erkennt, daß die nicht produktiv sind und man sie auch weglöschen und die eigenen Definitionen weiterbenutzen kann.

Frage: Kann man also Ihrer Erfahrung nach die Entwicklungsumgebung als Basis für größere Ergänzungen benutzen?

Antwort: Ja, sicher. Wenn man allerdings SAP-Strukturen mitbenutzt, bleibt der Aufwand nur solange gering, wie SAP diese nicht ändert. Passiert dies aber, hat man Probleme. Und dann sind auch komplexe Eigenentwicklung entsprechend schwierig anzupassen, weil man doch die gesamte Änderung von SAP erst einmal nachvollziehen und dann die eigenen Ergänzungen nachführen muß.

Frage: Sie haben in Ihrer Gruppe einmal ermittelt, was den Anwender durchschnittlich die Erstellung eines ABAP-Programms kostet.

Antwort: Ja etwa 8.500 DM für die Erstellung.

Frage: Welche Erfahrungen haben Sie mit den Wünschen Ihrer Anwender gemacht?

Antwort: Zunächst war es für die Anwender in der Fachabteilung eine große Umstellung, denn sie waren auf das eigene Vorgängersystem, das auf die Belange der Anwender zugeschnitten gewesen war, eingestellt. Und auf einmal sehen die Transaktionen und Listen alle ganz anders aus! Das war ein gewaltiger Umstellungsprozeß. Je nach Machtverhältnissen wurde dann versucht, die Listen wieder in die Richtung zu kriegen wie man sie von vorher kannte. Und erst in dem Maße, wie neue Personen nachrücken, sind die Anwender zunehmend bereit neue Listbilder und Transaktionen zu akzeptieren. In dem Moment werden auch die Anforderungen an uns weniger und die Akzeptanzprobleme verringern sich.

Zu Anfang spielt auch noch eine Rolle, daß bei der Umstellung von der alten auf die neue Software noch nicht das Verständnis für SAP da ist, weil kaum Personen im Unternehmen sind, die das neue System plausibel darstellen können. Es hilft, wenn dann von außen Kräfte kommen, die die SAP-Philosophie darstellen können.

Frage: Jungheinrich ist schon vor Jahren den Weg gegangen, sämtliche Programmierarbeiten in der zentralen Abteilung ‚Anwendungsprogrammierung' zu konzentrieren. Würden Sie aus heutiger Sicht sagen, daß sich dieses Konzept bewährt hat?

Antwort: Für unsere zentrale Organisation spricht, daß SAP ein integriertes System ist, welches nicht zuläßt, daß sich Fachabteilungen einerseits auf den Standpunkt stellen, Programmierung sei ihr Part, die es aber andererseits ablehnen, sich um die Integrität ihrer Lösung mit denen anderer Abteilungen zu kümmern.

Frage: Glauben Sie, daß der Lernaufwand in einem Betrieb größer ist, in dem mehr in

Fachabteilungen programmiert wird?

Antwort: Ich denke nicht, denn die Funktionalität wird genauso schnell verfügbar sein, aber der Optimierungsgrad des Systems wird mehr hinterherhinken, wenn sie selber Programme in den Fachabteilungen schreiben. Da werden ähnliche Programme doppelt und dreifach geschrieben, die in einer zentralen Abteilung besser koordiniert, übersichtlicher gehalten und durch bessere Schulung optimaler programmiert werden können. Dazu kommt, daß in der Basis der Know-How-Transfer zwischen den Gruppen besser funktioniert als in und zwischen den Fachabteilungen.

Frage: Gegen die Programmierung in zentralen Abteilungen steht ja das, was als Anwendungsstau bezeichnet wird. Das heißt, daß die Anforderungen aus den Fachabteilungen rein vom Umfang her die Kapazitäten der zentralen Programmierabteilung überfordern. Gibt es hier sowas wie einen Anwendungsstau?

Antwort: Das hängt ja auch an den Kapazitäten, die man vorhält. Ich habe nicht den Eindruck, als müßten die Anwender hier zu lange auf die Bearbeitung ihrer Aufträge warten.

Wir schulen in den Fachabteilungen Koordinatoren, die sehr viel SAP Wissen haben und die die Funktion haben, die Selektion in den Fachabteilungen zu machen. Die z. B. sagen, dies ist keine Anforderung an die Zentrale, das kann durch SAP-Handling geregelt werden. Wir haben vier hauptamtliche Modulkoordinatoren und zusätzlich noch Abteilungskoordinatoren, die die Anforderungen filtern sollen und nur gravierende Anforderungen an die EDV-Abteilung weiterleiten.

Frage: Könnte man sagen, sie setzen auf die Überzeugung der Anwender anstelle auf Anpassung des Systems?

Antwort: Ja

Frage: Bei der Firma Jungheinrich wurde früher sehr viel Eigenentwicklung gemacht. Es wurde kaum Standardsoftware eingesetzt. Jetzt ist es umgekehrt. Von der Größe aber ist die Gruppe der zentralen EDV jedoch konstant geblieben.

Antwort: Die Anzahl der Mitarbeiter in der EDV Abteilung ist relativ konstant geblieben. Je länger die SAP-Software im Einsatz ist, umso mehr kann man beobachten, daß die Anwendungen immer mehr in die Breite gehen. Im Controlling gibt es plötzlich neben der Kostenstellenrechnung das Projekt-, das Auftragscontrolling und die Ergebnisrechnung, die ja doch alle betreut werden müssen. Eine Einsparung von Personal ist da unrealistisch.

Frage: Was empfehlen Sie in den Fällen, in denen vom Hersteller – wie im Falle der Auftragserfassung – überfüllte Masken oder Transaktionen geliefert werden? Was sollte man hier für die Anwender tun? Was halten Sie für einen vertretbaren Anpassungsaufwand?

Antwort: Das muß im Einzelfall abgeklärt werden. Wenn es nur geringe Datenmengen sind, dann lohnt sich der Aufwand eventuell gar nicht. ◆

R/3: Zwangsjacke oder Maßanzug?

Interview mit Herrn Sprenger, R/3-Berater bei SNI über Änderungen am SAP-Standard und den Pflegeaufwand bei Releasewechseln.

Frage: Kommt mit R/3 jetzt die endgültig die Zeit, wo den Anwenderbetrieben nichts anderes mehr übrigbleibt, als ihre Organisation dem SAP-Standard anzupassen?

Antwort: Ja. Das kann man so sehen. Der Änderungsaufwand, um R/3 an ihre Wünsche anzupassen, ist immer noch sehr hoch. SAP hat schon in der Vergangenheit immer davon gesprochen, daß man sich nach Möglichkeit an das SAP-System anpassen sollte, weil damit schon eine optimale Organisation vorgegeben sei. Gerade kleinere Unternehmen fürchten aber, etwas von ihrem Wettbewerbsvorteil zu verlieren, wenn sie sich völlig an die Vorgaben des Systems anpassen, und fragen sich aufgrund dieser Kritik oft, ob SAP wirklich das Richtige für sie ist.

Frage: Andererseits bietet SAP unzählige Möglichkeiten, Anpassungen am System vorzunehmen, ohne daß man zum Mittel der Modifikation greifen muß. Wieweit reicht die Bandbreite, in der man mit den vorgesehenen SAP-Mitteln Anpassungen an die Anwenderorganisation vornehmen kann? Für welche Anpassungen lautet die Alternative: Entweder harte Modifikationen oder Verzicht?

Antwort: Grundsätzlich bietet das Customizing Möglichkeiten, das System entsprechend den Anwenderwünschen zu steuern. Darüber hinaus unterstützt das Modifikationskonzept der SAP Systemerweiterungen durch den Kunden. Was aber zur Zeit nicht vorgesehen ist, sind Reduktionen des Systems, z. B. daß man sagt, ich möchte von diesen Masken nur bestimmte Teile haben, oder ich möchte die Abläufe vereinfachen. Da das zur Zeit nicht vorgesehen ist, haben viele Mittelständler das Problem, daß sie mit der Fülle von Masken und der doch recht komplexen Bedienung nicht ohne weiteres klarkommen.

Frage: In welchen Anwendungsbereichen ist die Anpassung an die Anwenderorganisation nach Ihrer Erfahrung besonders schwierig?

Antwort: In Bereichen wie dem Finanzwesen (FI) kann man mit dem Standard leben, da gibt es, bis vielleicht auf Zusatzauswertungen, keinen weiteren Anpassungsbedarf. Wo aber Anpassung mit Sicherheit erforderlich ist, ist der Bereich Vertrieb. Dort geht es z. B. um Besonderheiten der Preisermittlung eines Unternehmens etc., und das läßt sich nicht so ohne weiteres abbilden. Ganz kritisch ist auch der Bereich Produktionsplanung. Da das SAP-System in diesem Bereich außerdem z. Zt. noch nicht den vollen Funktionsumfang hat, muß man es noch selbst ergänzen, wenn man schon damit arbeiten will.

Frage: Besteht für die Anwender nicht die Möglichkeit, nur mit Kernfunktionen von SAP zu arbeiten und dann ein anderes marktgängiges Produktionssteuerungssystem anzuhängen? SAP hat doch viele Schnittstellen von R/3 offengelegt.

Antwort: Dennoch gibt es Schnittstellenprobleme. Das Batch-Input-Verfahren ist für viele Zwecke nicht zeitnah genug. Es gibt zwar Kommunikationskanäle, um z. B. Zeitdaten zu übernehmen, aber für genau die Fälle, die viele Anwender brauchen, muß dann doch individuell programmiert werden, was meist recht aufwendig ist. Außerdem müssen diese Schnittstellen oft nachgearbeitet werden, wenn neue Releasestände kommen.

Frage: Können Sie uns generell etwas dazu sagen, welche Modifikationen sehr aufwendige Konsequenzen nach sich ziehen? Oder anders herum, welche Modifikationen lassen sich ohne allzu großen Aufwand auch über Releasewechsel retten?

Antwort: Was man einfach modifizieren kann sind z. B. Beschriftungen in Masken. Wenn in der Maske das Wort WERK steht aber ein Dienstleistungsunternehmen möchte lieber

Technisch-organisatorische Ansatzpunkte

mit FILIALE oder NIEDERLASSUNG arbeiten, so kann man das ohne großen Aufwand austauschen. Nach Releasewechseln läßt sich das problemlos wieder einschalten. Eine andere Modifikation, die mit vernünftigem Aufwand zu machen ist, wären zusätzliche Berechtigungsprüfungen. Dazu wäre nur eine Anweisung einzubauen, das ist relativ unkritisch zu pflegen.

Wenn ich dagegen Erweiterungen an Tabellen vornehme, muß ich sie manuell beim Releasewechsel nachbearbeiten, weil die Tabellenstrukturen über den Releasewechsel z. Zt. nicht erhalten werden. Das geht zwar, ist aber sehr arbeitsintensiv. Das Ganze wird erst vereinfacht, wenn das Modifikationskonzept von SAP durchgängig greift. Aber auch dann wird von SAP vorgegeben werden, an welchen Stellen Erweiterungen vorgenommen werden können.

Frage: Man hört inzwischen von verschiedenen Stellen, daß man auch die erste Version des Produktivsystems noch als einen Prototypen behandelt, der noch einem Optimierungs-Arbeitsgang unterzogen werden muß. Was halten Sie davon?

Antwort: Wir stellen zunächst bei der Einführung oft fest, daß es schon sprachliche Probleme gibt, daß wir unter bestimmten Begriffen etwas anderes verstehen als der Anwender. Selbst wenn man zusammen mit dem Anwender die Masken durchgegangen ist, stellt man hinterher fest, daß das Ergebnis doch nicht so ist, wie der Anwender es gerne gehabt hätte.

Was noch hinzukommt, ist der extreme Zeitdruck unter dem das System meist eingeführt wird. Wenn man nach einer vorschnellen Einführung feststellt, daß unter dem Zeitdruck Fehler gemacht wurden, dann sind diese im laufenden Betrieb sehr schwer wieder zu korrigieren. Nachbesserungen im Customizing sind keineswegs trivial. Zum Beispiel können Sie nachträglich Maskenfelder zu Pflichtfeldern machen; nur dieser nachträgliche Eintrag löst keine Prüfung aus, ob die vorhandenen Daten diesen neuen Gegebenheiten genügen. Sie laufen also Gefahr, eine inkonsistente Datenbank zu erhalten. Besser ist es auf jeden Fall, im Vorfeld wirklich alles geklärt zu haben, bevor man in den Produktivbetrieb geht.

Frage: Könnte man nicht auch für das Customizing eine Art Releasewechsel-Konzept realisieren, so daß man nicht im laufenden Betrieb am System herumdoktert, sondern zu einem Stichtag ein organisatorisch optimiertes System in Betrieb nehmen kann?

Antwort: Ja, deshalb sollte man Veränderungen des Customizings nur im Testsystem vorbereiten. Man sollte sich darüber im Klaren sein, daß so eine Optimierung keine Sache ist, die mal eben schnell gemacht werden kann. Im Testsystem kann man die optimale Einstellung erproben und an einem Stichtag das Customizing in das Produktivsystem übernehmen. Aber in einem Produktivsystem Stück für Stück das Customizing zu optimieren, das halte ich für sehr schwierig. Schließlich wirkt sich das Customizing sofort aus, und wenn ich bestimmte Dinge verstelle, kann es unangenehme Konsequenzen für das System haben. ◆

Gestaltung als Prozeß

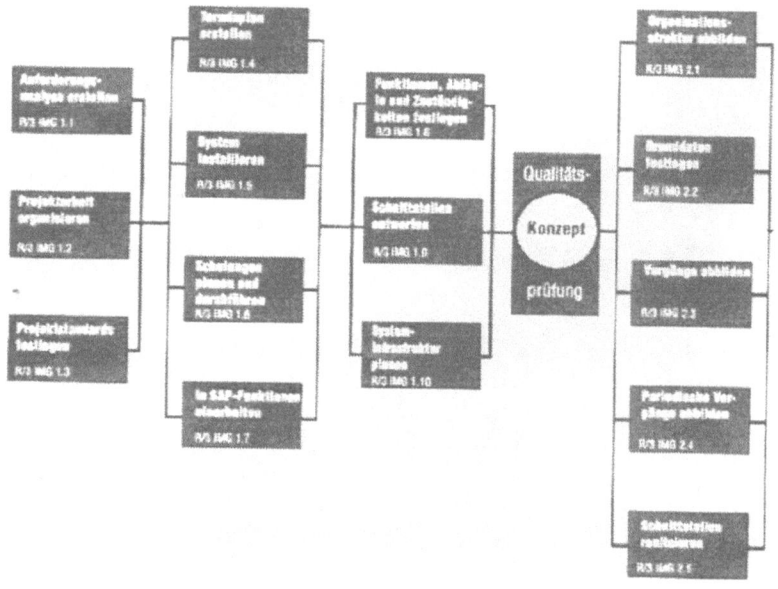

Leitbildorientierung im Vorgehensmodell

Die Orientierung der Projektverantwortlichen an Leitbildern wird – zumal in Großprojekten wie einer SAP-Einführung – immer wieder für sinnvoll erachtet. In welchem Verhältnis steht die Leitbilddiskussion zur sonstigen Projektarbeit, insbesondere zu den Vorgehensmodellen der SAP?

Ehe die Einführung von SAP-Systemen durch die eigentlichen Projektgruppen beginnt, hat in der Regel eine Vorphase stattgefunden, in der die Anforderungen des Unternehmens an seine zukünftige EDV-Infrastruktur festgelegt wurden. Anhand dieser Anforderungen erfolgte dann die Auswahl der Technik. Die Anforderungen stecken zugleich den Auftrag an die spätere Projektgruppenarbeit ab. Mit dem Vorgehen in den Projektgruppen setzt sich der anschließende Beitrag ausführlich auseinander.

Zielfindung und Technikauswahl

Leider lassen es viele Unternehmen zu, daß die Verantwortung gerade für diese Vorphase der Zielfindung und Techniauswahl weitgehend an Beratungsfirmen delegiert wird. Externe können zwar organisatorische Schwachstellen zusammentragen, die Formulierung unternehmenspolitischer Ziele können sie dem Unternehmen aber nicht abnehmen. Darüber hinaus ist die Befürchtung nicht ganz von der Hand zu weisen, daß Berater bei ihren Empfehlungen solche Produkte bevorzugen, zu deren Einführung sie selbst auch weitere Beratung anbieten können.

Die Kriterien der Technikauswahl sollten schon von daher nicht ausschließlich aus den von Beratern ermittelten Schwachstellen der bestehenden Organisation hergeleitet werden. In sie sollten auch unternehmerische Orientierungen für die zukünftige Organisation einfließen, also Leitbilder der Organisation und der Arbeitsgestaltung.

Die Entscheidung für ein bestimmtes Produkt fällt häufig überwiegend aufgrund einer Analyse der fachlichen Funktionalität. Die Auswahl integrierter Standardsoftware bedeutet aber zugleich eine Entscheidung für eine bestimmte EDV-Infrastruktur, mit der das Unternehmen anschließend jahrzehntelang (!) leben muß. Aus diesem Grund wurden von der AFOS-Projektgruppe Hilfsmittel für die Technikauswahl speziell bei integrierter Standardsoftware entwickelt, auf die hier nur verwiesen werden kann. Insbesondere ist natürlich zu prüfen, inwieweit die infragekommenden Produkte geeignet sind, nicht nur die funktionalen, sondern auch die organisatorischen Anforderungen zu erfüllen.

In die Formulierung von Leitbildern der Arbeitsorganisation fließen häufig neue Konzepte, wie sie von den Management- und Organisationstheoretikern formuliert werden, ein. Die Einführung der neuen Software sollte aber zum Anlaß genommen werden, in die Zielediskussion über Änderungen der Arbeitsorganisation auch die betroffenen Bereiche einzubeziehen. Zu den zu beteiligenden Stellen zählen:

→ „5.2 Vorgehen nach Modell"

→ Erschienen unter dem Titel „SAP-Software arbeitsorientiert einführen - Handlungsempfehlungen, soziale Pflichten und Konzepte für Projektverantwortliche und Betriebsräte".

Ausführlich zu Leitbildern Kapitel 3

Gestaltung als Prozeß

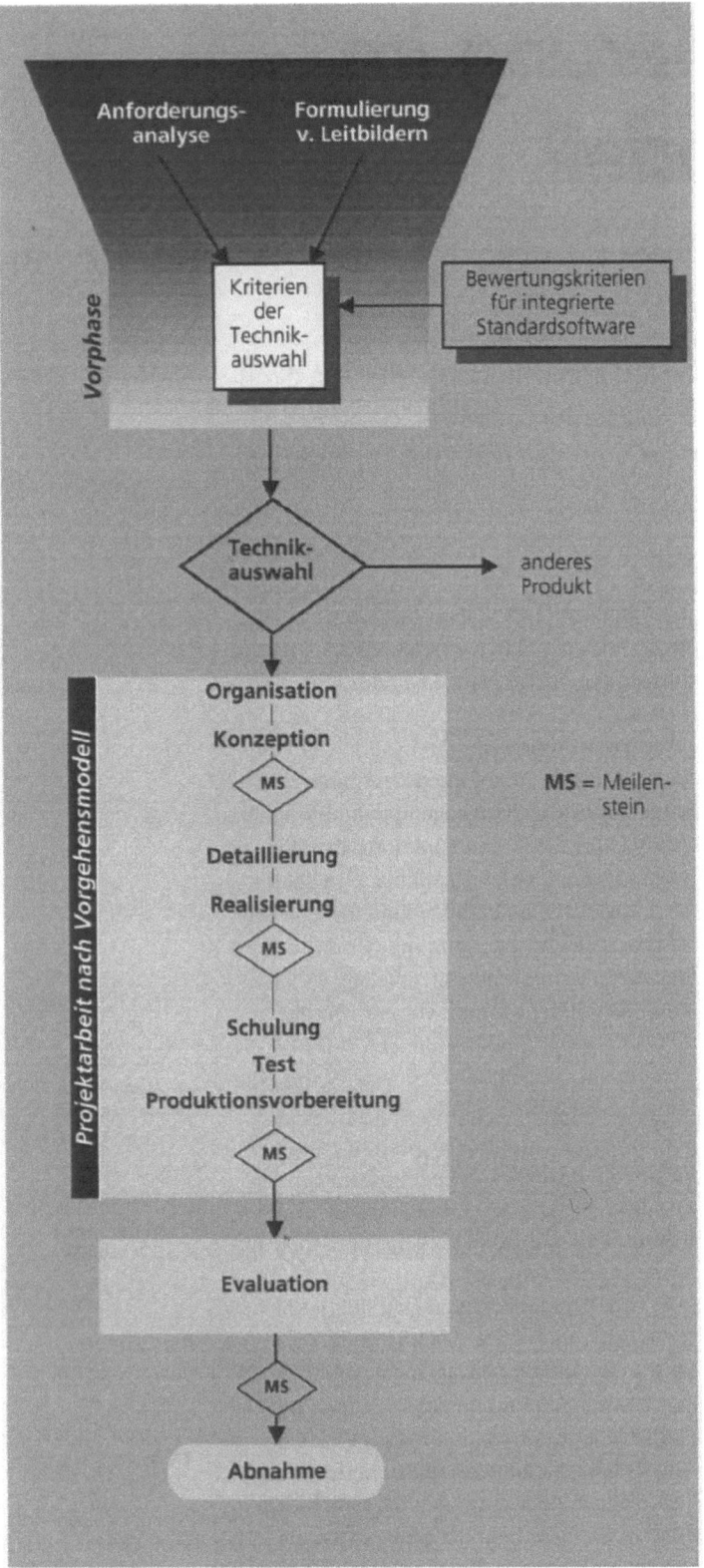

Die Phasen einer Systemeinführung

- die Mitarbeiter der Fachabteilungen, die später mit dem System arbeiten sollen;
- Führungskräfte der Fachabteilungen;
- die Abteilung Organisation;
- EDV-Fachkräfte;
- Vertreter der Personalabteilung und ggf. der Weiterbildungsabteilung;
- der Betriebsrat.

Meilensteine der Qualitätssicherung

Im Prozeß der eigentlichen Projektarbeit können die zu Anfang formulierten Leitbilder nicht nur als Orientierung, sondern auch als Kriterien der Qualitätssicherung herangezogen werden. Die SAP selbst hat solche Qualitätssicherungsmeilensteine mit dem IMG-Vorgehensmodell des R/3-Systems empfohlen. Im IMW-Vorgehensmodell des R/2-Systems waren sie noch nicht vorgesehen. Im anschließenden Beitrag wird jedoch eine modifizierte Form des IMW-Vorgehensmodells vorgeschlagen, die ebenfalls solche Meilensteine enthält.

Die Erfahrung hat gezeigt, daß eine SAP-Einführung aller Erfahrung nach länger läuft, als die meisten Projektverantwortlichen ihre Aufgabe bekleiden. Hinzu kommt, daß auch Leitbilder u. U. neu formuliert werden müssen, wenn sich die Situation des Unternehmens im Verlauf der Projektdauer entscheidend ändert. Dies bedeutet, daß ein Projektaudit anläßlich der Qualitätssicherungsmeilensteine nicht nur die richtige Umsetzung der Vorgaben in die Projektplanungen zu überprüfen hat. Auch eine Revision der Leitbilder noch während der Projektlaufzeit kann vonnöten sein und sollte unter der Beteiligung derselben Stellen erfolgen, die auch in die ursprüngliche Festlegung einbezogen waren. Die regelmäßige systematische Überprüfung bietet nicht nur die Möglichkeit, etwaige Fehlentwicklungen zu korrigieren, ehe die Planungen zu weit fortgeschritten sind. Sie ist darüber hinaus eine Möglichkeit, die Organisationsfragen im allgemeinen und die formulierten Leitbilder im besonderen der Projektgruppe noch einmal vor Augen zu führen, um eine einseitige Technikorientierung zu vermeiden und evtl. neue Projektgruppenmitglieder mit diesen Anforderungen vertraut zu machen.

Am Ende der Projektgruppenarbeit steht eine Evaluation, bei der die Arbeit mit dem neuen System in Hinblick auf die Umsetzung der Ziele untersucht wird. Dies kann sinnvollerweise mit den von der EG-Bildschirmrichtlinie verlangten Belastungsanalysen kombiniert werden. Nach der Korrektur evtl. technischer oder organisatorischer Mängel kann die Projektgruppe dann entlastet werden.

Organisatorisches Prototyping

Als vorteilhaft hat sich ein Vorgehen erwiesen, das vielleicht am besten mit dem Begriff ‚organisatorisches Prototyping' umschrieben ist. Dabei erfolgt die Einführung eines Moduls zunächst nur für einen gewissen Bereich, z. B. für eine Fertigungslinie oder ein Werk. Erst nach der Evaluation dieses Prototyps wird die Anwendung auf die anderen Anwendungsfelder übertragen. Dieses Vorgehen hat den Vorteil, daß die Einführung dort dann auf der Grundlage gesicherter Erfahrungen erfolgen kann. Zwar müssen diese Bereich etwas länger auf die Umstellung warten, es wird ihnen jedoch die Belastung der Arbeit mit einem nicht praxiserprobten System und eine eventuelle erneute Umstellung nach der Optimierung des Systems erspart. Jedenfalls können die Phasen ‚Konzeption', ‚Detaillierung' und ‚Realisierung' für die Einführung in den nachfolgenden Bereichen wesentlich verkürzt werden. ◆

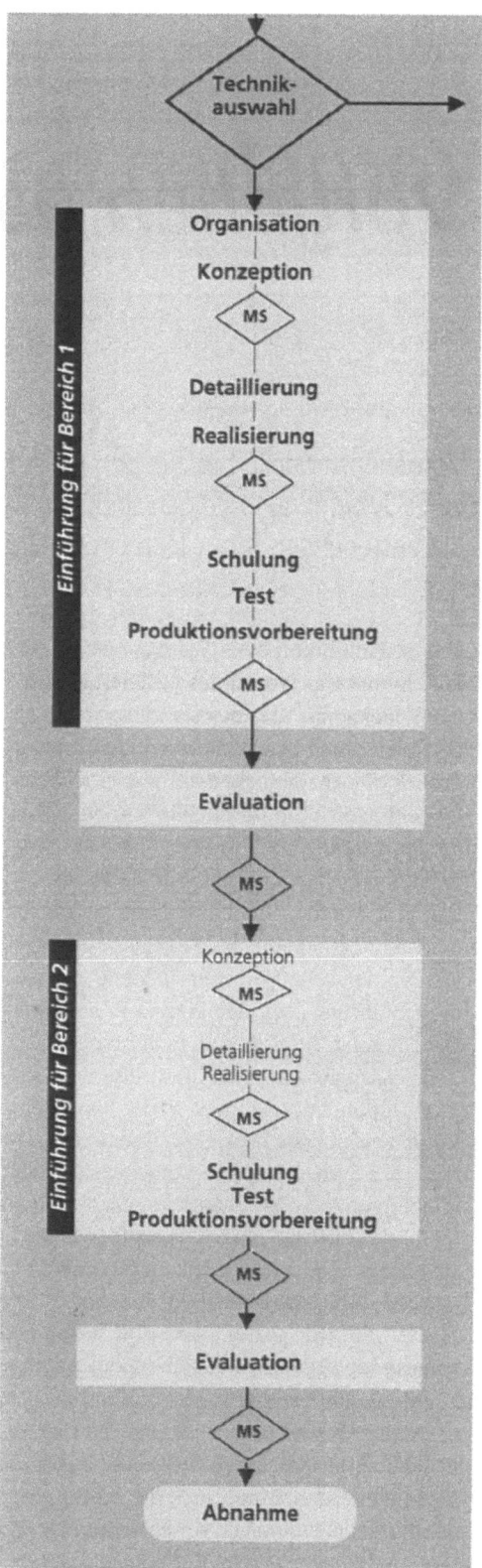

Einführung in der Form des organisatorischen Prototypings

Vorgehen nach Modell

Vorgehensmodelle beschreiben die Arbeitsschritte, die zur Planung und Einführung eines Systems zu erledigen sind. Für eine arbeitsorientierte Vorgehensweise sind die bestehenden Modelle in einigen Punkten zu ergänzen.

Die Einführung eines SAP-Systems ist ein komplexer Prozeß aus vielen Teilschritten. Sogenannte Vorgehensmodelle sollen als Leitfaden durch den komplexen Einführungsprozeß dienen. Sie geben an, was in welcher Reihenfolge zu tun ist. Sie bündeln die Erfahrungen vergangener Projekte. Wie jedes Modell können sie nicht starr auf die Praxis angewandt werden, sondern müssen jeweils für die Besonderheiten eines Projekts angepaßt werden. Einfache Vorgehensmodelle gliedern die Einführung nach den Phasen Konzeption, Detaillierung, Realisierung, Einführung.

Die SAP gibt zur Vorgehensweise der Projektgruppen Empfehlungen in der Form der Vorgehensmodelle IMW (R/2-Systeme) und IMG (R/3-Systeme). Diese Vorgehensmodelle knüpfen an die o. g. Phasen an, gliedern den Einführungsprozeß jedoch wesentlich feiner als klassische Phasenmodelle in 68 (IMW) bzw. 33 (IMG) Arbeitsschritte, genannt „Tasks". Für jede dieser Tasks sind in den entsprechenden Leitfäden die zu erledigenden Tätigkeiten aufgeführt.

Darüber hinaus unterstützt SAP die Dokumentation der Arbeitsergebnisse der Tasks und in zunehmendem Maße auch die Ausführung der jeweils notwendigen Arbeitsschritte am System durch Software. Im R/2-System handelt es sich dabei um die (optionale) Komponente IMW (Implementation Ware), die die Arbeit an den Tasks vor allem durch Informationsfunktionen (z. B. „Welche Tabellen sind von diesem Arbeitsschritt betroffen?") und Dokumentationshilfsmittel unterstützt. Im R/3-System ist das Vorgehensmodell in den Einführungsleitfäden des sog. Customizing abgebildet. Das Customizing gibt für einige Anwendungen nicht nur die Abfolge der Arbeitsschritte für die Einführung vor und speichert die Ergebnisse, sondern es ermittelt und pflegt z. B. automatisch die Tabellen, die von diesem Arbeitsschritt berührt sind. Neben der inhaltlichen Festlegung der einzelnen Tätigkeiten kann in beiden Systemen auch die Terminplanung und -überwachung im Projekt anhand der Tasks vorgenommen werden.

Man kann davon ausgehen, daß jeder SAP-Einführung irgendein Vorgehensmodell zugrunde liegt, das sich zumindest an den SAP-Empfehlungen orientiert, wenngleich aufgrund betrieblicher Besonderheiten oder der Beteiligung von Unternehmensberatern in einzelnen Punkten Abweichungen vorkommen können. Wenn wir im folgenden vom IMW-Vorgehensmodell ausgehen, um die wichtigsten Schritte der Einführung aus arbeitsorientierter Sicht darzustellen, so deshalb, weil dieses Vorgehensmodell bereits einige gute Ansatzpunkte dafür bietet. Im IMG-Vorgehensmodell fehlen Anhaltspunkte für die (arbeits-)organisatorische Gestaltung leider weitgehend. Man hat den Eindruck, daß dergleichen Rücksichtnahmen einer Beschleunigung der technischen Fertigstellung geopfert wurden. Sowohl in der IMW- als auch in der IMG-Software sind Ergänzungen und Modifikationen der Tasks möglich, so daß auch betriebsspezifische Abweichungen vom Standardvorgehen systemseitig unterstützt werden können. Das bedeutet, daß die unten dargestellten arbeitsorientierten Anregungen auf Wunsch nicht nur in die Vorgehensweise aufgenommen, sondern auch in der Software abgebildet werden können.

Das Diagramm auf der folgenden Doppelseite zeigt als Beispiel für ein arbeitsorientiertes Vorgehen das IMW-Vorgehensmodell der SAP, in dem die aus arbeitsorientierter Sicht wichtigen Arbeitsschritte gekennzeichnet sind. Darüber hinaus wurden einige Tasks sowie fünf „Meilensteine" eingefügt. Die Meilensteine haben die Funktion, nach Abschluß einer Projektphase durch die Überprüfung der Ergebnisse eine Qualitätssicherung aus arbeitsorientierter Sicht vorzunehmen.

Im folgenden wird auf die wichtigsten Aufgaben in den jeweiligen Projektphasen eingegangen. Die Ausführungen lassen sich natürlich grundsätzlich auch auf die meisten anderen Vorgehensmodelle anwenden.

Organisation

In der Phase der Organisation konstituiert sich das Projekt. Hierzu gehört, daß die Aufbau- und Ablauforganisation des Projekts definiert werden. Bei der Aufbauorganisation muß eine Form gefunden werden, die gewährleistet, daß arbeitsorientierte Kompetenz in die Projektarbeit einfließen kann, z. B. durch Einrichtung einer ‚erweiterten Projektgruppe' (vgl. Abbildung), der neben EDV- und Fachabteilungsmitarbeitern auch Vertreter des Personalwesens, der Organisationsabteilung, die Arbeitssicherheitsfachkraft und die Bereiche Organisationsentwicklung und Weiterbildung angehören. Darüber hinaus sind Art und Ablauf der Einbeziehung des Betriebsrates und ggf. der Gesamtheit der Betroffenen zu klären.

Die Festlegung der Ablauforganisation des Projekts erfolgt durch die Spezifizierung eines verbindlichen Vorgehensmodells. Diesem Punkt wird leider häufig nicht genügend Beachtung geschenkt, insbesondere wenn Unternehmensberatungsfirmen am Projekt beteiligt sind und ihr eigenes Vorgehensmodell durchsetzen. Solche Modelle sind darauf zu überprüfen, inwieweit sie in Bezug auf die Arbeitsorientierung wenigstens Mindeststandards einhalten; ggf. sind Ergängzungen auszuhandeln.

Konzeption

In die Konzeptionsphase fallen die Ist-Analyse und die Erarbeitung des organisatorischen Grobkonzepts. Ein Vorgehen, das unter Verweis auf die Standardfunktionen auf diese Schritte weitgehend verzichtet („Das Soll-Konzept ist der SAP-Standard.") erscheint aus einer Reihe von Gründen fragwürdig. Selbst wenn auf harte Modifikationen am Standardsystem verzichtet werden soll, bietet die Software eine so große Bandbreite an Realisierungsmöglichkeiten und eine noch größere Bandbreite an organisatorischen Umsetzungsmöglichkeiten, daß die Projektgruppe klare Vorgaben braucht. Diese Vorgaben stützen sich – neben allgemein vereinbarten Leitbildern der Arbeitsgestaltung – auf eine Analyse der Schwachstellen, die nicht nur unmittelbare Produktivitätsprobleme sondern auch Belastungsschwer-

➡ „5.3 Der Betriebsrat ist zu beteiligen" und
➡ „3.14 Betroffenenbeteiligung will organisiert sein"

Eine Erläuterung der einzelnen Tasks findet sich in „SAP-Software arbeitsorientiert einführen – Handlungsempfehlungen, soziale Pflichten und Konzepte für Projektverantwortliche und Betriebsräte" (Arbeitstitel, erscheint ebenfalls in 1996).

Die erweiterte Projektgruppe bindet das erforderliche Know-How in das Projekt ein.

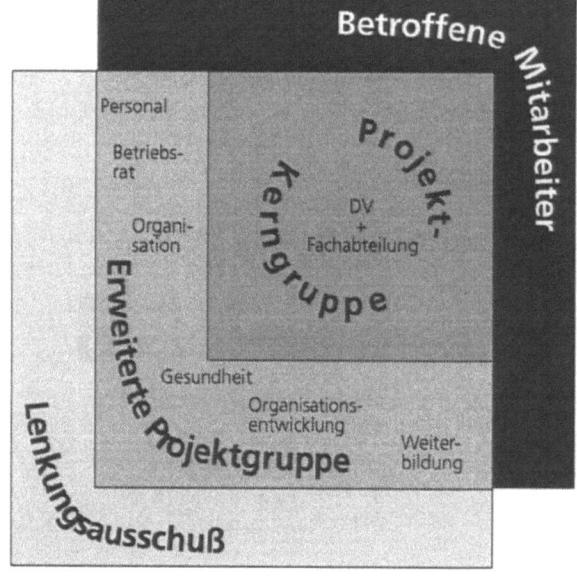

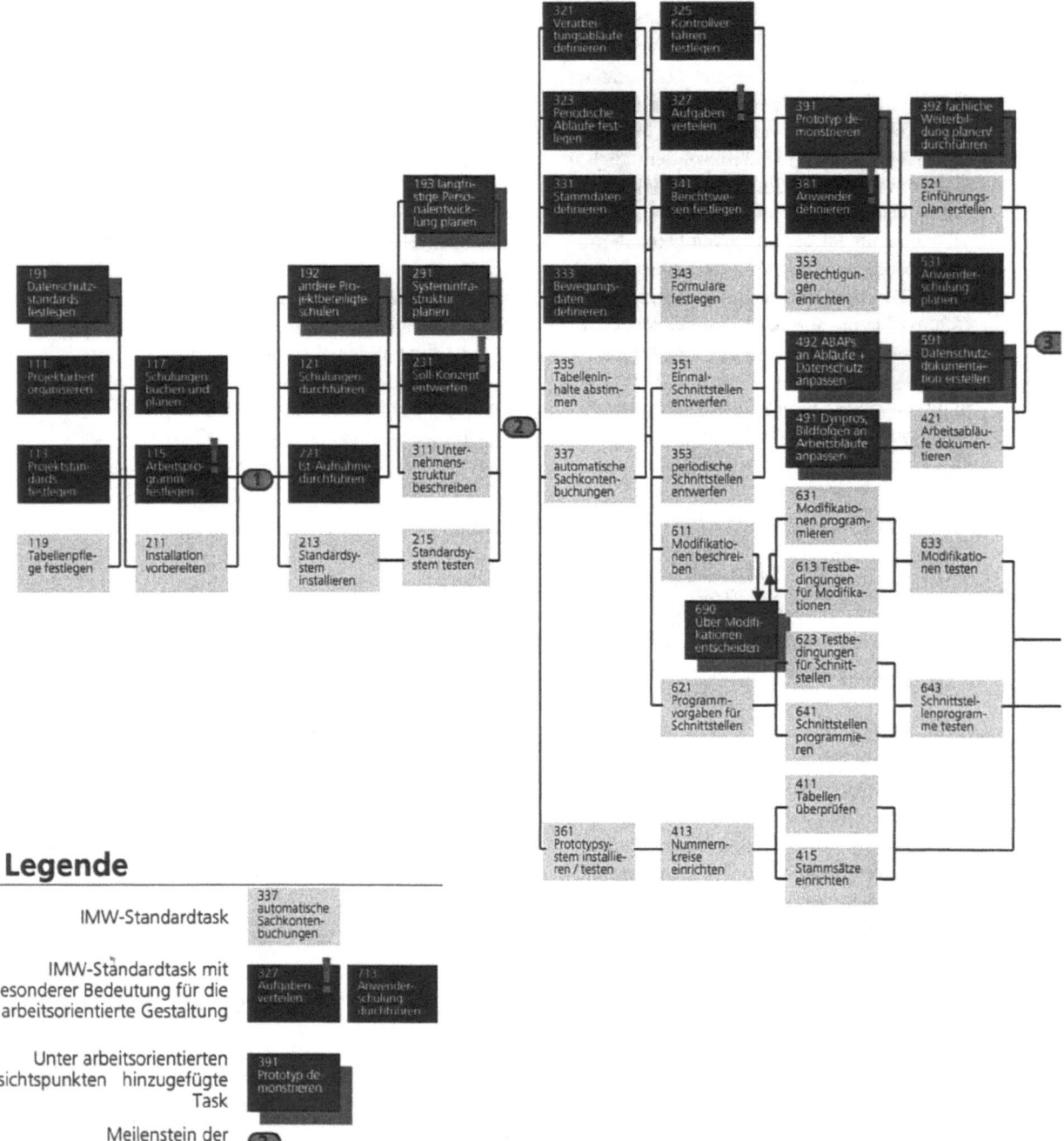

punkte der betroffenen Mitarbeiter ermitteln sollte.

Neben diesen Hauptaktivitäten sind in dieser Phase nicht nur die Mitglieder der Projektkerngruppe, sondern auch andere an der Projektarbeit zu Beteiligende zu schulen. Wenn eine Beteiligung der gesamten Fachabteilung vorgesehen ist, sind u. U. hierfür vorauszusetzende Qualifizierungs- und Informationsmaßnahmen zu planen. Aufgrund des organisatorischen Grob-Konzepts und der vorgegebenen Leitbilder der Arbeitsgestaltung ist eine Abschätzung der Veränderungen des Personalbedarfs und der Personalstruktur vorzunehmen, um ggf. durch die Verschiebung oder Automatisierung von Aufgaben bedingte Versetzungen oder erforderliche Requalifizierungsmaßnahmen langfristig planen zu können.

Im Mittelpunkt des Qualitätssicherungsschritts am Ende der Phase steht die Bewertung des organisatorischen Grob-Konzepts.

Detaillierung

In der Detaillierungsphase werden die zu nutzenden Stamm- und Bewegungsdaten festgelegt. Aus arbeitsorientierter Sicht ist das Datengerüst vor allem im Zusammenhang mit der Festlegung der Kontrollverfahren auf deren Eignung zu einer Kontrolle der Leistung oder des Verhaltens der Mitarbeiter zu überprüfen. Die Verarbeitung solcher mitarbeiterbezogener Daten soll, soweit irgend möglich, unterbleiben.

Mit der Festlegung der Abläufe fallen darüber hinaus wichtige organisatorische Weichenstellungen. In diesem Zusammenhang sind u. U. auch Entscheidungen darüber zu treffen, ob im Standard nicht vorgesehene Abläufe durch Modifikationen realisiert werden sollen oder durch organisatorische Anpassung. Dabei sollten nicht nur die Kosten für die Modifikation ausschlaggebend sein, sondern ins Verhältnis gesetzt werden mit dem Aufwand und den Belastungen, die in der Fachabteilung durch mangelhafte Anpassung entstehen.

Als Ergebnis dieser Arbeitsschritte steht ein Prototyp zur Verfügung, der der zukünftigen Lösung schon recht nahekommt. Dieser Prototyp sollte den Anwendern demonstriert werden, und sie sollten Gelegenheit haben, Kritik und Anregungen dazu vorzubringen.

An dieser Stelle sieht das IMW-Vorgehensmodell unter der Bezeichnung ‚Aufgaben verteilen' (Task 327) die Überprüfung der Arbeitsstrukturierung vor. Die Zuordnung von Aufgaben zu Stellen und Personen ist sowohl unter dem Gesichtspunkt der Arbeitskapazität als auch unter den Gesichtspunkten angemessener Qualifikationsanforderungen, sinnvoller Aufgabenzusammenhänge und wünschenswerter Kooperations- und Assistenzstrukturen zu gestalten.

Damit liegen die Anwender und ihre Aufgaben fest, der Qualifizierungsbedarf kann im Detail ermittelt werden und entsprechende Qualifizierungsmaßnahmen werden geplant. Dazu gehört auch eine Planung des Personaleinsatzes in der Umstellungsphase, um eine Überlastung der Mitarbeiter durch Schulung, Einarbeitung und ggf. Nacherfassung von Daten neben der normalen Tagesarbeit zu vermeiden.

Daher stehen im Mittelpunkt des Qualitätssicherungsschritts am Ende dieser Phase die Arbeitsstrukturierung und die Qualifizierungsplanung.

Realisierung, Test, Schulung

Die Aktivitäten für Realisierung und Test des Systems setzen im wesentlichen Vorgaben um, die in den vorangegangenen Phasen erarbeitet worden sind. Aus arbeitsorientierter Sicht sind in dieser Phase vor allem die Maßnahmen der Personalentwicklung von Interesse, also die Schulungsmaßnahmen. Außerdem muß spätestens in dieser Phase ein Konzept für die Kommunikation im SAP-Umfeld erarbeitet werden, das Schulung, Betreuung, Weiterbildung, Erfahrungsaustausch und Organisationsentwicklung in einen angemessenen Zusammenhang stellt.

Nun ist auch der Zeitpunkt gekommen, evtuelle Veränderungen an den Arbeitsplätzen vorzunehmen, von der Installation oder den Austausch von Endgeräten bis zu baulichen Veränderungen oder dem Umzug von Abtei-

➡ „3.15 Integration braucht Kommunikation"

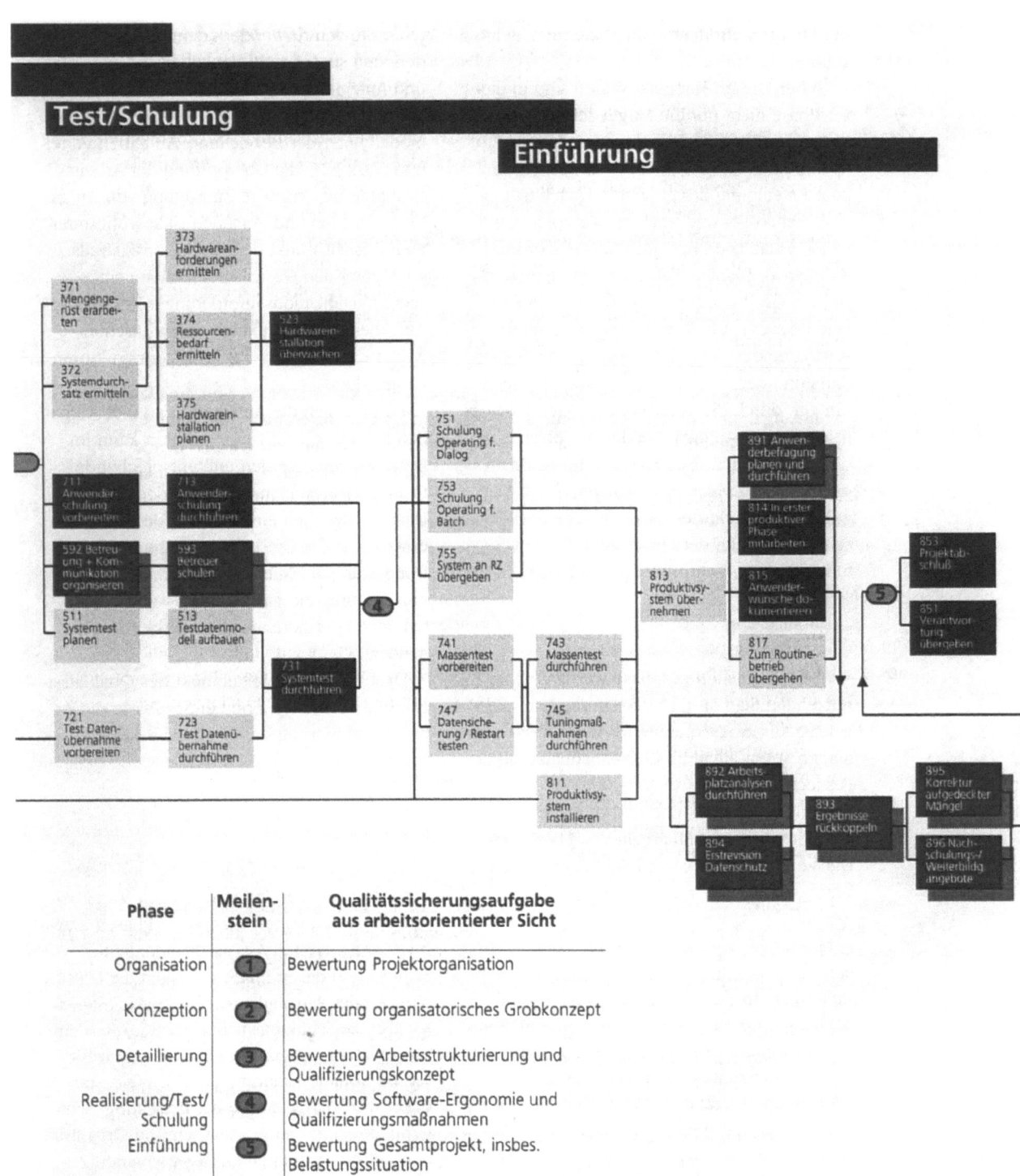

SAP-IMW Vorgehensmodell
mit Ergänzungen für ein arbeitsorientiertes Vorgehen

lungen. Dabei ist auf die Einhaltung ergonomischer Standards zu achten.

Der Systemtest sollte noch einmal zum Anlaß genommen werden, das im wesentlichen fertiggestellte System unter software-ergonomischen Gesichtspunkten zu überprüfen, insbesondere natürlich in Hinblick auf seine Aufgabenangemessenheit. Dies kann u. U. im Zusammenhang mit den Schulungen erfolgen.

Eventuelle Kritik an der Software-Ergonomie ist in der Qualitätssicherung zu dieser Phase ebenso zu berücksichtigen wie Mängel bei den Schulungen.

Einführung

Viel zu kurz kommt in dem Standard-Vorgehensmodell der SAP die Evaluation. Um Hinweise auf Schwachstellen im laufenden Betrieb zu erhalten, empfiehlt es sich, eine flächendeckende Anwenderbefragung durchzuführen. Dies kann bei entsprechender Vorbereitung als Fragebogenaktion erfolgen. Alternativ können Untersuchungen an exemplarischen oder allen Arbeitsplätzen durchgeführt werden, um Hinweise auf eventuelle Probleme zu erhalten. Die Ursachen solcher Probleme können dann durch vertiefende Arbeitsplatzanalysen genauer aufgeklärt werden. Aus Kapazitätsgründen kann auf diese Weise der Einstieg in die von der EG-Bildschirmrichtlinie/Bildschirmverordnung geforderten Belastungsanalysen gefunden und eine schrittweise Annäherung an die verlangte Flächendeckung der Analysen erzielt werden.

Die Ergebnisse der Evaluation sind mit den Betroffenen und der Projektgruppe zur Stellungnahme zusammen mit Lösungsvorschlägen für die aufgedeckten Probleme zuzuleiten. Anschließend sind die technischen, organisatorischen oder qualifikatorischen Mängel abzustellen.

Erst wenn dies zur Zufriedenheit erfolgt ist, ist der Nachweis für den Erfolg der Arbeit der Projektgruppe erbracht, und sie kann aus der Verantwortung entlassen werden. ◆

Der Betriebsrat ist zu beteiligen

Das Betriebsverfassungsgesetz räumt dem Betriebsrat umfassende Beteiligungsrechte bei der Einführung von EDV-Systemen ein. Um Konflikte und eine Verzögerung der Systemeinführung zu vermeiden, empfiehlt es sich, die Arbeitnehmervertretung zu einem frühen Zeitpunkt einzubeziehen und Einvernehmen über Verfahrensfragen der Beteiligung herzustellen. Solche Verfahrensregelungen können sich auf die in der Projektarbeit gebräuchlichen Vorgehensmodelle stützen.

Der Einführungstermin stand vor der Tür, alles war vorbereitet, und dann kam der große Knall: Der Betriebsrat fühlte sich übergangen und ließ die Einführung per einstweiliger Verfügung des zuständigen Arbeitsgerichts platzen. In der entsprechend vergifteten Atmosphäre dauerte es Wochen, bis eine Einigung über die verlangte Betriebsvereinbarung zustande kam. Sehr viel länger sollte es dauern, bis die Verunsicherung unter den Mitarbeitern sich wieder gelegt hatte.

Der rechtliche Rahmen

Solche Konflikte sind sicherlich nicht die Regel bei der Einführung von SAP-Systemen, aber sie kommen vor. „Umfassend und rechtzeitig" ist der Betriebsrat zu beteiligen, verlangt das Betriebsverfassungsgesetz; wer wollte es einem Betriebsrat verdenken, daß er mit Verärgerung reagiert, wenn sich die Information auf einen Packen für ihn unverständlicher Projektunterlagen in der Hauspost beschränkt oder er zehn Tage vor dem Starttermin zum ersten Mal offiziell informiert und um Zustimmung ersucht wird?

Andererseits ist die Einführung von SAP-Systemen ein zu aufwendiger und langwieriger Prozeß, als daß es möglich und effektiv wäre, den Betriebsrat in jeden einzelnen Schritt einzubeziehen. Auch der Betriebsrat hat schließlich noch andere Aufgaben. Beide Seiten sind also gut beraten, sich rechtzeitig auf eine Verfahrensweise zu verständigen.

Eine solche Verfahrensweise muß einerseits den gesetzlichen Anforderungen genügen:

Information: Zu welchem Zeitpunkt wird der Betriebsrat in welcher Form über welche Fragen des Projektfortschritts informiert?

Beratung: Zu welchem Zeitpunkt hat der Betriebsrat Gelegenheit seine Kritik und Anregung zum Projekt einzubringen und wie ist mit solchen Anforderungen zu verfahren?

Mitbestimmung: Zu welchen der Mitbestimmung unterliegenden Einführungsschritten sind Betriebsvereinbarungen abzuschließen, und zu welchem Zeitpunkt werden die Verhandlungen aufgenommen?

Ein solcher Beteiligungsfahrplan mag auf den ersten Blick aufwendig erscheinen. Die Praxis zeigt aber, daß sich dieser Aufwand für beide Seiten aus zwei Gründen lohnt:

Zum einen wird damit eine wesentlich höhere Planungssicherheit gewährleistet und zum zweiten kann auf diesem Fundament eine Sachauseinandersetzung über Gestaltungsfragen stattfinden, statt daß die Diskussion auf der Stufe einer wenig fruchtbaren Exegese des Betriebsverfassungsgesetzes und der Androhung von Rechtsmitteln steckenbleibt. Und eine angemessene Beteiligung an der Gestaltung unterstützt Kreativität und Akzeptanz bei den Betroffenen.

Ein Meilensteinkonzept der Beteiligung

Eine systematische Projektgruppenarbeit basiert in der Regel auf einem Vorgehensmodell. Bei der Einführung von Standardsoftware kann von den üblichen Phasenmodellen insofern abgewichen werden, als die Bearbeitung bestimmter Phasen schon vor dem endgültigen Abschluß der vorangegangenen begonnen wird und im Sinne von ‚Prototyping' Aktivtäten einer Phase zyklisch mehrfach durchlaufen werden. Als grobe Orientierung ist ein Phasenmodell dennoch geeignet. Auch die Vorgehensmodelle von SAP (IMW, IMG), auf die weiter unten noch näher eingegeangen werden soll, gliedern sich in diese Phasen, differenzieren sie aber noch weiter aus.

Im Sinne einer pragmatischen Vorgehensweise empfiehlt es sich, nach Abschluß einer Vorvereinbarung die Beteiligung im Gestaltungsprozeß am Vorgehensmodell der Projektgruppe entlang zu entwickeln. Die folgende Darstellung hat sich in der Praxis bewährt. Sie ist als ein erprobter Rahmen zu verstehen, der jeweils noch an betriebliche Besonderheiten angepaßt werden kann. So kann z. B. für SAP-Module, bei denen im Einzelfall nur geringfügige Auswirkungen auf die Arbeitsbedingungen zu erwarten sind, auf einzelne der vorgeschlagenen Meilensteine verzichtet werden.
Für die Einführung von Modulen im Zusammenhang mit größeren Reorganisationsvorhaben können entsprechend zusätzliche Beteiligungsschritte eingeführt werden.

Verfahrens- und Grundsatzregelungen

In der *Organisationsphase* konstituiert sich die Projektgruppe und gibt sich ein Arbeitsprogramm aufgrund der Zielvorgaben für das Projekt. Spätestens während der Organisationsphase und vor der Installation des Standardsystems, die mitbestimmungspflichtig ist, sollte Einvernehmen über die Verfahrensfragen der weiteren Beteiligung hergestellt wer-

---

Die wichtigsten Beteiligungsrechte des Betriebsrates nach dem Betriebsverfassungsgesetz bei der Einführung von EDV-Systemen

§ 80 Allgemeine Aufgaben des Betriebsrates,
u. a. Recht auf umfassende Unterrichtung, Hinzuziehung von Sachverständigen des Betriebsrates, Überwachung der zugunsten der Arbeitnehmer geltenden Gesetze, Verordnungen, Betriebsvereinbarungen etc.

§ 87 Mitbestimmungsrechte
u. a. bei Fragen der Ordnung des Betriebs, bei technischen Kontrolleinrichtungen, bei Regelungen über den Gesundheitsschutz

§ 90 Unterrichtungs- und Beratungsrechte über Planungen
u. a. Beratung der Auswirkungen auf die Arbeitnehmer, Berücksichtigung von Vorschlägen

§ 92 Personalplanung
u. a. Information über Personalbedarf, Beratung über Art und Umfang erforderlicher personeller oder Bildungsmaßnahmen

§ 97 Einrichtungen und Maßnahmen der Berufsbildung

§ 98 Durchführung von betrieblichen Bildungsmaßnahmen

§ 99 Mitbestimmung bei personellen Einzelmaßnahmen

§ 111 Betriebsänderungen
Unterrichtungs- und Beratungsrechte u. a. bei grundlegenden Änderungen der Betriebsorganisation oder der Betriebsanlagen sowie bei Einführung grundlegend neuer Arbeitsmethoden

§ 112 Interessenausgleich über die Betriebsänderung, Sozialplan

---

den. Es bietet sich an, einen Ablauf wie hier dargestellt mit den entsprechenden Terminsetzungen zu vereinbaren. Dabei kann die Begrifflichkeit des jeweiligen speziellen Vorgehensmodells verwendet werden. Bei einem Vorgehen nach dem IMW-Vorgehensmodell kann auch einfach auf die darin enthaltenen Angaben der SAP zur Beteiligung verwiesen werden, die dem selben Aufbau folgen. Verfahrensregelungen betreffen auch die Beteiligung der Betroffenen am Gestaltungsprozeß sowie die Auswahl und Freistellung von Fachabteilungsmitarbeitern für die Projektarbeit.

Neben Verfahrensfragen sind bereits zu Anfang des Projekts für übergreifende Fragen materielle oder Schutzregelungen zu treffen. Als Regelungsgegenstände kommen hier z. B. infrage der Schutz der Mitarbeiter vor Entlassungen aufgrund der Einführung, die Handhabung von ggf. anfallenden Versetzungen oder die Einschränkung von Funktionen des Basissystems mit Kontrollcharakter. Auch Leitbilder der Arbeitsgestaltung können zu diesem Zeitpunkt formuliert werden.

Den erreichten Konsens wird man in der Regel in der Form einer Verfahrens- und/oder Grundsatzvereinbarung niederlegen.

Es ist unbedingt zu empfehlen, daß Projektgruppe und Betriebsrat wechselseitig Ansprechpartner benennen, um kurzfristig und direkt Informationen austauschen zu können. Eine Kommunikation über Dritte (z. B. Personalabteilung) behindert erfahrungsgemäß den konstruktiven Dialog über Gestaltungsfragen außerordentlich und belastet ihn fortwährend mit Verfahrensfragen.

In die Organisationsphase fällt auch die Schulung der Projektgruppenmitglieder. Bei Auswahl der Teilnehmer und Durchführung sind die Mitbestimmungsrechte des Betriebsrats zu beachten. Unabhängig davon empfiehlt es sich, einzelne Projektgruppenmitglieder in Betriebsverfassungsrecht, Gesundheitsschutz-Normen, Software-Ergonomie sowie arbeitswissenschaftlichen und organisatorischen Grundbegriffen zu schulen, um so auf entsprechende Anregungen des Betriebsrates kompetent eingehen zu können.

Ein soziales Pflichtenheft

In der *Konzeptionphase* werden der Umfang der Einführung des Systems und die erforderlichen Anpassungen der Aufbau- und Ablauforganisation festgelegt. In dieser Phase fallen also wichtige Vorentscheidungen über die Veränderungen von Aufgaben und Stellen. Deshalb sollte der Betriebsrat über die Veränderungen von Abläufen und deren absehbare Konsequenzen für die Zuständigkeit von organisatorischen Stellen informiert werden.

Aufgrund dieser Information hat er die Mög-

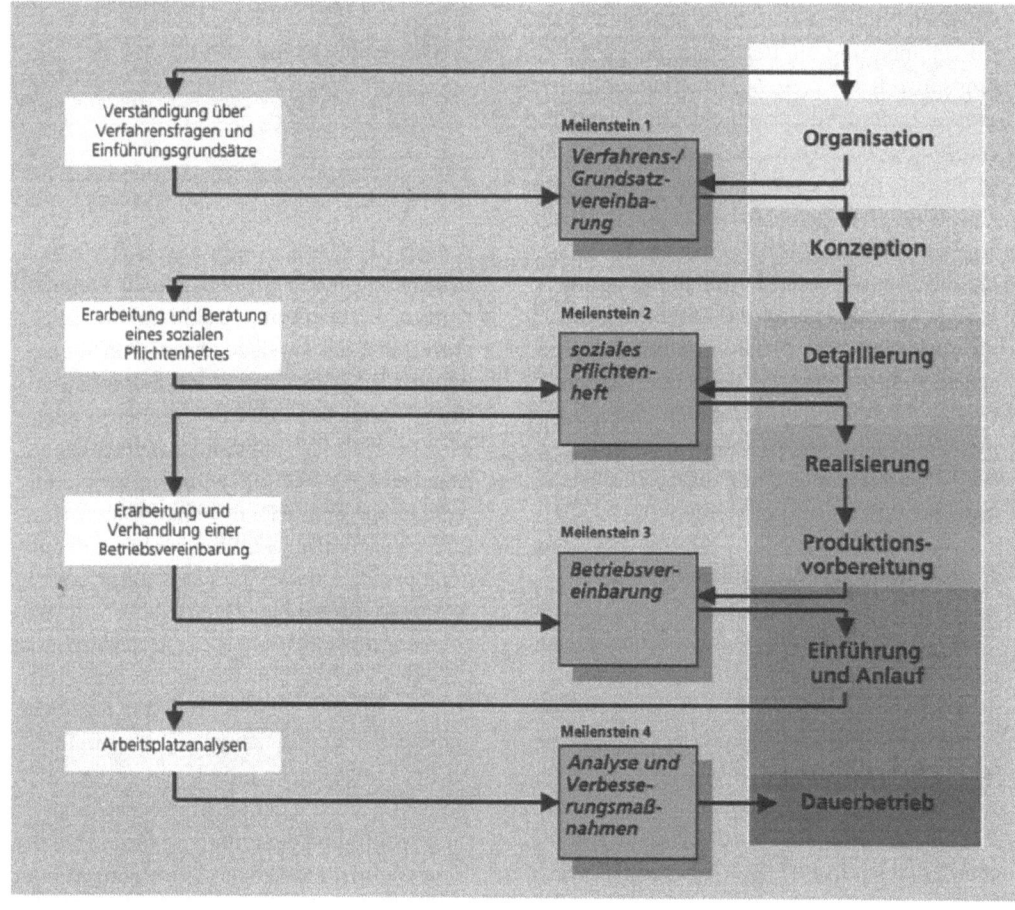

Meilensteine der Beteiligung

lichkeit, von seinem gesetzlich vorgesehenen Recht Gebrauch zu machen, eigene Anregungen so rechtzeitig in die Projektarbeit einzubringen, daß sie im Gestaltungsprozeß noch berücksichtigt werden können. Der Betriebsrat sollte seine Vorstellungen ebenfalls in der Form eines ‚sozialen Pflichtenheftes' schriftlich niederlegen und ausführlich mit der Projektgruppe beraten, ehe die Detaillierung zu weit fortgeschritten ist. Gegebenenfalls unter Bezugnahme auf die zu Anfang des Projekts formulierten Leitbilder der Arbeitsgestaltung kommt es auf diese Weise zu einer gemeinsamen Festlegung des arbeitsorganisatorischen Konzepts.

In der *Detaillierungsphase* werden die konzipierten Abläufe im einzelnen geplant. Die sich daraus ergebenden organisatorischen Veränderungen sollten noch einmal in Hinblick auf ihre Konsequenzen für Arbeitsinhalte und -anforderungen überprüft werden. Ebenfalls in dieser Phase festgelegt werden die systemgestützten Kontrollmechanismen (Revision etc.), für die ein besonderes Mitbestimmungsrecht des Betriebsrates besteht.

Parallel zu den genannten Arbeiten erfolgt eine intensive Beratung des sozialen Pflichtenhefts. Als Ergebnis des Beratungsprozesses sollten die bedeutenden Sachfragen geklärt sein.

Abschluß einer Betriebsvereinbarung

Da in den Phasen *Realisierung* und *Produktionsvorbereitung* im wesentlichen Vorgaben aus den vorgelagerten Phasen umgesetzt werden, kann davon ausgegangen werden, daß die meisten Sachfragen zu diesem Zeitpunkt geklärt sind, wenn auch nicht unbedingt alle Meinungsverschiedenheiten. Besondere Mitbestimmungsrechte des Betriebsrats in dieser Phase sind noch bei der Planung der Benutzerschulungen zu beachten.

Um rechtzeitig zum Einführungstermin einen Abschluß erzielen zu können, sollte umgehend der Entwurf und die Verhandlungen einer Betriebsvereinbarung aufgenommen werden. Der Entwurf der Betriebsvereinbarung wird in der Regel auf das soziale Pflichtenheft aufsetzen können, so daß keine aufwendige Neukonzeption erforderlich ist.

Sollte eine Einigung dennoch nicht zustande kommen, kann die Einigungsstelle angerufen werden. Der Spruch der Einigungsstelle ersetzt die Einigung zwischen Arbeitgeber und Betriebsrat. Der Produktivstart bedarf entweder der Zustimmung des Betriebsrats oder eines entsprechenden Spruchs der Einigungsstelle.

Arbeitsplatzanalysen

Nach einer angemessenen Anlaufzeit werden für die veränderten oder neu eingerichteten Arbeitsplätze Belastungsanalysen vorgenommen. Die Zuständigkeit für die Durchführung der Analyse, die Analysemethode und die Handhabung der Analyseergebnisse sollten bereits in der Verfahrensvereinbarung vorab festgelegt sein, soweit diese Fragen nicht in einer gesonderten Vereinbarung zum Gesundheitsschutz geregelt sind.

Durch eine solche Evaluation wird festgestellt, ob an einzelnen Arbeitsplätzen vermeidbare Behinderungen oder Belastungen auftreten, die durch eine Nachbesserung der Organisation, des Systems oder der Arbeitsplatzgestaltung ausgeschaltet werden können. Im Rahmen einer solchen Analyse wird überprüft, ob das Ergebnis der Projektgruppenarbeit auch in allen Punkten organisatorisch erfolgreich ist.

Die Vorgehensmodelle der SAP

Wie die Übersicht auf der folgenden Seite zeigt, läßt sich dieses Meilensteinkonzept an den einzelnen Arbeitsschritten – den sog. ‚Tasks' – der IMW- bzw. IMG-Vorgehensmodelle inhaltlich und terminlich konkretisieren. Dort finden sich die Bezeichnungen der wichtigsten beteiligungsrelevanten Tasks der Vorgehensmodelle wieder. Fettgedruckt sind dabei die Tasks, deren Bearbeitung nicht aufgenommen werden darf, bevor der vorgelagerte Meilenstein nicht abgehakt ist. In Praxisfällen hat sich gezeigt, daß die Vereinbarung dieser Vorgehensweise tatsächlich dazu führte, die Auseinandersetzungen von den leidigen De-

Gestaltung als Prozeß

Ausführlich zum Vorgehensmodell „5.2 Vorgehen nach Modell"

batten über mangelnde Information des Betriebsrats hin zu inhaltlichen Fragen zu verlagern und den Betriebsrat zu einem nicht unbedingt geliebten, aber ernstgenommenen Gesprächspartner der Projektgruppe zu machen.

Die Vorgehensmodelle der SAP und der Unternehmensberater stellen zwar einen brauchbaren Ansatzpunkt für die Beteiligung dar; das heißt noch lange nicht, daß die in ihnen vorgesehene Vorgehensweise in allen Einzelheiten ideal ist. Inhaltlich und methodisch kommt die Arbeitsgestaltung an verschiedenen Stellen zu kurz. Dies gilt insbesondere für die Erhebung von Schwachstellen der Arbeitsgestaltung in der Ist-Analyse und die Evaluation nach Einführung. Der Schwerpunkt liegt immer bei der Technik und der Umsetzung abstrakter betriebswirtschaftlicher Leitbilder wie der Verkürzung von Durchlaufzeiten. Von der

Meilensteine der Beteiligung in den Vorgehensmodellen der SAP

in der EU-Rahmenrichtlinie zum Arbeitsschutz postulierten Planung „mit dem Ziel einer kohärenten Planung von Technik, Arbeitsorganisation, Arbeitsbedingungen, sozialen Beziehungen und Einfluß der Umwelt auf den Arbeitsplatz" ist noch nicht viel zu merken. Es wird Sache der Arbeitnehmervertetungen sein, diese, z. B. in sozialen Pflichtenheften, immer wieder einzufordern. Auch der in den Vorgehensmodellen zumindest angedeuteten ‚Optimierung' der Arbeitsorganisation wird man von seiten der Betriebsräte etwas auf die Sprünge helfen müssen, um sie zu der in der EU-Richtlinie geforderten Arbeitsplatzanalyse aufzuwerten.

IMW: Beteiligung des Betriebsrats eingebaut

Immerhin: Das IMW geht noch davon aus,

Beteiligungsrelevante IMW-Tasks (R/2)	PHASE	Beteiligungsrelevante IMG-Tasks (R/3)
111 Projektarbeit organisieren*) 116 Arbeitsprogramm festlegen 117 Schulungen der Projektgruppe planen*)	**Organisation**	1.1 Anforderungsanalyse erstellen 1.2 Projekt organisieren 1.6 Schulung der Projektgruppe
Verfahrens-/Grundsatzregelung		
213 Standardsystem installieren 221 Ist-Aufnahme durchführen*) 231 Soll-Konzept entwerfen*)	**Konzeption**	1.5 System installieren 1.8 Funktionen, Abläufe, Zuständigkeiten festlegen 1.10 Systeminfrastruktur planen
321/323 Abläufe festlegen 325 Kontrollverfahren festlegen*) 327 Aufgaben verteilen*)	**Detaillierung**	2.3/2.4 Vorgänge abbilden
abgestimmtes soziales Pflichtenheft		
383 Berechtigungen einrichten 381 Anwender definieren 531 Anwenderschulung planen*)	**Realisierung**	2.8 Berechtigungen einrichten
811 Produktivsystem installieren*)	**Produktionsvorbereitung**	3.3 Produktionsumgebung einrichten 3.6 Anwender schulen
Abschluß Betriebsvereinbarung		
813 Produktivdaten übernehmen 814 In erster produktiver Phase mitarbeiten*) 815 Anwenderwünsche dokumentieren	**Einführung**	3.9 Daten in Produktivsystem übernehmen 4.2 System organisatorsich optimieren
Arbeitsplatzanalyse und Verbesserungsmaßnahmen		
*) Taskbeschreibung der SAP verweist ausdrücklich auf die Beteiligung des Betriebsrates	**Dauerbetrieb**	

daß Anwenderanforderungen überhaupt erhoben werden (221 Ist-Analyse) und daß die SAP-Standardabläufe unter Umständen sowohl technisch (611 ff. Modifikationen) als vor allem auch organisatorisch an die Erfordernisse der Anwender anzupassen sind. Die Schlüsselfunktion der organisatorischen Anpassung hat dabei die Task 327 ‚Aufgaben verteilen‘, die eine Überarbeitung der Standardabläufe unter Gesichtspunkten der Arbeitsbelastung und sinnvoller Aufgabenzuschnitte vorsieht. Die nebenstehende Tabelle ist ein Beispiel für die Bearbeitung dieses Arbeitsschritts. Aus ihr läßt sich entnehmen, welche Mitarbeiter zukünftig welche SAP-bezogenen Aufgaben erfüllen sollen. Die Kennzeichnung von neuen Aufgaben gibt zugleich Hinweise auf Qualifizierungsbedarf.

Darüber hinaus hat die SAP auf Anregung unserer Forschungsgruppe in die in der vorangegangenen Übersicht mit einem Stern (*) gekennzeichneten Taskbeschreibungen ausdrückliche Hinweise auf die Beteiligung des Betriebsrats aufgenommen. Bei Verhandlungen über das Verfahren der Beteiligung kann sich der Betriebsrat auf diese Hinweise stützen, was nicht heißt, daß er nicht auch weitergehende Anforderungen stellen kann.

IMG: Hauptsache schnell fertig

Leider sind diese Ansätze für R/3 mit IMG dem Primat der möglichst schnellen Einführung zum Opfer gefallen. In diesem Vorgehensmodell ist die organisatorische Planung seinen Autoren gerade noch folgende lapidare Bemerkung wert:

„Task 1.8 Funktionen, Abläufe, Zuständigkeiten festlegen: Die Einführung eines neuen EDV-Systems greift in ihre bisherigen Ar-

Aufgabenverteilung in der Abteilung Logistik eines Chemieunternehmens (Unterlage zur Task 327 ‚Aufgaben verteilen')

t = Tagesgeschäft
x = gelegentliche Aufgabe
+ = neue Aufgabe

Abteilung Logistik	Dispo		Einkauf		Leiter Leitstelle		WEK		Lager	Versand
Name	Hr. Ahlbert	Fr. Schiller	Hr. Belcker	Fr Hellwig	Hr. Gellert	Hr. Gertig	Fr. Fink	Hr. Collas	Hr. Zichow	Fr. Velbert
Aufgabe:										
Wareneingang										
01 WE zur Bestellung	t	t	t	t		+			t	
02 WE zur Bestellung /Charge	t	t	x	x		+				
03 Manuelles Anlegen Muttercharge	t	t	x	x		+				
04 WE zum Lohnbearbeiter	t	t	x	x		x				
05 WE zum Leihgut	t	t	x	x		+			+	x
06 WE zum Konsigmat.			x	x		+				
Warenausgang										
07 WA KST/ Proj.	x	x	x	x		+			t	
08 WA auf Reservierung	t	t	x	x		+				
09 Wa Charge/Konsig	t	t	x	x		+				
10 WA Umlagerung Werk/Werk	t	t	x	x		x			t	
11 Warenrücklieferung aus Verbrauch	t	t	x	x		+			t	
12 WA an Verkauf	x	x	x	x		x				
23 Verschrottung	t	t	t	t		+		+		
Qualitätsprüfung										
16 Warenrücklieferung	x	x	x	x		x	t	t		
17 aus Sperrbestand freigeben	x	x	x	x		x	t	t		
18 Zugang QS-Prüfbestand	x	x	x	x		x	+	+		
19 Abgang QS-Prüfbestand	x	x	x	x		x	+	+		
Lagerverwaltung										
20 Lagerort/Lagerplatz anlegen	x	x	x	x					t	
21 Umlagerung Lagerort/Lagerort	x	x	x	x		+			t	
22 Umlagerung Lagerort/ PLO			x	x		+				
24 Überwachen / Auswertungen	x	x	x	x	t	+			t	
Disposition										
13 Materialreservierung bearbeiten	t	t	x	x		x				
14 Konsignationsmaterial bearbeiten			x	x		x				
15 Bestände /Bewegungen überwachen	t	t	x	x	t	+	+	+	t	x
Inventur										
30 Inventur einleiten			x	x		+	+	+	+	
31 Inventurzählung erfassen	t	t	x	x		+	+	+	+	
32 Inventurverarbeitung			x	x		+	+	+	+	
33 Inventur allgemein	+	+	x	x	t	+	+	+	+	
Einkauf										
41 Pflegen Kreditoren auf Werksebene	+	+	+	+						
42 Bearbeiten Normalbestellungen	t	t	t	t						
43 Rahmenverträge	(+)	(+)	t	t						
44 Abrufbestellungen aus Rahmenvertr.	+	+	t	t						
45 Lieferpläne			+	+						
46 Hinzufügen Lohnbearbeitungsbestell	t	t	+	+						
47 Hinzufügen Transportbestellungen	t	t	+	+						
48 Pflegen Infosätze			x	x	t	t				
49 Pflegen Angebote /Anfragen			x	x	t	t				
50 Bestellanforderungen bearbeiten	+	+	t	t						
51 Allgemeine Anzeigetransaktion					t		+	+		

beitsabläufe ein. Davon werden Informationsflüsse und Zuständigkeiten berührt. In diesem Abschnitt legen Sie folgendes fest: die Funktionen und Informationen für Ihre Problemstellung, die Ihnen das R/3-System bietet, Ihren zukünftigen Belegfluß und Informationsfluß, die Zuständigkeiten für die Funktionsnutzung (also Arbeitsinhalte! d. V.). Sie bilden dazu Modellabläufe Ihres Unternehmens in Form von durchgängigen Prozeßketten ab."

Punkt, aus, nächste Task. Die ‚Gestaltung' der neuen Arbeitsinhalte erschöpft sich dann in der Einrichtung entsprechender Berechtigungsprofile für die Benutzer. Die Verantwortung für weitergehende arbeitsorganisatorische Vorhaben – mit dem Modewort Business Process Reengineering belegt – liegt laut IMG außerhalb der Projektgruppe, wobei aber an keiner Stelle gesagt wird, wie diese organisatorische Verantwortung denn mit der Arbeit der Projektgruppe zu koordinieren sei. Im Ergebnis findet eine systematische Planung der Arbeitsorganisation für die Fachabteilungsmitarbeiter vielfach überhaupt nicht mehr statt; die notwendigen organisatorischen Anpassungen werden ad-hoc in der Einführungsphase vorgenommen. Die Projektgruppe – namentlich die Unternehmernsberater – können einige Wochen schneller Vollzug melden und zu neuen Heldentaten aufbrechen. Die Rechnung für diese ‚Beschleunigung' zahlen die Mitarbeiter, die die auftretenden Belastungen durch Organisations- und Qualifizierungsmängel über sich ergehen lassen.

Das Problem für den Beteiligungsprozeß liegt darin, daß für angemessene Beratungen kaum Zeit bleibt. Die Forderung nach einer systematischen Planung von Arbeitsorganisation und -bedingungen kann bei R/3 in ganz anderer Weise als bei R/2-Projekten zu einer Konfrontation mit einer Projektgruppe führen, die auf Tempo setzt und der das Gesetz des Handelns mehr bedeutet als das Betriebsverfassungsgesetz.

Es ist nur konsequent, daß in dem dergestalt gestrafften Vorgehen auch die Beteiligung des Betriebsrates mit keinem Wort mehr erwähnt ist.

Solange sich die SAP nicht dazu entschließen kann, Nachbesserungen der Vorgehensmodelle vorzunehmen, z. B. weil sie an der Umsetzung der EU-Richtlinien nicht mehr vorbeikommt, bleibt uns nichts, als eine systematische Arbeitsgestaltung jeweils im Einzelfall einzufordern. Arbeitnehmervertretungen sollten nicht hinnehmen, daß die Einführung von SAP-Systemen mit ihren weitreichenden Folgen für Arbeitsinhalte und Belastungen der Beschäftigten planerisch behandelt wird wie die Aufstellung einer neuen Maschine, als ein rein technischer Vorgang. Für ein einzelnes Modul wie FI mag das noch hinnehmbar sein, für das integrierte System, das in aller Regel am Ende des Prozesses steht, nicht. ◆

Regelungsgegenstände in Betriebsvereinbarungen

Beispiele ohne Anspruch auf Vollständigkeit

Beispiele für Verfahrensregelungen

- Verfahren für Information, Beratung und Mitbestimmung im Projektverlauf (Vorgehensmodell, Meilensteine)
- Behandlung sozialer Pflichtenhefte
- Mitbestimmungsvorbehalt für jedes einzelne Modul
- Hinzuziehung von Sachverständigen durch den Betriebsrat
- Personal- und Qualifizierungsplanung
- Leitbilder der Arbeitsgestaltung
- Beteiligung der betroffenen Arbeitnehmer
- Entsendung von Fachabteilungsmitarbeitern in das Projekt
- Kontrollrechte des Betriebsrats

Beispiele für Schutzregelungen

- Schutz vor Entlassungen und wirtschaftlichen Nachteilen
- Handhabung von Versetzungen
- Gesundheitsschutz
- Durchführung und Umsetzung von Belastungsanalysen
- Einschränkung von Funktionen des Basissystems mit Kontrollcharakter (z. B. Benutzerlisten, Monitoring)

Beispiele für Einzelregelungen zu speziellen Moduln

- Systembeschreibung
- spezielle Regelungen zur Arbeitsorganisation
  z. B. Aufgabenzuschnitt
- spezielle Regelungen zur Qualifizierung
  z. B. Teilnehmerkreis und Inhalt von Schulungen
- spezielle Regelungen zur Vermeidung von Verhaltens- und Leistungskontrollen
  z. B. Datenkataloge und Zugriffsrechte
- spezielle Regelungen zur Umstellungsphase
  z. B. Entlastung von der Tagesarbeit

Erfahrungen eines Betriebsrats

Interview mit Gustav Hauptmeier, Mitglied der Technologiekommission des Gesamtbetriebsrates bei der Deutschen FIBRIT Gesellschaft, Krefeld, einem Unternehmen, das als Zulieferer für die Automobilindustrie tätig ist.

Frage: Der Gesamtbetriebsrat der Deutschen FIBRIT Gesellschaft hat sich seit der Entscheidung des Arbeitgebers für SAP R/2 intensiv an der Gestaltung des Systems beteiligt. Wie lief die Beteiligung ab?

Antwort: Als der Arbeitgeber an den Gesamtbetriebsrat wegen der Einführung von SAP herangetreten ist, haben wir sofort unsere Mitbestimmungsrechte geltend gemacht und gesagt, daß ohne Abschluß einer Gesamtbetriebsvereinbarung das System nicht eingeführt werden kann. Da der Arbeitgeber ohnehin in Zeitverzug war und unbedingt RA und RF einführen wollte, haben wir als erstes eine *Vorvereinbarung* geregelt, in der zunächst einmal festgeschrieben ist, daß die Inbetriebnahme von Preislistenkomponenten nur nach Abschluß von Gesamtbetriebsvereinbarungen erfolgen kann. In dieser Vorvereinbarung sind Mindestregelungen festgelegt, was Gegenstand von Gesamtbetriebsvereinbarungen sein muß. Die Hinzuziehung eines Sachverständigen des Betriebsrates ist festgelegt und, daß es keine Leistungs- und Verhaltenskontrollen geben darf. Es wurde ein Terminplan vereinbart, wann denn die Gesamtbetriebsvereinbarungen erstellt werden müssen.

Dann haben wir als nächstes eine *SAP-Rahmenbetriebsvereinbarung* geregelt. Die hatte zunächst einmal das Ziel, einheitlich für alle SAP-Systeme einen Regelungsmechanismus zu entwickeln, der für alle Preislistenkomponenten gilt. Da ist dann geregelt, daß es zu keinen betriebsbedingten Kündigungen bei Einführung und Anwendung von SAP kommen darf. Es ist weiter die Beteiligung von Betroffenen sowie der Gesundheitsschutz an Bildschirmarbeitsplätzen geregelt.

Und der Gesamtbetriebsrat hat sich darin verpflichtet, ein *soziales Pflichtenheft* zu erstellen. Dieses hat das Ziel, daß der Gesamtbetriebsrat frühzeitig seine Anforderungen an die Systemgestaltung hinsichtlich der menschengerechten Gestaltung der Arbeitsabläufe, der Arbeitsinhalte, der Verteilung planender, ausführender und kontrollierender Tätigkeiten, der Vermeidung von Leistungs- und Verhaltenskontrollen etc. festlegt. Diese Festlegungen werden mit dem Arbeitgeber beraten, das Ergebnis der Beratung stellt eine verbindliche Vorgabe an die Projektarbeit dar.

Des weiteren wurden Schulungs- und Qualifizierungsmaßnahmen geregelt. Wichtig war die Festlegung, daß weiterhin alle Module nur mit Abschluß von Gesamtbetriebsvereinbarungen eingeführt werden dürfen und daß von uns weiterhin ein Sachverständiger zur Erstellung von sozialen Plichtenheften, zur Analyse von Planungsunterlagen und zur Kontrolle von Betriebsvereinbarungen hinzugezogen werden kann.

Als nächstes regelten wir das Basissystem von SAP R/2. Dort wurden uns nochmals Mitbestimmungsrechte bei allen Releasewechseln, bei Ergänzung von Preislistenkomponenten und bei Anpassungsbedarf von Anlagen eingeräumt. Es wurde eine Beschränkung der Systemnutzung festlegt und eine Dokumentation des Systemzustandes vorgenommen sowie Kontrollrechte für den Gesamtbetriebsrat festgelegt.

Da wir geregelt hatten, daß wir für alle Module, die neu hinzukommen, eine Gesamtbetriebsvereinbarung abschließen

„Der Regelungsmechanismus mit der Rahmenbetriebsvereinbarung war zwar am Anfang sehr aufwendig, aber in der Folge gab er uns Raum, uns mehr mit den Einzelsystemen zu beschäftigen."

würden, haben wir uns dann an *Einzelvereinbarungen* zu den Modulen RA, RF, RK und RM-MAT gemacht. Diese wurden abgeschlossen, zum Teil auf dem Weg über soziale Pflichtenhefte.

Frage: Was geschah nach der Inbetriebnahme?

Antwort: Wir haben bei RM-MAT festgelegt, daß exemplarisch 10 SAP-Arbeitsplätze auf Arbeitsplatzgestaltung und Gesundheitsschutz untersucht werden. Das hatten wir unter Bezugnahme auf die EU-Bildschirmrichtlinie im sozialen Pflichtenheft festgeschrieben. Und da insbesondere zur Untersuchung der psychischen Belastungen kein Sachverstand im Hause war, wurde ein Institut hinzugezogen. Dieses Institut hat die Untersuchung vorgenommen.

Frage: Welche Erfahrungen haben Sie mit den Arbeitsplatzuntersuchungen gemacht?

Antwort: Diese Arbeitsplatzuntersuchungen wurden durchgeführt. Dabei wurden gravierende Mängel festgestellt, z. B. daß es hinsichtlich der ergonomischen Arbeitsplatzausstattung an vielem fehlte, daß falsche Bildschirme aufgestellt wurden usw. Es wurde festgestellt, daß weiterhin in der Arbeitsumgebung Mängel existieren, weil etwa der Lärm zu stark oder die Hitze zu groß war. Desweiteren wurde die umständliche Bedienung des Systems bemängelt, etwa bei Korrekturmöglichkeiten, die sehr schlecht sind; oder daß man sich durch zu viele Masken durcharbeiten muß. Dann wurde weiterhin festgestellt, daß der Anteil der Bildschirmarbeit an einigen Arbeitsplätzen doch sehr hoch war, also über 50 % der täglichen Arbeitszeit betrug. Und es wurden auch Behinderungen festgestellt, die sich aus dem Arbeitsdruck und dem hohem Zeitdruck ergaben. Diese Ergebnisse wurden uns gerade vorgestellt und jetzt müssen wir an die Umsetzung gehen. Dieses Institut hat auch Gestaltungs-Vorschläge gemacht, und die müssen wir jetzt in den einzelnen Werken mit den Betroffenen behandeln.

Frage: Welchen Aufwand hat der Gesamtbetriebsrat in die Beteiligung gesteckt und welche Rolle hat der Sachverständige des Gesamtbetriebsrates dabei gespielt?

Antwort: Besonders damals, als der Arbeitgeber mit der Einführung von SAP auf den Gesamtbetriebsrat zukam, hatten wir einen erheblichen Zeitaufwand, weil SAP für uns ein vollkommen neues System war, bei dem wir nicht durchblickten und wo wir uns selbst erst einmal schlaumachen mußten: Was kann dieses System und was müssen wir an Regelungsmechanismen entwickeln? Das war sehr zeitaufwendig. Wir haben gleich gesagt, daß wir das ohne einen Sachverständigen nicht machen können und haben dann einen Sachverständigen bestellt, der sich an diesen Aufgaben sehr intensiv beteiligt hat und insbesondere sehr hilfreich war bei der Formulierung von Betriebsvereinbarungen. Dabei hat er uns auch kundig gemacht, was dieses System leisten kann und welche Gefahren darin liegen. Als wir die Rahmenbetriebsvereinbarung erstellt hatten, ist der Aufwand im GBR geringer geworden, weil dort ja die Rahmenbedingungen für alle Einzelvereinbarungen festgelegt worden sind.

Frage: Welche Erfahrungen haben Sie mit dieser aufwendigen Regelung von SAP gemacht? Würden Sie das heute wieder so machen?

Antwort: Ich würde sagen, wir würden das wieder so machen. Der Regelungsmechanismus mit der Rahmenbetriebsvereinbarung war zwar am Anfang sehr aufwendig, aber in der Folge gab er uns Raum, uns mehr mit den Einzelsystemen zu beschäftigen. Und als das erst einmal durchgesetzt war, konnte ja nicht mehr viel verändert werden, so daß unserer Arbeitsaufwand geringer geworden ist. Es sind ja auch zum Schutze von Arbeitnehmerinteressen vernünftige Regelungen. ◆

Betriebsrat am Bildschirm

Walter Flessau, Betriebsrat bei der norddeutschen Jungheinrich AG, spricht über seine Erfahrungen bei der Nutzung eines eigenen SAP-Bildschirms für die Umsetzung und Kontrolle einer Betriebsvereinbarung.

Frage: Sie haben in ihrem Betriebsratsbüro ein Bildschirmgerät mit SAP-Zugang. Wozu?

Antwort: 1990 haben wir eine Betriebsvereinbarung abgeschlossen, die unter anderem den Umfang der Systemnutzung und zulässige Transaktionen, ABAPs und Berechtigungen regelt. Im Rahmen der Verhandlung haben wir Kontrollrechte des Betriebsrats auf gewissen Ebenen vereinbart, d. h. Systemzustand, Transaktionen und Dokumentation. In diesem Zusammenhang haben wir dann ein Terminal beantragt, und das ist auch problemlos genehmigt worden. Uns ist eine umfassende Benutzerberechtigung zur Anzeige eingerichtet worden. Auf einige sensible Geschäftsdaten läßt man uns allerdings nicht gucken. Bei den ersten Kontrollen zeigte sich, daß man entweder sehr viel mitschreiben muß, oder man braucht einen Drucker. Deshalb haben wir noch einen Drucker bestellt und bekommen. Wir können jederzeit am Bildschirm den angezeigten Stand mit dem ausgedruckten alten Stand vergleichen.

Frage: Versteht sich der Betriebsrat damit als so eine Art ‚Datenpolizei'?

Antwort: Nein, auf keinen Fall. Wir sehen, daß unsere Kontrollen ein psychologisches Moment haben. Es wissen die wichtigsten Leute, die Modulkoordinatoren, die Leute in der zentralen Organisationsabteilung, die Rechenzentrums-Leute, daß wir ein Terminal haben. Ein Beispiel: Ich schaue eines Tages ins System und finde zwei RP-Tabellen. RP ist bei uns nicht vereinbart und eigentlich auch nicht installiert. Darauf hin habe ich oben angerufen – gar nicht politisch hochgespielt – und nachgefragt. Oh, da sei was schiefgelaufen, habe ich dann gehört, das sei in einem anderen Zusammenhang gewesen und man habe vergessen, es wieder rauszunehmen. So läuft das meistens ab. Es wäre schöner gewesen, wenn wir im Rahmen der Verhandlung und der Teilnahme an den Projektgruppen ein stärkeres Bewußtsein über die Inhalte der Betriebsvereinbarung, über ihren Sinn hingekriegt hätten, so daß die Leute wesentlich kritischer und bewußter auf die Vereinbarung ausgerichtet im System arbeiten.

Wir verfolgen auch aufmerksam die Neuentwicklungen im Bereich Vertrieb und Kostenrechnung, um uns auf zukünftige Verhandlungen über deren Auswirkungen vorzubereiten.

Frage: Was passiert denn im Falle von Verstößen?

Antwort: Wenn Verstöße festgestellt werden, dann wird die betreffende Stelle normalerweise erstmal angerufen. Wird der Mangel abgestellt, ist es in Ordnung. Wenn nicht, dann muß im Rahmen der innerbetrieblichen Klärung dem Vorstand davon Kenntnis gegeben werden, dann geht das den ganz normalen Weg. Wir haben hier einmal eine nicht vereinbarte Ausweitung der Systemnutzung festgestellt, und als das nicht abgestellt wurde,

> „Wir sehen, daß unsere Kontrollen ein psychologisches Moment haben."

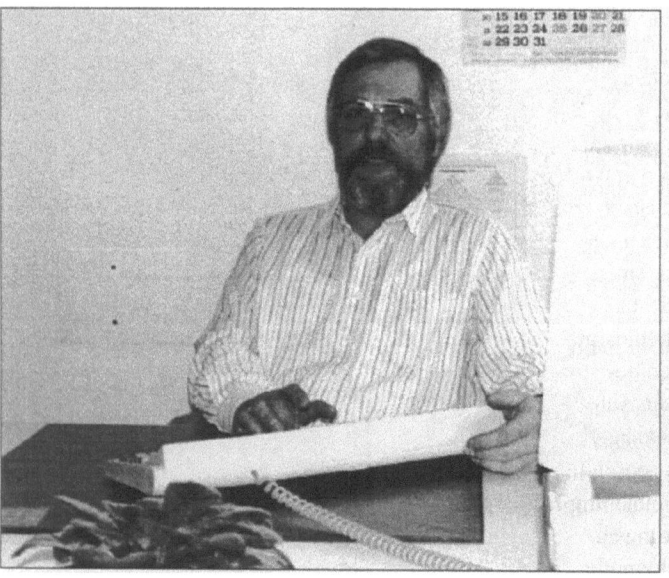

ging der Fall bis vors Gericht.

Frage: Muß man nicht riesigen Aufwand treiben, wenn man Kontrollen im gesamten System durchführen will?

Antwort: Aus meiner Erfahrung ist das systematische Kontrollieren der SAP-Umgebung bei uns nicht leistbar. Man kann nur Stichproben machen und gezielt Hinweisen nachgehen, aber das systematische Durchgehen z. B. einmal die Woche – wie hat sich der Systemzustand verändert, halten sie sich an die Regeln oder hat da zwischendurch jemand etwas Unzulässiges gemacht – das ist damit nicht möglich.

Das wollen wir verbessern, indem wir uns Programme schreiben lassen, die uns die Arbeit erleichtern. Zum Beispiel wollen wir uns auflisten

„Bezüglich Veränderungen organisatorischer Art, von Abläufen im Betrieb, können Kontrollen am SAP-System ein Top-Infoinstrument sein."

lassen, wann sind welche sensiblen Tabellen oder Programme geändert worden und mit welchem Inhalt? Das soll gezielt abfragbar sein. Das ist eine der Aufgaben, die wir uns im nächsten halben Jahr gestellt haben. Seitens der Systembetreuer ist unsere Vorstellung auf Verständnis gestoßen.

Nachdem wir uns eingearbeitet haben, sind wir manchmal fast froh, SAP zu haben, weil wir über den vereinbarten Zustand und jede Ergänzung und Erweiterung die beste Information bekommen. Für Veränderungen organisatorischer Art, von Abläufen im Betrieb, kann das ein Top-Infoinstrument sein. Für die Zukunft denken wir sogar daran, bisher nicht zur Verfügung stehende Wirtschaftsdaten über das Unternehmen per System dem Wirtschaftsausschuß schnell zur Verfügung zu stellen. ◆

SAP-Standardsoftware R/2 und R/3 und die Mitbestimmung des Betriebsrates

Der Fachanwalt für Arbeitsrecht Jens Gäbert erläutert die Aufgaben der Arbeitnehmervertretung im Zusammenhang mit einer SAP-Einführung aus rechtlicher Sicht. Dabei geht er besonders auf die Beteiligungsrechte im Zusammenhang mit dem Gesundheitsschutz ein. Daß die Einführung von SAP-Systemen darüber hinaus als ‚Betriebsänderung' im Sinne des Betriebsverfassungsgesetzes darstellt, gibt den Arbeitnehmervertretern weitere Handlungsmöglichkeiten.

Besonderheiten der SAP-Systeme aus rechtlicher Sicht

Bei den SAP-Systemen R/2 und R/3 handelt es sich um sog. integrierte Standardsoftware, welches erhebliche Probleme in der rechtlichen Beurteilung bereits deshalb aufwirft, weil es sich einer eigenen, der juristischen Abstraktion sich zunächst verschließenden Sprache bedient. Dies ist im übrigen auch ein Problem derjenigen, die mit diesem System umgehen, insbesondere das der Betriebsräte und eventuell der Richter oder Einigungsstellenvorsitzenden.

Das System unterscheidet sich von anderen, herkömmlichen EDV-Systemen dadurch, daß es noch komplexere Mitbestimmungstatbestände, aber auch weitgehendere Informations- und Beratungsrechte auslöst.

> *Es gibt aus meiner Sicht kein anderes EDV-System, welches in diesem Umfang Beteiligungsrechte der Betriebsräte auslöst.*

Es gibt aus meiner Sicht kein anderes EDV-System, welches in diesem Umfang Beteiligungsrechte der Betriebsräte, aber auch Verpflichtungen der Arbeitgeberseite auslöst.

Ein praktisches Problem der Beteiligung liegt darin, daß die Einführung der SAP-Systeme durch Unternehmensberatungsfirmen, meist sog. Logopartner, durchgeführt wird, denen ein Mitbestimmungsansatz bzw. auch die Beteiligungsrechte des Betriebsrats weitgehend fremd sind. Auch die projektverantwortlichen EDV-Leiter sind wenig sensibel im Hinblick auf Beteiligungsrechte des Betriebsrates, da dies ein originäres Aufgabenfeld der Geschäftsführung ist. Diese aber ist häufig nicht in der Lage, die Tragweite des Einführungsprozesses von SAP-Systemen so nachzuvollziehen, daß von ihrer Seite aus die Verpflichtung zur Beteiligung der Betriebsräte erkannt würde.

Aufgaben der Arbeitnehmervertretung

Zunächst einmal ist festzustellen, daß die Arbeitnehmervertretungen angesichts des vorstehend geschilderten Sachverhalts meist überfordert sind, das SAP-System in seiner mitbestimmungsrechtlichen Relevanz in vollem Umfang zu erfassen. Die Erfahrung zeigt, daß die meisten Betriebsräte dieses System im wesentlichen als technische Einrichtung zur Leistungs- und Verhaltenskontrolle im Sinne von § 87 I Ziff. 6 BetrVG begreifen, also die herkömmlichen Methoden der Mitbestimmung anwenden wollen, die sie aus anderen Betriebsvereinbarungen über EDV bereits kennen.

Dieser Ansatz verkürzt die Mitbestimmungsfrage und läßt sich nur vermeiden, wenn Betriebsräte ausreichend im Hinblick auf die Besonderheiten von SAP-Systemen qualifiziert werden. Außerdem können Mitbestimmung und Beteiligung nicht ohne Hinzuziehung der entsprechenden Sachverständigen geleistet werden. Das System ist zu komplex, um es mit den Mitteln herkömmlicher Betriebsratsschulung so zu erfassen, daß mitbestimmungsrechtlich die richtigen Schlußfolgerungen gezogen werden können.

Die Aufgaben der Arbeitnehmervertreter ergeben sich nach Qualifizierung zunächst einmal aus den Informations- und Beratungsrechten, wobei es wesentlich ist, daß die Einführung des Systems natürlich letztlich mitbestimmt vorgenommen wird.

Um dies sicherzustellen, muß zunächst eine Grundstruktur gelegt werden. Es muß abgeprüft werden, welche Betriebsvereinbarungen bestehen, die bereits Regelungsgegenstände der Mitbestimmung enthalten, die auch von SAP berührt werden. Es muß dann entschieden werden, ob derartige Betriebsvereinbarungen (z. B. über die technische Verarbeitung personenbezogener Daten) gekündigt werden oder zunächst als Anforderung auch für das neue System bestehen bleiben sollen.

Nachdem die bestehenden Betriebsvereinbarungsstrukturen geklärt sind, müssen Grundentscheidungen dahingehend getroffen werden, in welcher Weise die gegebenen Mitbestimmungs- und sonstigen Beteiligungsrechte abgearbeitet werden sollen. Hier empfiehlt es sich, zunächst einmal den Schwerpunkt auf ein Mitbestimmungsrecht zu legen, das angesichts der bislang fehlenden Bewertung der SAP-Systeme durch die Rechtsprechung von den Arbeitgebern stets akzeptiert wird, nämlich § 87 I Ziff. 6 BetrVG.

Da bereits im Verlauf des Einführungsprozesses Dateneingaben über Kontrollmechanismen überwacht werden können, empfiehlt es sich, bereits anläßlich der Installation des Standardsystems Vorvereinbarungen abzuschließen, die auch andere Regelungsgegenstände abdecken (z. B. Gesundheitsschutz, Sozialplan, Qualifizierung). Außerdem gibt es die Möglichkeit, auch während des Einführungsprozesses und der Verhandlung über eine Betriebsvereinbarung Verbindlichkeiten herzustellen, indem Regelungsabreden getroffen werden, die bis zum Abschluß einer endgültigen Betriebsvereinbarung gelten. Im Rahmen dieser Regelungsabreden können Forderungen der Arbeitnehmerseite begleitend entwickelt und umgesetzt werden. Da es sich ja nicht um eine endgültige Regelung handelt, besteht für beide Betriebsparteien hier die Möglichkeit, bestimmte Regelungen einmal ‚auszuprobieren' und Erfahrungen zu sammeln.

Die Mitbestimmungstatbestände im einzelnen

Aus rechtlicher Sicht ist zweifelsfrei, daß SAP-Systeme mitbestimmungspflichtig im Sinne von § 87 I Ziff. 6 BetrVG ist, weil personenbezogene oder -beziehbare Daten der Mitarbeiter im System verarbeitet werden. Hier gibt es selten Meinungsverschiedenheiten zwischen Betriebsräten und Arbeitgebern. Letztere haben meist begriffen, daß es im Hinblick auf § 87 I Ziff. 6 BetrVG nicht darum geht, daß tatsächlich eine Leistungs- und Verhaltenskontrolle durch eine technische Einrichtung vorgenommen wird, sondern es ausreicht, daß hierzu objektiv die Möglichkeit gegeben ist.

Weitgehend unbekannt ist, daß auch Mitbestimmungsrechte aus § 87 I Ziff. 7 BetrVG berührt sind, also Regelungen über den Gesundheitsschutz.

Dabei sei mir allerdings der Hinweis erlaubt, daß die Formulierung, daß „keine Leistungs- und Verhaltenskontrolle stattfindet" nicht ausreicht, eine mitbestimmte Regelung zu bewirken. Eine derartige Regelung schließt allenfalls die subjektive, nicht aber die objektive Möglichkeit der Leistungs- und Verhaltenskontrolle aus.

Weitgehend unbekannt ist dagegen, daß die Systeme auch Mitbestimmungsrechte des Betriebsrates aus § 87 I Ziff. 7 BetrVG berühren, also Regelungen über den Gesundheitsschutz. Dieses Mitbestimmungsrecht war seit der Rechtsprechung des BAG vom 6.12.1983 (AP Nr. 7 zu § 87 BetrVG 1972 Überwachung) im Zusammenhang mit EDV-Systemen weitgehend in Vergessenheit geraten.

Neue Aktualität hat dieses Mitbestimmungsrecht durch den Erlaß der EG-Richtlinien zum Gesundheitsschutz 89/391 EWG (Rahmenrichtlinie) und 90/270 EWG (Bildschirmrichtlinie). Zwar hat die Bundesregierung bislang noch nicht – entgegen ihrer gesetzlichen Verpflichtung seit dem 1.1.1993 – diese Richtlinien in gesetzliche Regelungen umgesetzt. Dies ist jedoch unerheblich, weil bereits ab diesem Zeitpunkt gesundheitsschützende gesetzliche Regelungen in der Bundesrepublik Deutschland richtlinienkonform ausgelegt werden müssen. Hierzu gehören insbesondere auch die sog. Generalklauseln des Gesundheitsschutzes wie z. B. § 120a Gewerbeordnung, § 618 BGB usw.

Ausführlich zu den technischen Kontrollmechanismen ➡„3.10 Nur ohne großen Bruder"

Zu den EG-Richtlinien ➡„3.4 Arbeitsgestaltung per Gesetz"

> „3.13 Betroffenenbeteiligung findet statt"

Das Besondere an den Richtlinien der EG ist, daß sie auch Maßnahmen der Arbeitsorganisation und der Arbeitsgestaltung neben Anforderungen an Soft- und Hardware als Maßnahmen des Gesundheitsschutzes bezeichnen. Dies bedeutet, daß Betriebsräte im Rahmen der Mitbestimmung nach § 87 I Ziff. 7 BetrVG gerade während des Einführungsprozesses von SAP R3 darauf hinwirken können, daß Arbeitsabläufe und Arbeitsorganisation so gestaltet werden, daß auch psychische Belastungen am Arbeitsplatz möglichst gering gehalten werden. Gerade weil es sich bei SAP-Systemen um Standardsoftware handelt, welche häufig ohne Rücksicht auf die gewachsenen betrieblichen Organisationsstrukturen eingeführt wird, gibt es hier einen sehr hohen Handlungsbedarf im Rahmen der Mitbestimmung.

Ganz neu ist in diesem Zusammenhang auch, daß die EG-Richtlinien eine umfangreiche Beteiligung der betroffenen Arbeitnehmerinnen und Arbeitnehmer vorsehen. Auch dies ist bei Ausübung der Mitbestimmungsrechte nach § 87 I Ziff. 7 BetrVG zu beachten.

Meines Erachtens sollte die Einführung von SAP-Systemen von Betriebsräten zum Anlaß genommen werden, eine Betriebsvereinbarung über Qualifizierung abzuschließen. Hier besteht ein Mitbestimmungsrecht nach § 98 BetrVG. Interessant ist hierbei, daß die Frage der Qualifizierung der Arbeitnehmerinnen und Arbeitnehmer auch eine Angelegenheit ist, die in den vorgenannten EG-Richtlinien zum Gesundheitsschutz zählt. Dies ist auch ganz erklärlich, da ohne ausreichende Qualifizierung natürlich Stress entsteht und somit gesundheitliche Beeinträchtigungen.

Bei der Einführung von SAP-Systemen handelt es sich um eine Betriebsänderung im Sinne von § 111 BetrVG.

Weiterhin handelt es sich bei der Einführung von SAP-Systemen um eine Betriebsänderung im Sinne von § 111 BetrVG. Diese Vorschrift definiert den Begriff der Betriebsänderung. Ganz offenkundig erfüllen die SAP-Systeme die gesetzlichen Voraussetzungen der grundlegenden Änderung der Betriebsorganisation und der Betriebsanlagen. Ob es sich hierbei auch um eine Einführung grundlegend neuer Arbeitsmethoden handelt, kommt auf den Einzelfall an. Der Begriff der Betriebsänderung ist Voraussetzung, damit gem. § 112 ein Interessenausgleich versucht und ein Sozialplan abgeschlossen werden kann.

Die Problematik ist, daß die Arbeitgeberseite den Begriff des Sozialplanes stets mit Massenentlassungen oder wirtschaftlichen Schwierigkeiten verbindet. Tatsächlich aber hat der Sozialplan, der ja im Stadium einer geplanten Betriebsänderung abgeschlossen werden soll, lediglich den Charakter eines Versicherungsvertrages für die Zukunft nach dem Motto: Sollten Nachteile für die Beschäftigten aufgrund einer geplanten betriebsändernden Maßnahme eintreten, so stehen Regelungen bereit, um wirtschaftliche Nachteile auszugleichen oder zu mildern.

Im übrigen werden im Zusammenhang mit der Einführungsphase von SAP R/3 noch Mitbestimmungsrechte im Arbeitszeitbereich (Überstunden § 87 I Ziff. 3 BetrVG) berührt, aber auch Beteiligungsrechte wie § 99 BetrVG. Durch die Veränderungen von Tätigkeiten bereits während der Einführungsphase (z. B. durch Entsendung von Fachabteilungsmitarbeitern in Projektgruppen) aber auch im späteren Produktivbetrieb werden die Voraussetzungen von § 99 BetrVG erfüllt. Es handelt sich hierbei um Versetzungen im Sinne des Gesetzes, also um die Zuweisung eines anderen Aufgabenbereiches über die Dauer von einem Monat hinaus bzw. verbunden mit einer erheblichen Änderung der Umstände, unter denen die Arbeit zu leisten ist im Sinne von § 95 III BetrVG.

Voraussetzungen und Inhalte eines Sozialplans

Wie bereits gesagt, kann es sich bei SAP-Einführungen um eine „grundlegende Änderung der Betriebsorganisation" handeln. Mit ‚Betriebsorganisation' ist dabei die Art und Weise gemeint, wie Menschen und Betriebsanlagen so koordiniert werden, daß der gewünschte betriebswirtschaftliche Erfolg eintritt. Sie drückt sich äußerlich aus in Zahl, Zuschnitt und innerer Struktur von Betriebsabteilungen und den hiermit verbundenen Arbeitsaufgaben.

Grundlegende Änderungen sind daher alle Umgestaltungen, die sich in den Grundlagen der Organisation auswirken. Dies ist im Zusammenhang mit SAP-Einführungen meist gegeben, weil die bestehenden betrieblichen Organisationsstrukturen umgestaltet werden.

In jedem Fall ist eine „grundlegende Änderung von Betriebsanlagen" gegeben. Hierbei ist nach der Rechtsprechung des BAG unstreitig, daß auch EDV-Anlagen Betriebsanlagen im Sinne von § 111 Ziff. 4 BetrVG sein können. Eine grundlegende Änderung liegt nach der Rechtsprechung des BAG stets dann vor, wenn es sich um solche Anlagen handelt, die in der Gesamtschau von erheblicher Bedeutung für den gesamten Betriebsablauf sind. Hierbei hat die Anzahl der Arbeitnehmer, die von der Änderung der Betriebsanlage betroffen werden, indizielle Bedeutung, ob es sich um Betriebsanlagen von erheblicher Bedeutung handelt. Wegen des integrierten Charakters der Systeme sind dabei in der Regel eine größere Zahl von Abteilungen und damit von Arbeitnehmern betroffen. Die betroffenen Bereiche ergeben sich aus der Menge der insgesamt einzuführenden Module. Sollte es Zweifel geben, daß die Anzahl der Betroffenen auf eine erhebliche Änderung hinweist, kommt es entscheidend auf den Grad der technischen Änderung an. Unter all den vorgenannten Kriterien der Rechtsprechung des BAG stellen sich SAP-Systeme als grundlegende Änderung der Betriebsanlagen dar.

Die hieraus resultierenden Mitwirkungs- und Mitbestimmungsrechte nach § 112 BetrVG sind verschieden ausgestaltet. Einerseits soll der Versuch eines sog. Interessenausgleichs vorgenommen werden. Dies bedeutet, der Arbeitgeber muß mit dem Betriebsrat versuchen, eine Einigung über die geplante betriebsändernde Maßnahme – hier Einführung von SAP-Software – zu treffen. Diesen Versuch muß er bis in die Einigungsstelle fortführen und kann ihn erst dort scheitern lassen. Eine Betriebsvereinbarung Interessenausgleich ist nicht erzwingbar.

Anders ist es mit dem Sozialplan. Dieser hat zum Inhalt den Ausgleich oder die Milderung möglicher wirtschaftlicher Nachteile, die durch die betriebsändernde Maßnahme – hier Einführung und Anwendung des Systems – bewirkt werden. Er ist auch über die Einigungsstelle erzwingbar.

Entscheidende Regelungspunkte sind insbesondere mögliche wirtschaftliche Nachteile, die durch die Veränderung von Tätigkeiten im Zusammenhang mit dem neuen System eintreten können.

Weiterhin ist es wichtig, in diesem Zusammenhang

Der Sozialplan beinhaltet den Ausgleich oder die Milderung möglicher wirtschaftlicher Nachteile infolge der Betriebsänderung.

auch die Zumutbarkeit von veränderten Arbeitsplätzen zu definieren. Ebenfalls regelungsfähig und -bedürftig sind Fragen im Zusammenhang von Versetzungen (auch an andere Betriebsstandorte). Weiterhin können in einem Unternehmen mit mehreren Betrieben die Regelungen von Reise-, Hotel- und Aufenthaltskosten erforderlich sein. Letztlich sollte nicht vergessen werden, den denkbar schlechtesten Fall, nämlich den des Arbeitsplatzverlustes im Wege einer Abfindungsregelung aufzufangen.

Abschließend sei darauf hingewiesen, daß es auch für die Arbeitgeberseite von Vorteil ist, den Einführungsprozeß von SAP-Systemen kooperativ mit der Betriebsratsseite durchzuführen, da durch die rechtlichen Möglichkeiten der Betriebsräte (Unterlassensverfügungen) erhebliche Verzögerungen im Einführungsprozeß eintreten können, die weder der Arbeitgeber- noch der Betriebsratsseite nützen und insbesondere fatale Auswirkungen auf Beschäftigte haben können, weil diese durch den Einführungsprozeß in erheblichem Maße belastet werden. ◆

Belastungsanalysen und das Vorgehen zur Belastungsminimierung

Daß vor der Einführung alles getan werden sollte, damit das System zufriedenstellende Arbeitsbedingungen für die Anwender garantiert, ist klar. Aber was kann getan werden, wenn sich nach der Inbetriebnahme Belastungen und Mängel zeigen? Hier einige Erfahrungen aus SAP R/2-Anwenderbetrieben.

Ein Mitglied der SAP-Kommission eines Betriebsrates hatte immer ‚Bauchschmerzen‘, wenn sich die Diskussion wieder einmal in der Genehmigung einer neue Komponente erschöpfte. Mehrmals hatte er in den vergangenen Monaten darauf hingewiesen, daß sich der Betriebsrat erst einmal mit den bestehenden Arbeitsplätzen auseinandersetzen solle. „Ich werde in der Abteilung schon nicht mehr ernstgenommen. Was wir hier im SAP-Ausschuß verhandeln, ändert an den miserablen Arbeitsbedingungen dort einfach nichts." Darauf konterte der Kollege, der auch im Sicherheitsausschuß ist: „Was sollen wir denn machen? Bei den hunderten von Arbeitsplätzen kommen wir mit den Arbeitsplatzbegehungen einfach nicht nach."

So oder so ähnlich stritten sich die Kollegen einige Male, bis einem eine Idee kam: „Warum machen wir nicht einfach eine Umfrage?" Gesagt - getan: Der Ausschuß fing an, sich Gedanken über eine Umfrage unter SAP-Anwendern zu machen. Wegen der lausigen Akzeptanz des R/2-Systems in einigen Abteilungen konnte der Ausschuß sogar die SAP-Projektleitung gewinnen, mitzumachen.

Im Laufe der Diskussion um die Erstellung des Fragebogens wurde die Umsetzung der EU-Richtlinien 89/391/EWG und 90/270/EWG immer bedeutender. Bei genauerer Betrachtung stellte sich heraus, daß die im SAP-Ausschuß diskutierten Themen ebenfalls geeignet sind, die geforderten Arbeitsanalysen vorzubereiten und den Gestaltungsbedarf festzustellen.

Welche Untersuchungen wurden durchgeführt?

Die Benutzerumfragen wurden schwerpunktartig zu den Fragestellungen
- Aus- und Weiterbildung im Rahmen der SAP-Einführung
- Belastungen bei der Arbeit an SAP-Arbeitsplätzen
- Handlungs- und Entscheidungsspielräume der Nutzer an SAP-Arbeitsplätzen

durchgeführt.

In dem genannten Fall hat der SAP-Ausschuß zusammen mit seinem Berater und dem SAP-Projektverantwortlichen einen zweiseitigen Fragebogen erarbeitet. Mit der Auszählung der Fragebögen wurde das Institut des Beraters beauftragt. Interessant an diesem Fall war, daß diese Fragebogen-Aktion zunächst gar nicht aufgrund irgendwelcher rechtlicher Argumente (EU-Richtlinie, Normen etc.), sondern getragen von dem beiderseitigen Interesse zur Identifizierung von Mängeln und deren Beseitigung zustande kam.

Die Ergebnisse der Fragebogenaktion wurden in dem geschilderten Fall von den Betriebsräten, wie von der SAP-Projektgruppe dazu benutzt, die Schwerpunkte für das weitere Vorgehen zu bilden.

Der Fragebogen wurde in einer geringfügig modifizierten Fassung noch in einem zweiten SAP-Anwenderbetrieb genutzt. Die weitgehende Übereinstimmung der Ergebnisse beider Betriebe deutet darauf hin, daß die aufgezeigten Trends verallgemeinerbar sind, auch wenn der Rücklauf der Fragebogen-Aktion nicht ganz befriedigend war. Die folgenden Ergebnisse beziehen sich auf die Umfrage im ersten Betrieb.

Welche Ergebnisse haben diese Untersuchungen erbracht?

Aus den Ergebnissen der Benutzerumfrage sollen hier lediglich markante Ergebnisse wiedergegeben werden, die einerseits die Art der gewonnenen Aussagen charakterisieren und andererseits Ansatzpunkte für weitere Untersuchungen aufzeigen. Die Ergebnisse sind ausführlich in dem Beitrag „3.3 Gute Noten aber auch Kritik" wiedergegeben.

Mit etwa der Hälfte aller Antworten der Umfrage war die Zahl derjenigen, die die *Schulungen* zum SAP-System für unzureichend hielten, unerwartet hoch. Etwa zwei Drittel der Befragten fordern einen zusätzlichen Erfahrungsaustausch über die Systemnutzung. Knapp die Hälfte fordert zusätzliche SAP-Schulungen und mehr als die Hälfte verlangen Schulungen zu fachlichen Inhalten des SAP-Systems. Dieser Befund macht vor allem deutlich, daß mit der Einführung integrierter EDV-Systeme eng die Personalentwicklungsaufgaben einer umfassenderen fachlichen Aus- und Weiterbildung verknüpft ist und gelöst werden muß.

Die *softwareergonomischen Belastungen* der Endanwender sind vor allem darauf zurückzuführen, daß es zu einer Behandlung von ergonomischen Anforderungen vor der Produktivschaltung des Systems häufig aufgrund des Zeit- und Geldmangels gar nicht kommt.

Die Umfragen ergaben auch Hinweise auf Mängel der *Hardwareergonomie*. Es darf nicht übersehen werden, daß es eine Kombination von Mängeln der Hardware- und Software-Ergonomie ist, die zusammen die Beschwerden der Benutzer der Systeme hervorrufen.

Insgesamt ergaben die Befragungsergebnisse eine Polarisierung bezüglich der *Handlungs- und Entscheidungsspielräume*. Welche Gruppen von Beschäftigten zu den Gewinnern bzw. Verlierern gehören, erbrachte im einzelnen die Auswertung der KABA-Analysen.

Die KABA-Analysen an Arbeitsplätzen entlang der Logistikkette

Es wurden parallel zu der Benutzerumfrage KABA-Analysen an ausgewählten SAP-Arbeitsplätzen durchgeführt. Die Ergebnisse dieser Detailanalyse haben sich als gute Ergänzung zu der Fragebogenaktion herausgestellt, obgleich das KABA-Verfahren nach den Erfahrungen mit der ersten Runde von Arbeitsplatzuntersuchungen derzeit noch einmal gestrafft und konkretisiert werden muß, um konkretere Gestaltungshinweise zu liefern.

Die durchgeführten KABA-Analysen ergaben zu der Frage, wer denn eigentlich zu den Gewinnern und wer zu den Verlierern zählt, ein etwas deutlicheres Bild:
- eher abgenommen haben die Handlungs- und Entscheidungsspielräume bei den Arbeitsplätzen, an denen bereits vollzogene Waren- oder Produktionsprozesse dokumentiert werden (z. B. kaufmännische Auftragserfassung, Wareneingang).
- eher unbeeinflußt bleiben die Handlungs- und Entscheidungsspielräume in den Arbeitsbereichen, in denen Warenbewegungen angestoßen werden (z. B. Einkaufsdisponenten, Einkaufsmarketing).
- eher auf der Gewinnerseite stehen Arbeitsbereiche, deren Aufgabe es ist, IST und SOLL der Planung in Übereinstimmung zu bringen (z. B. Fertigungsdisponenten).

Die arbeitswissenschaftlichen Analysen förderten darüber hinaus eine Vielzahl von softwareergonomischen Detailproblemen als Ursachen für die Beschwerden der Benutzer zutage.

Die KABA-Analysen haben sich im Grundsatz bewährt. Allerdings ist die Grundform des Verfahrens nicht immer ausreichend, um die

Ursachen der festgestellten software-ergonomischen Mängel genau genug zu analysieren und Gestaltungshinweise in wünschenwerter Genauigkeit abzugeben – etwa in Form eines Pflichtenheftes für die Projektgruppe. Hierzu muß man die problematischen Arbeitsabläufe minutiös am System durchgehen und die Störfaktoren im einzelnen dokumentieren. Dies führt zu großem Aufwand, wenn die Durchführenden das Verfahren nicht aufgrund ihrer SAP-Erfahrungen konkretisieren, um systematisch alle Belastungen und deren Ursachen in Bezug auf SAP-Komponenten erfassen zu können.

Deutlich wurde bei der Anwendung des KABA-Verfahrens auch, daß es zu dem Zweck der Belastungsminimierung wichtig ist, bei der Untersuchung von SAP-Arbeitsplätzen arbeitswissenschaftliches mit SAP-bezogenem Know-How zu kombinieren. So kann die Analyse der benannten Belastungen in eine Spezifikation von Verbesserungsmaßnahmen umgesetzt und diese in die Projektgruppe eingebracht und ihr erläutert werden.

Wie lassen sich die festgestellten Mängel beseitigen?

Die Erfahrung hat gezeigt, daß all die Erkenntnisse aus solchen Analysen Gefahr laufen zu versanden, wenn nicht bereits in der Konzeption der Untersuchung klare Vorgaben über die Zuständigkeit und Verpflichtung für die Behebung von Mängeln getroffen werden.

Anders als bei konventioneller Software, deren Änderung nach der Einführung fast unmöglich ist, erlaubt es modernere Software (mit einer eigenen Entwicklungsumgebung) sehr wohl, nach der Einführung eines Teils (oder eines Prototyps) eine Phase der Überarbeitung durchzuführen. Bisher wird dies in EDV-Kreisen zwar nur im Rahmen der technischen Optimierung genutzt, z. B. um das Laufzeitverhalten des Systems zu verbessern. In Zukunft sollte von dieser Möglichkeit aus Arbeitnehmersicht immer dann Gebrauch gemacht werden, wenn die vorausschauende Arbeitsgestaltung nicht alle Probleme lösen konnte, wenn Klagen von den Mitarbeitern über die Arbeit mit dem SAP-System zu hören sind oder durch Arbeitsplatzanalysen im Rahmen der EU-Richtlinien zutage treten.

Je schwerer es für die betroffenen Mitarbeiter ist, sich ihre zukünftigen Arbeitsmittel und -bedingungen vorzustellen, umso schwerer fällt es ihnen naturgemäß, Anforderungen bereits in der Planungsphase zu formulieren. Dies spricht dafür, die Entwicklung in der Form schrittweiser verbesserter Prototypen zu organisieren und auch das erste Produktivsystem durchaus als solchen Prototypen zu behandeln. Mit den technischen Möglichkeiten der SAP-Systeme kann immer noch dann, wenn die Anwender praktische Erfahrungen mit dem neuen System gesammelt haben, zur Belastungsminimierung eine Verbesserung des Systems durchgeführt werden. Das macht aber nur Sinn, wenn die Prototypen oder die schon eingespielten Arbeitsabläufe auch im Hinblick auf Benutzeranforderungen systematisch durchgegangen werden.

Allerdings sollten die Möglichkeiten zur Belastungsminimierung und zur nachträglichen, korrigierenden Arbeitsgestaltung des SAP R/2-Systems nicht überschätzt werden. Grundsätzliche Fehlentscheidungen der Projektgruppe bei der Systemkonzeption – z. B. eine zu weitgehende Feinsteuerung der Fertigung und die damit notwendige Rückmeldeproblematik – lassen sich nachträglich schwer ändern. Ebensowenig lassen sich grunsätzliche Probleme an der Bedieneroberfläche – beispielsweise die ab Release 5.0 fehlenden Möglichkeiten zur individuellen Funktionstastenbelegung – von anderen als durch den Hersteller SAP beseitigen. Das heißt, es sind der Gestaltbarkeit auch gewisse technische Grenzen gesetzt.

Häufig vorkommende Belastungsfaktoren, wie etwa die in den Befragungen bemängelten langen Maskenfolgen, die unübersichtlichen Bildschirmmasken, die überflüssigen Eingabefelder oder die falschen Bezeichnungen von Datenfeldern lassen sich jedoch mit Hilfe der Stellschrauben des R/2-Systems auch in einer Optimierungsphase beim Anwender zufriedenstellend beseitigen.

Was darf die ergonomische Anpassung des Systems an die Erfordernisse der arbeitenden

Menschen kosten? Die Praxis zeigt nach unserer Beobachtung, daß dies nicht nur eine Frage von nunmehr durchsetzbaren Vorschriften des Gesundheitsschutzes ist, sondern die ergonomische Optimierung des SAP-Systems stellt darüber hinaus eine Chance dar, unnötigen und sinnlosen Mehraufwand, der durch den Betrieb des reinen Standardsystems verursacht wird, zu vermeiden. ◆

Arbeitsplatzanalysen: Der Aufwand lohnt

Der Arbeitswissenschaftler Dr. Martin Resch über Methoden, Aufwand und Nutzen von Arbeitsplatzanalysen.

Frage: Herr Dr. Resch, Sie führen seit längerem Arbeitsplatzanalysen u. a. an SAP-Arbeitsplätzen durch, um Informationen über Probleme an den Arbeitsplätzen zu erheben und für die Projektarbeit aufzubereiten. Was für ein Instrumentarium braucht man dafür? Wer kann solche Analysen durchführen?

Antwort: Wir arbeiten mit dem KABA-Verfahren, der kontrastiven Aufgabenanalyse für Büroarbeitstätigkeiten. Das ist ein veröffentlichtes psychologisches Analyseverfahren. Seine Handhabung setzt eine mindestens einwöchige Schulung voraus. Dann kann dieses Verfahren auch beispielsweise von Fachkräften für Arbeitssicherheit, Betriebsräten oder Betriebsärzten ausgeführt werden. Wer solche Untersuchungen durchführt, sollte nicht direkt in der betrieblichen Hierarchie stehen, also z. B. nicht Sachbearbeiter aus der EDV-Abteilung. Wer solche Untersuchungen durchführt, sollte es auch von seiner Stellung her aus einer neutralen Position heraus tun.

Frage: Das Ziel solcher Analysen besteht ja darin, die erhobenen Probleme in Verbesserungsmaßnahmen umzusetzen. Wie klappt nach Ihrer Erfahrung diese Umsetzung?

Antwort: Das ist solange nicht sonderlich schwierig, wie die Probleme im wesentlichen auf den Einzelplatz bezogen sind. Da gibt es selten Streit, wenn ich sage, der hat Blendung auf dem Bildschirm und braucht eine Außenjalousie oder einen neuen Tisch, um den Bildschirm anders aufstellen zu können, oder sie braucht eine zusätzliche Liste mit den letzten Bestellungen sortiert nach Lieferanten etc. Aber wenn ich sage, die Kommunikation zwischen der Produktion und dem Einkauf ist schwierig, und die verstehen wechselweise nicht die Probleme der anderen Abteilung, da wird es dann viel schwieriger, denn was aus der Sicht der einen Abteilung ein sinnvoller Vorschlag ist, muß die andere Abteilung noch lange nicht sinnvoll finden. Da gibt es u. U. verschiedene abteilungsegoistische Sichtweisen, die schwer zu vereinheitlichen sind.

Frage: Wie groß ist der Aufwand für Arbeitsplatzanalysen?

Antwort: So, wie wir die Analysen jetzt durchführen, sind wir etwa drei Stunden am Arbeitsplatz und für den Untersucher kommt noch einmal dieselbe Zeit hinzu für die Auswertung.

Frage: Wie sieht es aus, wenn ich beispielsweise eine Einkaufsabteilung mit 15 Sachbearbeitern in ähnlichen Tätigkeiten habe – multipliziert sich der Aufwand dann mit 15?

Antwort: In einem solchen Bereich würden wir zwei oder drei exemplarische Arbeitsplätze stellvertretend für alle anderen zu untersuchen. Aufgrund der Ergebnisse würden wir dann anschließend einen Fragebogen zusammenstellen und an allen anderen Arbeitsplätzen einsetzen. Der Aufwand dort wäre dann höchstens eine Viertelstunde pro Arbeitsplatz. Nur wenn die Fragebögen noch Hinweise auf evtl. nicht erkannte Besonderheiten einzelner Arbeitsplätze ergeben, würde auch dort noch eine Arbeitsplatzanalyse erforderlich werden.

„Den Hauptgewinn sehe ich darin, daß die Arbeit unter gesundheitlichen Aspekten verbessert und motivierender wird."

Frage: Inwieweit stimmt die in den Analysen ermittelte Belastungssituation eigentlich mit dem Grad der Arbeitszufriedenheit der Mitarbeiter überein?

Antwort: Wenn viele Behinderungen auftreten, sind die Leute auch regelmäßig sehr unzufrieden und leiden oft darunter, daß sie die Arbeit nicht gut erfüllen können. Wenn wir wenige Behinderungen feststellen, hängt der Grad der Arbeitszufriedenheit natürlich gleichzeitig noch vom generellen Betriebsklima, der Perspektive der Firma, dem Gefühl der Wertschätzung in der Firma, der Arbeitsplatzsicherheit, den Aufstiegschancen etc. ab.

Was mir dabei immer wieder auffällt, ist der hohe Einsatz, mit dem Mitarbeiter versuchen, Dinge hinzubekommen, die ganz offensichtlich von der EDV-Abteilung oder der Fachabteilungsleitung verbockt wurden. Allen Bekenntnissen zur Wirtschaftlichkeit zum Trotz scheint sich in vielen Betrieben niemand dafür zu interessieren, zu welch einem hohen Aufwand die Mitarbeiter aufgrund von Planungsfehlern gezwungen werden, weil das System nicht funktioniert oder weil arbeitsorganisatorische Regelungen fehlen. Das wird einfach solange hingenommen, bis das Ganze zusammenbricht oder drei Leute auf einmal kündigen. Ich bin nur immer wieder über die positive Motivation vieler Mitarbeiter erstaunt, und beobachte voller Hochachtung, wie sie immer wieder versuchen, es noch hinzubiegen.

Frage: Würden Sie den Wert der Arbeitsplatzanalysen in erster Linie in qualitativen Verbesserungen sehen? Oder kann man den Wert der Verbesserungen auch in Mark und Pfennig quantifizieren?

Antwort: Ich argumentiere nicht gerne mit in Mark und Pfennig sichtbar gewordenen Rationalisierungs-Effekten, obwohl man das manchmal auch haben kann. Mein Hauptziel ist, die Arbeit aus der Benutzersicht sinnvoll und effektiv zu gestalten. Den Hauptgewinn sehe ich darin, daß die Arbeit unter gesundheitlichen Aspekten verbessert wird, und daß sie motivierender wird und mehr Spaß macht. Ein engagierter Mitarbeiter ist für das Unternehmen wesentlich wertvoller ist als jemand, der den Eindruck hat, es sei dem Betrieb ganz egal ist, unter welchen Bedingungen er arbeitet. Wir habe eine Reihe von Fällen gesehen, wo Leute nach der SAP-Einführung gesagt haben „Es ist mir egal, ob es klappt oder nicht, dann sollen die Anderen das doch ausbaden". ◆

Fallbeispiel: ‚Renovierung' einer SAP Installation

Mittlerweile ist es gar nicht mehr so selten, daß SAP-Installationen wegen zu großen Problemen bei der Anwendung ‚renoviert' werden müssen. Der folgende Beitrag schildert so einen Fall und zeigt, welche der in diesem Lesebuch geschilderten Verfahren und Methoden dann einsetzbar sind.

Die Anlässe können verschieden sein: Die Anwender kommen mit dem System nicht zurecht, die Akzeptanz des Systems – oder für einzelne Module – ist einfach nicht da, die Wirklichkeit (z. B. in Form von Lagerbeständen) und die Abbildung im SAP-System klaffen weit auseinander, etc. In dem hier zu schildernden Fall eines norddeutschen Unternehmens hatten fast alle sachkundigen Sachbearbeiter gekündigt. Das war das Alarmzeichen, auf das vom Eigentümer persönlich mit der Einsetzung einer Arbeitsgruppe reagiert wurde, die die aufgelaufenen Schwierigkeiten herausfinden und beseitigen sollte.

Die Ursachen einer Installation mit falschen Ergebnissen und unerträglichen Arbeitsbedingungen sind in solchen Fällen sehr vielschichtig und dennoch miteinander verwandt: Es wurde versäumt, die Anwender vernünftig zu schulen, die Projektmannschaft war nicht ausreichend qualifiziert oder das Einführungsprojekt hatte ein zu kleines Budget, die Zeit für die Einführung war zu knapp bemessen, das Herangehen im Projekt war zu technokratisch, und immer wieder Mißmanagement auf allen Ebenen. In unserem Fall kam so ziemlich alles zusammen. Vor allem der Umstand, daß durch die Auswahl möglichst ‚billiger' Unternehmensberater im Ergebnis überhaupt niemand im Haus war, der sich mit dem neuen System richtig auskannte, gepaart mit der Tatsache, daß es kein richtiges Projektmanagement, führte zum Chaos. Hätte man nämlich die betroffenen Mitarbeiter der Fachabteilung miteinbezogen, wäre es schon viel früher aufgefallen, daß die implementierten Wunschvorstellungen und Realität betrieblicher Abläufe nicht zusammenpassen.

Die Folgen: Das Projekt mußte in Teilen neu aufgerollt werden. Es mußte sozusagen eine Grundrenovierung des Projektes stattfinden. Was dann zu tun war, stand in keinem Lehrbuch. Es gibt keine organisatorische oder technische Unterstützung für so ein Vorhaben, obgleich es gerade in diesen Fällen darauf ankommt, präzise die Probleme aus einer komplizierten Gemengelage gegenseitiger Schuldvorwürfe freizulegen und für jede Frage eine angemessene und schnelle Antwort zu finden. Dabei ist es wichtig, eine Abgrenzung der Probleme untereinander und zu anderen Projekten bzw. Projektteilen zu erreichen und durchzuhalten. Wie gesagt: die Geduld der letzten verbliebenen Mitarbeiter ist nicht mehr sehr groß in einer solchen Situation. Die Situation ist emotional äußerst angespannt; die betroffenen Mitarbeiter waren aufgrund der seit Monaten andauernden Streitigkeiten und der fehlerbedingten Mehrarbeit extrem belastet.

Mehrere Dinge sind in diesem Fall zu tun gewesen, nämlich

- die Einsetzung einer Arbeits- oder Projektgruppe für das Renovierungsprojekt; hier wurde darauf geachtet, daß alle betroffenen Fachabteilungen (durch die Sachbearbeiter), die EDV-Abteilung, die Organisationsabteilung und der Betriebsrat angemessen beteiligt werden; die Arbeitsgruppe war mit den entsprechenden Kompetenzen ausgestattet, um unmittelbar Veränderungen zu veranlassen oder anzustoßen;
- eine Zeit-, Kapazitäts- und Finanzplanung für das Renovierungsprojekt;
- die Erhebung und die Analyse der sachlichen Probleme (z. B. ‚falsche' Rechenergebnisse). Der Schwerpunkt bei der Untersuchung lag auf der Frage nach den Ursachen für die Probleme und nach den Ansatzpunkten für ein verbessertes Verfahren; anders als bei der Ersteinführung war hier wegen der verworrenen Sachlage und den hochgeschaukelten Emotionen besonders darauf zu achten, daß diese Analyse in Arbeitsgruppen vernünftig moderiert wird;

Gestaltung als Prozeß

Das hier dargestellte Vorgehen entspricht i. W. dem modifizierten IMW-Vorgehensmodell aus dem Abschnitt „5.2 Vorgehen nach Modell"

dabei war zu bedenken, daß diese Aufgabe nicht von den selben Personen übernommen werden konnte, die die mißglückte Einführung zu verantworten hatten.

- die Abläufe und die Arbeitsplatzgestaltung durchzugehen und Belastungen sowie Probleme aufzunehmen; hier wurde insbesondere das Arbeitsanalyseverfahren nach dem KABA-Verfahren entlang der Prozeßketten angewendet. Dabei war besonders zu beachten, daß die jeweiligen Sichtweisen der unterschiedlichen beteiligten Sachbearbeiter detailliert genug aufgenommen wurden, um die konkreten Belastungen im einzelnen zu erfassen und vor allem Ansatzpunkte für Maßnahmen zur Verbesserung der Situation am Arbeitsplatz zu erkennen.
- Probleme zusammenzufassen, Ergebnisse zurückzukoppeln und Lösungsmöglichkeiten zu erarbeiten; dieses wurde in der Arbeitsgruppe gemacht, an der alle beteiligten Parteien an einen Tisch gebracht wurden; es war eine Prioritätensetzung nach A-, B- und C-Maßnahmen für die durchzuführenden Projekte zur Verbesserung der Organisation und der Technik zu erstellen und abzustimmen, sowie
- die Abarbeitung der Projekte und Teilschritte einerseits, sowie die Nachschulung, die Weiterbildung und die Organisation des Erfahrungsaustausches andererseits.
- Auch in einem solchen Fall sollte am Ende ein Projektcontrolling in dem Sinne stattfinden, daß nach der Durchführung der Maßnahmen zusammen mit den betroffenen Arbeitnehmern und den sachlich zuständigen Projektmitarbeitern eine Bewertung der Veränderungen und ggf. Verbesserungsmöglichkeiten diskutiert und die Eignung für den Dauerbetrieb beschlossen wird.

Zur Durchsetzung der beschlossenen Maßnahmen war darauf zu achten, daß die Abarbeitung der Verbesserungsvorschläge innerhalb kürzester Zeit erfolgte. In einer solchen Situation befindet man sich nicht selten im Wettlauf mit der schnell sinkenden Mitarbeitermotivation. In dem genannten Fall z.B. mußte dem Eigentümer in kurzen Zeitabständen der Stand der Abarbeitung der Aufgaben zur Verbesserung berichtet werden. Die Frage blieb Chefsache.

Besonderer Wert bei der Gruppenarbeit war auf eine – schon erwähnte – vernünftige Moderation zu legen, damit sich die Arbeitsgruppen nicht in unnützen Schuldzuweisungen verlieren und sachliche Arbeit unmöglich wurde. Dabei war es hilfreich, daß diese Moderation von einem Außenstehenden durchgeführt wurde. ◆

Glossar

Definitionen der SAP für wichtige Begriffe, zusammengestellt aus der R/3-Dokumentation Release 2.2 Version 5

ABAP/4
: Advanced Business Application Programming. SAP-Programmiersprache der vierten Generation zur Entwicklung von Dialoganwendungen und zur Auswertung von Datenbanken.

Aktives Data Dictionary
: Data Dictionary, in dem jede beschreibende Information nur einmal erfaßt wird und das diese Information den operativen Systemkomponenten unmittelbar und vollständig zur Verfügung stellt. Anwendungsprogramme und Bildschirmmasken erhalten ihre Informationen (Metadaten) aus dem Data Dictionary. Änderungen der Metadaten wirken sich automatisch in allen betroffenen Systemkomponenten aus.

Aktivierungsadmistrator
: Benutzer, der Berechtigungen bzw. Profile und Sammelprofile aktiviert.

Anwendungsfunktion
: Anwendungsfunktionen sind Funktionen, mit denen die eigentliche Objektbearbeitung innerhalb der Anwendung stattfindet und die nach Aufruf der Anwendung zur Verfügung stehen.

Anwendungsserver
: Der Anwendungsserver stellt im R/3 einen der beiden Typen von SAP-Diensten (siehe SAP-Server) zur Verfügung.
Zu diesem Typ gehören folgende Dienste:
  D: Dialog
  V: Verbuchung
  E: SAP-Sperrverwaltung (Enqueue)
  B: Hintergrundverarbeitung (Batch)
  S: Druckaufbereitung (Spool)
Der Anwendungsserver besteht aus einem Dispatcher und einem oder mehreren Work-Prozessen für jeden der einzelnen Dienste. Der Dispatcher verwaltet Verarbeitungsanforderungen. Work-Prozesse führen diese aus.
Jeder Anwendungsserver stellt mindestens den Dialogdienst zur Verfügung. Wahlweise kann er weitere Dienste bereitstellen.
Es darf nur ein einziger Anwendungsserver vorhanden sein, der den Dienst der SAP-Sperrverwaltung enthält.

Batch-Input-Mappe
: Eine Batch-Input-Mappe ist eine Menge von Batch-Input-Daten, die von einem Programm an eine oder mehrere Transaktionen als Anwenderdaten übergeben werden. Batch-Input-Mappen sind solange in der Batch-Input-Queue gespeichert, bis sie zur Transaktionsverarbeitung übergeben werden.

Batch-Verarbeitung
: Verarbeitungart, bei der die Ausführung von Jobs, Programmen oder Reports durch das System ausgelöst wird und nicht wie im Dialogbetrieb durch einen am System angemeldeten Benutzer. Batch-Verarbeitung läuft ab, ohne daß das System und der Benutzer miteinander kommunizieren.
(Siehe auch "Online")

Benutzeradministrator
: Benutzer, der Benutzerstammsätze anlegt und pflegt.

Benutzergruppe
: Zusammenfassung von mehreren Benutzern nach organisatorischen Kriterien. Im Berechtigungskonzept kann die Pflege von Benutzern auf bestimmte Benutzergruppen eingeschränkt werden.

Benutzerstamm
: Stammdaten eines SAPoffice-Benutzers. Dem einzelnen SAPoffice-Benutzer zugeordnete Einstellungen und Berechtigungen.

Berechtigung
: Element des Berechtigungskonzeptes. Eine Berechtigung gibt einen oder mehrere zulässige Werte für die in einem Berechtigungsobjekt zusammengefassten Felder an. Das SAP-System prüft anhand dieser Werte, ob ein Benutzer für eine bestimmte Aktion berechtigt ist.

Berechtigung administrator
: Benutzer, der Berechtigungen bzw. Profile und Sammelprofile pflegt.

Berechtigungsobjekt
: Element des SAP-Berechtigungskonzepts. Ein Berechtigungsobjekt faßt bis zu 10 Berechtigungsfelder zusammen, die in UND-Verknüpfung geprüft werden. Im System R/3 werden Berechtigungen gegen Objekte geprüft.

Berechtigungsprofil
: Element des Berechtigungssystems. Ein Berechtigungsprofil enthält Berechtigungen.

Berechtigungsprüfung
: Prüfung, ob ein Benutzer zur Ausführung einer bestimmten Funktion berechtigt ist. Bearbeitungsvorgänge, Funktionen und Datenzugriffe im SAP-System werden nur durchgeführt, wenn die Berechtigungen der Benutzer geprüft sind. Dies erfolgt in den jeweilgen System- und Anwendungsprogrammen.

Glossar

Business Re-engineering
Umstrukturierung und Optimierung der Aufbauorganisation und Ablauforganisation eines Unternehmens.

Client
Prozeß, der die Ressourcen eines Servers benutzt

CPI-C
Common Programming Interface-Communication.
Derjenige Teil von CPI-C, der ausschließlich Definitionen für die Kommunikation zwischen Programmen bereitstellt. Diese Definitionen lassen sich grob in vier Bereiche unterteilen:
- Aufbau der Session
- Kontrolle der Session
- Kommunikation
- Abbau der Session

CUA-Interface
Zentraler Bestandteil der R/2-Workstation-Software
Das CUA-Interface ermöglicht die Verarbeitung von R/2-Transaktionen in SAP-Fenstern auf Front-Ends mit grafischen Bedienoberflächen und die Anbindung von Fremdprogrammen (z.B. Excel).

Customizing
Das Verfahren im System R/3, mit dem Sie
- die SAP-Module in Ihrem Unternehmen schnell, sicher und kostengünstig einführen
- die unternehmensneutral ausgelieferte Funktionalität den spezifischen betriebswirtschaftlichen Anforderungen Ihres Unternehmens anpassen
- die Phasen der Einführung und der Anpassung in einem einfachen Werkzeug für Projektsteuerung dokumentieren und verwalten

Customizing-Transaktion
Transaktionen im Customizing, mit denen Sie Tabellen einstellen.
In einer Customizing-Transaktion ist kein Wissen über die datentechnische Ablage eines betriebswirtschaftlichen Objekts erforderlich, d.h. welche Transaktion welche Tabellen mit welchen Feldern manipuliert.
Je nach Komplexität eines betriebswirtschaftlichen Objekts gibt es zwei verschiedene Customizing-Transaktionen:
- view-geführte Transaktionen für einfache betriebswirtschaftliche Objekte (z.B. Einkäufergruppe)
- spezielle Transaktionen für komplexe betriebswirtschaftliche Objekte (z.B. Belegart)

Data Dictionary
Verzeichnis, das die Beschreibung aller Anwendungsdaten eines Unternehmens enthält sowie Informationen über alle Beziehungen zwischen diesen Daten und über deren Verwendung in Programmen und Bildschirmmasken.
Die beschreibenden Daten eines Data Dictionary werden auch als "Metadaten" bezeichnet, da sie Daten über Daten sind.

Data Dictionary -Infosystem
Data-Dictionary-Informationssystem. Das DD-Infosystem ermöglicht es, Informationen über Elemente im Data Dictionary abzurufen (Tabellen, Felder, Domänen usw.).
Typische Anfragen an das DD-Infosystem:
- Suche mittels Eigenschaften von Objekten
- Verwendungsnachweise
- Informationen über Beziehungen zwischen Tabellen
- Modifikationsanalyse

Datenmodell
Konzept zur strukturierten Beschreibung von Datenobjekten, ihren Attributen und Beziehungen untereinander. Es gibt verschiedene Arten von Datenmodellen, die von den zu definierenden Datenstrukturen abhängen (Beispiel: Relationales Datenmodell).

Einführungsleitfaden
Online-Buch mit Hypertext-Struktur,
- in dem alle Aktivitäten für die Einführung des Systems R/3 aufgelistet sind
- das Sie bei der Dokumentation und Steuerung der Einführung des Systems R/3 unterstützt

Einstellungsmenü
Menü im Customizing, in dem Sie mit Customizing-Transaktionen Tabellen einstellen können, ohne die technischen Hintergründe (z.B. Tabellennamen oder Transaktionscodes) kennen zu müssen.

Entwicklungsumgebung
Arbeitsplatz für Programmierer mit folgenden Aufgaben:
- Pflege des Data Dictionary
- Entwicklung und Modifizierung von Programmen
- Entwurf und Änderung von Masken und Menüleisten

Korrektursystem
verwaltet die Änderungen an sämtlichen Systemkomponenten, einschließlich der Änderungen an
- Objekten des Data Dictionary
- ABAP/4-Programmen
- Bildschirmbildern
- CUA-Definitionen
- der Dokumentation
Das Korrektursystem hat folgende Aufgaben:
- Registrierung und Dokumentation aller Änderungen an Systemobjekten
- netzwerkweite Vermeidung paralleler Änderungen an einem Systemobjekt
- Übergabe von Objekten an das Transportsystem nach Abschluß der Entwicklung

LAN
Local Area Network
Lokales Netzwerk, das die Grundstücksgrenzen eines privaten Betreibers nicht überschreitet. Ethernet und Token-Ring sind z.B. lokale Netzwerke. In lokalen Netzen können verschiedene Rechner (z.B. Mainframe oder Workstation) miteinander verbunden werden und Programme miteinander kommunizieren.

Mandant
juristisch und organisatorisch eigenständiger Systemteilnehmer (z. B. Konzern).

Mandant 000
Mandant im Kundensystem mit komplett eingestelltem und in allen Funktionen arbeitsfähigem SAP-System zum Kennenlernen der Funktionen und Abläufe.

Menü
Menüs (engl. menu) sind Bedienelemente, durch die dem Anwender eine Reihe von Optionen angeboten werden, die bei Auswahl die Ausführung einer Aktion durch das System anstoßen. Eine solche Aktion kann auch das Öffnen eines untergeordneten Aktionsmenüs sein.
Zwei Arten von Menüs werden unterschieden, die Menüleiste und das Aktionsmenü. Für die einzelnen Ebenen des Systems R/3 wurde festgelegt, wie die Menüleiste bzw. die Aktionsmenüs gestaltet werden sollen.
Menüeinträge werden durch Einfachklick mit der Maus oder durch Positionieren des Tastaturcursors und Drücken der ENTER-Taste ausgelöst.

Menu Painter
Der Menu Painter ist eine Komponente der R/3-Entwicklungsumgebung. Im Menu Painter können folgende Oberflächenelemente mit ihren zugeordneten Attributen definiert werden:
- Titel - Menüleiste und Aktionsmenüs
- Funktionstasten (fest), Drucktasten und Drucktastenleiste/Symbolleiste

Musterprofil
Zusammenfassung von mehreren logischen Tabellen zu einer physischen Tabelle. siehe: Berechtigungsprofil -> Zusammenfassungen von Berechtigungsprofilen.

Mußfelder
Mußfelder (engl. required-entry field) sind Ein-/Ausgabefelder, die durch ein "?" gekennzeichnet sind. Ein Fenster kann nur dann erfolgreich verarbeitet werden, wenn alle seine Mußfelder ausgefüllt sind. Im Gegensatz dazu ist in Kannfeldern (engl. optional-entry field) eine Eingabe nicht zwingend erforderlich.

Normen und Richtlinien (nationale, internationale)
Im Bereich der Software-Ergonomie sind eine Reihe nationaler und internationaler Normen oder Richtlinien zur Mensch-Maschine-Schnittstelle entstanden. Diese beziehen sich z.T. auf die reine Arbeitsplatzgestaltung, z.T. jedoch auch auf die Gestaltung der Benutzungsoberfläche. Im nationalen Rahmen behandelt die DIN Norm 66234 Teil 8 die Benutzungsoberfläche (5 Kriterien). Sie wird ergänzt und ersetzt durch die internationale ISO-Norm 9241-10 (7 Kriterien). Im europäischen Bereich ist die Richtlinie EU 90/270/EWG zu nennen, die demnächst auch nationales Recht werden wird.

Objektorientierung
Be- und Verarbeitung von Objekten unabhängig von ihren spezifischen Merkmalen.
Für den Benutzer ist es transparent, welche Verarbeitungsschritte einem bestimmten Objekt zugeordnet sind.

Online
Datenverarbeitungsart, bei der angeforderte Jobs, Programme oder Reports sofort ausgeführt werden. Das Computersystem verarbeitet Daten, während der Empfänger am System angemeldet ist und mit dem Computer direkt kommuniziert (-> Batch-Bearbeitung). Während der Online-Verarbeitung ist also ein Dialog zwischen System und Benutzer möglich.

Online-Dokumentation
Information zu einem Objekt auf dem Bildschirm, die der Benutzer im Online-System anfordern kann. Die Online-Dokumentation kann im gesamten SAP-System durch Positionieren des Cursors auf das betreffende Objekt und Betätigen von F1 angezeigt werden.

Prüftabelle
Entitätentabelle, die zur Vereinbarung einer Fremdschlüsselbeziehung verwendet wird, d.h. zur Prüfung der Zulässigkeit von Eingabewerten.

R/3-Vorgehensmodell
Online-Buch mit Hypertext-Struktur, das die anwendungsübergreifenden Grundinformationen enthält, die Sie für die Einführung des Systems R/3 brauchen.
Zu diesen Informationen gehören
- die Phasen der Einführung des Systems R/3
- die Arbeitsabschnitte für jede dieser Phasen auf hoher Abstraktionsstufe

SAP*
Super-User im System R/3.
"SAP*" hat alle Berechtigungen. Sein Standardkennwort ist "PASS". Das SAP-System wird standardmäßig mit dem Super-User "SAP*" ausgeliefert.
"SAP*" sollte vor Aufnahme des Produktivbetriebs durch einen geheimen Super-User ersetzt werden.

SAP-Entwicklungsumgebung
Zentrale Softwaretechnologie der SAP. Die wichtigsten Werkzeuge der SAP-Entwicklungsum-

gebung:
- ABAP/4 (Programmiersprache der vierten Generation)
- Screen Painter (Definition von Bildschirmmasken und Ablaufsteuerung)
- Data Dictionary (Ablage von Datendefinitionen)

SAP-Server
Teil einer R/3-Instanz
Der SAP-Server stellt bestimmte Dienste (Services) bereit. Es werden zwei Typen von Diensten unterschieden:
- Dienste des Anwendungsservers (siehe Glossardefinition Anwendungsserver)
- Kommunikationsdienste
  . Gateway-Server (dient der Kommunikation zwischen Anwendungsservern auf dem gleichen oder auf einem fremden System)
  . Message-Server (dient der schnellen Kommunikation zwischen Anwendungsservern innerhalb eines Systems)

SAPfile
objektorientiertes Ablagesystem in der SAPoffice-Umgebung, das aus Mappen besteht.

SAPmail
electronic-mail-system aus dem SAPoffice, mit dem Sie Mitteilungen versenden können.

SAPoffice
SAP-Produktfamilie für integrierte Bürokommunikation im System R/3.

SAPscript
SAP-eigenes Textverarbeitungssystem.

Schulungsmappe
BatchInput-Mappe, in der für Schulungszwecke ein Verarbeitungsbeispiel aufgezeichnet wurde. Schulungsmappen können beliebig oft aufgerufen und bearbeitet werden (Transaktion SM35). Datenbankveränderungen finden beim Aufzeichnen und beim Abspielen von Schulungsmappen nicht statt.

Screen Painter
Der Screen Painter ist eine Komponente der R/3-Entwicklungsumgebung. Im Screen Painter können folgende Oberflächenelemente mit ihren zugeordneten Attributen definiert werden:
- Ein-/Ausgabefelder
- Feldbezeichner
- Ankreuzfelder
- Auswahlknöpfe
- Gruppenrahmen
- Subscreens
- frei positionierbare Drucktasten

Server (allgemein)
Datenstation in einem lokalen Netz, die bestimmte Funktionen im Netzwerk ausübt
Je nach Typ können Server beispielsweise folgende Aufgaben übernehmen:
- Berechtigung erteilen und entziehen (Domain Server)
- Gemeinsam genutzte Daten verwalten (File Server)
- Druckausgabe auf angeschlossene Netzdrucker verwalten (Print Server)
- Alle Verbindungen zum Host verwalten (Communications Server)

Statusinformation
Informationen für die Überwachung des Projektablaufs bei der Einführung des Systems R/3. Zu den Statusinformationen gehört beispielsweise die Verwaltung von Terminen und Ressourcen.
Diese Informationen können Sie in den Projektauswertungen auswerten.

Suchanfrage
Festlegung der Suchbegriffe.
Eingabe eines oder mehrerer Suchkriterien, die miteinander verknüpft werden können und anhand derer eine Ablage nach Objekten durchsucht wird.
Ein Suchausdruck kann abgespeichert und für die nächste Suche - modifiziert oder in derselben Form - wiederverwendet werden.

Suchergebnis
Ergebnis eines Suchvorganges.
Liste, in der alle Objekte angezeigt werden, die die in der Suchanfrage angegebenen Suchkriterien erfüllen.

Super User
siehe SAP*.

Symbolleiste
Die Symbolleiste (engl. standard toolbar) befindet sich am oberen Fensterrand unterhalb der Menüleiste und erstreckt über die gesamte Breite des Fensters. Sie ist nur in Primärfenstern vorhanden. Sie enthält eine Anzahl ortsfester Drucktasten mit Symbolen für anwendungsübergreifende Funktionen wie OK/Weiter, Sichern, Beenden, Zurück, Abbrechen, Eingabemöglichkeiten und Hilfe. Außerdem enthält sie rechts neben der ganz links befindlichen ENTER-Drucktaste das Befehlsfeld zur Eingabe von Kommandos an das System R/3.

Systemadministrator
Benutzer, der die Administratoren (Benutzeradministratoren, Aktivierungsadministratoren und Berechtigungsadministratoren) für das Berechtigungskonzept anlegt und pflegt

Systemprofil
Einstellungen und Berechtigungen, die die gesamte SAPoffice-Umgebung betreffen.
Diese Einstellungen und Berechtigungen werden in Form einer allgemeinen Vorlage festgelegt, wobei davon ausgegangen wird, daß viele Be-

nutzer dieselben Berechtigungen benötigen. Beim Anlegen eines neuen Benutzers kann beispielsweise zunächst das Systemprofil zugeordnet werden, bevor der Systemadministrator eine individuelle Anpassung vornimmt.

Tabelleneigenschaften
Allgemeine Beschreibung einer Tabelle im Data Dictionary. Zu den Tabelleneigenschaften gehören z.B. der Name der Tabelle, ihre Kurzbeschreibung und Berechtigungsklasse.

Tabellenstruktur
Aufbau einer Tabelle. Eine Tabellenstruktur besteht aus der Aufzählung aller Tabellenfelder und der Angabe, welche Felder den Primärschlüssel bilden.

Transportsystem
Tool, mit dessen Hilfe Sie Objekte aus einem SAP-Entwicklungssystem in ein Produktivsystem oder aus einem System in ein anderes transportieren können.

WAN
Wide Area Network
Netzwerk, das die Grundstückgrenze eines privaten Betreibers überschreitet
Datex-P ist beispielsweise ein WAN.

Windows
Windows ist eine graphische Benutzungsoberfläche von Microsoft für Computer mit dem MSDOS-Betriebssystem. In der Version Windows NT steht es in Konkurrenz zu UNIX und ist auf unterschiedlichen Plattformen einsetzbar.

If you have any concerns about our products,
you can contact us on
ProductSafety@springernature.com

In case Publisher is established outside the EU,
the EU authorized representative is:
**Springer Nature Customer Service Center GmbH
Europaplatz 3, 69115 Heidelberg, Germany**

Printed by Libri Plureos GmbH
in Hamburg, Germany